计算机辅助设计案例课堂

SketchUp Pro 2014 中文版建筑草图设计案例课堂

张云杰　尚　蕾　编著

清华大学出版社
北　京

内 容 简 介

SketchUp 是一款极受欢迎并且易于使用的 3D 设计软件。随着计算机技术的不断普及和发展，已经在建筑效果设计领域得到了广泛的应用。SketchUp Pro 2014 是当前最新版的软件。

本书主要针对目前非常热门的 SketchUp 技术，集合了 SketchUp Pro 2014 中文版的大量设计范例，对书中的内容按照由简单到复杂的过程进行了周密的编排。全书共分为 9 章，主要包括设计入门、绘制二维和三维图形、模型操作、标注尺寸和文字、设置材质贴图、群组与组件、页面设计、动画设计、剖切平面、沙盒工具以及综合设计案例等内容。每一章中都精心安排了大量的设计案例，配合课堂演练，对建筑效果设计功能和技巧进行了全面和深入的讲解，使读者能够掌握实际的建筑效果设计技能。同时，本书还配备了交互式多媒体教学光盘，将案例制作过程以多媒体视频的形式进行讲解，便于读者学习和使用。

本书结构严谨、内容翔实、知识全面、专业性好、可读性强、范例实用、步骤明确，多媒体教学光盘方便实用，主要供以 SketchUp 软件进行建筑效果设计和绘图的广大初、中级用户阅读和使用，是快速掌握 SketchUp 建筑效果设计的实用自学指导书。

图书在版编目(CIP)数据

SketchUp Pro 2014 中文版建筑草图设计案例课堂/张云杰，尚蕾编著. --北京：清华大学出版社，2015
(计算机辅助设计案例课堂)
ISBN 978-7-302-39983-4

Ⅰ. ①S… Ⅱ. ①张… ②尚… Ⅲ. ①建筑设计—计算机辅助设计—应用软件—教材 Ⅳ. ①TU201.4

中国版本图书馆 CIP 数据核字(2015)第 086510 号

责任编辑：张彦青
装帧设计：杨玉兰
责任校对：宋延清
责任印制：王静怡
出版发行：清华大学出版社
网 址：http://www.tup.com.cn, http://www.wqbook.com
地 址：北京清华大学学研大厦 A 座 邮 编：100084
社 总 机：010-62770175 邮 购：010-62786544
投稿与读者服务：010-62776969, c-service@tup.tsinghua.edu.cn
质量反馈：010-62772015, zhiliang@tup.tsinghua.edu.cn
印 刷 者：北京富博印刷有限公司
装 订 者：北京市密云县京文制本装订厂
经 销：全国新华书店
开 本：190mm×260mm 印 张：22.5 字 数：548 千字
(附 DVD 1 张)
版 次：2015 年 7 月第 1 版 印 次：2015 年 7 月第 1 次印刷
印 数：1～3000
定 价：48.00 元

产品编号：058384-01

前言

SketchUp 是一款极受欢迎并且易于使用的 3D 设计软件，官方网站将它比喻为电子设计中的“铅笔”。SketchUp 是一款面向设计师、注重设计创作过程的软件，它具有操作简便、即时显现等优点，灵性十足，给人提供了一种在灵感和现实间自由转换的 3D 空间，让设计师在设计过程中可以享受方案创作的乐趣。

SketchUp 的种种优点使其很快风靡全球，目前很多 AEC(建筑工程)企业和大学几乎都采用 SketchUp 进行创作，国内的相关行业近年来也开始迅速流行，受惠者不仅包括建筑规划设计人员，还包含装潢设计师和户型设计师、机械产品设计师等。

SketchUp 目前的最新版本是 SketchUp Pro 2014(简称 SketchUp 2014)。

为了使读者能够在最短的时间内掌握 SketchUp Pro 2014 建筑效果设计的诀窍，作者根据多年使用 SketchUp 进行建筑模型草图设计的经验，编写了本书。本书针对 SketchUp Pro 2014 建筑设计的特点，集合了 SketchUp Pro 2014 中文版的大量设计范例，对书中的内容按照从简单造型到复杂造型的过程进行了周密的编排。全书共分为 9 章，主要包括设计入门、绘制二维和三维图形、模型操作、标注尺寸和文字、设置材质贴图、群组与组件、页面设计、动画设计、剖切平面、沙盒工具以及综合设计案例等内容。每一章中都精心安排了大量的设计案例，配合课堂演练，对建筑效果设计功能和技巧进行了全面和深入的讲解，使读者能够掌握实际的建筑效果设计技能，真正获得在建筑效果设计行业求生的本领。

本书主要针对使用 SketchUp 的广大初、中级用户，并配备了交互式多媒体教学光盘，将案例制作过程以多媒体视频的形式进行讲解，形式活泼，方便实用，便于读者学习和使用。

本书光盘中还提供了所有实例的源文件，按章节放置，以便读者练习使用。

另外，本书还提供了网络上的免费技术支持，欢迎读者登录云杰漫步多媒体科技的网上技术论坛进行交流，网址为 http://www.yunjiework.com/bbs。论坛分为多个专业的设计版块，其中有 CAX 设计教研室最新书籍的出版和培训信息；还可以为读者提供实时的软件技术支持，解答读者在使用本书及相关软件时遇到的问题；同时，论坛提供了丰富的资料下载，大家需要的东西都可以在这里找到，相信广大读者在论坛中免费学习的知识一定会更多。

本书由张云杰、尚蕾策划编著，参加编写工作的还有刁晓永、张云静、郝利剑、周益斌、杨婷、马永健、姜兆瑞、贺安、董闯、宋志刚、李海霞、贺秀亭、彭勇等。书中的设计范例、多媒体内容和光盘效果，均由北京云杰漫步多媒体科技公司设计制作，同时也要感谢出版社的编辑和老师们的大力协助。

由于作者的水平有限，因此在编写过程中难免有不足之处，希望广大用户对书中的不足之处给予指正。

目录

Contents

Contents

第 1 章 SketchUp 入门与图形绘制

工欲善其事，必先利其器。在选择使用 SketchUp 软件进行方案创作之前，必须熟练掌握 SketchUp 的一些基本工具和命令，包括线、多边形、圆形、矩形等基本形体的绘制，以及通过推拉、缩放等基础命令生成三维体块等操作。

1.1 设计入门

首先对 SketchUp Pro 2014 软件的界面做个系统的讲解，使读者能完全适应 SketchUp 的操作环境，为后面的学习打下坚实的基础。

1.1.1 进入 SketchUp Pro 2014

安装好 SketchUp Pro 2014 后，双击桌面上的图标，启动软件，首先出现的是“欢迎使用 SketchUp”向导界面，如图 1-1 所示。

图 1-1 向导界面

在向导界面中设置了“添加许可证”、“选择模板”等功能按钮，以及“始终在启动时显示”复选框，可以根据需要选择使用。

在向导界面中单击“选择模板”按钮，然后在模板的下拉选项框中，单击选中“建筑设计 - 毫米”，如图 1-2 所示。接着单击“开始使用 SketchUp”按钮，即可打开 SketchUp Pro 2014 的工作界面。

SketchUp Pro 2014 的初始界面主要由“标题栏”、“菜单栏”、“工具栏”、“绘图区”、“状态栏”、“数值控制框”和“窗口调整柄”构成，如图 1-3 所示。

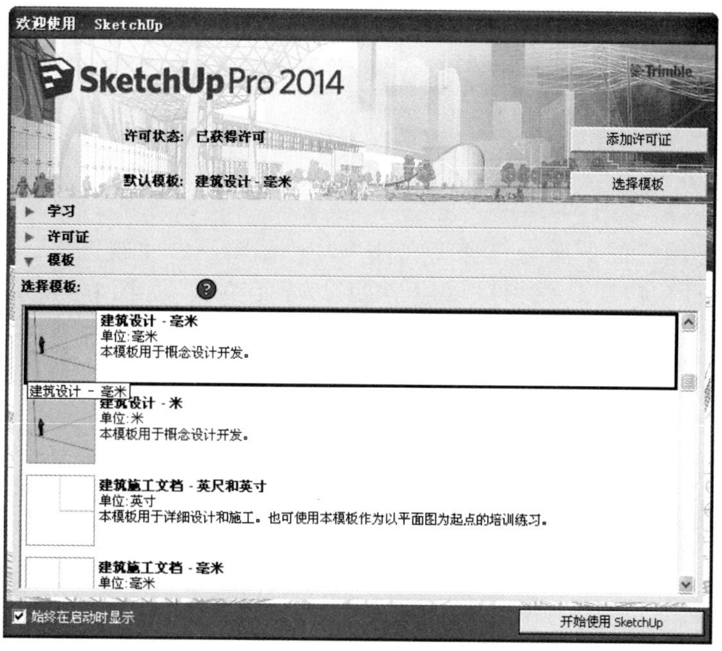

图 1-2　选择模板

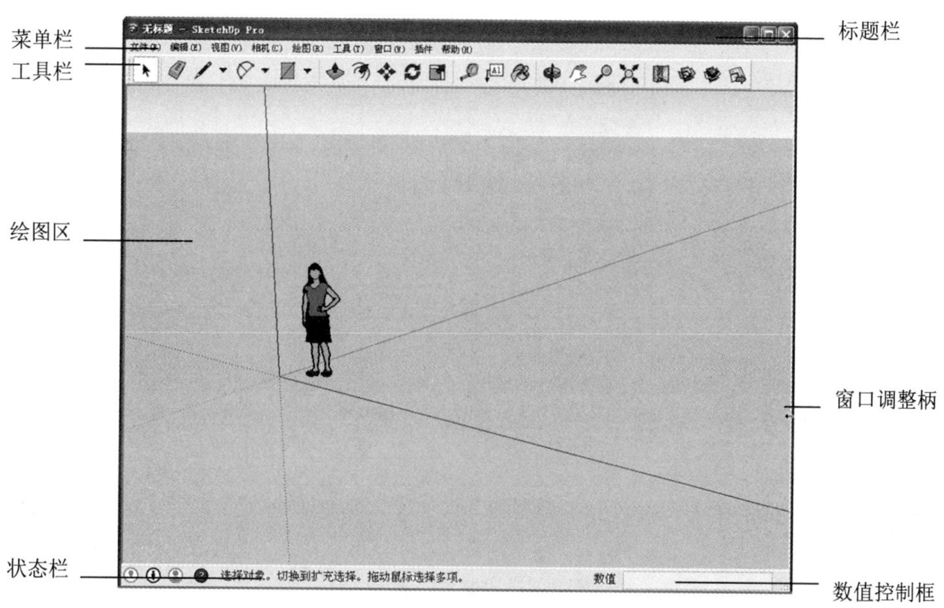

图 1-3　初始界面

1.1.2　SketchUp Pro 2014 的工作界面简介

1. 标题栏

标题栏位于界面的最顶部，最左端是 SketchUp 的标志，往右依次是当前编辑的文件名称

(如果文件未保存，这里会显示为“无标题”)、软件版本和窗口控制按钮，如图 1-4 所示。

图 1-4　标题栏

2. 菜单栏

菜单栏位于标题栏的下面，包含“文件”、“编辑”、“视图”、“相机”、“绘图”、“工具”、“窗口”、“插件”和“帮助”9 个主菜单，如图 1-5 所示。

图 1-5　菜单栏

(1)　“文件”菜单

SketchUp 中的“文件”菜单用于管理场景中的文件，包括“新建”、“打开”、“保存”、“打印”、“导入”和“导出”等常用命令，如图 1-6 所示。

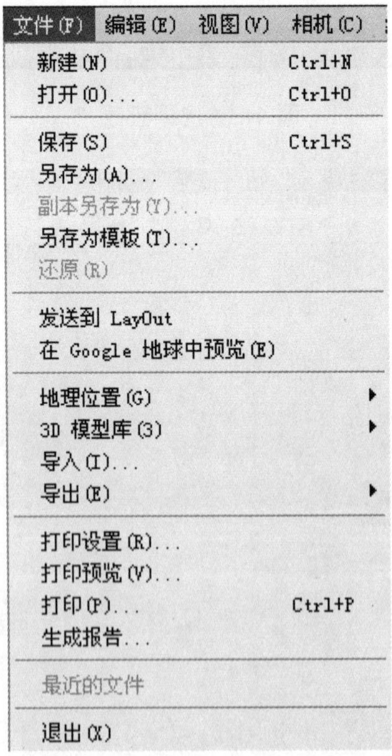

图 1-6　“文件”菜单

新建：快捷键为 Ctrl+N，执行该命令后，将新建一个 SketchUp 文件，并关闭当前文件。如果用户没有对当前修改的文件进行保存，在关闭时将会得到提示。如果需要同时编辑多个文件，则需要打开另外的 SketchUp 应用窗口。

打开：快捷键为 Ctrl+O，执行该命令后，可以打开需要进行编辑的文件。同样，在打开时，将提示是否保存当前文件。

保存：快捷键为 Ctrl+S，该命令用于保存当前编辑的文件。

在 SketchUp 中也有自动保存设置。

选择“窗口”→“系统设置”菜单命令，然后在弹出的“系统设置”对话框中选择“常规”选项，即可设置自动保存的间隔时间，如图 1-7 所示。

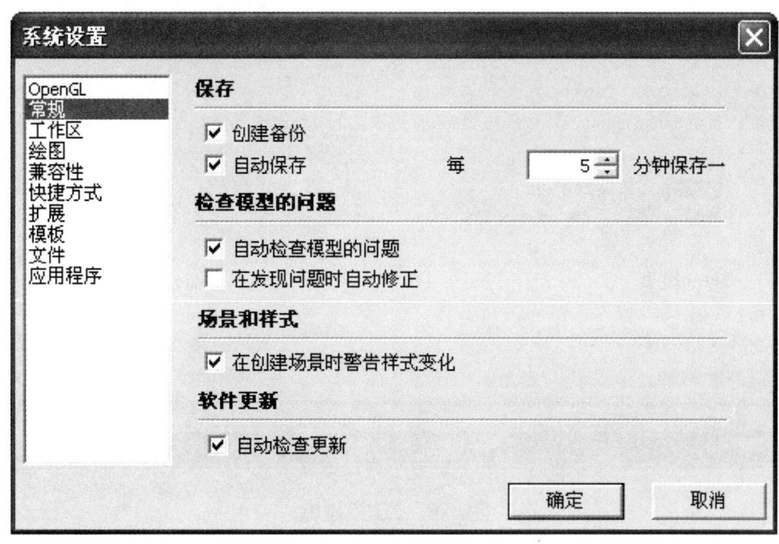

图 1-7　“系统设置”对话框

有时，打开一个 SketchUp 文件并操作了一段时间后，桌面出现阿拉伯数字命名的 SKP 文件，这可能是由于打开的文件未命名，并且没有关闭 SketchUp 的“自动保存”功能所造成的。可以在文件进行保存命名之后再操作；也可以从菜单栏中执行“窗口”→“偏好设置”命令，然后在弹出的“系统使用偏好”对话框中选择“常规”选项，接着禁用“自动保存”选项即可。

另存为：快捷键为 Ctrl+Shift+S，该命令用于将当前编辑的文件另行保存。

副本另存为：该命令用于保存过程文件，对当前文件没有影响。在保存重要步骤或构思时，非常便捷。此选项只有在对当前文件命名之后才能激活。

另存为模板：该命令用于将当前文件另存为一个 SketchUp 模板。

还原：执行该命令后，将返回最近一次的保存状态。

发送到 LayOut：SketchUp 2014 专业版本发布了增强的布局 LayOut3 功能，执行该命令可以将场景模型发送到 LayOut 中进行图纸的布局与标注等操作。

在 Google 地球中预览/地理位置：这两个命令结合使用，可以在 Google 地图中预览模型场景。

3D 模型库：该命令可以从网上的 3D 模型库中下载需要的 3D 模型，也可以将模型上传，如图 1-8 所示。

导入：该命令用于将其他文件插入 SketchUp 中，包括组件、图像、DWG/DXF 文件和 3ds 文件等。

将图形导入作为 SketchUp 的底图时，可以考虑将图形的颜色修改得较鲜明，以便描图时显示得更清晰。

导入 DWG 和 DXF 文件之前，先在 AutoCAD 里将所有线的标高归零，并最大限度地保证线的完整度和闭合度。

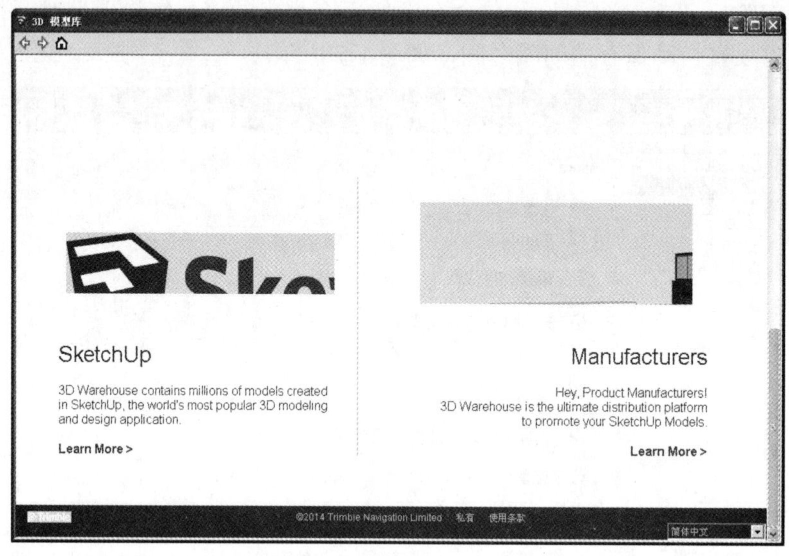

图 1-8　3D 模型库

导出：该命令的子菜单中包括 4 个命令，分别为“三维模型”、“二维图形”、“剖面”、“动画”，如图 1-9 所示。其中，执行“三维模型”命令可以将模型导出为 DXF、DWG、3ds 和 VRML 格式；执行“二维图形”命令可以导出 2D 光栅图像和 2D 矢量图形；执行“剖面”命令可以精确地以标准矢量格式导出二维剖切面；“动画”命令可以将用户创建的动画页面序列导出为视频文件。

打印设置：执行该命令，可以打开“打印设置”对话框，在该对话框中设置所需的打印设备和纸张的大小。

打印预览：使用指定的打印设置后，可以预览将打印在纸上的图像。

打印：该命令用于打印当前绘图区显示的内容，快捷键为 Ctrl+P。

退出：该命令用于关闭当前文档和 SketchUp 应用窗口。

(2)　“编辑”菜单

SketchUp 中的“编辑”菜单用于对场景中的模型进行编辑操作，包含如图 1-10 所示的各项命令。

还原：执行该命令将返回上一步的操作，快捷键为 Ctrl+Z。注意，只能撤销创建物体和修改物体的操作，不能撤销改变视图的操作。

重做：该命令用于取消“还原”命令，快捷键为 Ctrl+Y。

剪切、复制、粘贴：利用这 3 个命令，可以让选中的对象在不同的 SketchUp 程序窗口之间进行移动，快捷键依次为 Ctrl+X、Ctrl+C 和 Ctrl+V。

原位粘贴：该命令用于将复制的对象粘贴到原坐标。

删除：该命令用于将选中的对象从场景中删除，快捷键为 Delete。

删除参考线：该命令用于删除场景中所有的辅助线，快捷键为 Ctrl+Q。

全选：该命令用于选择场景中的所有可选物体，快捷键为 Ctrl+A。

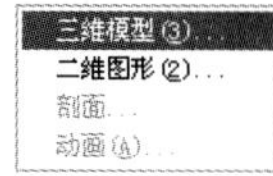

图 1-9 “导出”命令的子菜单

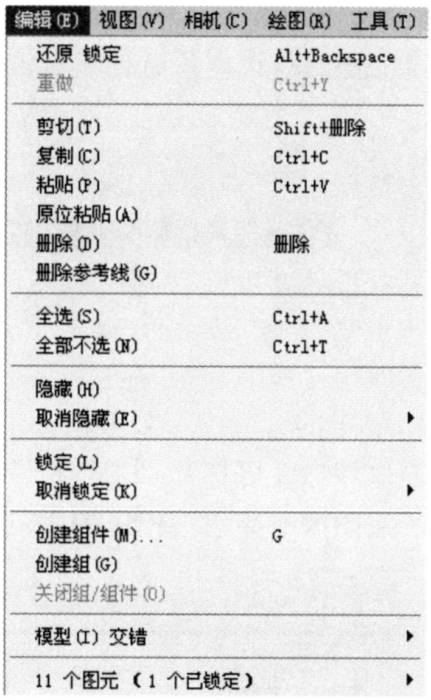

图 1-10 “编辑”菜单

全部不选：与“全选”命令相反，用于取消对当前所有元素的选择，快捷键为 Ctrl+T。

隐藏：该命令用于隐藏所选物体，快捷键为 H。使用该命令，可以帮助用户简化当前视图，或者方便对封闭的物体进行内部的观察和操作。

取消隐藏：该命令的子菜单中包含 3 个命令，分别是“选定项”、“最后”和“全部”，如图 1-11 所示。其中“选定项”命令用于显示所选的隐藏物体。隐藏物体的选择可以选择“视图”→“隐藏物体”菜单命令，如图 1-12 所示；“最后”命令用于显示最近一次隐藏的物体；执行“全部”命令后，所有显示的图层的隐藏对象将被显示。

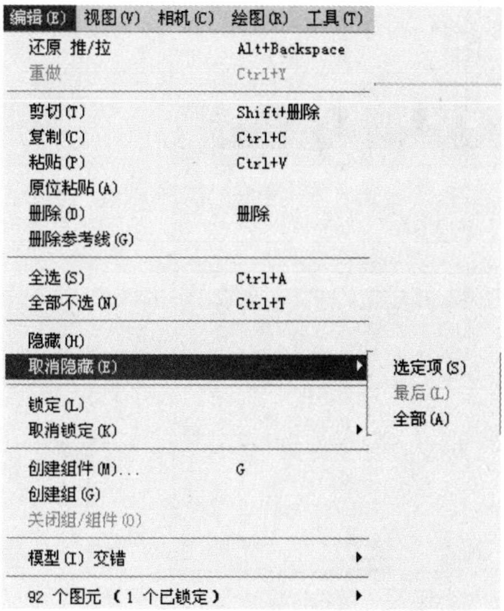

图 1-11 取消隐藏

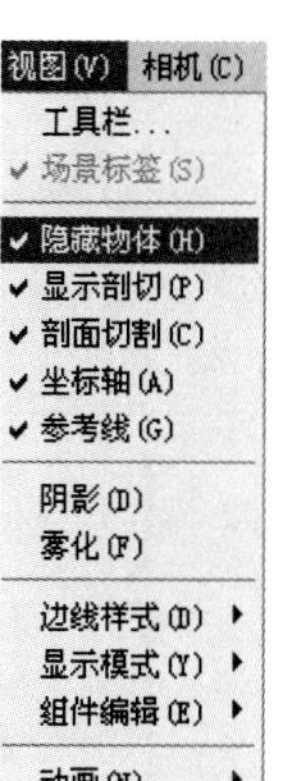

图 1-12 隐藏几何图形

锁定：“锁定”命令用于锁定当前选择的对象，使其不能被编辑；而“解锁”命令则用于解除对象的锁定状态。从鼠标右键快捷菜单中也可以找到这两个命令，如图 1-13 所示。

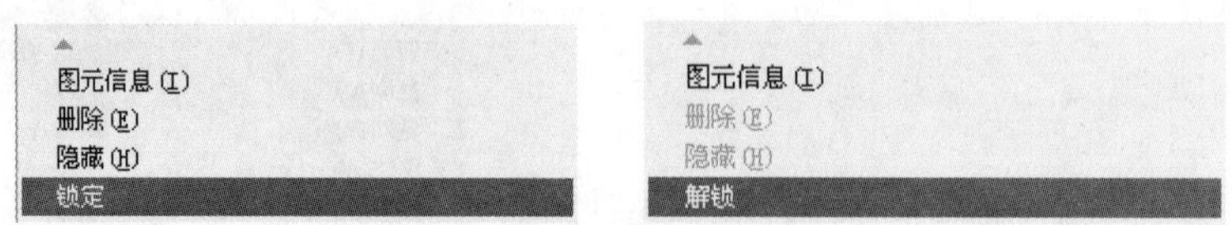

图 1-13　锁定/解锁命令

(3)　“视图”菜单

SketchUp 中的“视图”菜单包含了模型显示的多个命令，如图 1-14 所示。

工具栏：该命令可打开“工具栏”对话框，包含了 SketchUp 中的所有工具，启用这些命令，即可在绘图区中显示出相应的工具，如图 1-15 所示。

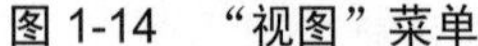

图 1-14　“视图”菜单

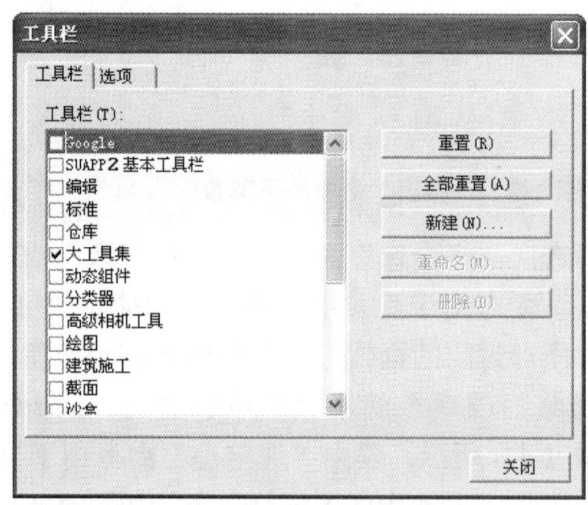

图 1-15　“工具栏”对话框

如果想要显示这些工具图标，只需在“系统设置”对话框中的“扩展”选项卡中启用所有选项即可，如图 1-16 所示。

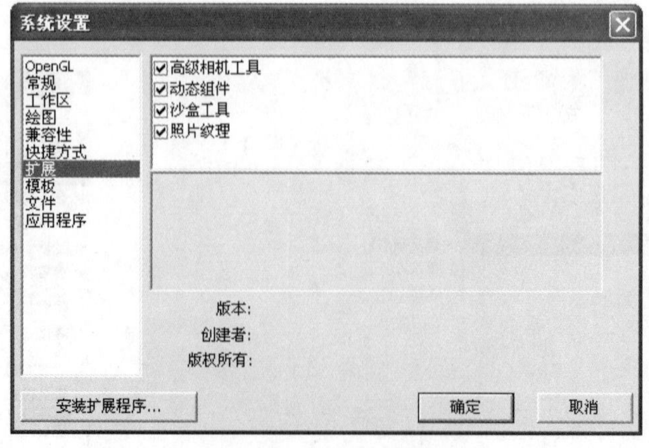

图 1-16　启用所有选项

场景标签：该命令用于在绘图窗口的顶部激活页面标签。

隐藏物体：该命令可以将隐藏的物体以虚线的形式显示。

显示剖切：该命令用于显示模型的任意剖切面。

剖面切割：该命令用于显示模型的剖面。

坐标轴：该命令用于显示或者隐藏绘图区的坐标轴。

参考线：该命令用于查看建模过程中的辅助线。

阴影：该命令用于显示模型在地面的阴影。

雾化：该命令用于为场景添加雾化效果。

边线样式：该命令包含 5 个子命令，“边线”和“后边线”命令用于显示模型的边线，“轮廓线”、“深粗线”和“扩展”命令用于激活相应的边线渲染模式，如图 1-17 所示。

显示模式：该命令包含 6 种显示模式，分别为“X 光透视模式”、“线框显示”模式、“消隐”模式、“着色显示”模式、“贴图”模式和“单色显示”模式，如图 1-18 所示。

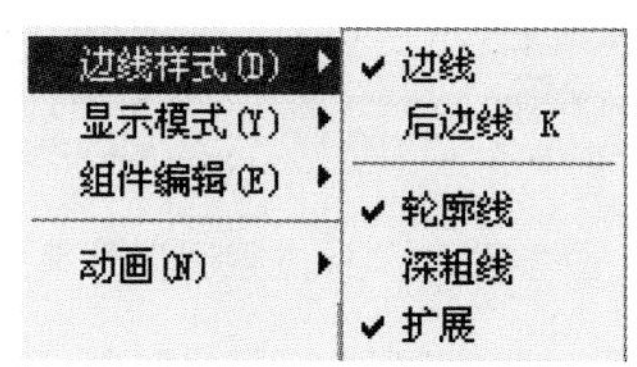

图 1-17 “边线样式”菜单

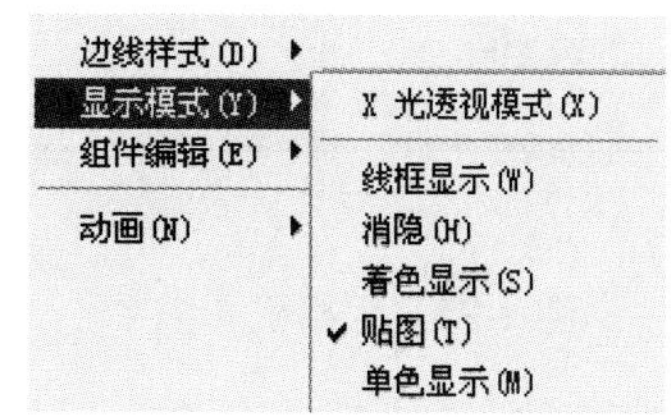

图 1-18 “显示模式”菜单

组件编辑：该命令包含的子命令用于改变编辑组件时的显示方式，如图 1-19 所示。

动画：该命令同样包含了一些子命令，如图 1-20 所示，通过这些子命令，可以添加或删除页面，也可以控制动画的播放和设置。有关动画的具体操作，在后面会进行详细的讲解。

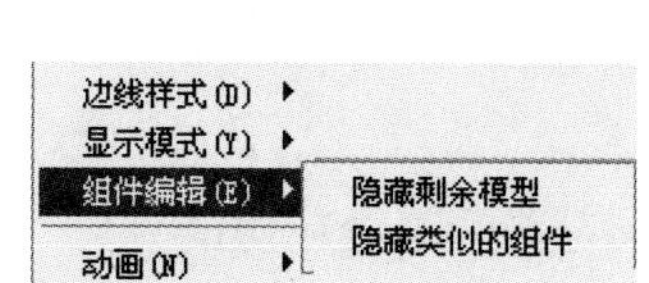

图 1-19 “组件编辑”菜单

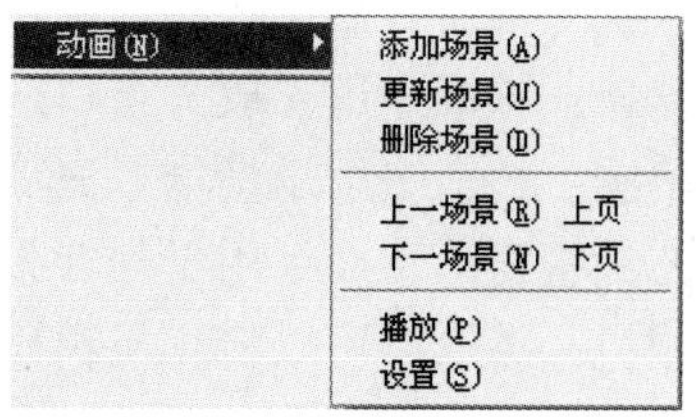

图 1-20 “动画”菜单

(4) “相机”菜单

SketchUp 中的“相机”菜单包含了改变模型视角的命令，如图 1-21 所示。

上一个：该命令用于返回翻看上次使用的视角。

下一个：在翻看上一视图之后，单击该命令可以往后翻看下一视图。

标准视图：SketchUp 提供了一些预设的标准角度的视图，包括顶视图、底视图、前视图、后视图、左视图、右视图和等轴视图。

通过该命令的子菜单，可以调整当前视图，如图 1-22 所示。

平行投影：该命令用于调用“平行投影”显示模式。

透视图：该命令用于调用“透视显示”模式。

两点透视图：该命令用于调用“两点透视”显示模式。

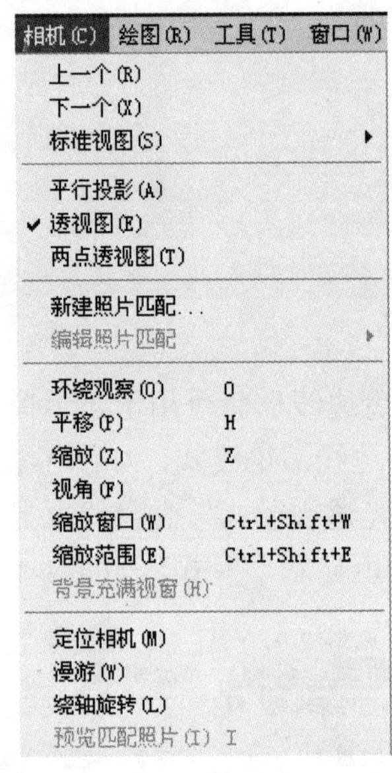

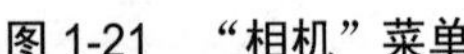
图 1-21 “相机”菜单

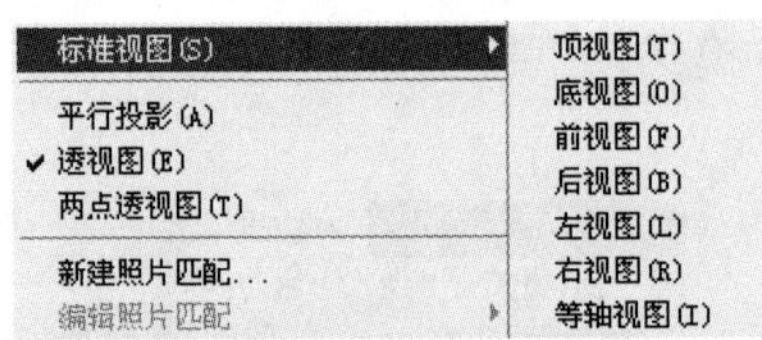

图 1-22 “标准视图”菜单

新建照片匹配：执行该命令，可以导入照片作为材质，对模型进行贴图。

编辑照片匹配：该命令用于对匹配的照片进行编辑修改。

环绕观察：执行该命令可以对模型进行旋转查看。

平移：执行该命令，可以对视图进行平移。

缩放：执行该命令后，按住鼠标左键在屏幕上进行拖动，可以进行实时缩放。

视角：执行该命令后，按住鼠标左键在屏幕上进行拖动，可以使视野变宽或变窄。

缩放窗口：该命令用于放大窗口选定的元素。

缩放范围：该命令用于使场景充满绘图窗口。

背景充满视窗：该命令用于使背景图片充满绘图窗口。

定位相机：该命令可以将相机精确放置到眼睛高度或者置于某个精确的点。

漫游：该命令用于调用“漫游”工具。

绕轴旋转：执行该命令可以在相机的位置沿 z 轴旋转显示模型。

(5) “绘图”菜单

SketchUp 中的“绘图”菜单包含了绘制图形的几个命令，如图 1-23 所示。

直线：直线菜单中包括“直线”工具和“手绘线”工具。“直线”工具可以绘制直线、相交线或者闭合的图形，“手绘线”工具可以绘制不规则的、共面相连的曲线，从而创造出多段曲线或者简单的徒手画物体，如图 1-24 所示。

圆弧：圆弧菜单中包括“两点圆弧”工具、“圆弧”工具和“饼图”工具。“两点圆弧”工具是根据起点、终点和凸起部分绘制圆弧；“圆弧”工具是确定圆弧中心点，再确定圆弧两个端点位置绘制圆弧；“饼图”工具是确定圆弧中心点，再确定圆弧两个端点位置绘制闭合的圆弧，如图 1-25 所示。

形状：形状菜单中包含“矩形”工具、“圆”工具和“多边形”工具。执行“矩形”工具命令，可以绘制矩形面；执行“圆”工具命令可以绘制圆；执行“多边形”工具命令可以

绘制规则的多边形，如图 1-26 所示。

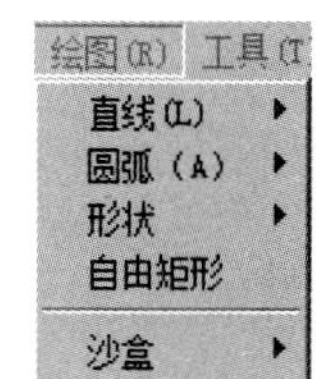

图 1-23 “绘图”菜单

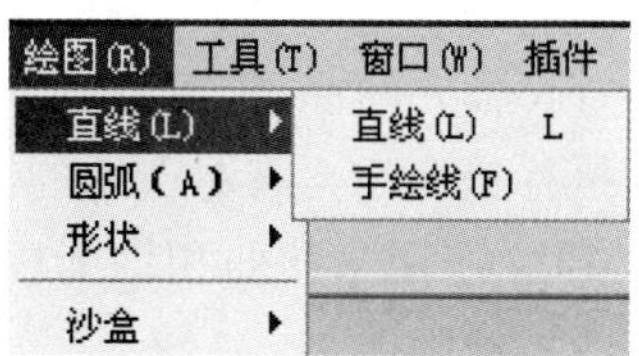

图 1-24 “直线”菜单

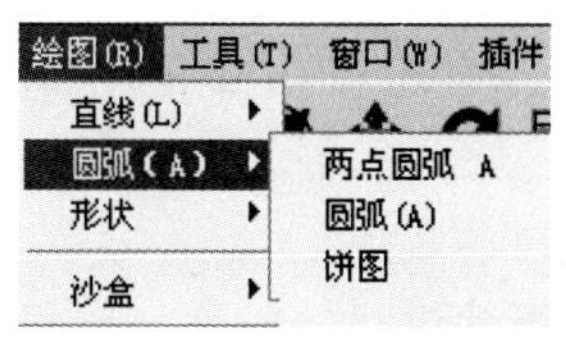

图 1-25 “圆弧”菜单

图 1-26 “形状”菜单

自由矩形：与“矩形”命令不同，执行“自由矩形”命令可以绘制边线不平行于坐标轴的矩形。

沙盒：通过“沙盒”，可以选择“根据等高线创建”或“根据网格创建”子命令创建地形，如图 1-27 所示。

(6) “工具”菜单

SketchUp 中的“工具”菜单主要包括对物体进行操作的常用命令，如图 1-28 所示。

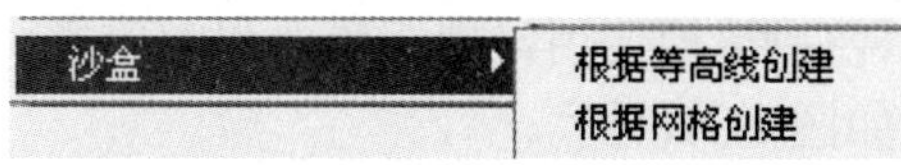

图 1-27 “沙盒”菜单

工具(T) 窗口(W) 插件
✔ 选择(S) 空格
橡皮擦(E) E
材质(I) B
移动(V) M
旋转(T) Q
缩放(C) S
推/拉(P) P
路径跟随(F)
偏移(O) F
实体外壳
实体工具
卷尺(M) T
量角器(O)
坐标轴(X)
尺寸(D)
文字(T)
三维文字(3)
剖切面(N)
高级相机工具
互动
沙盒

图 1-28 “工具”菜单

选择：该命令用于选择特定的实体，以便对实体进行其他命令的操作。

橡皮擦：该命令用于删除边线、辅助线和绘图窗口的其他物体。

材质：执行该命令将打开“材质”编辑器，用于为面或组件赋予材质。

移动：该命令用于移动、拉伸和复制几何体，也可以用来旋转组件。

旋转：执行该命令，将在一个旋转面里旋转绘图要素、单个或多个物体，也可以选中一部分物体进行拉伸和扭曲。

缩放：执行该命令，将对选中的实体进行缩放。

推/拉：该命令用来扭曲和均衡模型中的面。根据几何体特性的不同，该命令可以移动、挤压、添加或者删除面。

路径跟随：该命令可以使面沿着某一连续的边线路径进行拉伸，在绘制曲面物体时非常方便。

偏移：该命令用于偏移复制共面的面或者线，可以在原始面的内部和外部偏移边线，偏移一个面会创造出一个新的面。

实体外壳：该命令可以将两个组件合并为一个物体并自动成组。

实体工具：该命令下包含了 5 种布尔运算功能，可对组件进行并集、交集和差集运算。

卷尺：该命令用于绘制辅助测量线，使精确建模操作更简便。

量角器：该命令用于绘制一定角度的辅助量角线。

坐标轴：该命令用于设置坐标轴，也可以进行修改。对绘制斜面物体非常有效。

尺寸：该命令用于在模型中标示尺寸。

文字：该命令用于在模型中输入文字。

三维文字：该命令用于在模型中放置 3D 文字，可设置文字的大小和挤压厚度。

剖切面：该命令用于显示物体的剖切面。

互动：该命令通过设置组件属性，给组件添加多个属性，比如多种材质或颜色。运行动态组件时会根据不同属性进行动态化显示。

沙盒：该命令包含了 5 个子命令，分别为“曲面起伏”、“曲面平整”、“曲面投射”、“添加细部”和“对调角线”，如图 1-29 所示。

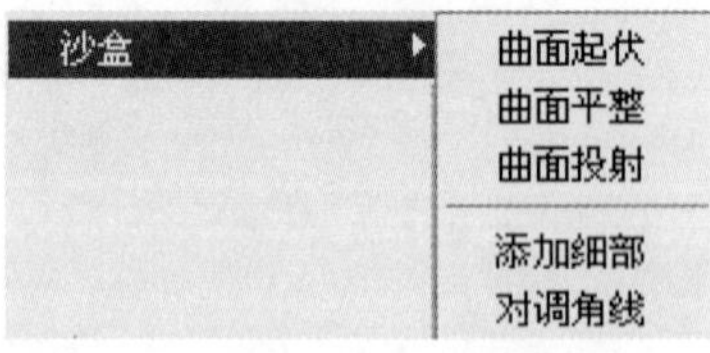

图 1-29 “沙盒”菜单

(7) “窗口”菜单

SketchUp 中的“窗口”菜单所包含的命令代表着不同的编辑器和管理器，如图 1-30 所示。通过这些命令，可以打开相应的浮动窗口，以便快捷地使用常用编辑器和管理器，而且各个浮动窗口可以相互吸附对齐，单击即可展开，如图 1-31 所示。

模型信息：选择该命令，将弹出“模型信息”管理器。

图元信息：选择该命令，将弹出“图元信息”浏览器，用于显示当前选中实体的属性。

材质：选择该命令，将弹出“材质”编辑器。

组件：选择该命令，将弹出“组件”编辑器。

样式：选择该命令，将弹出“风格”编辑器。

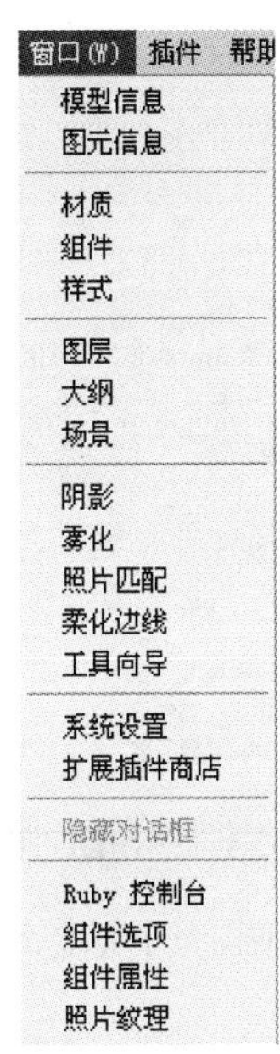

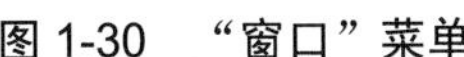

图 1-30 “窗口”菜单

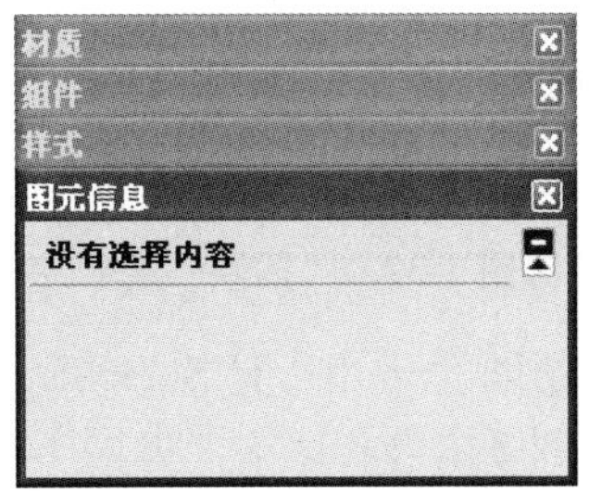

图 1-31 浮动窗口

图层：选择该命令，将弹出“图层”管理器。

大纲：选择该命令，将弹出“大纲”浏览器。

场景：选择该命令，将弹出“场景”管理器，用于突出当前场景。

阴影：选择该命令，将弹出“阴影设置”对话框。

雾化：选择该命令，将弹出“雾化”对话框，用于设置雾化效果。

照片匹配：选择该命令，将弹出“照片匹配”对话框。

柔化边线：选择该命令，将弹出“边线柔化”编辑器。

工具向导：选择该命令，将弹出“指导”对话框。

系统设置：选择该命令，将弹出“系统设置”对话框，可以通过设置 SketchUp 的应用参数来为整个程序编写各种不同的功能。

隐藏对话框：该命令用于隐藏所有对话框。

Ruby 控制台：选择该命令，将弹出“Ruby 控制台”对话框，用于编写 Ruby 命令。

组件选项/组件属性：这两个命令用于设置组件的属性，包括组件的名称、大小、位置和材质等。通过设置属性，可以实现动态组件的变化显示。

照片纹理：选择该命令可以直接从 Google 地图上截取照片纹理，并作为材质贴图赋予模型物体的表面。

(8) “插件”菜单

SketchUp 中的“插件”菜单如图 1-32 所示，这里包含了用户添加的大部分插件，还有部分插件可能分散在其他菜单中，以后会对常用插件做详细介绍。

(9) “帮助”菜单

通过“帮助”菜单中的命令，可以了解软件各个部分的详细信息和学习教程，如图 1-33

所示。

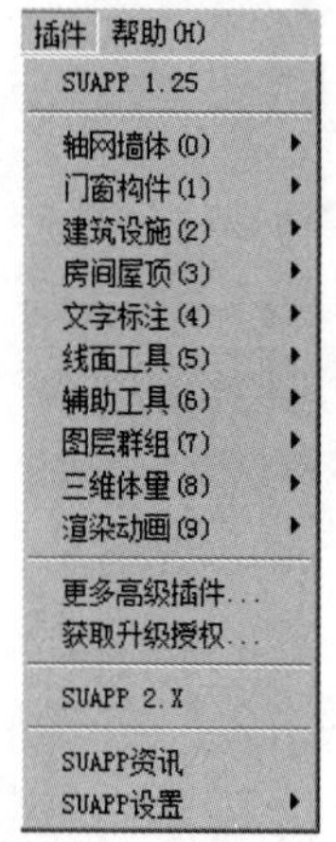

图 1-32 “插件”菜单

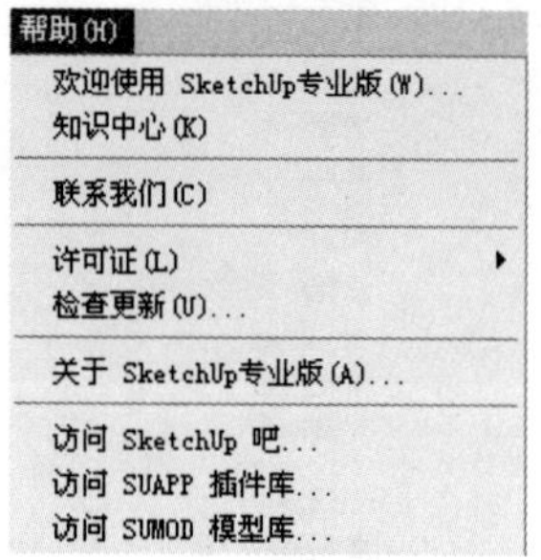

图 1-33 “帮助”菜单

选择“帮助”→“关于 SketchUp 专业版”菜单命令，将弹出一个信息对话框，在该对话框中可以找到版本号和用途，如图 1-34 所示。

3. 工具栏

工具栏包含常用的工具，用户可以通过“工具栏”对话框自定义这些工具的显隐状态或显示大小等，如图 1-35 所示。

图 1-34 关于 SketchUp

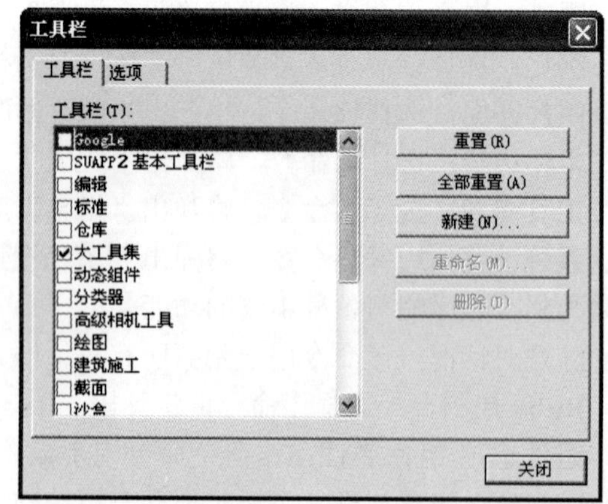

图 1-35 “工具栏”对话框

4. 绘图区

绘图区又叫绘图窗口，占据了界面中最大的区域，在这里可以创建和编辑模型，也可以对视图进行调整。在绘图窗口中还可以看到绘图坐标轴，分别用红、黄、绿三色来显示。

激活绘图工具时，要取消鼠标标处的坐标轴光标，可以选择“窗口”→“系统设置”菜单命令，在“系统设置”对话框的“绘图”界面中禁用“显示十字准线”，如图 1-36 所示。

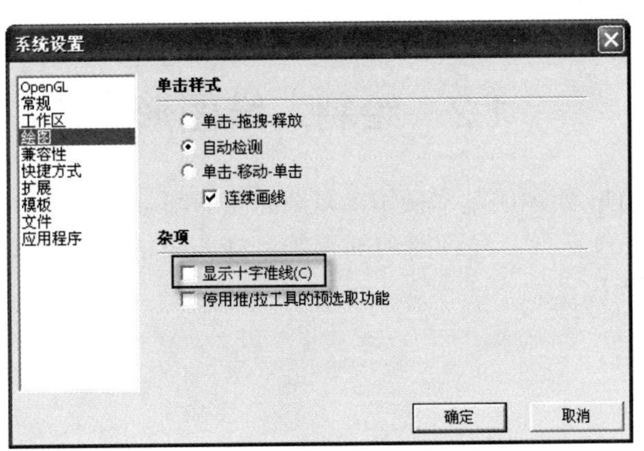

图 1-36　设置系统使用偏好

5. 数值控制框

绘图区的左下方是数值控制框，这里会显示绘图过程中的尺寸信息，也可以接受键盘输入的数值。数值控制框支持所有的绘制工具，其工作特点如下。

(1) 由鼠标指定的数值会在数值控制框中动态显示。如果指定的数值不符合系统属性指定的数值精度，在数值前面会加上“~”符号，这表示该数值不够精确。

(2) 用户可以在命令完成之前输入数值，也可以在命令完成后。输入数值后，按 Enter 键确定。

(3) 在当前命令仍然生效的时候(即在开始新的命令操作之前)，可以持续不断地改变输入的数值。

(4) 一旦退出命令，数值控制框就不会再对该命令起作用了。

(5) 输入数值之前，不需要单击数值控制框，可以直接在键盘上输入，数值控制框随时候命。

6. 状态栏

状态栏位于界面的底部，用于显示命令提示和状态信息，是对命令的描述和操作提示，这些信息会随着对象的改变而改变。

7. 窗口调整柄

窗口调整柄位于界面的右下角，显示为一个条纹组成的倒三角符号，通过拖动窗口调整柄，可以调整窗口的长宽和大小。当界面最大化显示时，窗口调整柄是隐藏的，此时只需双击标题栏将界面缩小即可看到。

调整绘图区窗口大小：单击绘图区右上角的“向下还原”按钮，该按钮会自动切换为“最大化”按钮，在这种状态下，可以拖动右下角的窗口调整柄进行调整(界面的边界会呈虚线显示)，也可以将鼠标放置在界面的边界处，鼠标会变成双向箭头，拖动箭头，即可改变界面的大小。

1.2 绘制二维图形

二维绘图是 SketchUp 绘图的基本操作，复杂的图形都可以由简单的点、线构成。本章介绍的二维基本绘图方法包括点、线、圆和圆弧等。SketchUp 也可以直接绘制矩形和正多边形。下面进行具体的介绍。

1.2.1 矩形工具

执行“矩形”命令主要有以下几种方式：

- 从菜单栏中选择“绘图”→“形状”→“矩形”命令。
- 直接从键盘输入 R。
- 单击大工具集中的“矩形”按钮。

在绘制矩形时，如果出现了一条虚线，并且带有“正方形”提示，则说明绘制的为正方形；如果出现“黄金分割”的提示，则说明绘制的是带黄金分割的矩形，如图 1-37 所示。

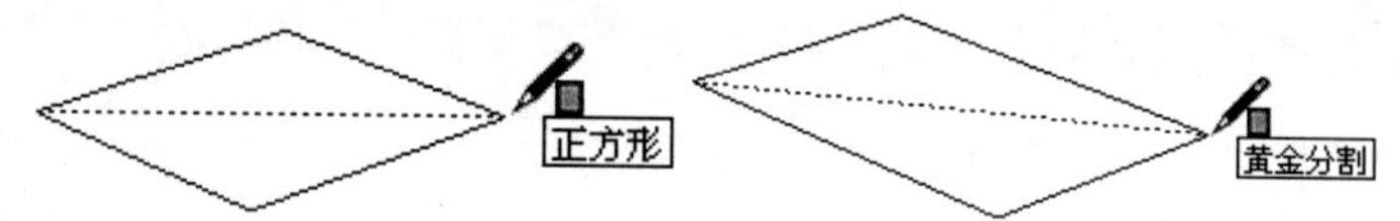

图 1-37 绘制矩形

如果想要绘制的矩形不与默认的绘图坐标轴对齐，可以在绘制矩形前，使用“坐标轴”工具重新放置坐标轴。

绘制矩形时，它的尺寸会在数值输入框中动态显示，用户可以在确定第一个角点或者刚绘制完矩形后，通过键盘输入精确的尺寸。除了输入数值外，用户还可以输入相应的单位，例如英制的(2′, 8″)或者 mm 等单位，如图 1-38 所示。

尺寸 200, 200

图 1-38 数值输入框

没有输入单位时，ShetchUp 会使用当前默认的单位。

1.2.2 线条工具

执行“线条”命令主要有以下几种方式：

- 从菜单栏中选择“绘图”→“直线”→“直线”命令。
- 直接从键盘输入 L。
- 单击大工具集中的“直线”按钮。

绘制 3 条以上的共面线段，首尾相连，就可以创建一个面。

在闭合一个表面时，可以看到“端点”提示。如果是在着色模式下，成功创建一个表面后，新的面就会显示出来，如图1-39所示。

如果在一条线段上拾取一点作为起点绘制直线；那么这条新绘制的直线会自动将原来的线段从交点处断开，如图1-40所示。

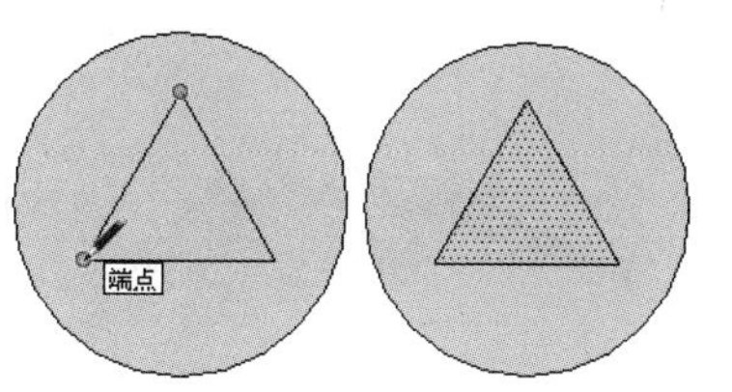

图1-39 在面上绘制线

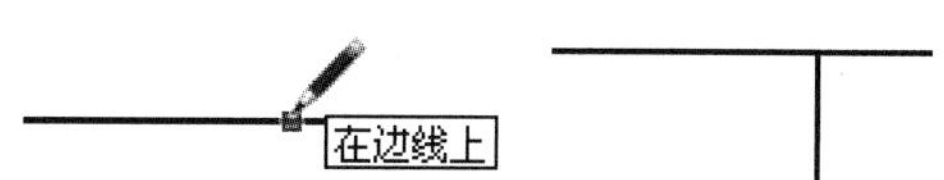

图1-40 拾取点绘制直线

如果要分割一个表面，只需绘制一条端点位于表面周长上的线段即可，如图1-41所示。

有时候，交叉线不能按照用户的需要进行分割，例如分割线没有绘制在表面上。在打开轮廓线的情况下，所有不是表面周长上的线都会显示为较粗的线。如果出现这样的情况，可以使用“线”工具在该线上绘制一条新的线来进行分割。SketchUp会重新分析几何体并整合这条线，如图1-42所示。

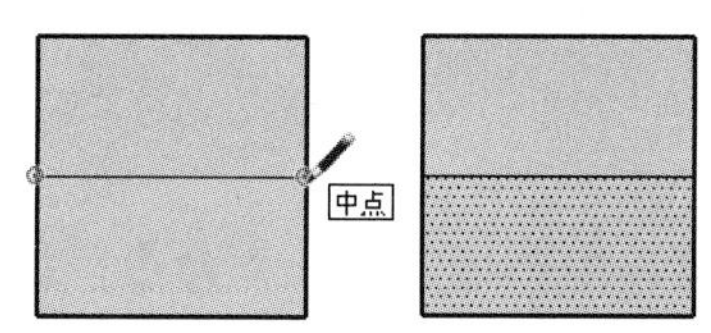

图1-41 绘制直线分割面

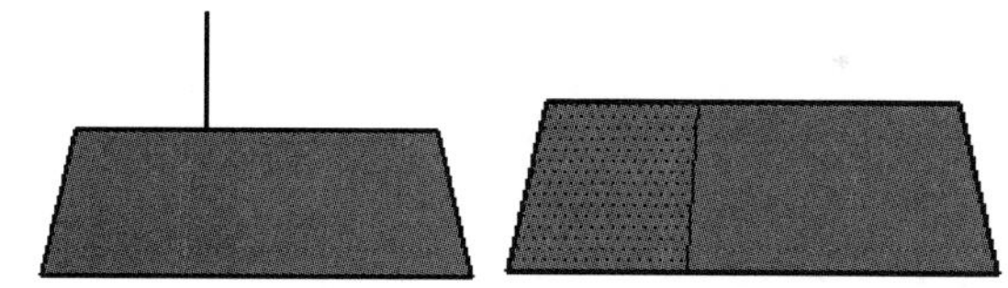

图1-42 绘制直线分割面

在SketchUp中绘制直线时，除了可以输入长度外，还可以输入线段终点的准确空间坐标，输入的坐标有两种，一种是绝对坐标，另一种是相对坐标。

- **绝对坐标**：用中括号输入一组数字，表示以当前绘图坐标轴为基准的绝对坐标，格式为[x/y/z]。
- **相对坐标**：用尖括号输入一组数字，表示相对于线段起点的坐标，格式为<x/y/z>。

利用SketchUp强大的几何体参考引擎，可以使用“线”工具直接在三维空间中绘制。在绘图窗口中显示的参考点和参考线，表达了要绘制的线段与模型中几何体的精确对齐关系，例如“平行”或“垂直”等；如果要绘制的线段平行于坐标轴，则线段会以坐标轴的颜色亮显，并显示“在红色轴线上”、“在绿色轴线上”等提示，如图1-43所示。

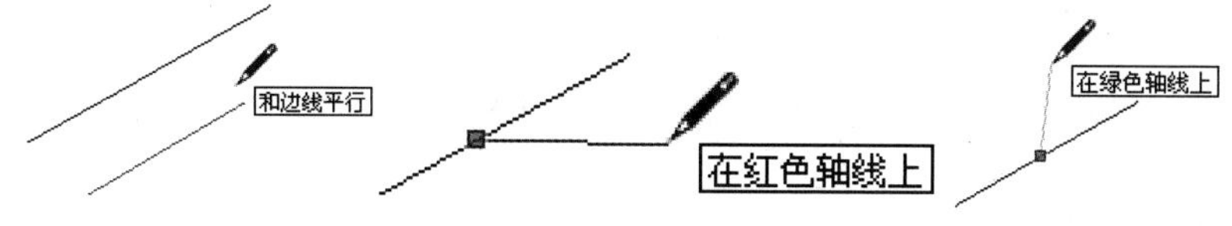

图1-43 绘制直线

有的时候，SketchUp不能捕捉到需要的对齐参考点，这是因为捕捉的参考点可能受到了别的几何体干扰，这时可以按住Shift键来锁定需要的参考点。例如，将鼠标移动到一个表面上，当显示“在表面上”的提示后，按住 Shift 键，此时线条会变粗，并锁定在这个表面所在的平面上，如图 1-44 所示。

在已有面的延伸面上绘制直线的方法，是将鼠标指针指向已有的参考面(注意不必单击)，当出现“在表面上”的提示后，按住 Shift 键的同时移动鼠标指针到需要绘线的地方并单击，然后松开 Shift 键绘制直线即可，如图 1-45 和图 1-46 所示。

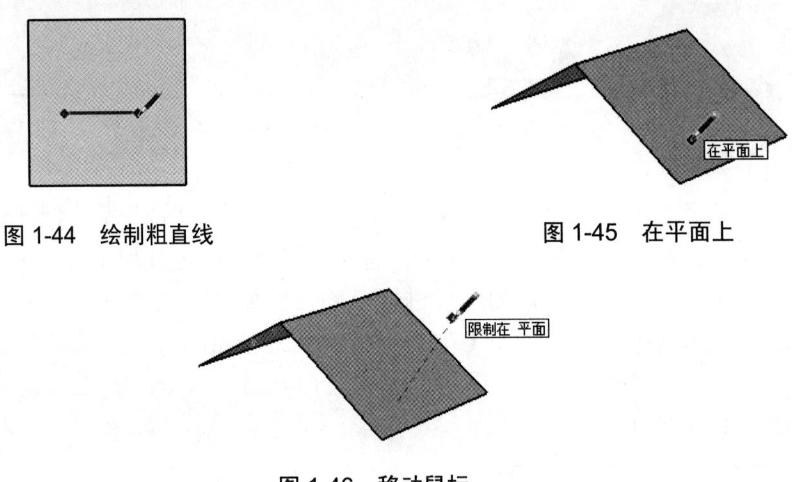

图 1-44　绘制粗直线

图 1-45　在平面上

图 1-46　移动鼠标

线段可以等分为若干段。

先在线段上用鼠标右键单击，然后，在弹出的快捷菜单中选择“拆分”命令，接着移动鼠标，系统将自动参考不同等分段数的等分点(也可以直接输入需要拆分的段数)完成等分。单击线段查看，可以看到线段被等分成几个小段，如图 1-47 所示。

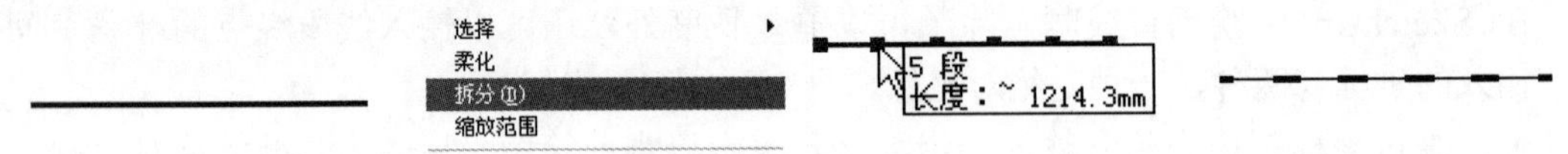

图 1-47　拆分直线

1.2.3　圆工具

执行“圆”命令主要有以下几种方式：

- 从菜单栏中选择“绘图”→“形状”→“圆”命令。
- 直接从键盘输入 C。
- 单击大工具集中的“圆”按钮。

如果要将圆绘制在已经存在的表面上，可以将光标移动到那个面上，SketchUp 会自动将圆进行对齐，如图 1-48 所示。

也可以在激活圆工具后，移动光标至某一表面，当出现“在表面上”的提示时，按住 Shift 键的同时，移动光标到其他位置绘制圆，那么这个圆会被锁定在与刚才那个表面平行的面上，如图 1-49 所示。

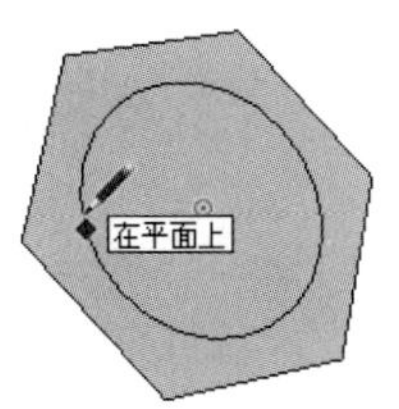

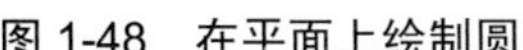

图 1-48 在平面上绘制圆

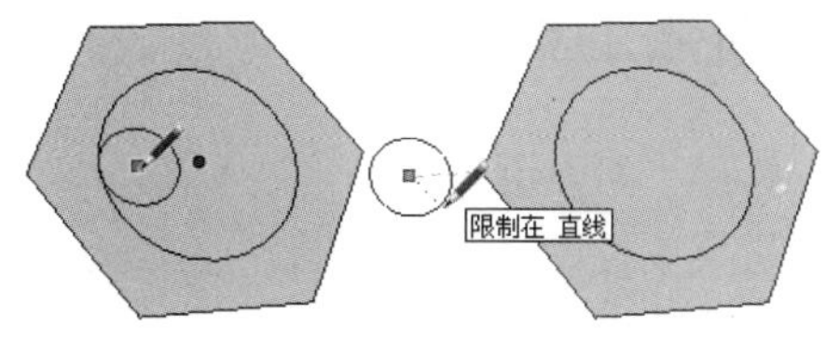

图 1-49 移动绘制平面

一般完成圆的绘制后，便会自动封面。如果将面删除，就会得到圆形边线。

如果想要对单独的圆形边线进行封面，可以使用“直线”工具连接圆上的任意两个端点，如图 1-50 所示。

用鼠标右键单击，在弹出的快捷菜单中选择“图元信息”命令，打开“图元信息”对话框，在该对话框中可以修改圆的参数，其中“半径”表示圆的半径，“段”表示圆的边线段数，“长度”表示圆的周长，如图 1-51 所示。

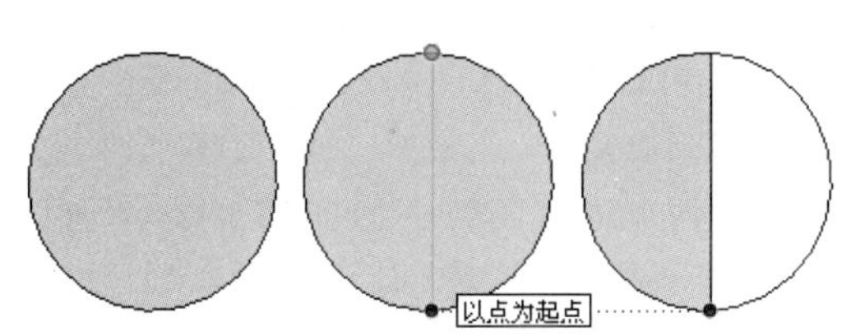

图 1-50 使用直线分割圆面

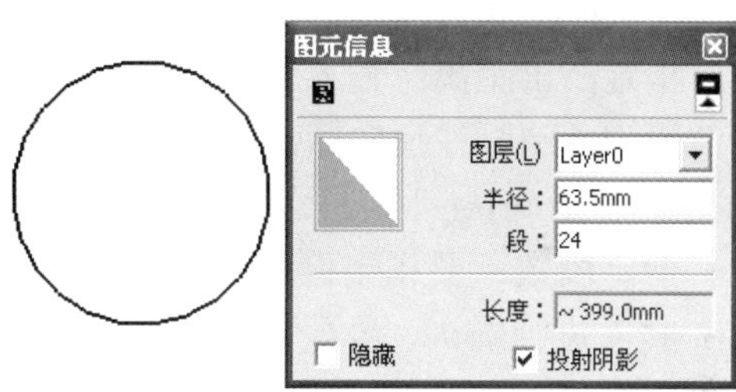

图 1-51 图元信息

(1) 修改圆或圆弧半径的方法

第一种：在圆的边上用鼠标右击(注意是边而不是面)，然后在弹出的快捷菜单中选择“图元信息”命令，接着调整“半径”参数即可。

第二种：是使用“缩放”工具进行缩放(具体的操作方法在后面会进行详细的讲解)。

(2) 修改圆的边数的方法

第一种：激活“圆”工具，并且在还没有确定圆心前，在数值控制框内输入边的数值(例如输入 5)，然后再确定圆心和半径。

第二种：完成圆的绘制后，在开始下一个命令前，在数值控制框内输入“边数 S”的数值(例如输入 10S)。

第三种：在“图元信息”对话框中修改“段”的数值，与上述修改半径的方法相似。

使用“圆”工具绘制的圆，实际上是由直线段组合而成的。圆的段数较多时，外观看起来就比较平滑。

但是，较多的片段数会使模型变得更大，从而降低系统性能。

其实，采用较小的片段数值，结合柔化边线和平滑表面，也可以获得圆润的几何体外观。

1.2.4 圆弧工具

(1) 执行“两点圆弧”命令主要有以下几种方式：

- 从菜单栏中选择“绘图”→“圆弧”→“两点圆弧”命令。
- 直接从键盘输入 A。
- 单击大工具集中的“两点圆弧”按钮。

在绘制两点圆弧，调整圆弧的凸出距离时，圆弧会临时捕捉到半圆的参考点，如图 1-52 所示。

在绘制圆弧时，数值控制框首先显示的是圆弧的弦长，然后是圆弧的凸出距离，用户可以输入数值来指定弦长和凸距。圆弧的半径和段数的输入需要专门的格式。

指定弦长：单击确定圆弧的起点后，就可以输入一个数值来确定圆弧的弦长。数值控制框显示为“长度”，输入目标长度。也可以输入负值，表示要绘制的圆弧在当前方向的反向位置，例如(−1.0)。

指定凸出距离：输入弦长以后，数值控制框将显示“距离”，输入要凸出的距离，负值的凸距表示圆弧往反向凸出。如果要指定圆弧的半径，可以在输入的数值后面加上字母 r(例如 2r)，然后确认(可以在绘制圆弧的过程中或完成绘制后输入)。

指定段数：要指定圆弧的段数，可以输入一个数字，然后在数字后面加上字母 s(例如 8s)，接着进行确认。段数可以在绘制圆弧的过程中输入，或在完成绘制后输入。

使用“圆弧”工具，可以绘制连续的圆弧线。如果弧线以青色显示，则表示与原弧线相切，出现的提示为“在顶点处相切”，如图 1-53 所示。绘制好这样的异形弧线后，可以进行推拉，形成特殊形体，如图 1-54 所示。

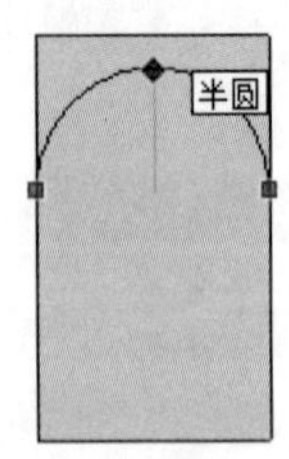

图 1-52 圆弧的半径

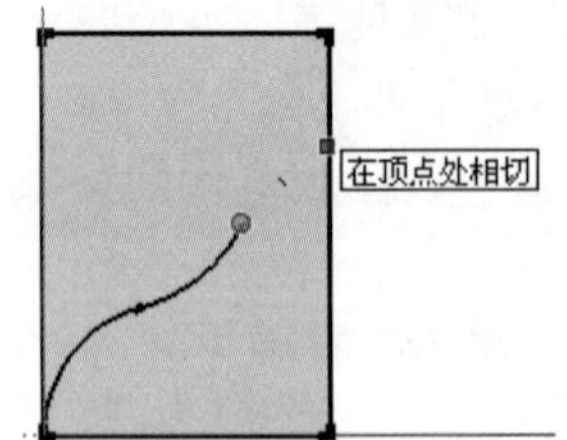

图 1-53 绘制圆弧

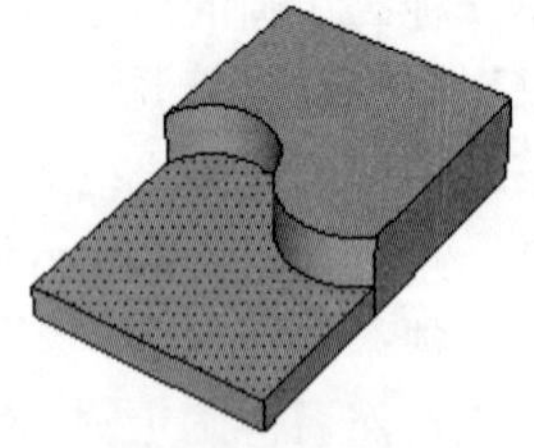

图 1-54 推拉绘图

用户可以利用“推/拉”工具推拉带有圆弧边线的表面，推拉的表面称为圆弧曲面系统。虽然曲面系统可以像真的曲面那样显示和操作，但实际上是一系列平面的集合。

(2) 执行“圆弧”命令主要有以下几种方式：

- 从菜单栏中选择“绘图”→“圆弧”→“圆弧”命令。
- 单击大工具集中的“圆弧”按钮。

绘制圆弧时，需要确定圆心位置、半径距离和绘制圆弧角度，如图 1-55 所示。

(3) 执行“饼图”命令主要有以下几种方式：

- 从菜单栏中选择“绘图”→“圆弧”→“饼图”命令。
- 单击大工具集中的“饼图”按钮。

绘制饼图时，应确定圆心位置、半径距离和圆弧角度，确定圆弧角度之后，所绘制的是封闭的圆弧面，如图 1-56 所示。

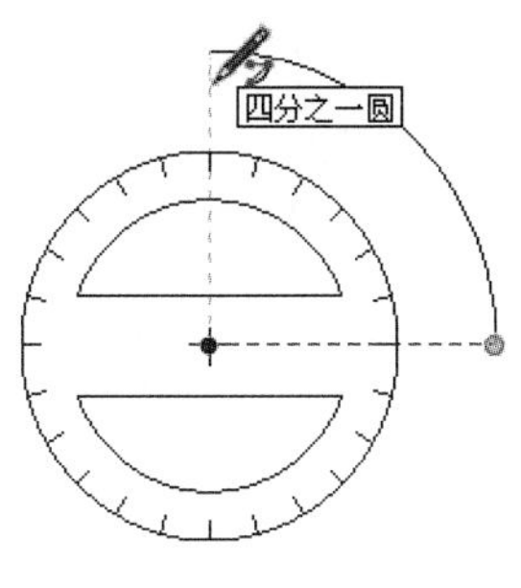

图 1-55　圆弧角度

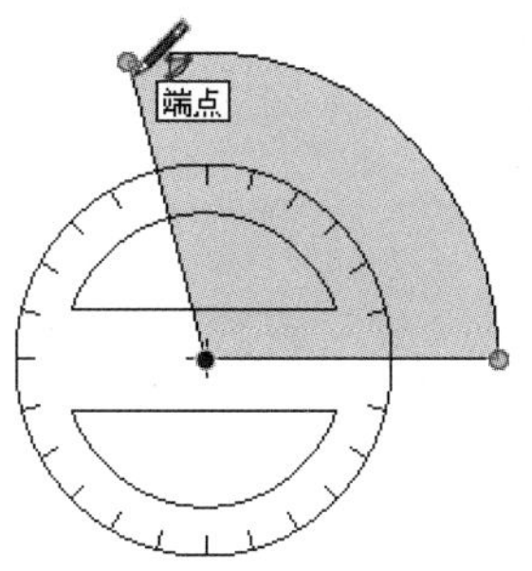

图 1-56　绘制饼图

绘制弧线(尤其是连续弧线)的时候，常常会找不准方向，可以通过设置辅助面，然后在辅助面上绘制弧线来解决。

1.2.5　多边形工具

执行“多边形”命令主要有以下几种方式：

- 从菜单栏中选择“绘图”→“形状”→“多边形”命令。
- 单击大工具集中的“多边形”按钮。

单击“多边形”按钮，在输入框中输入 8，然后单击鼠标左键确定圆心的位置，移动鼠标调整圆的半径，可以直接输入一个半径，再次单击鼠标左键确定完成绘制。如图 1-57 所示。

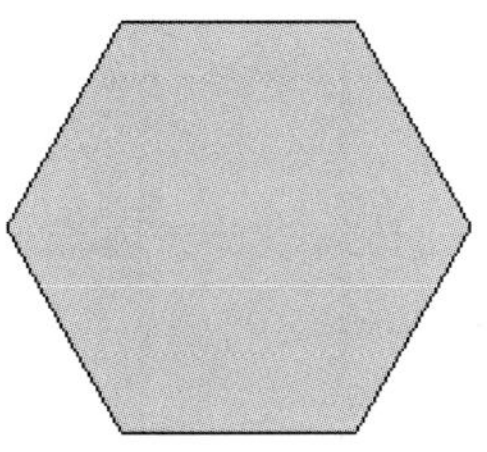

图 1-57　多边形

1.2.6　手绘线工具

执行“徒手画笔”命令主要有以下几种方式：

- 从菜单栏中选择“绘图”→“直线”→“手绘线”命令。
- 单击大工具集中的“手绘线”按钮。

曲线可放置在现有的平面上，或与现有的几何图形相独立(与轴平面对齐)。要绘制曲线，可选择手绘线工具。光标变为一支带曲线的铅笔，点击并按住放置曲线的起点，拖动光标开始绘图，如图 1-58 所示。松开鼠标按键即停止绘图。如果将曲线终点设在绘制起点处，即可绘制闭合形状，如图 1-59 所示。

图 1-58　使用手绘线工具

图 1-59　完成绘制手绘线

1.3　绘制二维图形的案例

1.3.1　绘制模度尺

案例文件：ywj/01/1-2-1.skp。
视频文件：光盘→视频课堂→第 1 章→1.2.1。

案例操作步骤如下。

step 01 从菜单栏中选择“文件”→“导入”命令，导入 01.PNG 图片到 SketchUp 中，如图 1-60 所示。

step 02 选择“直线”工具和“圆弧”工具，完成图片中模度尺相关绘图工具的绘制，如图 1-61 所示。

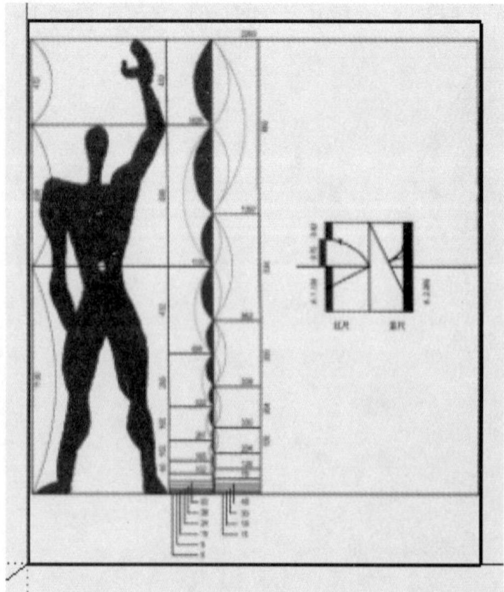
图 1-60　导入图片

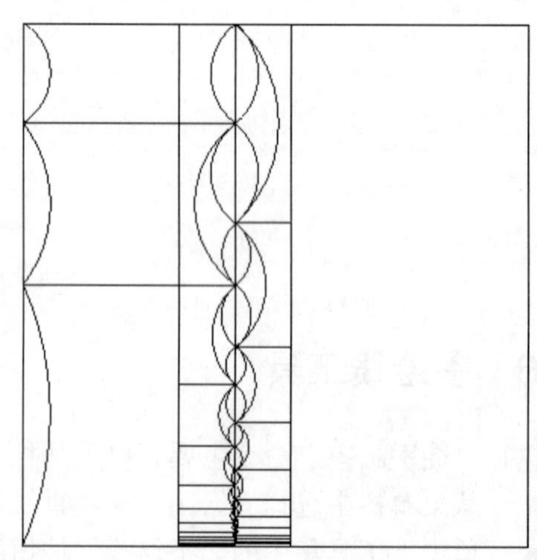
图 1-61　绘制绘图工具部分

step 03 选择“手绘线”工具，绘制模度尺上的人物，如图 1-62 所示，从而完成模度尺的绘制。

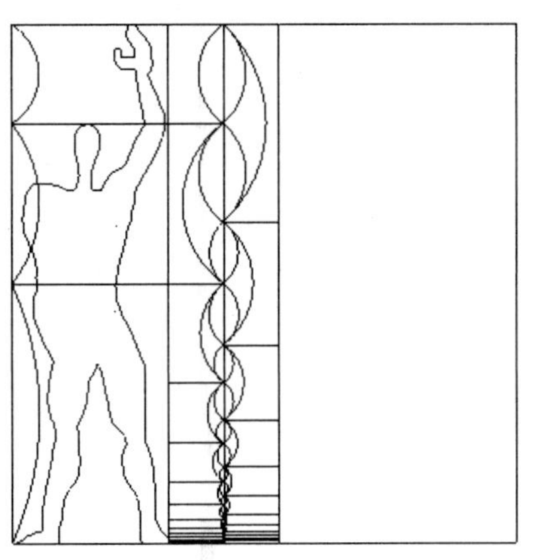

图 1-62　完成绘制的模度尺

1.3.2　绘制六边形

案例文件：ywj/01/1-2-2.skp。

视频文件：光盘→视频课堂→第 1 章→1.2.2。

案例操作步骤如下。

step 01 选择“多边形”工具，在输入框中输入 6，并单击确定圆心位置，如图 1-63 所示。

step 02 通过移动鼠标，来调整圆的半径，也可以直接输入一个半径值，如 100mm，如图 1-64 所示。

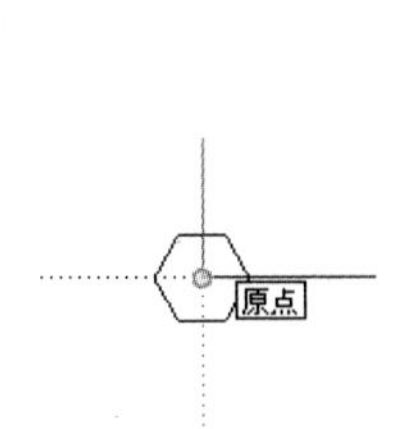

图 1-63　确定圆心

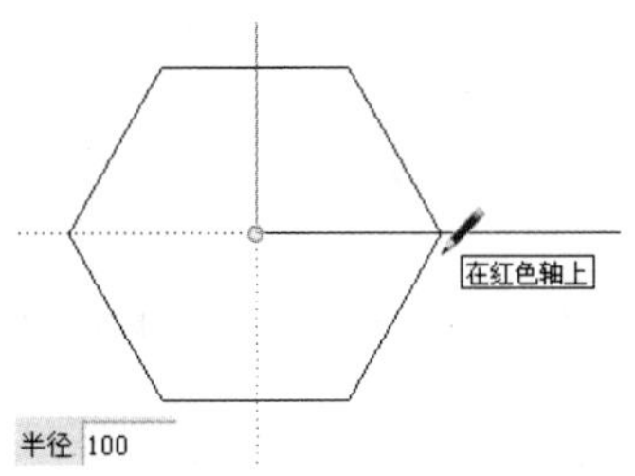

图 1-64　确定半径

step 03 按下 Enter 键，即可完成六边形的绘制，如图 1-65 所示。

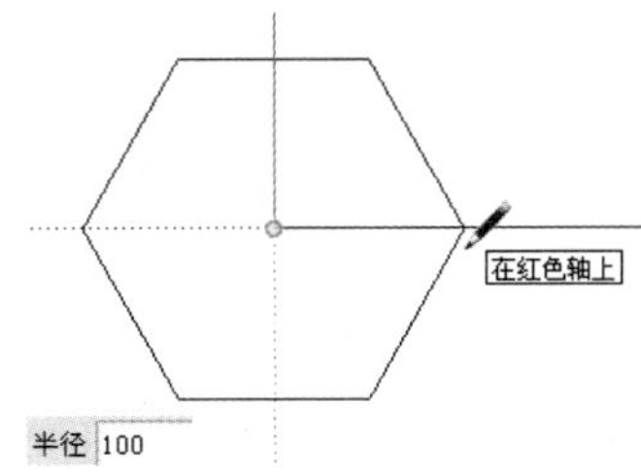

图 1-65　完成绘制的六边形

1.4 绘制三维图形

SketchUp 的三维绘图功能，能够通过推拉、缩放等基础命令生成三维体块，可以通过偏移复制来编辑三维体块。

1.4.1 推/拉工具

执行“推/拉”命令主要有以下几种方式：

- 从菜单栏中选择“工具”→“推/拉”命令。
- 直接从键盘输入 P。
- 单击大工具集中的“推/拉”按钮。

根据推拉对象的不同，SketchUp 会进行相应的几何变换，包括移动、挤压和挖空。“推/拉”工具可以完全配合 SketchUp 的捕捉参考进行使用。使用“推/拉”工具推拉平面时，推拉的距离会在数值控制框中显示。用户可以在推拉的过程中或完成推拉后输入精确的数值进行修改，在进行其他操作前，可以一直更新数值。如果输入的是负值，则表示将往当前的反方向推拉。

“推/拉”工具的挤压功能可以用来创建新的几何体，如图 1-66 所示。用户可以使用“推/拉”工具对几乎所有的表面进行挤压(不能挤压曲面)。

“推/拉”工具还可以用来创建内部凹陷或挖空的模型，如图 1-67 所示。

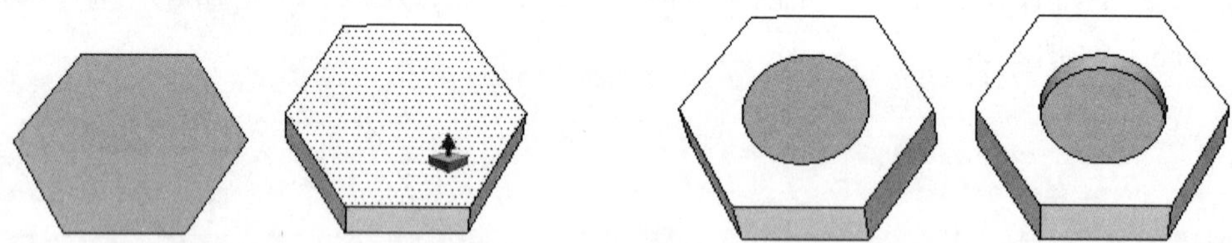

图 1-66 用“推/拉”工具创建新的几何体　　图 1-67 用“推/拉”工具创建凹陷或挖空的模型

使用“推/拉”工具并配合键盘上的按键，可以进行一些特殊的操作。配合 Alt 键可以强制表面在垂直方向上推拉，否则会挤压出多余的模型，如图 1-68 所示。

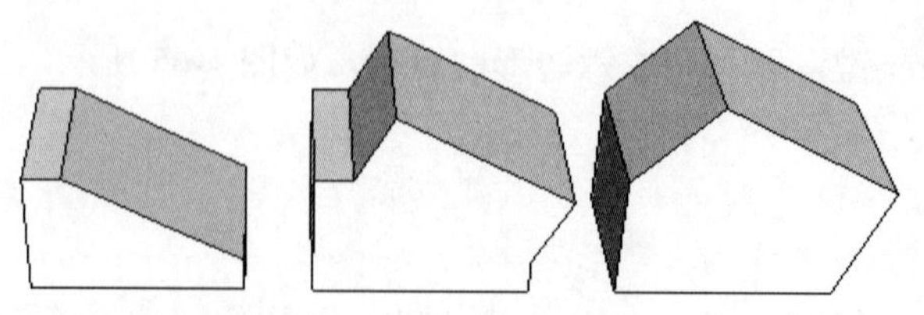

图 1-68 不同“推/拉”效果的对比

配合 Ctrl 键可以在推拉的时候生成一个新的面(按下 Ctrl 键后，鼠标指针的右上角会多出一个“+”号)，如图 1-69 所示。

SketchUp 还没有像 3ds Max 一样有多重合并然后进行拉伸的命令。但有一个变通的方法，就是在拉伸第一个平面后，在其他平面上进行双击，就可以拉伸同样的高度，如图 1-70 至图 1-72 所示。

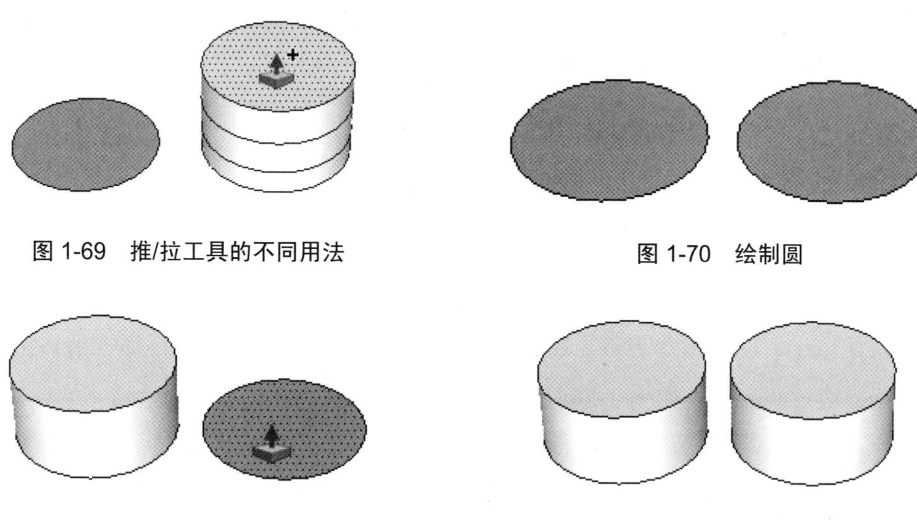

图 1-69 推/拉工具的不同用法

图 1-70 绘制圆

图 1-71 在面上进行双击

图 1-72 推拉高度相同

也可以同时选中所有需要拉伸的面，然后使用“移动/复制”工具进行拉伸，如图 1-73 和图 1-74 所示。

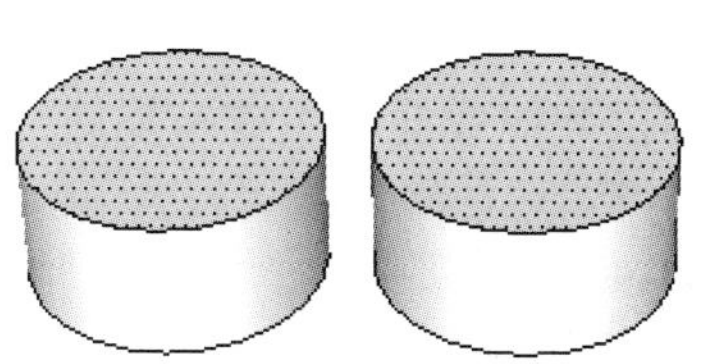

图 1-73 同时选中面

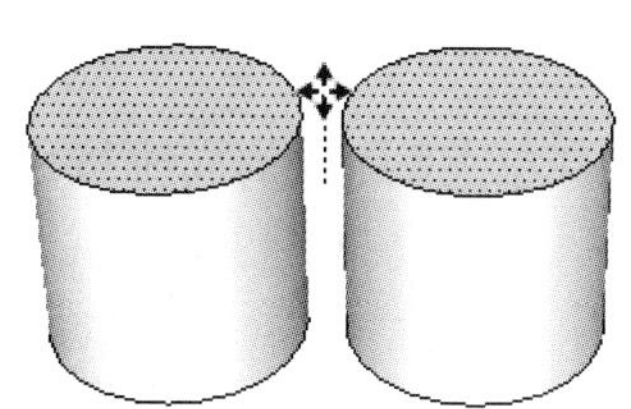

图 1-74 同时向上移动

“推/拉”工具只能作用于表面，因此不能在“线框显示”模式下工作。按住 Alt 键的同时进行推拉，可以使物体变形，也可以避免挤出不需要的模型。

1.4.2 物体的移动/复制

执行“移动”命令主要有以下几种方式：

- 从菜单栏中选择“工具”→“移动”命令。
- 直接从键盘输入 M。
- 单击大工具集中的“移动”按钮。

使用“移动”工具移动物体的方法非常简单，只需选择需要移动的元素或物体，然后激活“移动”工具，接着移动鼠标即可。在移动物体时，会出现一条参考线；另外，在数值控制框中会动态显示移动的距离(也可以输入移动数值或者三维坐标值进行精确移动)。

在进行移动操作之前或移动的过程中，可以按住 Shift 键来锁定参考。这样可以避免参考捕捉受到别的几何体干扰。在移动对象的同时，按住 Ctrl 键，就可以复制选择的对象(按住 Ctrl 键后，鼠标指针右上角会多出一个“+”号)。完成一个对象的复制后，如果在数值控制框中输入“2/”，会在两个图形复制间距中间位置再复制 1 份；如果输入“2*”或者“2×”，将会以复制的间距再阵列出 1 份，如图 1-75 所示。

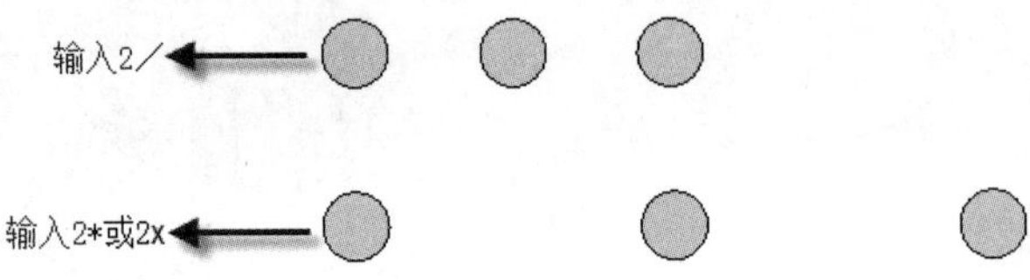

图 1-75　复制

当移动几何体上的一个元素时，SketchUp 会按需要对几何体进行拉伸。用户可以用这个方法移动点、边线和表面，如图 1-76 所示。也可以通过移动线段来拉伸一个物体。

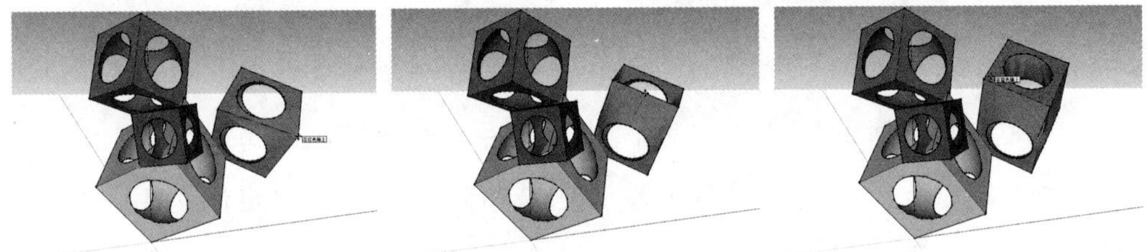

图 1-76　移动

使用“移动”工具的同时按住 Alt 键，可以强制拉伸线或面，生成不规则几何体，也就是 SketchUp 会自动折叠这些表面，如图 1-77 所示。

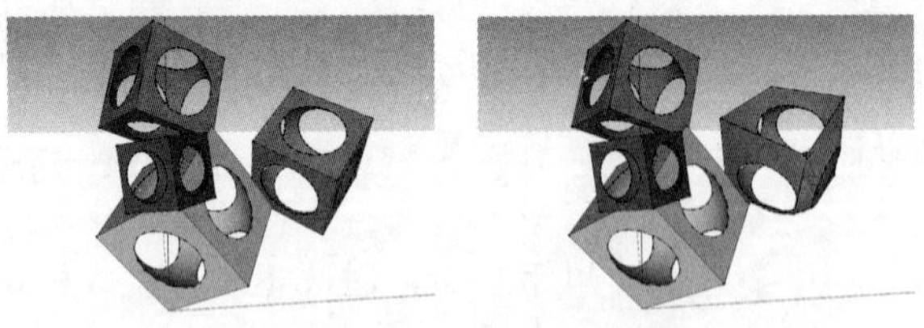

图 1-77　强制拉伸线和面

SketchUp 中，可编辑的点只存在于线段和弧线两端，以及弧线的中点。可以使用“移动”工具进行编辑，在激活此工具前不要选中任何对象，直接捕捉即可，如图 1-78 所示。

图 1-78　捕捉点

1.4.3 物体的旋转

执行“旋转”命令主要有以下几种方式：

- 从菜单栏中选择“工具”→“旋转”命令。
- 直接从键盘输入 Q。
- 单击大工具集中的“旋转”按钮。

打开“3-2.skp”图形文件，利用 SketchUp 的参考提示，可以精确地定位旋转中心。如果开启了“角度捕捉”功能，将会根据设置好的角度进行旋转，如图 1-79 所示。

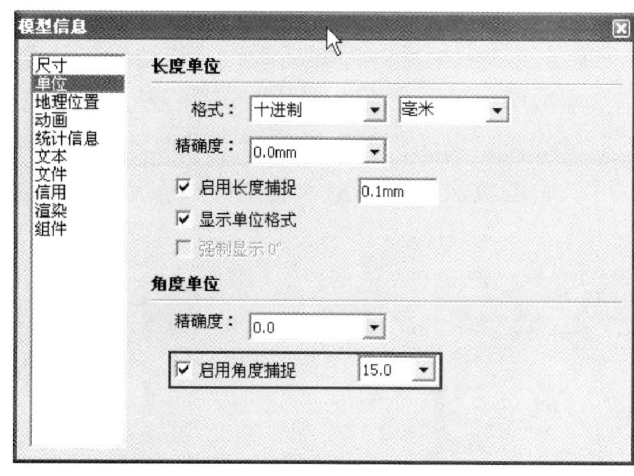

图 1-79 模型信息

使用“旋转”工具并配合 Ctrl 键，可以在旋转的同时复制物体。例如，在完成一个圆柱体的旋转复制后，如果输入“6*”或者“6×”，就可以按照上一次的旋转角度将圆柱体复制 6 个，共存在 7 个圆柱体，如图 1-80 所示。

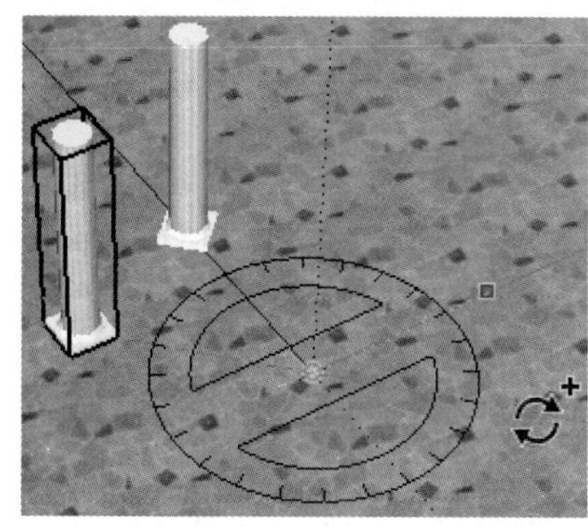
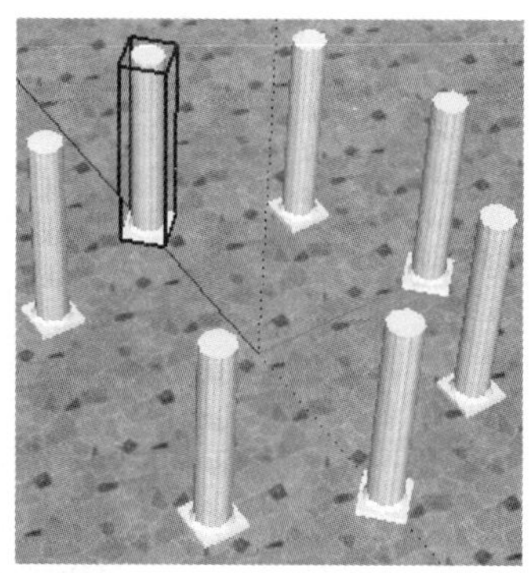

图 1-80 旋转复制

假如在完成圆柱体的旋转复制后，输入“2/”，那么，就可以在旋转的角度内再复制 2 份，共存在 3 个圆柱体，如图 1-81 所示。

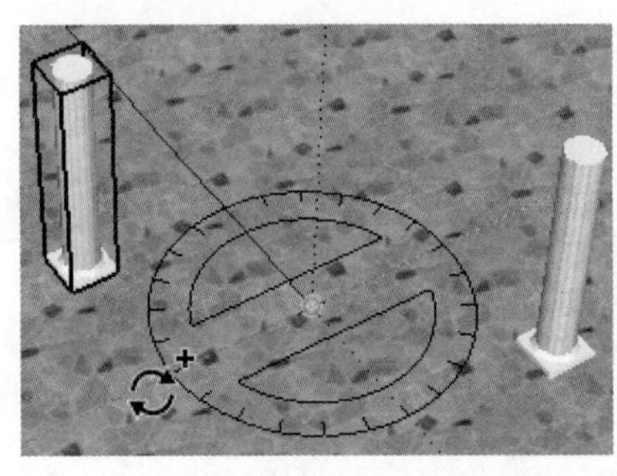
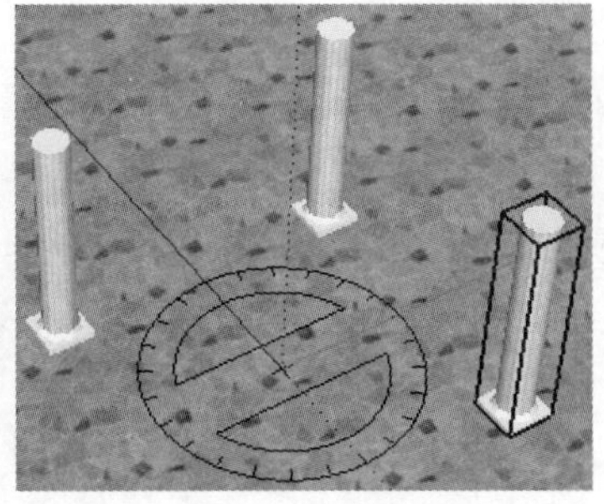

图 1-81　旋转复制

在使用“旋转”工具只旋转某个物体的一部分时，可以将该物体进行拉伸或扭曲，如图 1-82 所示。当物体对象是组或者组件时，如果激活“移动”工具(激活前不要选择任何对象)，并将鼠标光标指到组或组件的一个面上，那么该面上会出现 4 个红色的标记点，移动鼠标光标至一个标记点上，就会出现红色的旋转符号，此时，就可直接在这个平面上让物体沿着自身轴旋转，并且可以通过数值控制框输入需要旋转的角度值，而不需要使用“旋转”工具，如图 1-83 所示。

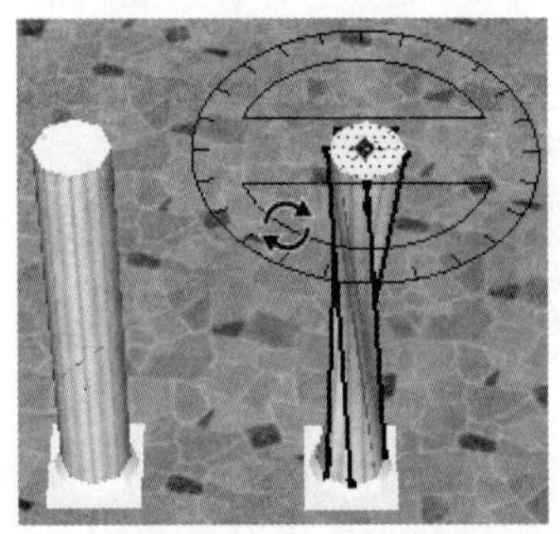

图 1-82　旋转扭曲

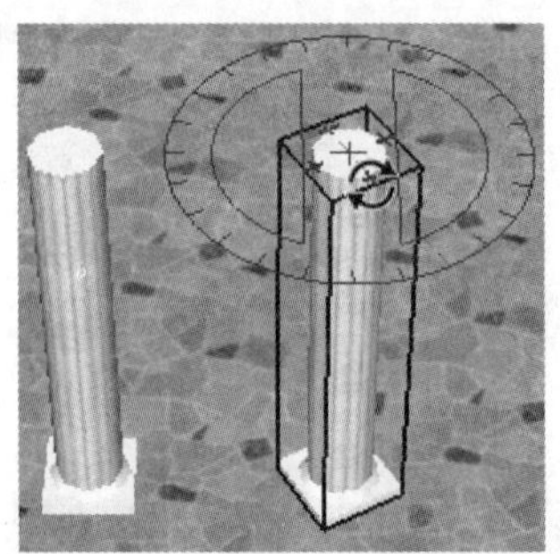

图 1-83　旋转模型

如果旋转会导致一个表面被扭曲或变成非平面时，将激活 SketchUp 的自动折叠功能。

1.4.4　图形的路径跟随

执行“路径跟随”命令主要有以下几种方式：

- 从菜单栏中选择“工具”→“路径跟随”命令。
- 单击大工具集中的“路径跟随”按钮。

SketchUp 中的“路径跟随”工具类似于 3ds Max 中的“放样”命令，可以将截面沿已知路径放样，从而创建复杂的几何体。

为了使“路径跟随”工具从正确的位置开始放样，在放样开始时，必须单击邻近剖面的路径。否则，“路径跟随”工具会在边线上挤压，而不是从剖面到边线。

1.4.5 物体的缩放

执行“缩放”命令主要有以下几种方式：

- 从菜单栏中选择“工具”→“缩放”命令。
- 直接从键盘输入 S。
- 单击大工具集中的“缩放”按钮。

使用“缩放”工具可以缩放或拉伸选中的物体，方法是在激活“缩放”工具后，通过移动缩放夹点来调整所选几何体的大小，不同的夹点支持不同的操作。

在拉伸的时候，数值控制框会显示缩放比例，用户也可以在完成缩放后输入一个数值，数值的输入方式有如下 3 种。

1. 输入缩放比例

直接输入不带单位的数字，例如 2.5 表示缩放 2.5 倍、-2.5 表示往夹点操作方向的反方向缩放 2.5 倍。缩放比例不能为 0。

2. 输入尺寸长度

输入一个数值并指定单位，例如，输入 2m 表示缩放到“2 米”。

3. 输入多重缩放比例

一维缩放需要一个数值；二维缩放需要两个数值，用逗号隔开；等比例的三维缩放也只需要一个数值，但非等比的三维缩放却需要 3 个数值，分别用逗号隔开。

上面说过，不同的夹点支持不同的操作，这是因为有些夹点用于等比缩放，有些则用于非等比缩放(即一个或多个维度上的尺寸以不同的比例缩放，非等比缩放也可以看作拉伸)。

如图 1-84 所示，显示了所有可能用到的夹点，有些隐藏在几何体后面的夹点在光标经过时就会显示出来，而且也是可以操作的。当然，用户也可以打开“X 光模式”(选择“窗口”→“样式”菜单命令，打开“编辑”选项卡，单击“平面设置”按钮，单击“以 X 射线模式显示”按钮)，这样就可以看到隐藏的夹点了。

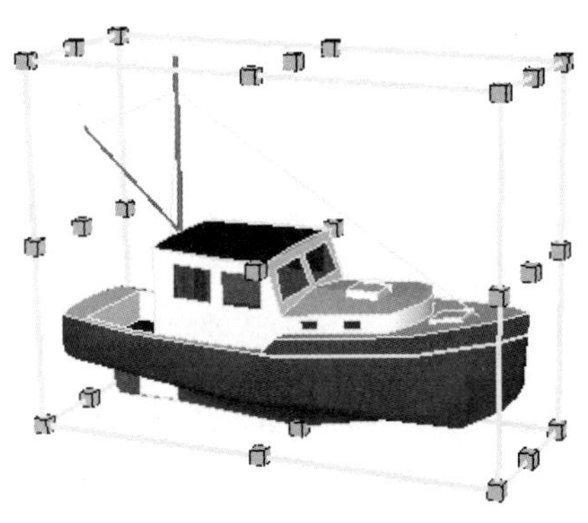

图 1-84 使用缩放命令

1.4.6 图形的偏移复制

执行“偏移”命令主要有以下几种方式：

- 从“菜单栏”中选择“工具”→“偏移”命令。
- 直接从键盘输入 F。
- 单击大工具集中的“偏移”按钮。

线的偏移方法和面的偏移方法大致相同，唯一需要注意的是，选择线的时候，必须选择两条以上相连的线，而且所有的线必须处于同一平面上，如图 1-85 所示。

图 1-85 偏移

对于选定的线，通常使用“移动”工具(快捷键为 M 键)并配合 Ctrl 键进行复制，复制时，可以直接输入复制距离。而对于两条以上连续的线段或者单个面，可以使用“偏移”工具(快捷键为 F 键)进行复制。

使用“偏移”工具一次只能偏移一个面或者一组共面的线。

1.5 绘制三维图形的案例

1.5.1 创建景观路灯

案例文件：ywj/01/1-3-1.skp。
视频文件：光盘→视频课堂→第 1 章→1.3.1。

案例操作步骤如下。

step 01 用“矩形”工具和“推/拉”工具，设置矩形尺寸为 350mm×365mm，拉伸高度为 1500mm，绘制路灯的柱体部分，并将其创建为组，如图 1-86 所示。

step 02 用偏移复制工具和“推/拉”工具，完成柱体的分割细节，如图 1-87 所示。

图 1-86　绘制柱子　　图 1-87　绘制柱子的分割细节

step 03 选择“圆”工具和“推/拉”工具，绘制路灯的圆形杆件部分，如图 1-88 所示。

step 04 选择“矩形”工具和“推/拉”工具，绘制圆形杆件上部的方形构件，如图 1-89 所示。

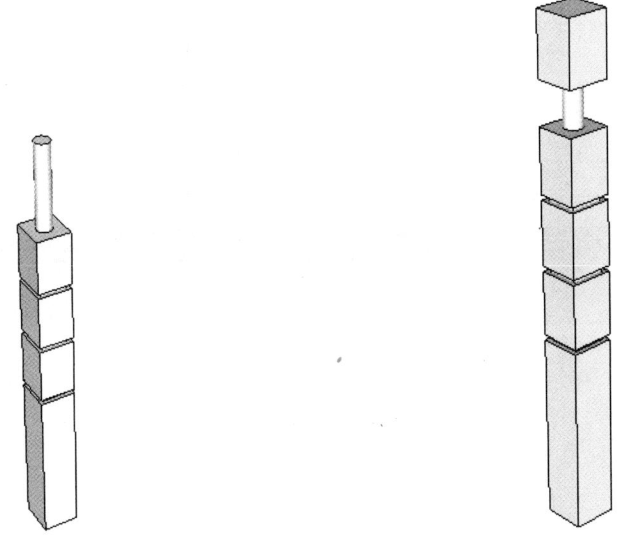

图 1-88　绘制路灯圆形杆件　　图 1-89　绘制方形构件

step 05 选择“圆”工具，绘制半径为 40mm 的圆，选择“路径跟随”工具，绘制球形，如图 1-90 所示。

step 06 选择“圆”工具，绘制半径为 6mm 的圆，运用“矩形”工具和“推/拉”工具，绘制出灯罩与支撑杆件部分，并赋予模型相应的材质，如图 1-91 所示，完成景观路灯的创建。

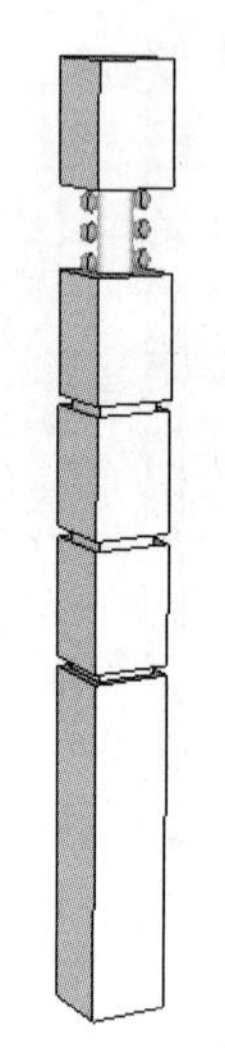

图 1-90　绘制球形

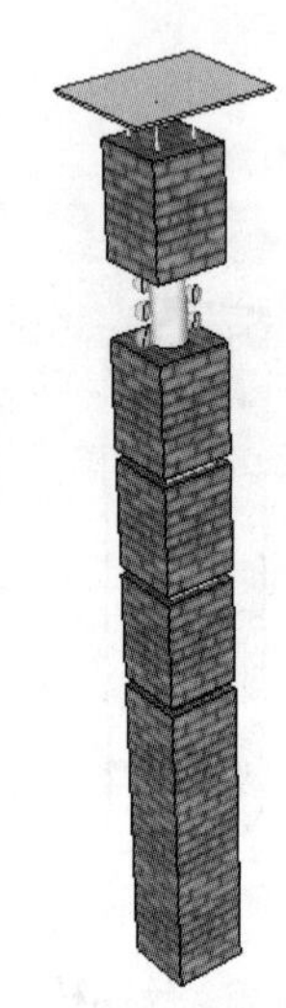

图 1-91　创建完成的景观路灯

1.5.2　创建儿童木马

案例文件：ywj/01/1-3-2.skp。

视频文件：光盘→视频课堂→第 1 章→1.3.2。

案例操作步骤如下。

step 01 选择“文件”→“导入”菜单命令，弹出“打开”对话框，选择“木马 01.jpg”和“木马 02.jpg”图片文件，将图片导入到场景中，如图 1-92 所示。

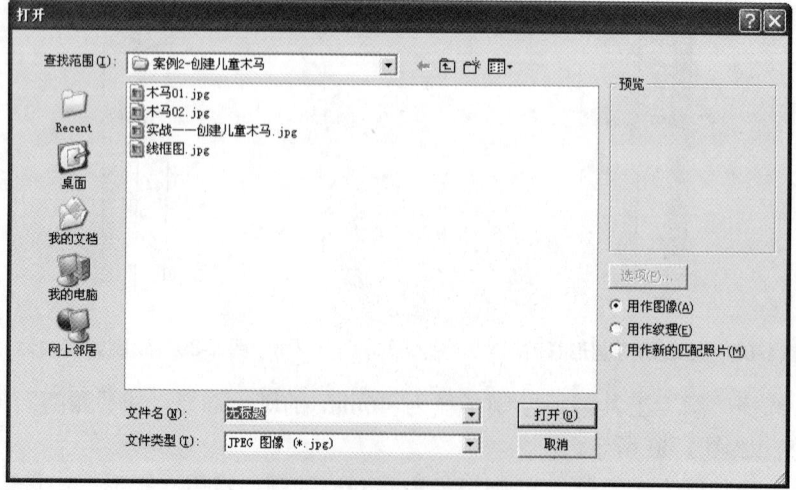

图 1-92　导入图片

step 02 选择“移动”工具和“旋转”工具，将木马的两张图片放置到相应的位置，如图 1-93 所示。

step 03 用“直线”工具和“圆弧”工具描绘木马的立面形态，如图 1-94 所示。

图 1-93　调整图片位置

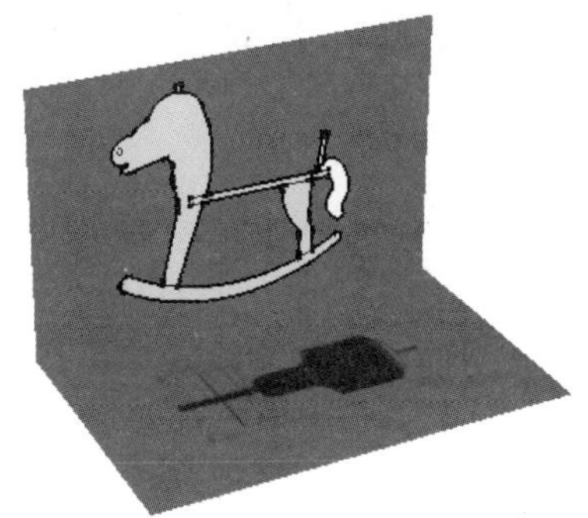

图 1-94　描绘轮廓

step 04 选择“推/拉”工具，设置推拉厚度为 3mm，推拉出图形厚度，效果如图 1-95 所示。

step 05 采用相似的方法绘制完成模型，如图 1-96 所示。

图 1-95　推拉厚度

图 1-96　绘制其余部分

step 06 将木马模型赋予相应的材质，如图 1-97 所示。

图 1-97　创建完成的木马

1.5.3 创建办公桌

案例文件：ywj/01/1-3-3.skp。
视频文件：光盘→视频课堂→第 1 章→1.3.3。

案例操作步骤如下。

step 01 选择“矩形”工具，绘制 660mm×400mm 的矩形，如图 1-98 所示。

step 02 选择“推/拉”工具，推拉矩形，设置推拉高度为 50mm，如图 1-99 所示。

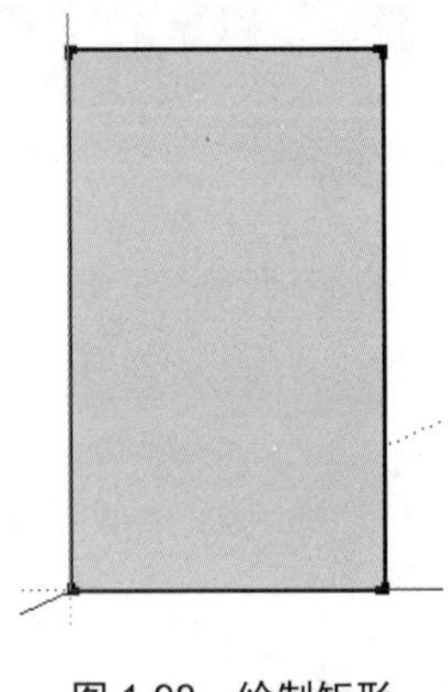

图 1-98 绘制矩形

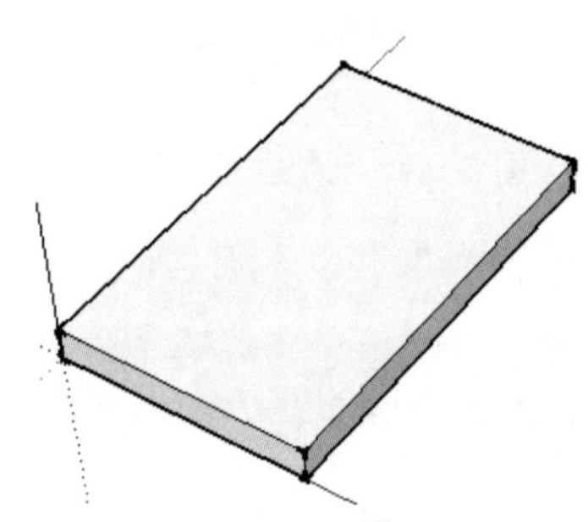

图 1-99 拉伸矩形

step 03 选择“偏移”工具，设置偏移矩形距离为 20mm，选择“推/拉”工具，设置推拉高度为 630mm，推拉出柜体部分，如图 1-100 所示。

step 04 分别选择“矩形”工具和“推/拉”工具，绘制 400mm×180mm×20mm 的抽屉部分，并创建为组件，如图 1-101 所示。

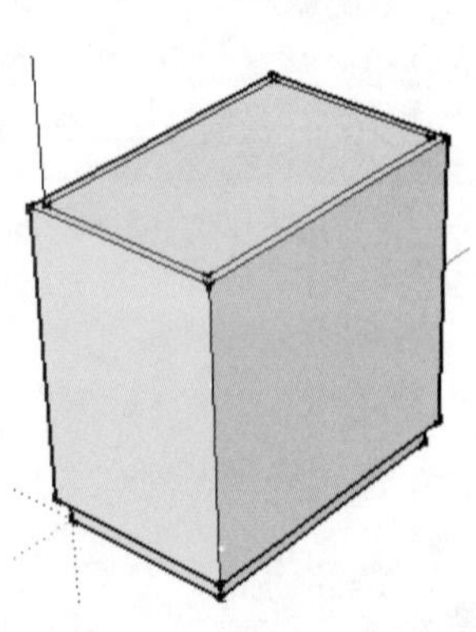

图 1-100 绘制柜体部分

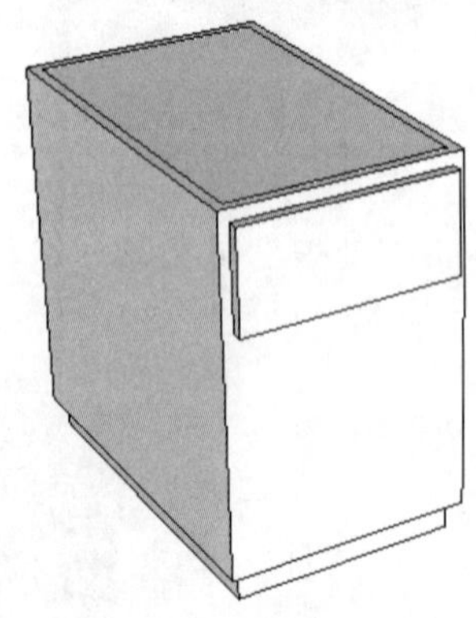

图 1-101 绘制抽屉部分

step 05 选择抽屉部分，选择“移动”工具并按住 Ctrl 键，将其向下复制，复制距离为 200mm，再输入“2*”，完成抽屉的复制，如图 1-102 所示。

step 06 双击，进入抽屉组件的内部，在每个抽屉的上部都推拉出一个拉槽，如图 1-103 所示。

图 1-102 复制抽屉部分

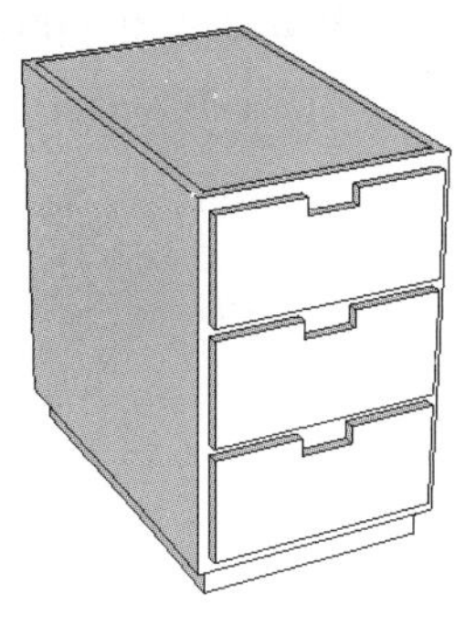

图 1-103 绘制抽屉拉槽

step 07 选择“矩形”工具，在距离柜体右侧 1250mm 处绘制 40mm×700mm 的矩形，再选择“推/拉”工具，推拉出 680mm 的高度，如图 1-104 所示。

step 08 选择“移动”工具并且按住 Ctrl 键，向下移动复制边线，距离为 40mm，如图 1-105 所示。

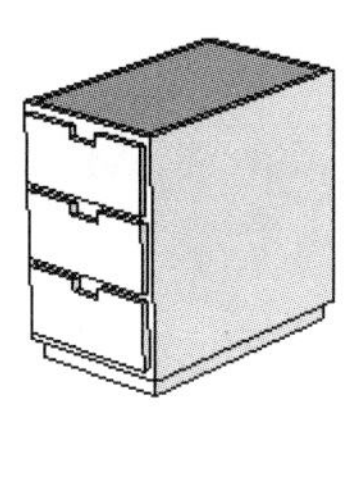

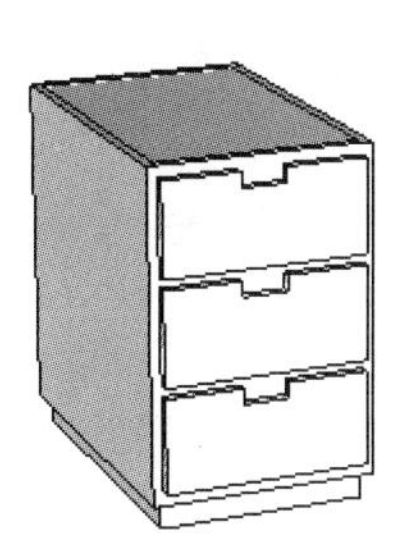

图 1-104 绘制长方体

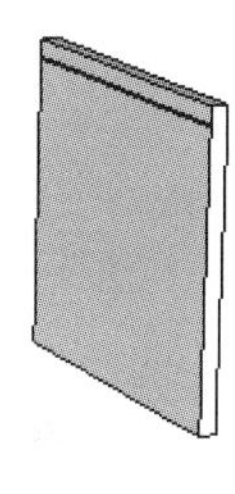

图 1-105 移动复制边线

step 09 选择“推/拉”工具，设置推拉的厚度为 400mm，并且创建为组，如图 1-106 所示。

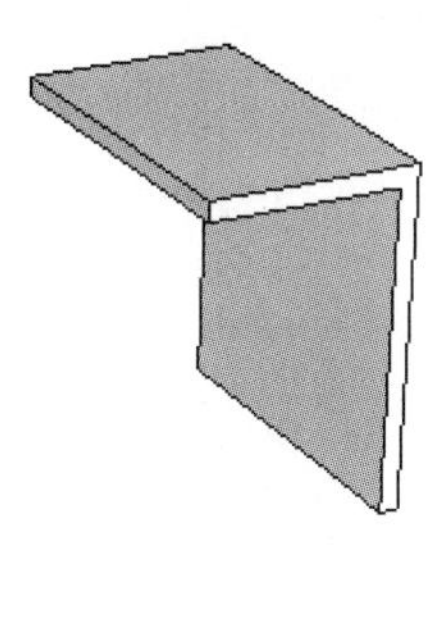

图 1-106 进行推拉

step 10 选择“矩形”工具，绘制 1600mm×250mm 的矩形，再选择“推/拉”工具，设置推拉厚度为 30mm，并创建为组，绘制出桌面底托，如图 1-107 所示。

step 11 选择“矩形”工具，绘制 1700mm×700mm 的矩形，再选择“推/拉”工具

，设置推拉厚度为 400mm，并创建为组，绘制桌面。赋予模型材质，完成办公桌的创建，如图 1-108 所示，

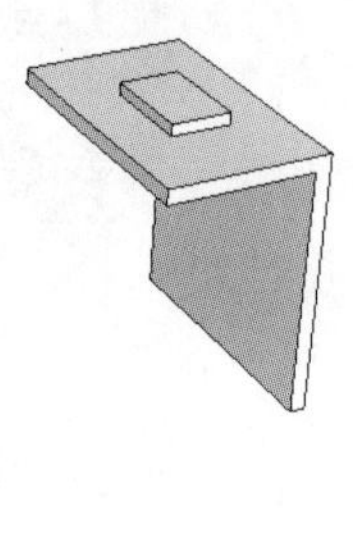

图 1-107　绘制桌面底托

图 1-108　创建完成的办公桌

1.5.4　创建建筑入口

案例文件：ywj/01/1-3-4.skp。
视频文件：光盘→视频课堂→第 1 章→1.3.4。

案例操作步骤如下。

step 01 分别选择“矩形”工具和“推/拉”工具，绘制 8400mm×4500mm×200mm 的建筑立面墙体，如图 1-109 所示。

step 02 选择“直线”工具和“推/拉”工具，绘制建筑底部的散水结构，如图 1-110 所示。

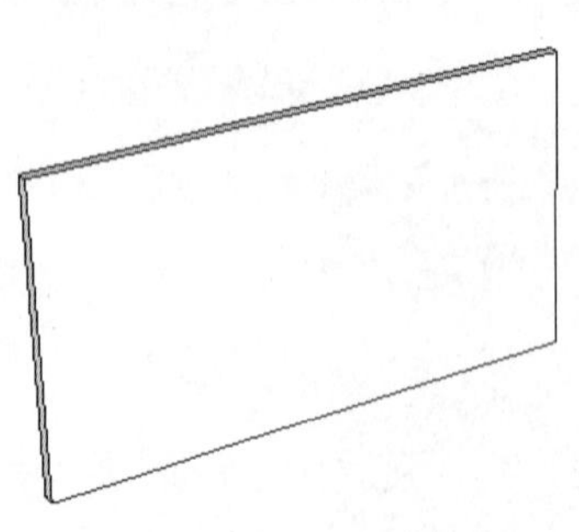

图 1-109　绘制墙体

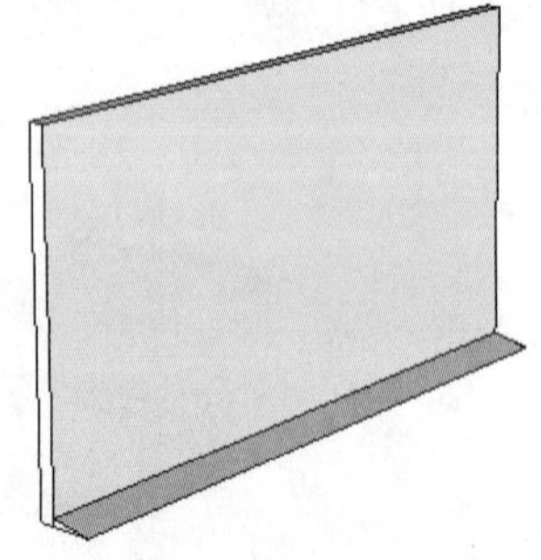

图 1-110　绘制散水

step 03 选择“直线”工具和“推/拉”工具，绘制台阶部分，如图 1-111 所示。

step 04 选择“直线”工具和“推/拉”工具，绘制出台阶侧边的挡板，如图 1-112 所示。

step 05 选择“直线”工具和“偏移”工具，绘制大门的轮廓，如图 1-113 所示。

step 06 选择“推/拉”工具，推拉出大门的厚度，如图 1-114 所示。

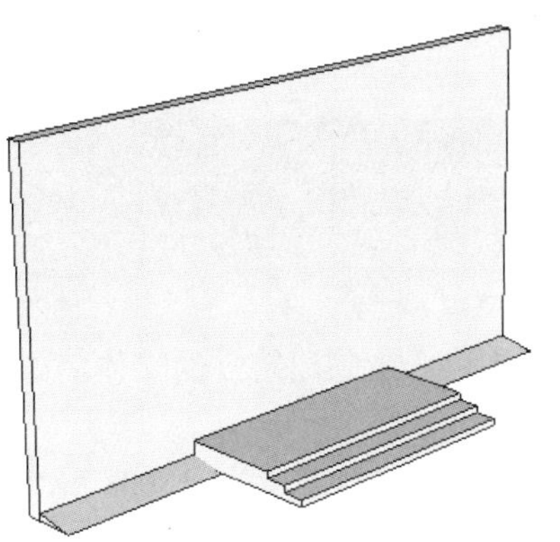

图 1-111　绘制台阶

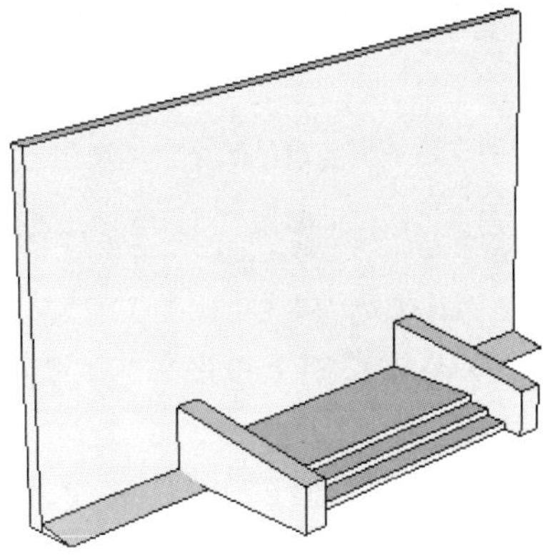

图 1-112　绘制台阶挡板

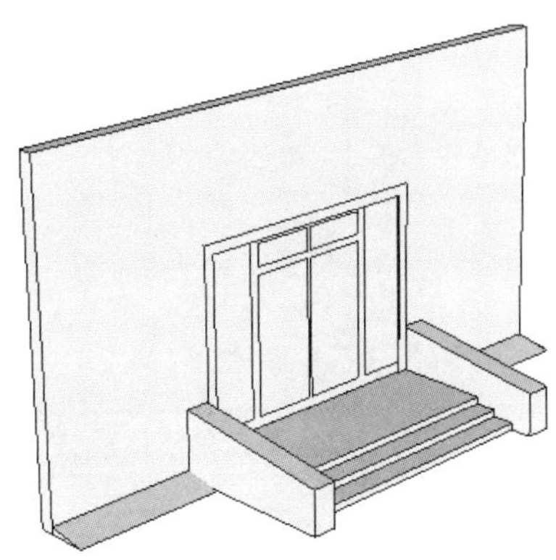

图 1-113　绘制大门的轮廓

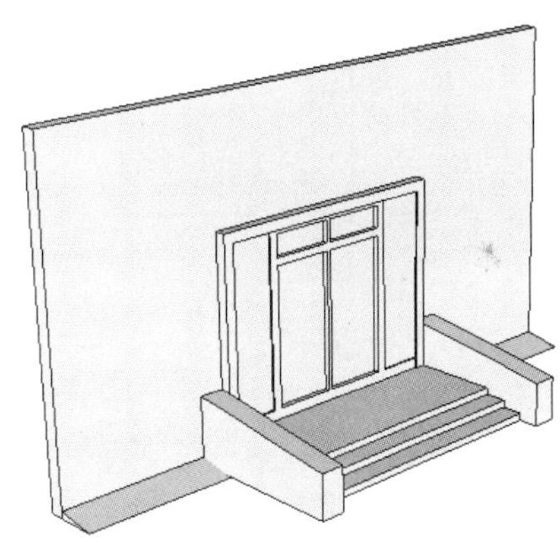

图 1-114　推拉出大门的厚度

step 07 分别选择“矩形”工具、“推/拉”工具以及“偏移”工具，绘制雨棚，并添加相应的材质，如图 1-115 所示，完成建筑入口的创建。

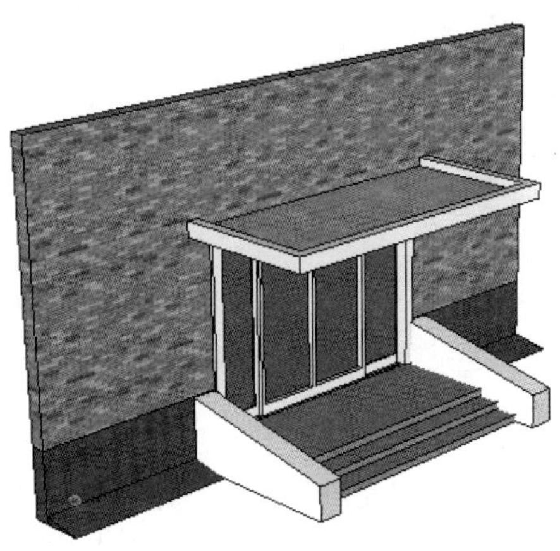

图 1-115　创建完成的建筑入口

计算机辅助设计案例课堂

1.5.5　创建建筑封闭阳台

案例文件：ywj/01/1-3-5.skp。
视频文件：光盘→视频课堂→第 1 章→1.3.5。

案例操作步骤如下。

step 01 分别运用“矩形”工具和“推/拉”工具，绘制建筑立面墙体，如图 1-116 所示。

step 02 选择“直线”工具和“推/拉”工具，设置推拉厚度为 1300mm，绘制阳台的实体部分，并创建为组，如图 1-117 所示。

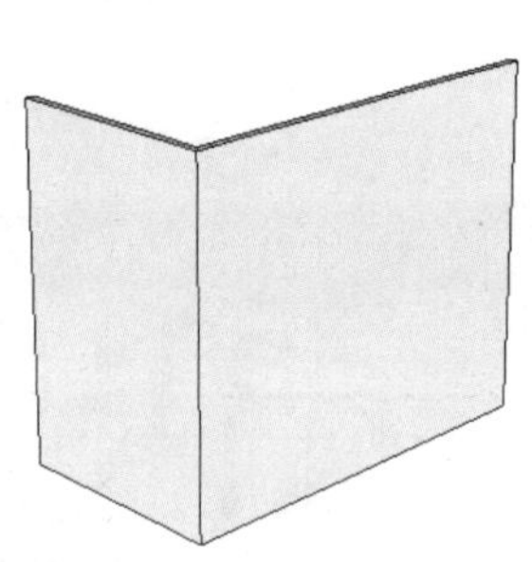

图 1-116　绘制建筑立面墙体

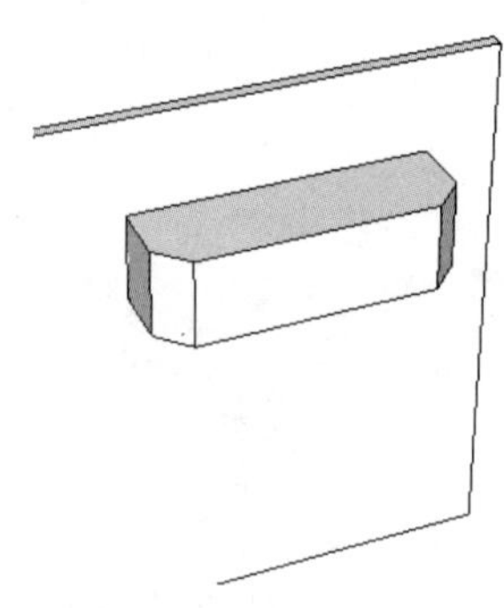

图 1-117　绘制阳台的实体部分

step 03 选择“推/拉”工具，并按住 Ctrl 键，将阳台推出上下两个层次，如图 1-118 所示。

step 04 选择“矩形”工具和“推/拉”工具，绘制出空调百叶的位置，如图 1-119 所示。

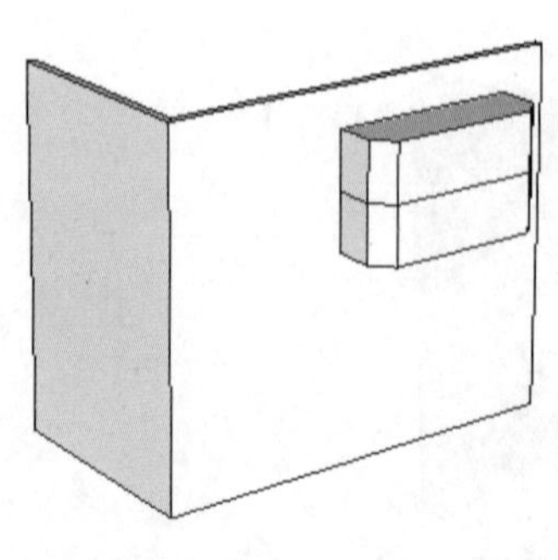

图 1-118　拉伸阳台

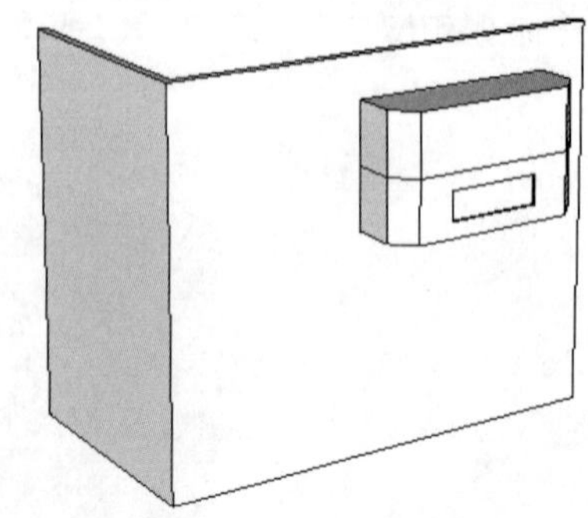

图 1-119　绘制空调百叶位置

step 05 选择“偏移”工具和“推/拉”工具，绘制分隔线脚，选择“移动”工具，并按住 Ctrl 键将其复制到相应的位置，如图 1-120 所示。

step 06 选择“矩形”工具和“推/拉”工具，绘制出窗户构件，如图 1-121 所示。

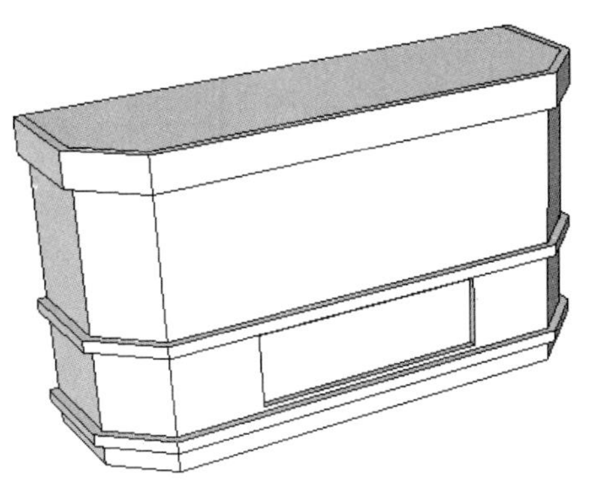

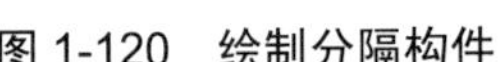

图 1-120　绘制分隔构件

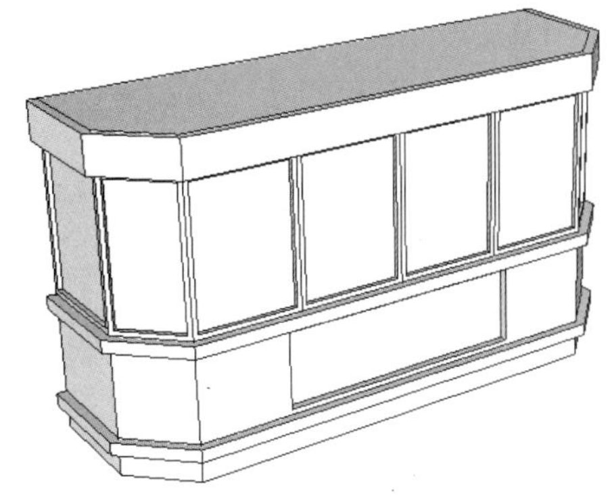

图 1-121　绘制窗户构件

step 07 选择“移动”工具，并按住 Ctrl 键复制窗户构件，如图 1-122 所示。

step 08 绘制建筑立面的其他结构，并为模型赋予材质，如图 1-123 所示，完成建筑封闭阳台的创建。

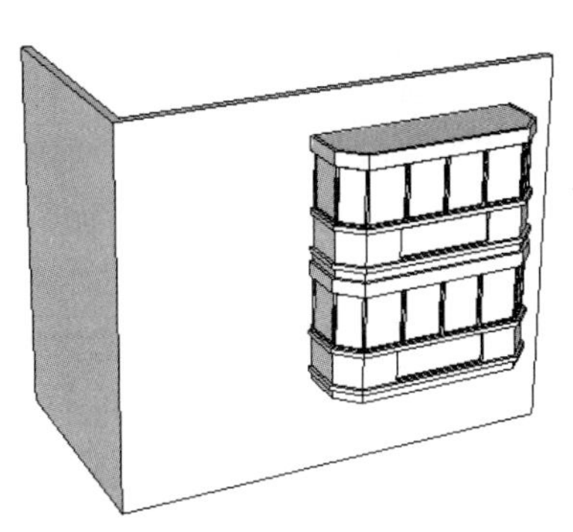

图 1-122　复制窗户构件

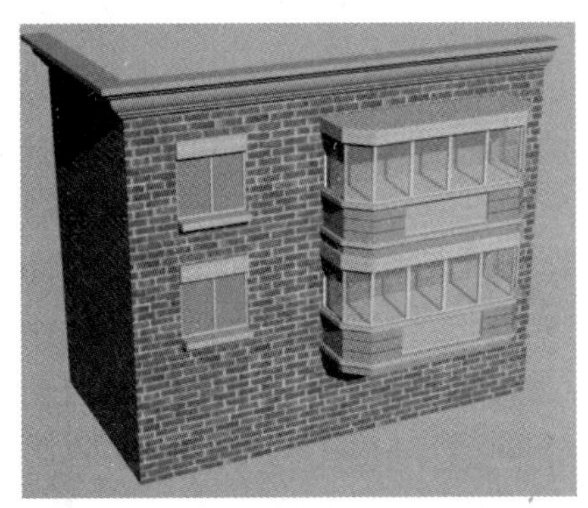

图 1-123　创建完成的建筑封闭阳台

1.5.6　创建建筑凸窗

案例文件：ywj/01/1-3-6.skp。
视频文件：光盘→视频课堂→第 1 章→1.3.6。

案例操作步骤如下。

step 01 选择“矩形”工具和“推/拉”工具，设置矩形尺寸为 4560mm×4860mm，推拉厚度为 200mm，绘制建筑的立面墙体，如图 1-124 所示。

step 02 选择“矩形”工具和“推/拉”工具，绘制出窗户轮廓，并且创建为组，如图 1-125 所示。

step 03 选择“矩形”工具和“推/拉”工具，绘制凸窗部分，如图 1-126 所示。

step 04 选择“矩形”工具和“推/拉”工具，绘制玻璃窗户部分，并赋予相应的材质，如图 1-127 所示，完成建筑凸窗的创建。

图 1-124　绘制建筑的立面墙体

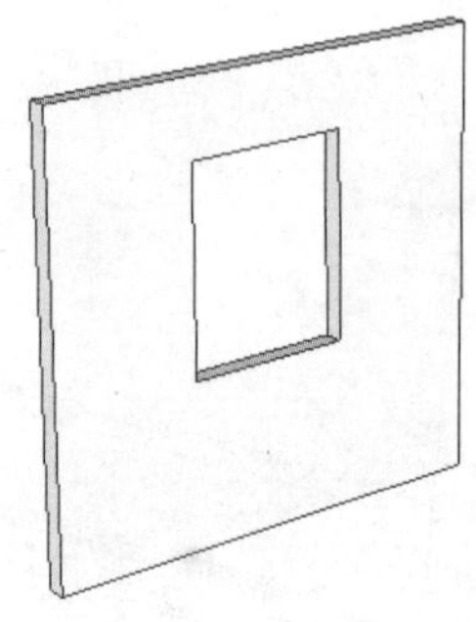
图 1-125　绘制窗户轮廓

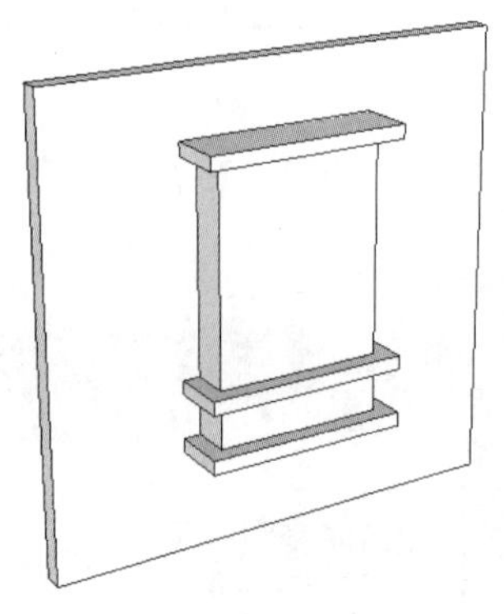
图 1-126　绘制凸窗部分

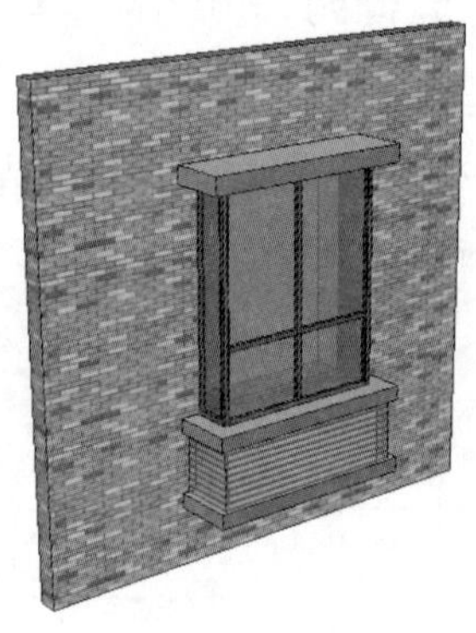
图 1-127　创建完成的建筑凸窗

1.5.7　创建电视柜

案例文件：ywj/01/1-3-7.skp。
视频文件：光盘→视频课堂→第 1 章→1.3.7。

案例操作步骤如下。

step 01 选择“矩形”工具和“推/拉”工具，设置矩形尺寸为 368mm×2496mm，推拉厚度为 415mm，绘制电视柜柜体，如图 1-128 所示。

step 02 选择“偏移”工具，设置偏移距离为 50mm，再选择“推/拉”工具，设置推拉厚度为 20mm，并创建为组，绘制出抽屉轮廓，如图 1-129 所示。

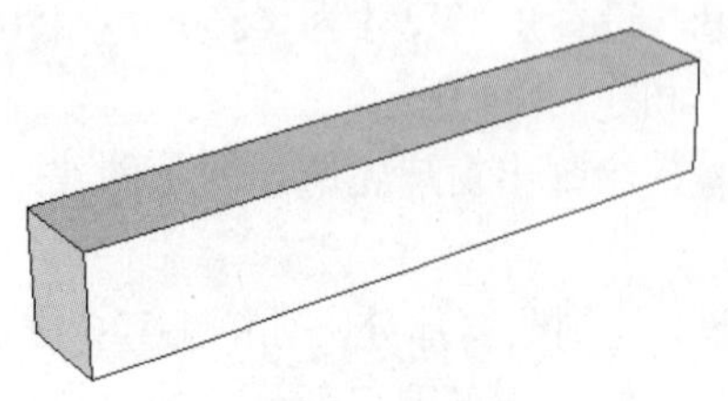
图 1-128　绘制电视柜柜体

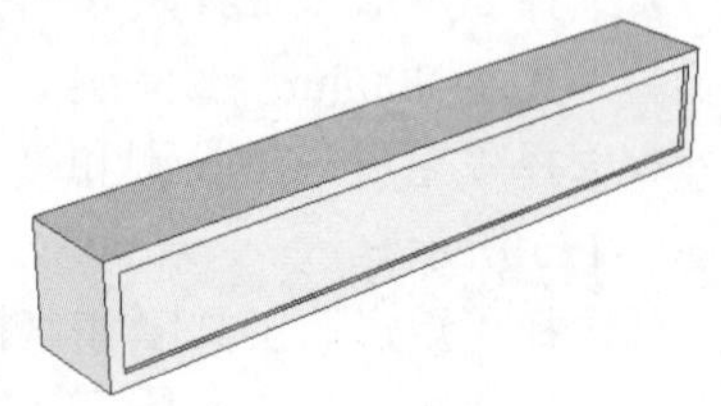
图 1-129　绘制抽屉轮廓

step 03 选择“矩形”工具和“推/拉”工具，绘制抽屉部分，如图 1-130 所示。

step 04 选择“圆”工具和“圆弧”工具，绘制截面路径，再选择“路径跟随”工具，绘制抽屉把手，并赋予材质，如图 1-131 所示，完成电视柜的创建。

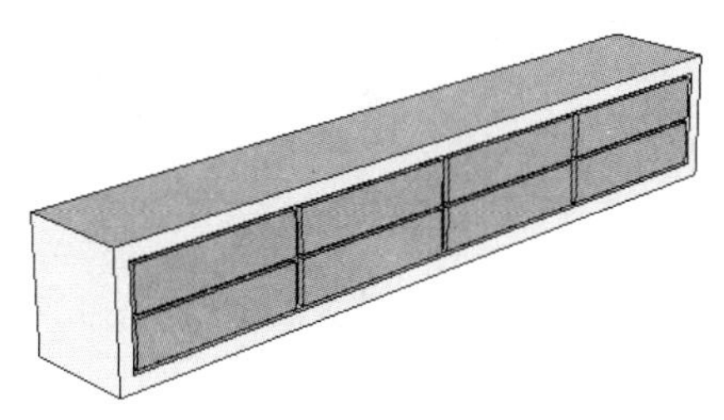

图 1-130　绘制抽屉部分

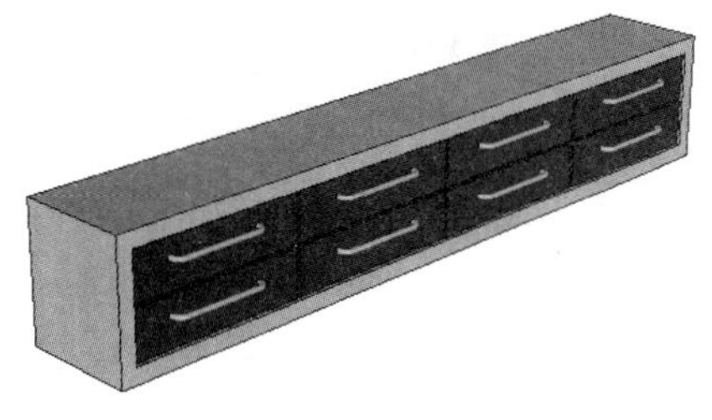

图 1-131　创建完成的电视柜

1.5.8　创建路边停车位

案例文件：ywj/01/1-3-8.skp。

视频文件：光盘→视频课堂→第 1 章→1.3.8。

案例操作步骤如下。

step 01 选择“矩形”工具和“推/拉”工具，设置矩形尺寸为 30505mm×80400mm，推拉厚度为 100mm，绘制地面轮廓，如图 1-132 所示。

step 02 选择“圆弧”工具和“直线”工具，绘制停车场位置轮廓，选择“推/拉”工具，推拉一定的厚度，绘制停车场的位置，如图 1-133 所示。

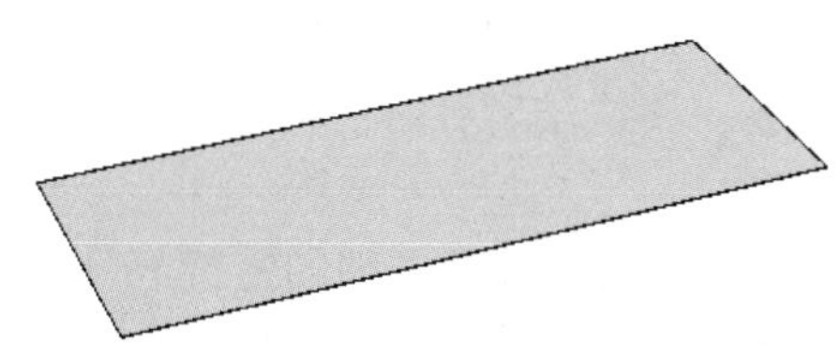

图 1-132　绘制地面轮廓

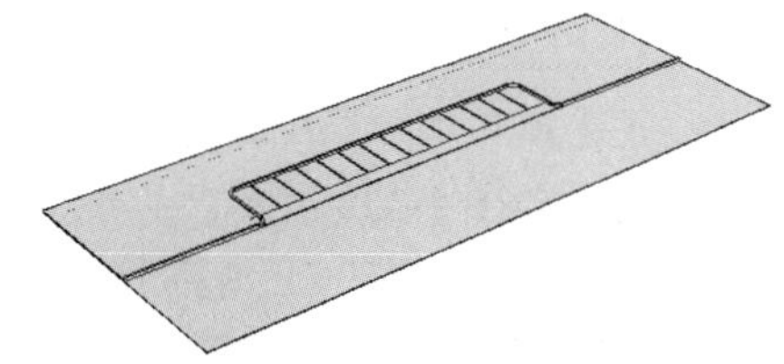

图 1-133　绘制停车场的位置

step 03 选择“矩形”工具和“直线”工具，绘制道路的位置，再选择“推/拉”工具，推拉一定的厚度，绘制道路，如图 1-134 所示。

step 04 添加材质贴图，完成路边停车位创建，如图 1-135 所示。

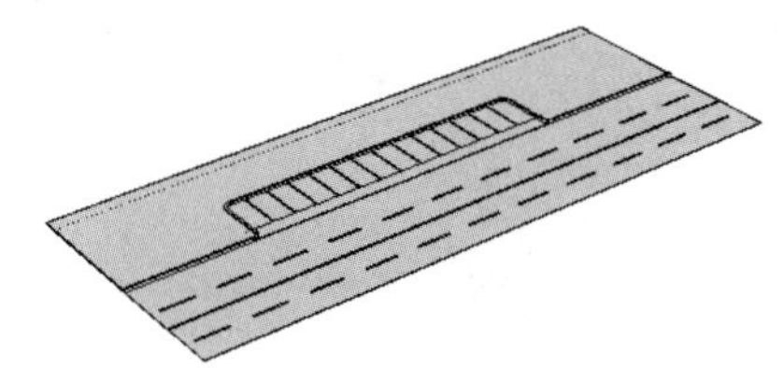

图 1-134　绘制道路

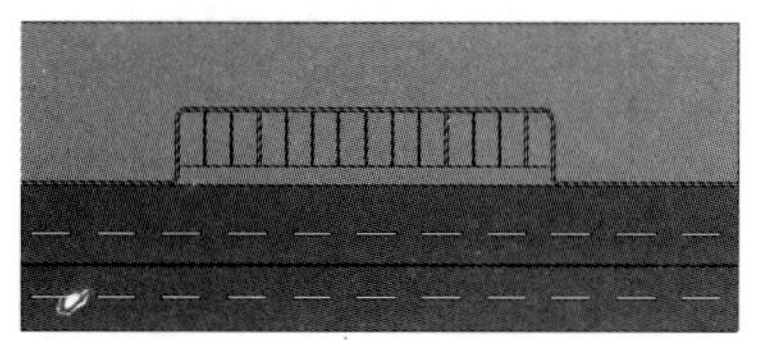

图 1-135　创建完成的路边停车位

1.5.9 创建玻璃幕墙

案例文件：ywj/01/1-3-9.skp。
视频文件：光盘→视频课堂→第 1 章→1.3.9。

案例操作步骤如下。

step 01 选择“矩形”工具和“推/拉”工具，设置矩形尺寸为 2150mm×1342mm，拉伸高度为 30mm，绘制玻璃面，并将其创建为组，如图 1-136 所示。

step 02 选择“移动”工具，并按住 Ctrl 键，复制玻璃面，间距为 17mm，如图 1-137 所示。

图 1-136　绘制玻璃面

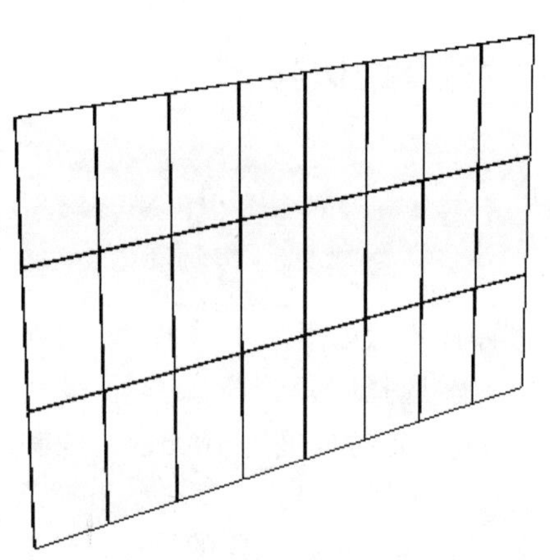

图 1-137　复制玻璃面

step 03 选择“矩形”工具和“推/拉”工具，创建玻璃后的钢制杆件，并将其创建为组，如图 1-138 所示。

step 04 选择“矩形”工具和“圆”工具，绘制两个杆件之间的链接部分轮廓，选择“推/拉”工具，绘制链接杆件，并将其创建为组，如图 1-139 所示。

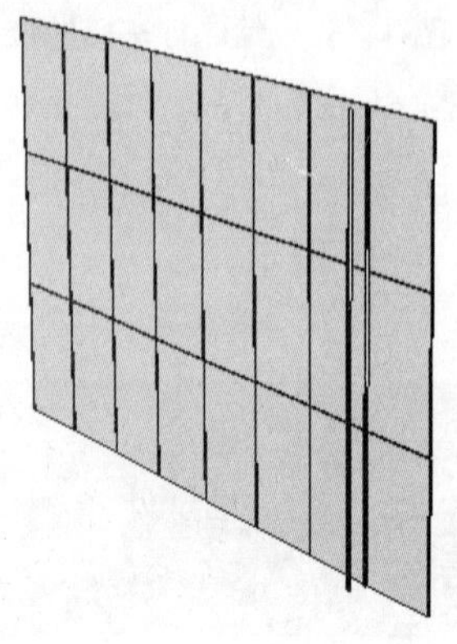

图 1-138　绘制钢制杆件

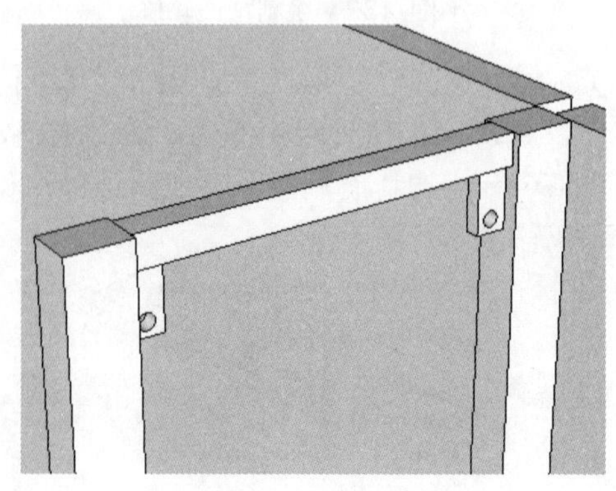

图 1-139　绘制链接杆件

step 05 选择"圆"工具和"线条"工具，绘制截面路径，选择"路径跟随"工具，绘制斜拉钢丝，如图 1-140 所示。

step 06 选择"圆"工具和"线条"工具，绘制驳接爪轮廓，选择"推/拉"工具，推拉一定厚度，创建驳接爪，如图 1-141 所示。

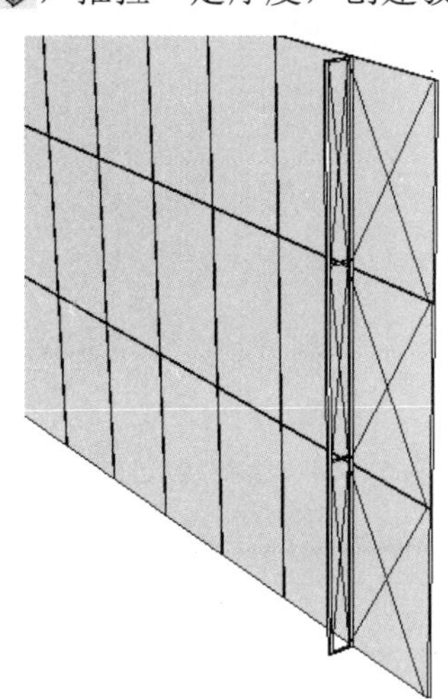

图 1-140　绘制斜拉钢丝

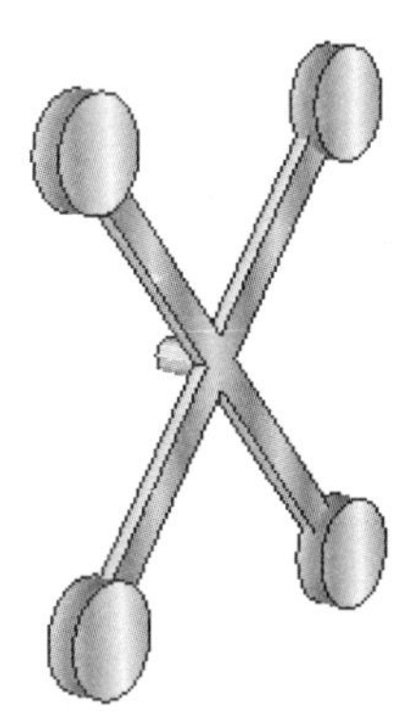

图 1-141　绘制驳接爪

step 07 选择"移动"工具并按住 Ctrl 键，复制构件到合适的位置，并赋予材质贴图，完成玻璃幕墙的创建，如图 1-142 所示。

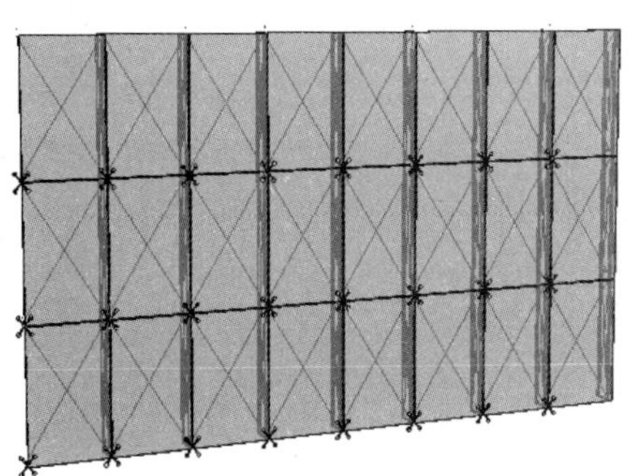

图 1-142　创建完成的玻璃幕墙

1.5.10　创建简单的建筑单体

案例文件：ywj/01/1-3-10.skp。

视频文件：光盘→视频课堂→第 1 章→1.3.10。

案例操作步骤如下。

step 01 选择"矩形"工具和"推/拉"工具，设置矩形尺寸为 40000mm×38000 mm，拉伸高度为 80000mm，绘制立方体，并将其创建为组，如图 1-143 所示。

step 02 选择"矩形"工具和"推/拉"工具，绘制竖向分隔条，再选择"移动"工具并按住 Ctrl 键，复制到建筑的 4 个面上，如图 1-144 所示。

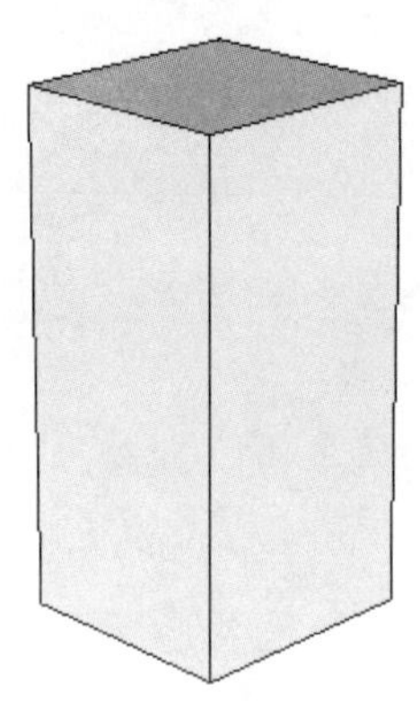

图 1-143　绘制立方体

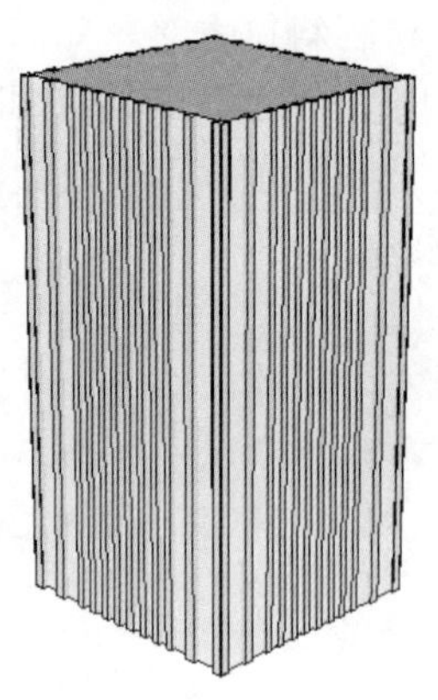

图 1-144　绘制竖向分隔条

step 03 选择“矩形”工具和“推/拉”工具，绘制电梯间顶部及顶部构件部分，如图 1-145 所示。

step 04 为建筑赋予材质贴图，完成简单建筑单体的创建，如图 1-146 所示。

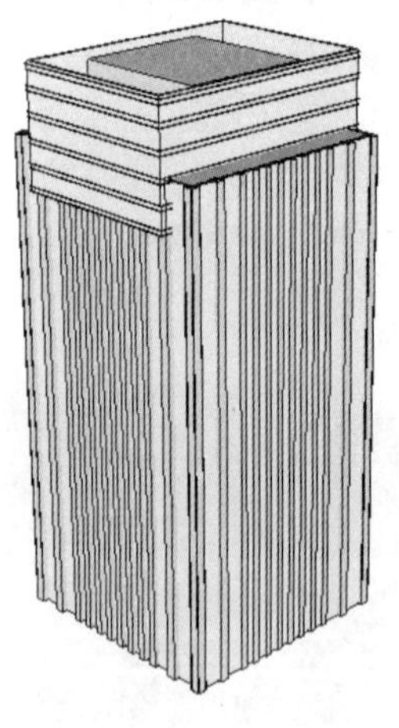

图 1-145　绘制顶部

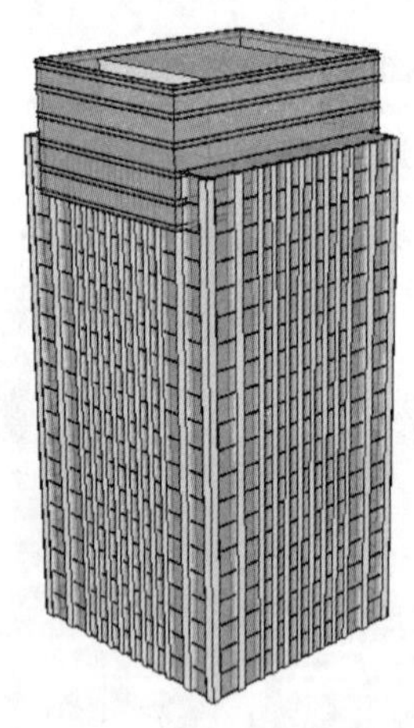

图 1-146　创建完成的简单建筑单体

1.5.11　创建景观廊架

案例文件：ywj/01/1-3-11.skp。

视频文件：光盘→视频课堂→第 1 章→1.3.11。

案例操作步骤如下。

step 01 选择“矩形”工具和“推/拉”工具，绘制建筑构件，并将其创建为组，如图 1-147 所示。

step 02 选择“移动”工具并按住 Ctrl 键，复制建筑构件，间隔距离为 2400mm，如

图 1-148 所示。

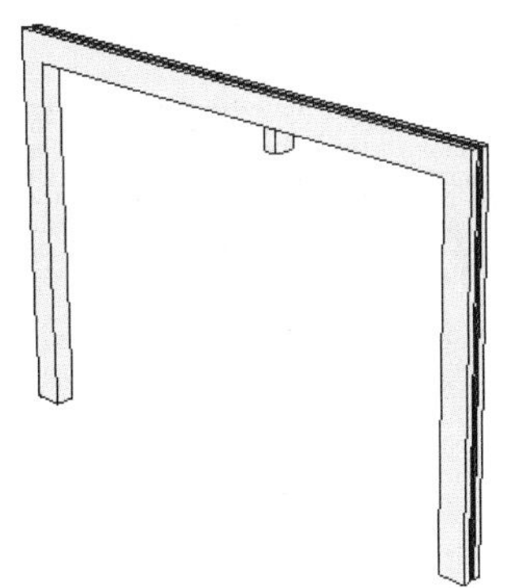

图 1-147 绘制建筑构件

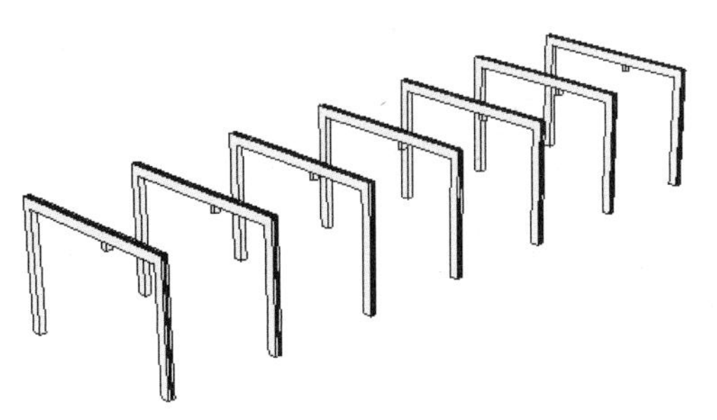

图 1-148 复制建筑构件

step 03 选择“矩形”工具和“推/拉”工具，绘制顶部构件并复制，并将其创建为组，如图 1-149 所示。

step 04 选择“直线”工具和“推/拉”工具，绘制走廊边侧建筑，并将其创建为组，如图 1-150 所示。

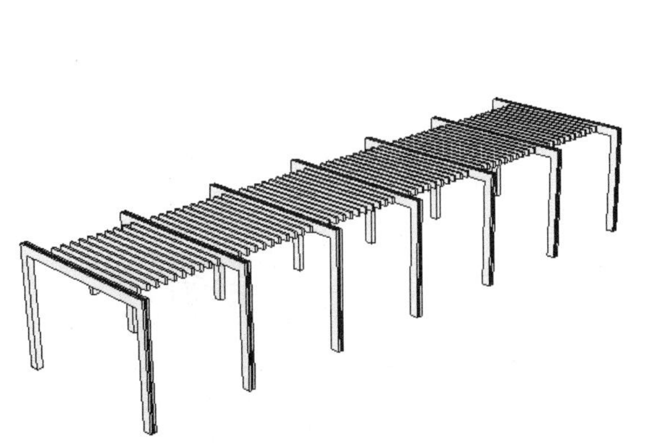

图 1-149 绘制建筑顶部构件

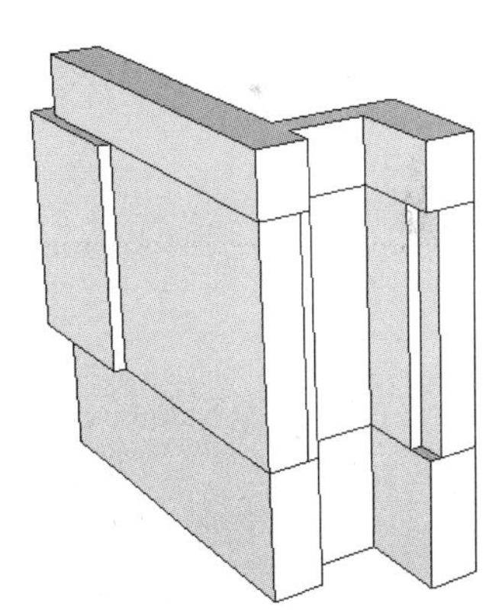

图 1-150 绘制走廊建筑

step 05 选择“移动”工具并按住 Ctrl 键，复制走廊建筑，并赋予材质贴图，完成景观廊架的创建，如图 1-151 所示。

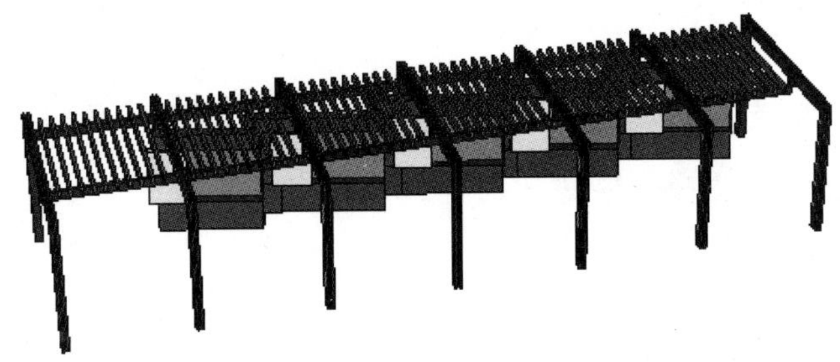

图 1-151 创建完成的景观廊架

1.5.12 创建鞋柜

案例文件：ywj/01/1-3-12.skp。
视频文件：光盘→视频课堂→第 1 章→1.3.12。

案例操作步骤如下。

step 01 选择“矩形”工具和“推/拉”工具，绘制鞋柜底座，设置矩形尺寸为750mm×300mm，推拉高度为100mm，并将其创建为组，如图 1-152 所示。

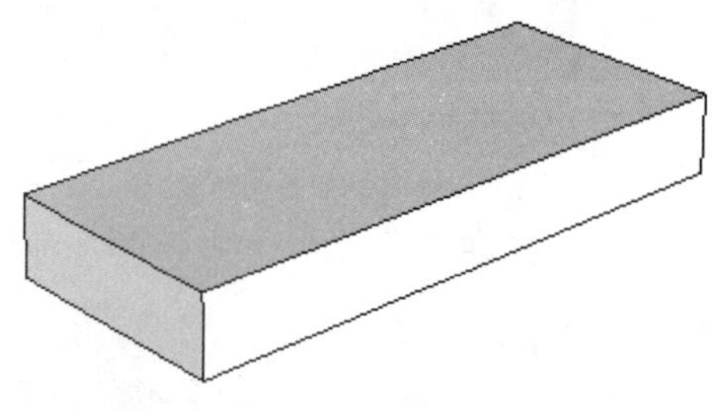

图 1-152 绘制鞋柜底座

step 02 选择“矩形”工具和“推/拉”工具，绘制柜体，并创建为组，如图 1-153 所示。

step 03 选择“矩形”工具和“推/拉”工具，绘制百叶片并且复制，创建为组，如图 1-154 所示。

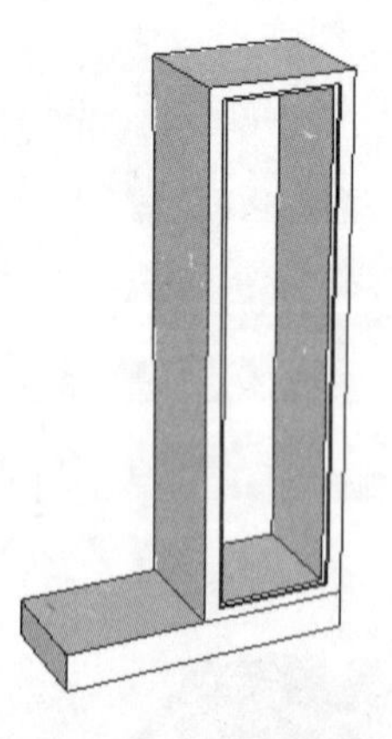

图 1-153 绘制柜体

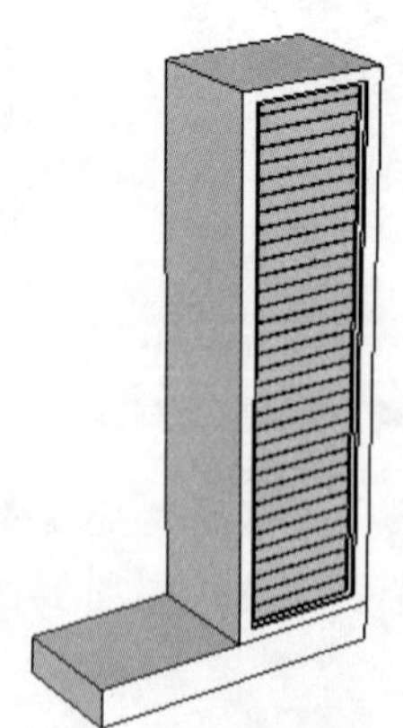

图 1-154 绘制百叶

step 04 选择“圆”工具、“推/拉”工具以及“偏移”工具，绘制把手，并创建为组，如图 1-155 所示。

step 05 选择“矩形”工具和“推/拉”工具，绘制鞋柜的顶部，并且创建为组，如图 1-156 所示。

step 06 将创建好的模型赋予材质，完成鞋柜的创建，如图 1-157 所示。

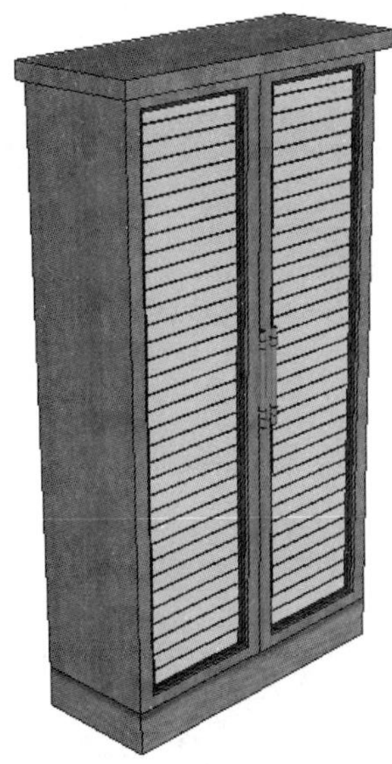

图 1-155　绘制把手　　图 1-156　绘制鞋柜的顶部　　图 1-157　创建完成的鞋柜

1.5.13　创建方形吊灯

案例文件：ywj/01/1-3-13.skp。

视频文件：光盘→视频课堂→第 1 章→1.3.13。

案例操作步骤的如下。

step 01 选择“矩形”工具和“推/拉”工具，设置矩形尺寸为 1100mm×660mm，推拉高度为 5mm，绘制顶托部分并将其创建为组，如图 1-158 所示。

step 02 选择“矩形”工具和“推/拉”工具，设置矩形尺寸为 125mm×75mm，推拉高度为 40mm，绘制吊灯部分并将其创建为组，如图 1-159 所示。

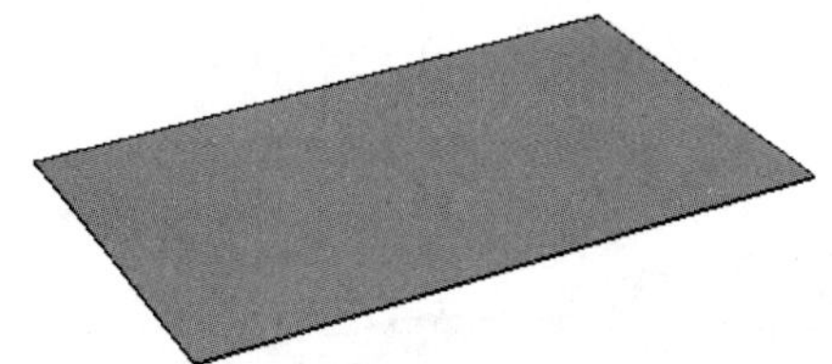

图 1-158　绘制顶托

图 1-159　绘制吊灯部分

step 03 选择“圆”工具和“推/拉”工具，绘制灯的吊杆，并创建为组，如图 1-160 所示。

step 04 选择“圆弧”工具、“推/拉”工具以及“路径跟随”工具，完成灯的绘制，并创建为组，如图 1-161 所示。

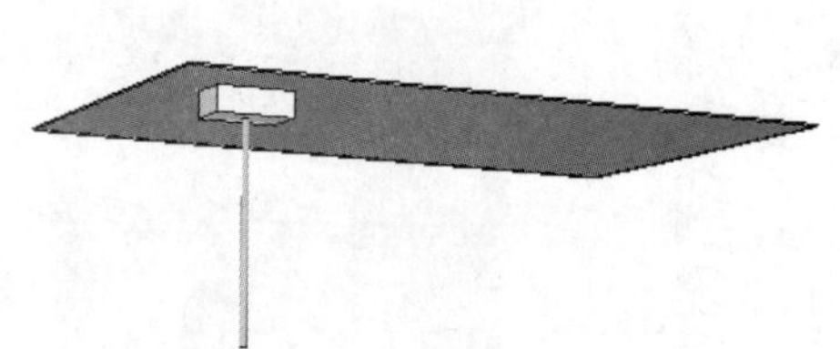

图 1-160　绘制灯的吊杆

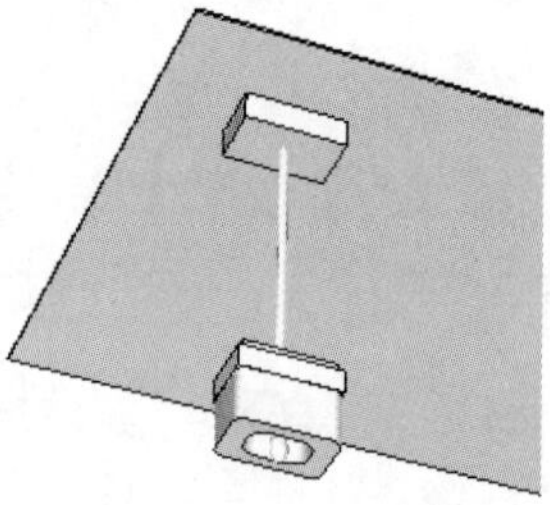

图 1-161　绘制完成灯具

step 05 选择“移动”工具并按住 Ctrl 键，复制灯具，横向间隔距离为 250mm，竖向间隔距离为 150mm，如图 1-162 所示。

step 06 为模型赋予材质，如图 1-163 所示，完成方形吊灯的创建。

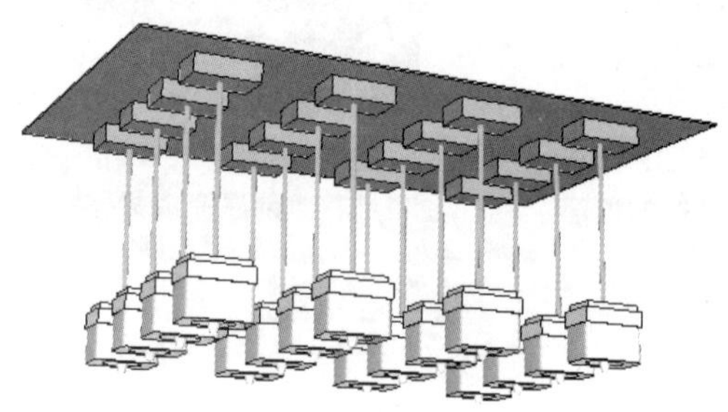

图 1-162　复制灯具

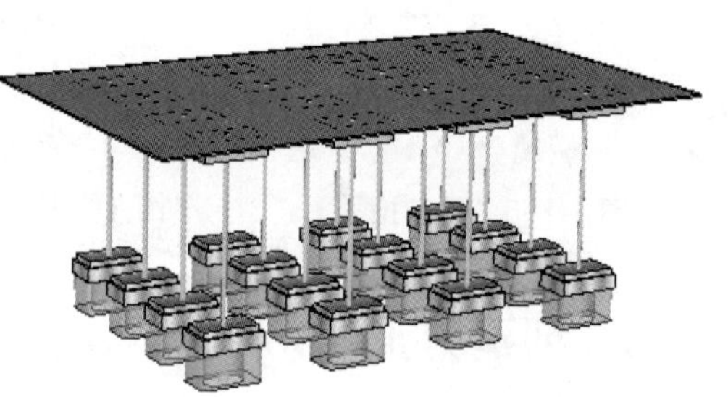

图 1-163　创建完成的方形吊灯

1.5.14　创建高架道桥

案例文件：ywj/01/1-3-14.skp。

视频文件：光盘→视频课堂→第 1 章→1.3.14。

案例操作步骤如下。

step 01 选择“直线”工具和“推/拉”工具，绘制出桥梁横断面体块，如图 1-164 所示。

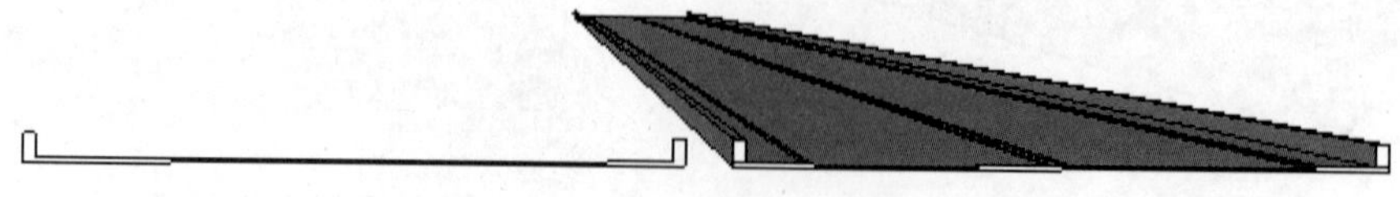

图 1-164　绘制桥梁横断面体块

step 02 选择“移动”工具和“直线”工具，创建桥梁的坡道面，如图 1-165 所示。

step 03 选择“直线”工具、“圆”工具以及“推/拉”工具，绘制桥墩，并创建为组，如图 1-166 所示。

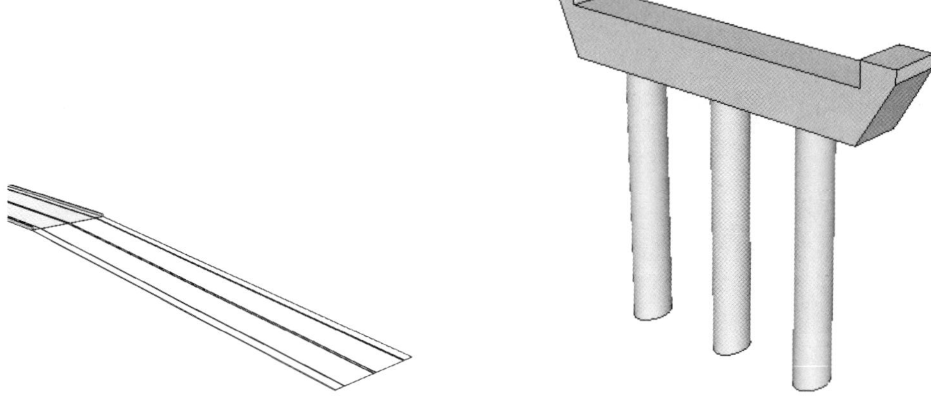

图 1-165 创建桥梁的坡道面

图 1-166 绘制桥墩

step 04 选择“移动”工具，并按住 Ctrl 键，复制桥墩，并且创建为组，如图 1-167 所示。

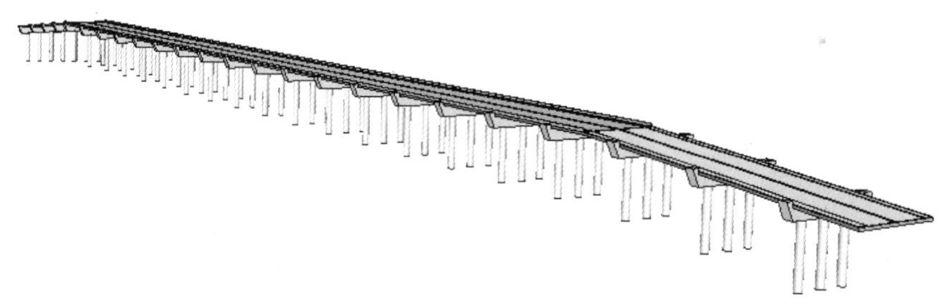

图 1-167 复制桥墩

step 05 添加路灯并为模型添加材质，完成高架道桥创建，如图 1-168 所示。

图 1-168 创建完成的高架道桥

1.5.15 创建百叶窗

案例文件：ywj/01/1-3-15.skp。
视频文件：光盘→视频课堂→第 1 章→1.3.15。

案例操作步骤如下。

step 01 选择“矩形”工具和“推/拉”工具，绘制百叶窗框，如图 1-169 所示。

step 02 选择“矩形”工具和“推/拉”工具，绘制百叶，如图 1-170 所示。

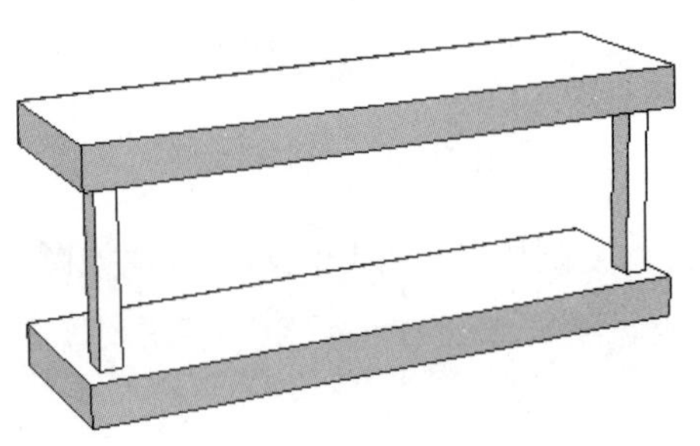

图 1-169 绘制百叶窗框

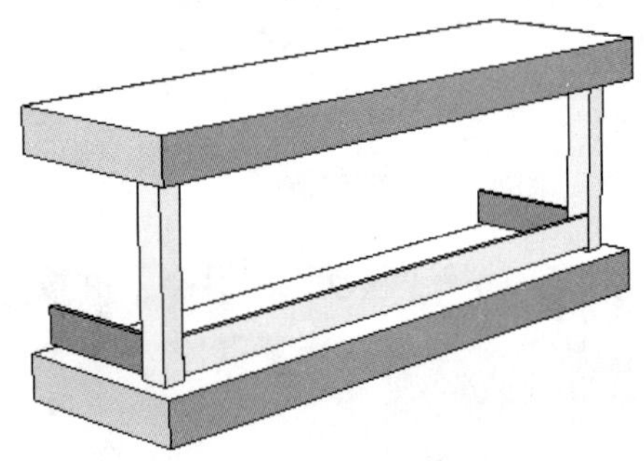

图 1-170 绘制百叶

step 03 选择“旋转”工具旋转百叶，旋转角度为 45°，如图 1-171 所示。

step 04 选择“移动”工具且按住 Ctrl 键，复制百叶，并赋予材质，完成百叶窗的创建，如图 1-172 所示。

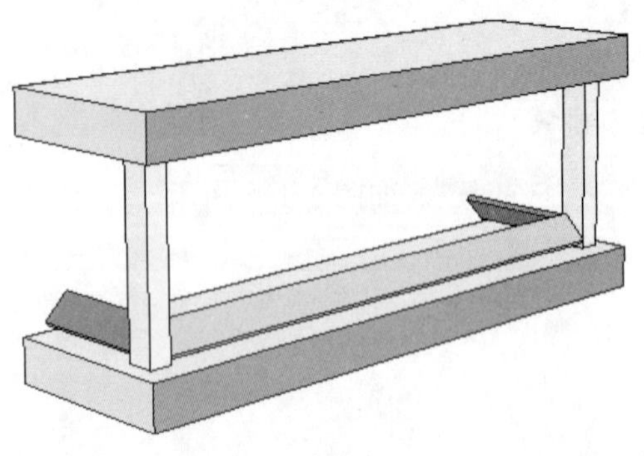

图 1-171 旋转百叶

图 1-172 创建完成的百叶窗

1.5.16 创建垃圾桶

案例文件：ywj/01/1-3-16.skp。
视频文件：光盘→视频课堂→第 1 章→1.3.16。

案例操作步骤如下。

step 01 选择“圆”工具和“推/拉”工具，设置圆的半径为 400mm，推拉高度为 950mm，创建圆柱体，如图 1-173 所示。

step 02 选择“矩形”工具、“圆”工具以及“推/拉”工具，绘制垃圾桶外围木板，并制作为组，如图 1-174 所示。

图 1-173　绘制圆柱体

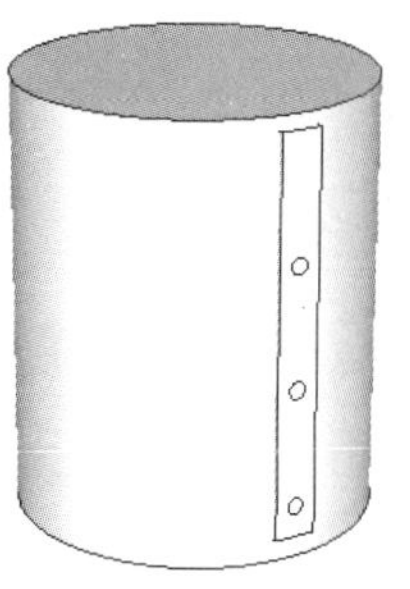

图 1-174　绘制木板

step 03 选择“旋转”工具，并按住 Ctrl 键复制旋转 20°，接着输入“17*”，复制出 17 份，如图 1-175 所示。

step 04 选择“圆”工具和“路径跟随”工具，绘制垃圾桶顶部，并赋予材质，如图 1-176 所示，完成垃圾桶的创建。

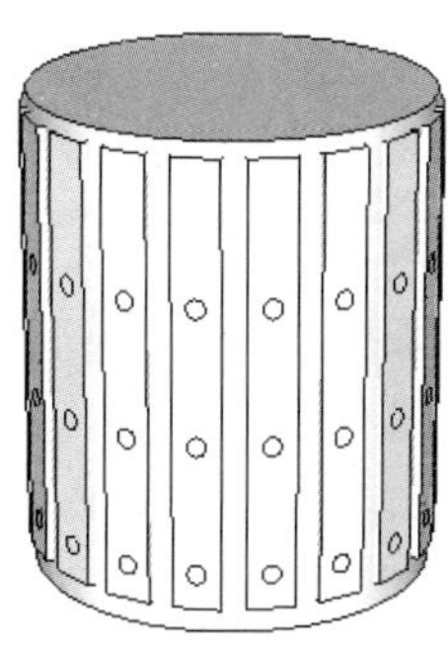

图 1-175　复制木板

图 1-176　创建完成的垃圾桶

1.5.17　创建花形吊灯

案例文件：ywj/01/1-3-17.skp。

视频文件：光盘→视频课堂→第 1 章→1.3.17。

案例操作步骤如下。

step 01 选择“矩形”工具，绘制尺寸为 530mm×780mm 的矩形，选择“圆弧”工具，绘制灯的截面，如图 1-177 所示。

step 02 选择“擦除”工具，删除多余线条，选择“偏移”工具，向内偏移 7mm 距离，选择“推/拉”工具，推拉 3mm 厚度，绘制出灯片，如图 1-178 所示。

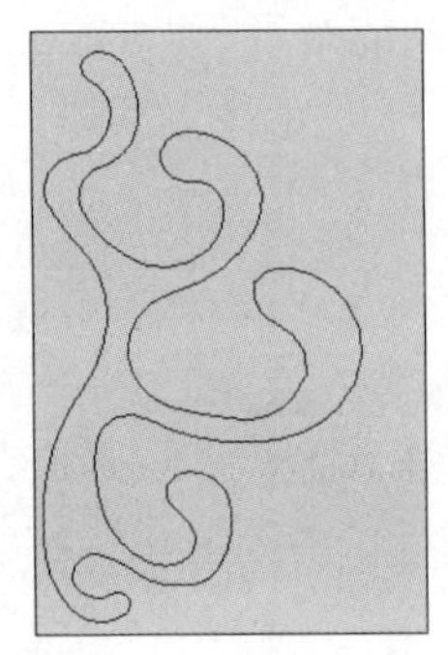
图 1-177　绘制灯的截面

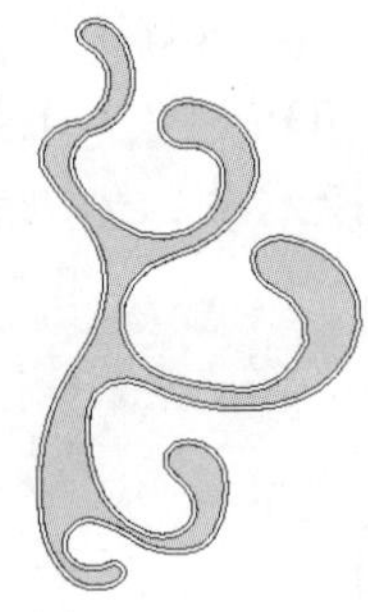
图 1-178　绘制灯片

step 03 选择“圆”工具和“推/拉”工具，绘制吊杆，如图 1-179 所示。

step 04 选择“旋转”工具，并按住 Ctrl 键将灯片复制旋转 45°，接着输入“7*”，复制出 7 份，如图 1-180 所示。

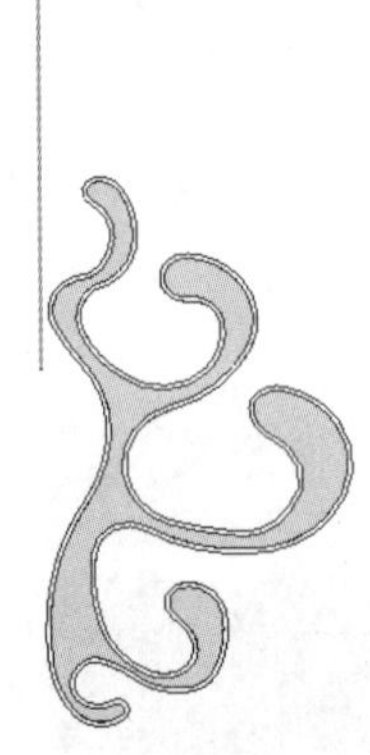
图 1-179　绘制吊杆

图 1-180　复制灯片

step 05 选择“矩形”工具、“圆”工具、“圆弧”工具以及“路径跟随”工具，绘制出灯泡的模型，如图 1-181 所示。

step 06 选择“直线”工具绘制出挂饰截面，选择“偏移”工具向内偏移 10mm，将偏移的面复制到 4.5mm 的距离，选择“直线”工具将其封面，如图 1-182 所示。

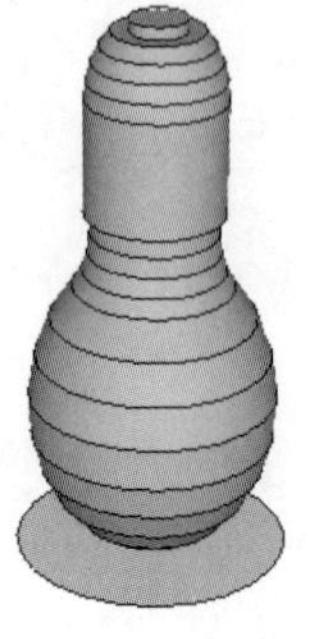
图 1-181　绘制灯泡

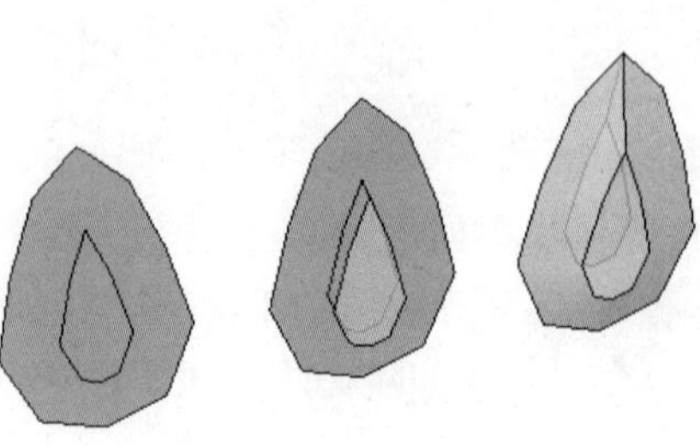
图 1-182　绘制水晶挂饰

step 07 选择“多边形”工具和“推/拉”工具，绘制吊环，如图 1-183 所示。

step 08 将水晶挂饰和灯泡复制到截面组件中，为模型添加材质贴图，如图 1-184 所示，完成花形吊灯的创建。

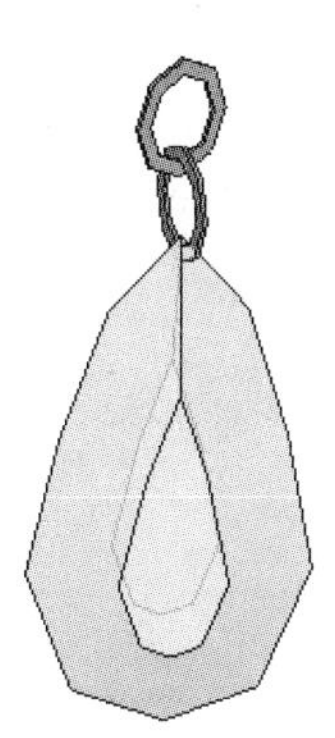
图 1-183　绘制吊环

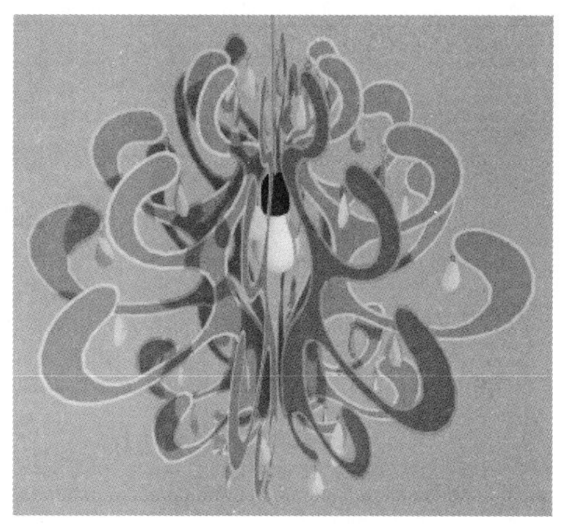
图 1-184　创建完成的花形吊灯

1.5.18　创建冰棒树

案例文件：ywj/01/1-3-18.skp。

视频文件：光盘→视频课堂→第 1 章→1.3.18。

案例操作步骤如下。

step 01 选择“矩形”工具绘制一个矩形面，选择“圆”工具在底部水平面上绘制一个圆，选择“直线”工具绘制树冠轮廓线，如图 1-185 所示。

step 02 选择“路径跟随”命令，放样出树冠部分，如图 1-186 所示。

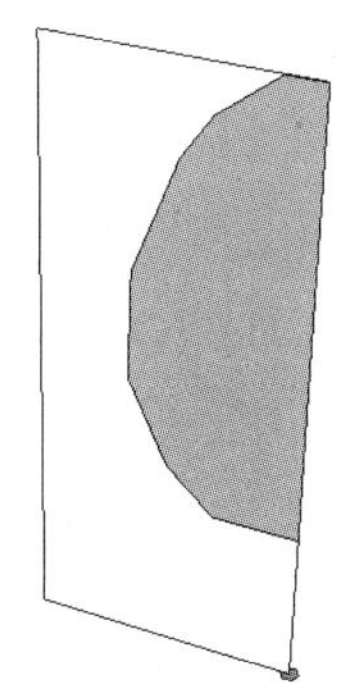
图 1-185　绘制树冠轮廓线

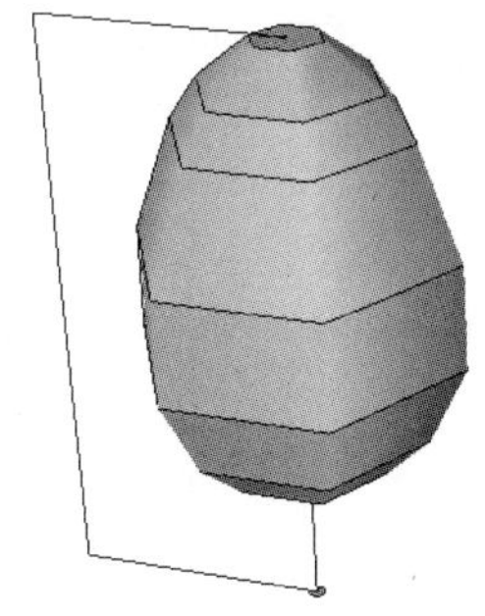
图 1-186　放样树冠部分

step 03 选删除多余的边线，选择树冠，单击鼠标右键，从弹出的快捷菜单中选择“柔化/平滑边线”命令，在“柔化边线”对话框中拖动“允许角度范围”滑块，调整模型的光滑度，如图 1-187 所示。

step 04 选择“推/拉”工具，推拉出树干部分，并赋予材质，如图 1-188 所示，完成冰棒树的创建。

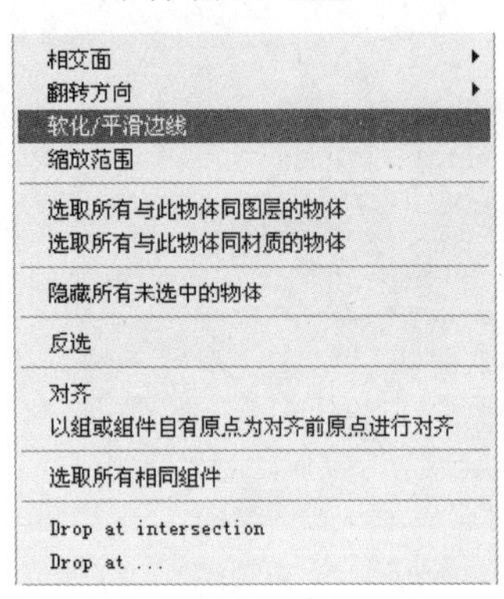

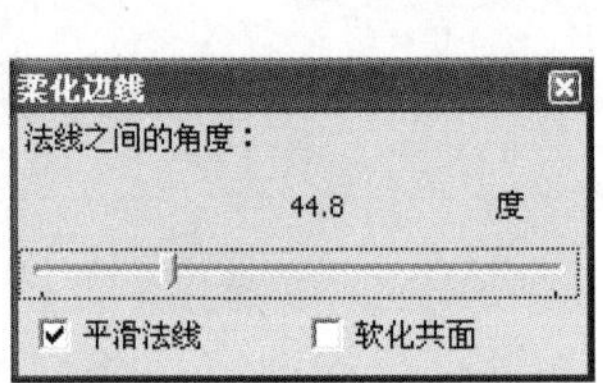

图 1-187　柔化边线

图 1-188　创建完成的冰棒树

1.5.19　创建罗马柱

案例文件：ywj/01/1-3-19.skp。

视频文件：光盘→视频课堂→第 1 章→1.3.19。

案例操作步骤如下。

step 01 选择“矩形”工具绘制一个矩形参考面，如图 1-189 所示。

step 02 选择“直线”工具和“圆弧”工具，在参考面上绘制出柱子的截面，如图 1-190 所示。

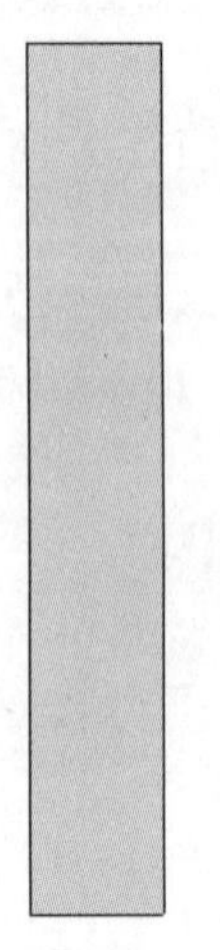

图 1-189　绘制矩形参考面

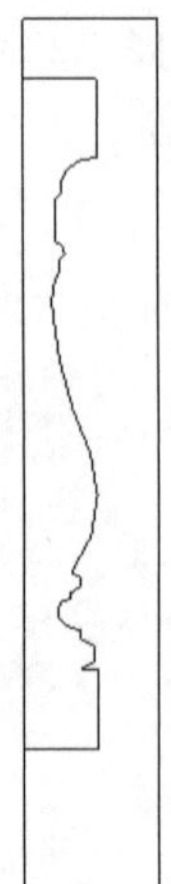

图 1-190　绘制截面

step 03 选择“圆”工具在截面底部绘制截面，如图 1-191 所示。

step 04 选择“路径跟随”工具，放样出罗马柱，删除多余线条，并赋予材质，如图 1-192 所示，完成罗马柱的创建。

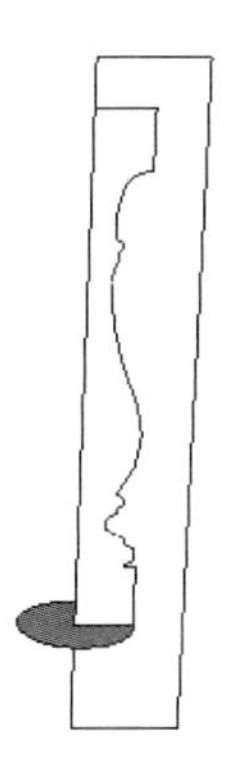

图 1-191　绘制圆形截面

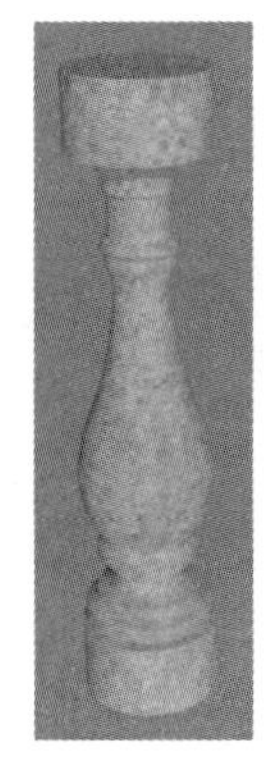

图 1-192　创建完成的罗马柱

1.5.20　创建落地灯

案例文件：ywj/01/1-3-20.skp。
视频文件：光盘→视频课堂→第 1 章→1.3.20。

案例操作步骤如下。

step 01 选择“矩形”工具绘制一个 1400mm×400mm 的矩形参考面，选择“直线”工具和“圆弧”工具，绘制出灯杆的截面，选择“路径跟随”工具，放样截面，绘制出灯杆，如图 1-193 所示。

step 02 删除多余面，将灯杆创建为组，单击鼠标右键，从弹出的快捷菜单中选择“柔化/平滑边线”命令，在“柔化边线”对话框中拖动“允许角度范围”滑块，调整模型的光滑度，如图 1-194 所示。

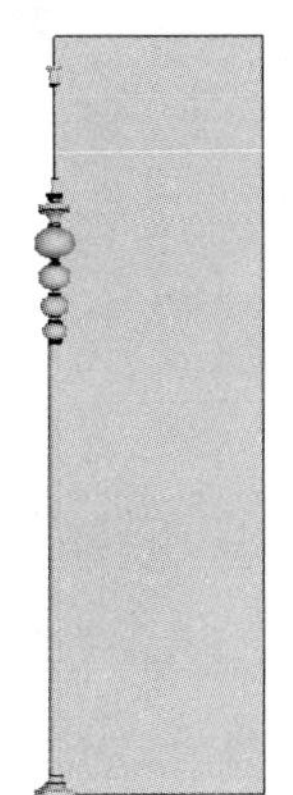

图 1-193　绘制灯杆

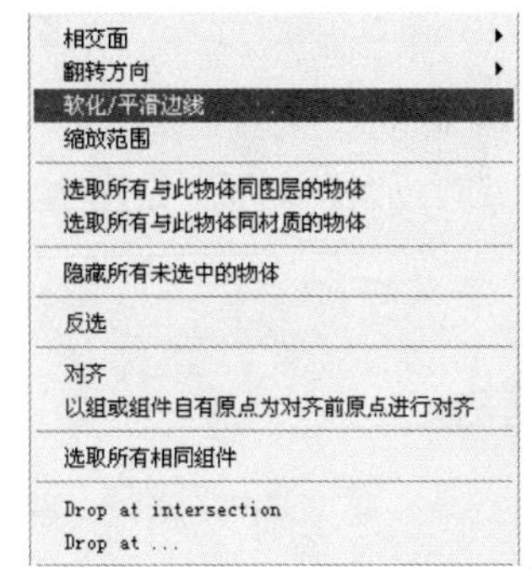

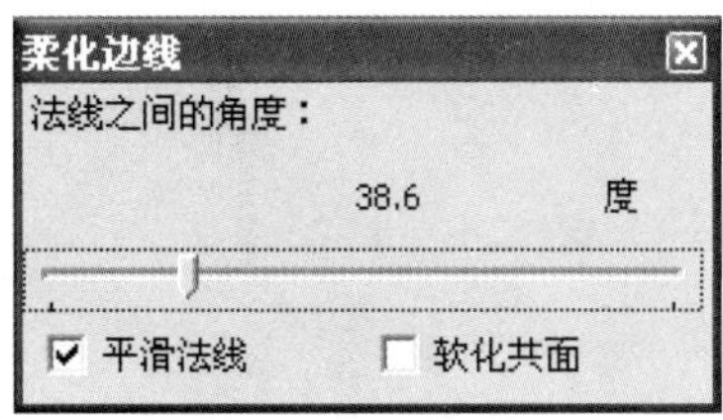

图 1-194　柔化边线

step 03 选择“圆”工具、“矩形”工具以及“推/拉”工具，绘制灯罩部分，如图 1-195 所示。

step 04 将图形赋予材质，如图 1-196 所示，完成落地灯的创建。

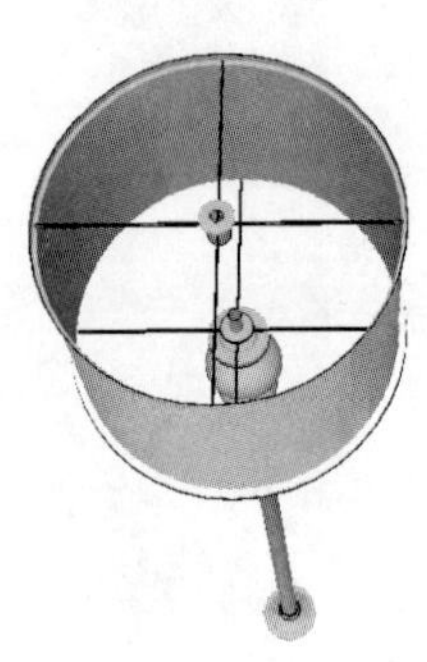

图 1-195　绘制灯罩

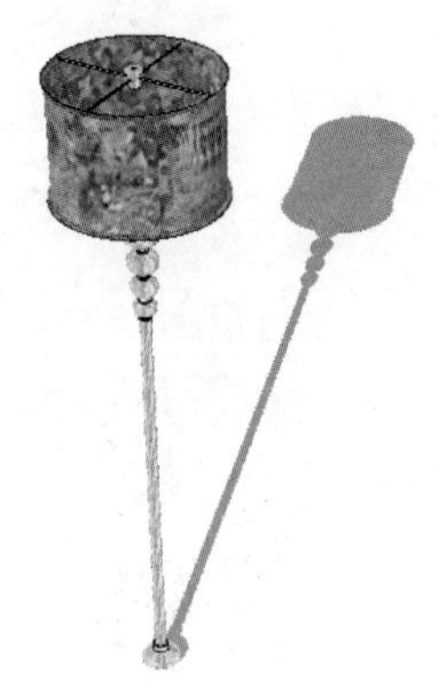

图 1-196　创建完成的落地灯

1.5.21　创建花形抱枕

案例文件：ywj/01/1-3-21.skp。

视频文件：光盘→视频课堂→第 1 章→1.3.21。

案例操作步骤如下。

step 01 选择“矩形”工具，绘制 450mm×300mm 的矩形，如图 1-197 所示。

step 02 选择“圆弧”工具，绘制曲线路径，如图 1-198 所示。

图 1-197　绘制矩形

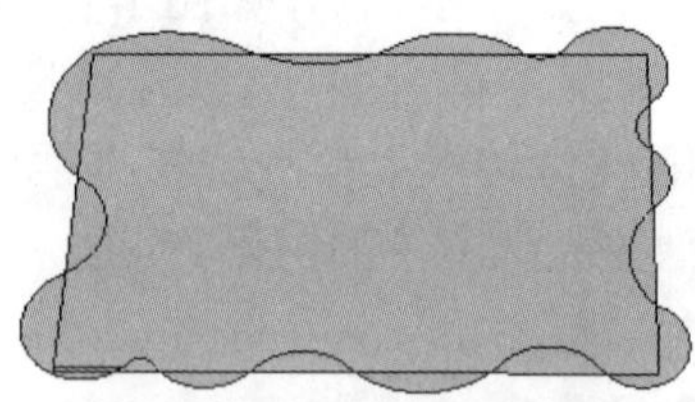

图 1-198　绘制曲线路径

step 03 选择“矩形”工具和“圆弧”工具，绘制截面，如图 1-199 所示。

step 04 选择“路径跟随”工具，放样截面，如图 1-200 所示。

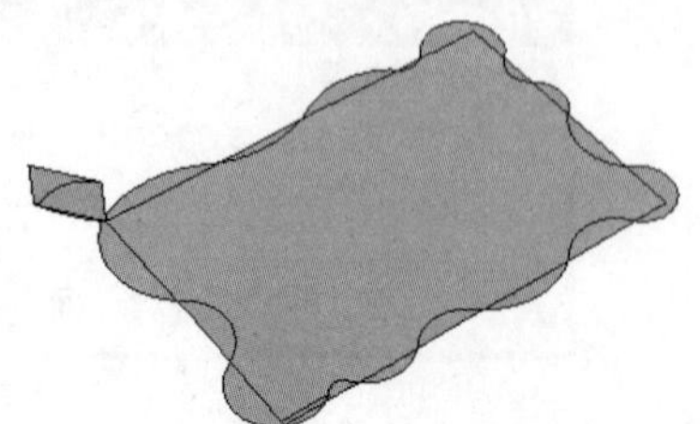

图 1-199　绘制截面

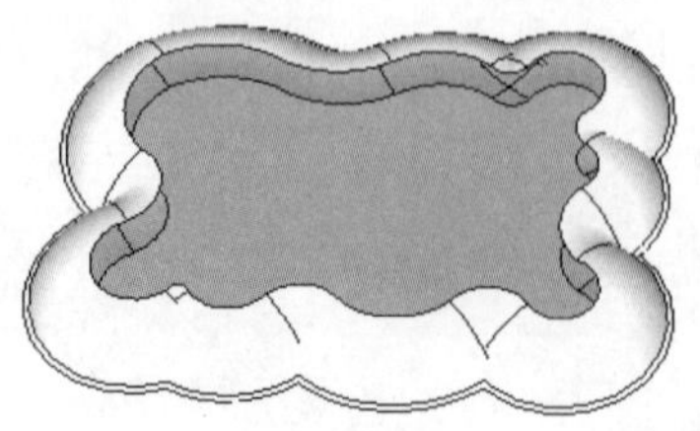

图 1-200　放样截面

step 05 选择“移动”工具并按住 Ctrl 键，复制底面，并且赋予模型材质贴图，效果如图 1-201 所示，完成花形抱枕的创建。

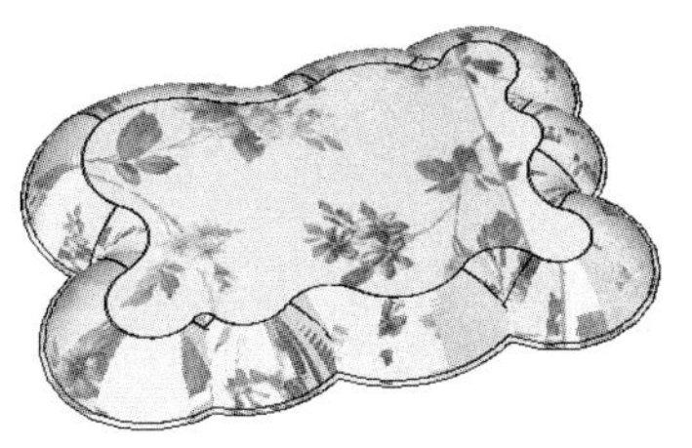

图 1-201　创建完成的花形抱枕

1.5.22　创建装饰画

案例文件：ywj/01/1-3-22.skp。

视频文件：光盘→视频课堂→第 1 章→1.3.22。

案例操作步骤如下。

step 01 选择“文件”→“导入”菜单命令，在弹出的“打开”对话框中选择 01.jpg 文件，将图片导入到视图中，如图 1-202 所示。

图 1-202　导入图片

step 02 选择“直线”工具和“圆弧”工具，绘制画框的截面，如图 1-203 所示。

step 03 选择“路径跟随”工具，放样出画框，如图 1-204 所示。

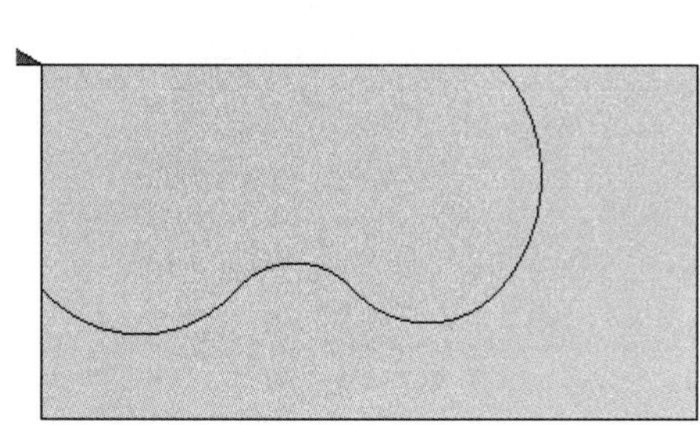

图 1-203　绘制画框的截面

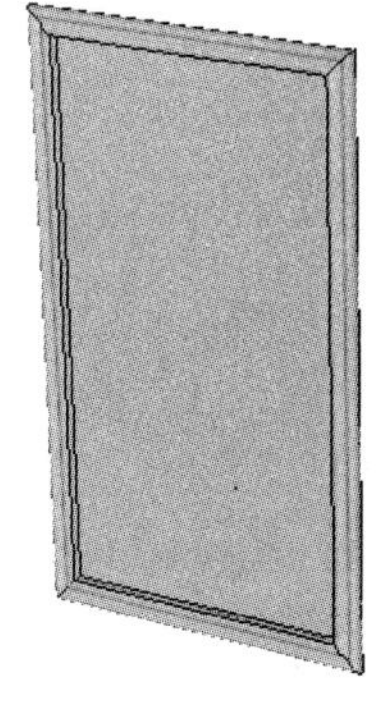

图 1-204　放样画框

step 04 运用类似的方法，来绘制扇形装饰画，为图形赋予材质，完成装饰画的创建，如图 1-205 所示。

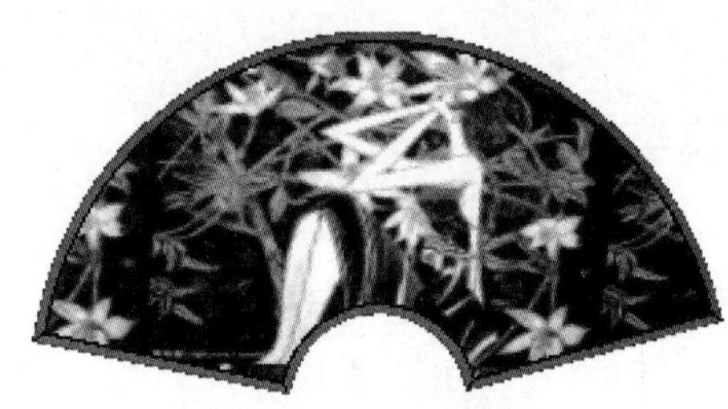

图 1-205　创建完成的装饰画

1.5.23　创建鸡蛋

案例文件：ywj/01/1-3-23.skp。

视频文件：光盘→视频课堂→第 1 章→1.3.23。

案例操作步骤如下。

step 01 选择“圆”工具，绘制圆，然后选择“直线”工具，分割圆，如图 1-206 所示。

step 02 选择“缩放”工具，缩放半个椭圆，如图 1-207 所示。

step 03 选择“圆”工具，绘制圆，选择“线条”工具，将椭圆分割两份，删除其中一份，如图 1-208 所示。

step 04 选择“路径跟随”工具，创建出鸡蛋的模型，并且创建为组，效果如图 1-209 所示。

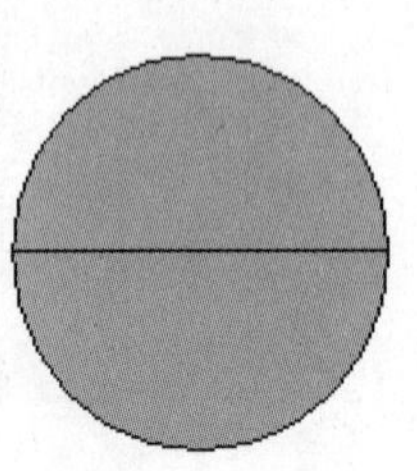

图 1-206　绘制图形

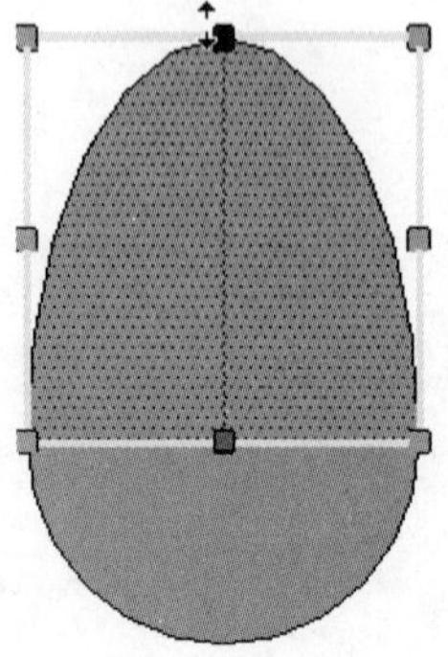

图 1-207　缩放图形

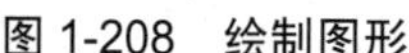

图 1-208　绘制图形

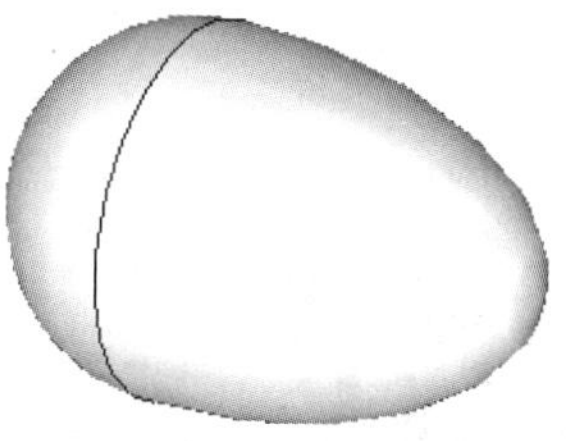

图 1-209　创建鸡蛋模型

step 05 制作盘子，将鸡蛋模型移动并复制到盘子中，再赋予材质，如图 1-210 所示，完成了鸡蛋的创建。

图 1-210　创建完成的鸡蛋

1.5.24　创建双开门

案例文件：ywj/01/1-3-24-1.skp、ywj/01/1-3-24-2.skp。

视频文件：光盘→视频课堂→第 1 章→1.2.24。

案例操作步骤如下。

step 01 打开 1-3-24-1.skp 文件，如图 1-211 所示。

step 02 选择“移动”工具并按住 Ctrl 键，复制大门，如图 1-212 所示。

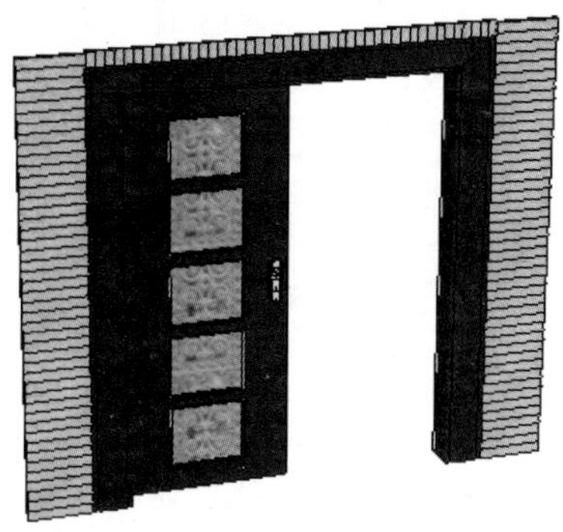

图 1-211　打开文件

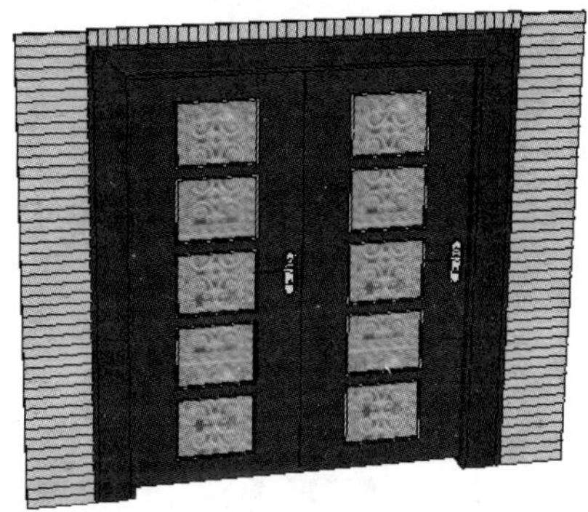

图 1-212　复制图形

step 03 选择复制出的那扇门，单击鼠标右键，从弹出的快捷菜单中选择“翻转方向”→“组件的红轴”命令，如图 1-213 所示。

step 04 完成门的镜像操作，最后效果如图 1-214 所示。

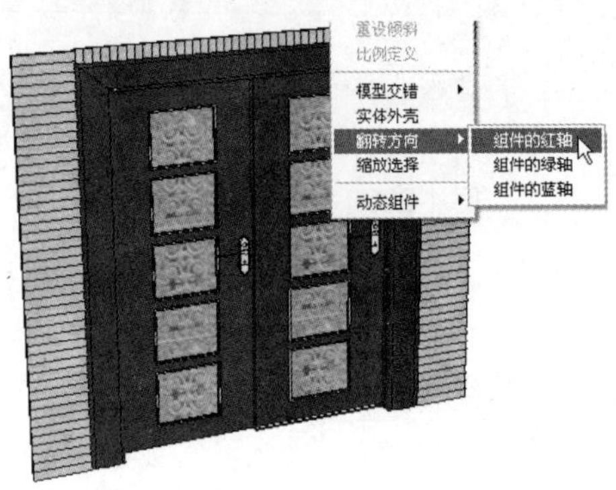

图 1-213　镜像图形

图 1-214　双开门的最终效果

1.5.25　创建围墙

案例文件：ywj/01/1-3-25.skp。
视频文件：光盘→视频课堂→第 1 章→1.3.25。

案例操作步骤如下。

step 01 选择“矩形”工具绘制 400mm×400mm 的正方形，选择“推/拉”工具推拉出 1300mm 的高度，绘制柱子，如图 1-215 所示。

step 02 运用“矩形”工具绘制正方形，选择“推/拉”工具推拉厚度，完善围墙柱子，如图 1-216 所示。

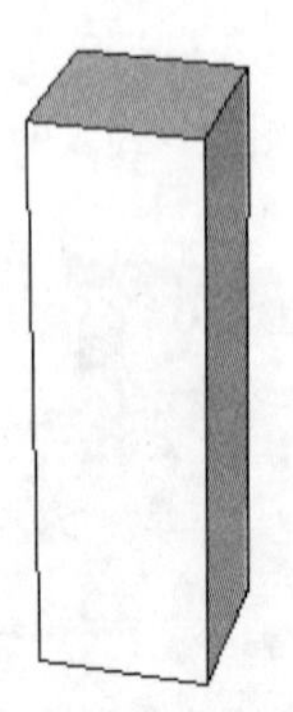

图 1-215　绘制柱子

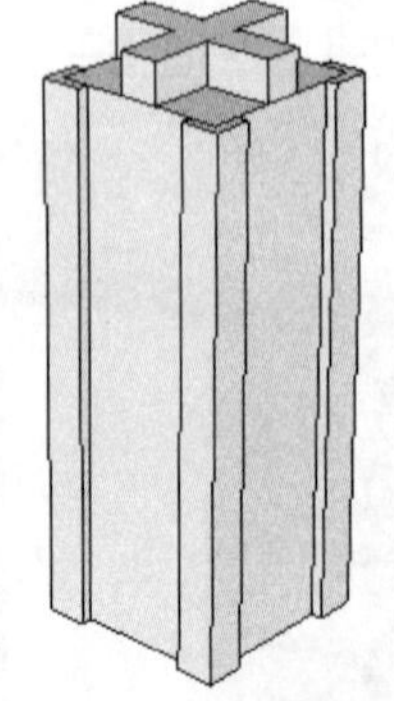

图 1-216　完善围墙柱子

step 03 运用“矩形”工具绘制正方形，选择“推/拉”工具推拉厚度，选择“移动”工具绘制完成柱子的顶部，如图 1-217 所示。

step 04 绘制栏杆，并赋予模型材质，如图 1-218 所示，完成围墙的创建。

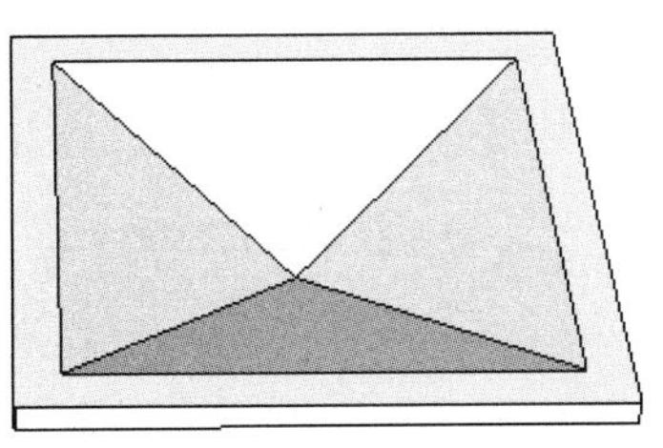

图 1-217 绘制完成柱子的顶部

图 1-218 创建完成的围墙

1.5.26 创建木藤沙发

案例文件：ywj/01/1-3-26.skp。
视频文件：光盘→视频课堂→第 1 章→1.3.26。

案例操作步骤如下。

step 01 选择“矩形”工具，绘制两个垂直的矩形面，两个矩形的面大小分别为 1150mm×760mm 和 960mm×760mm，如图 1-219 所示。

step 02 选择“直线”工具和“圆弧”工具，绘制出木藤扶手的路径，如图 1-220 所示。

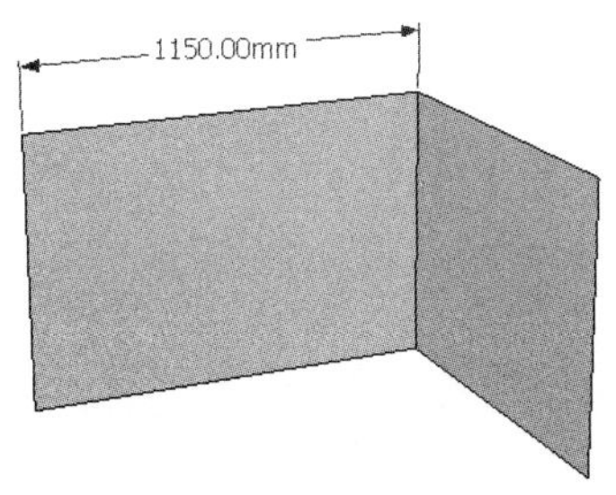

图 1-219 绘制矩形面

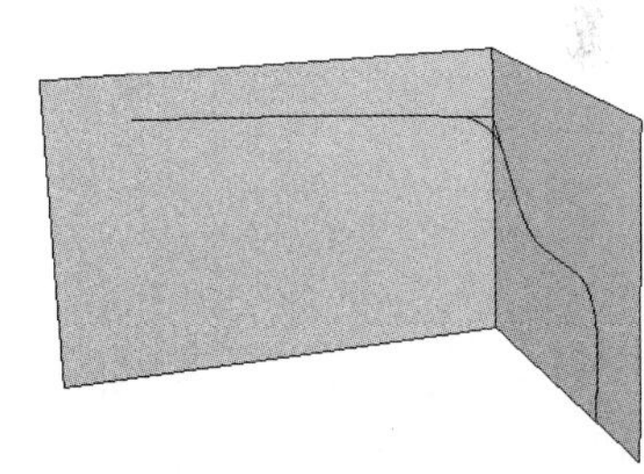

图 1-220 绘制路径

step 03 删除参考面，保存路径，选择“圆”工具，绘制一个半径为 30mm 的圆，作为木藤扶手的截面，如图 1-221 所示。

step 04 选择“路径跟随”工具，放样截面，如图 1-222 所示。

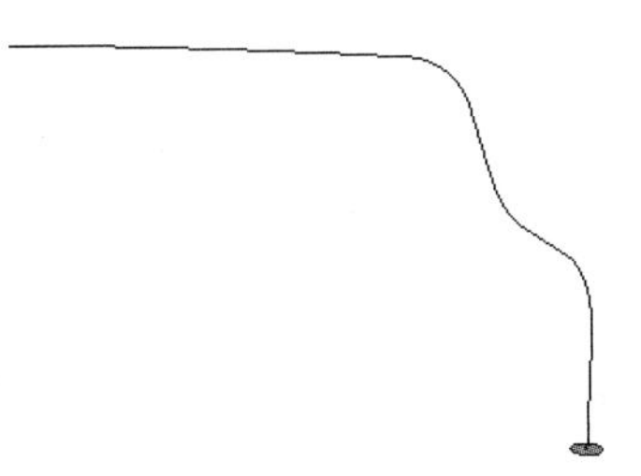

图 1-221 绘制截面

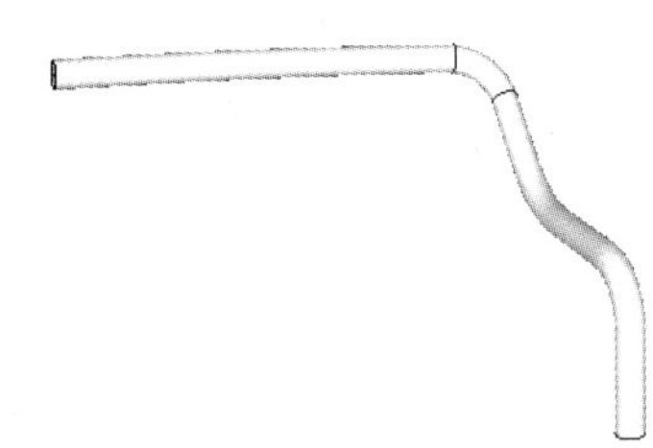

图 1-222 放样截面

step 05 选择“缩放”工具，调整图形比例，如图 1-223 所示。

step 06 镜像复制出另一侧的扶手，如图 1-224 所示。

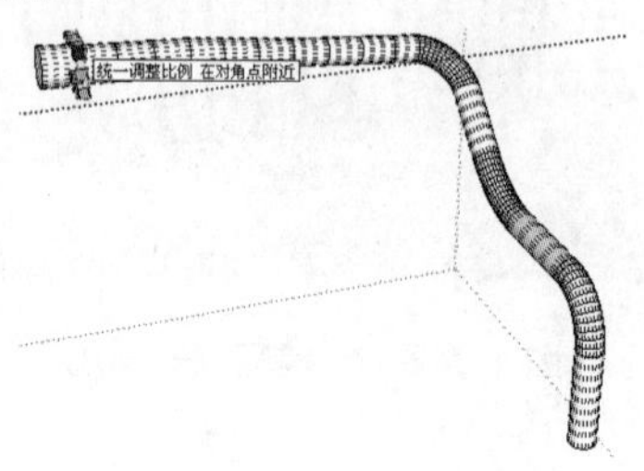

图 1-223　调整图形比例

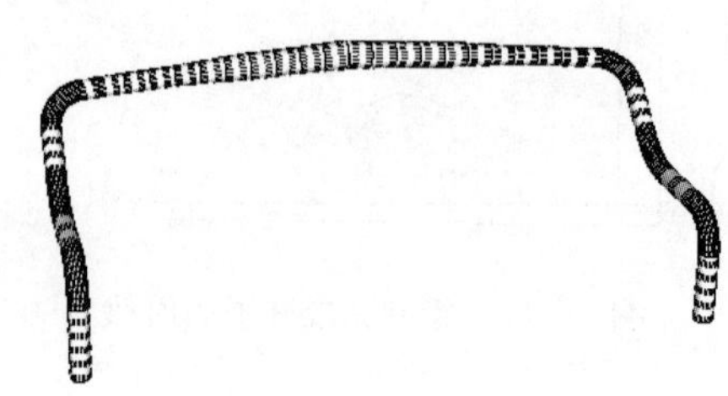

图 1-224　镜像复制

step 07 创建其他模型，并赋予材质贴图，如图 1-225 所示，完成木藤沙发的创建。

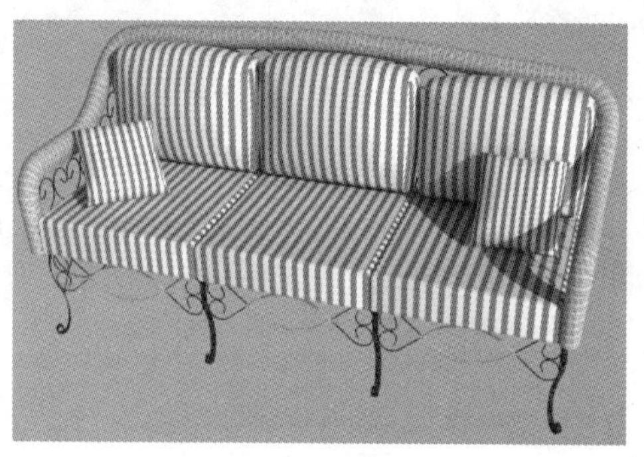

图 1-225　创建完成的木藤沙发

1.5.27　创建客厅茶几

案例文件：ywj/01/1-3-27.skp。

视频文件：光盘→视频课堂→第 1 章→1.3.27。

案例操作步骤如下。

step 01 选择“矩形”工具绘制 1220mm×560mm 的正方形，选择“推/拉”工具推拉出 530mm 的高度，如图 1-226 所示。

step 02 选择“直线”工具和“圆弧”工具，绘制茶几的曲面截面，选择“偏移”工具，向内偏移 15mm，如图 1-227 所示。

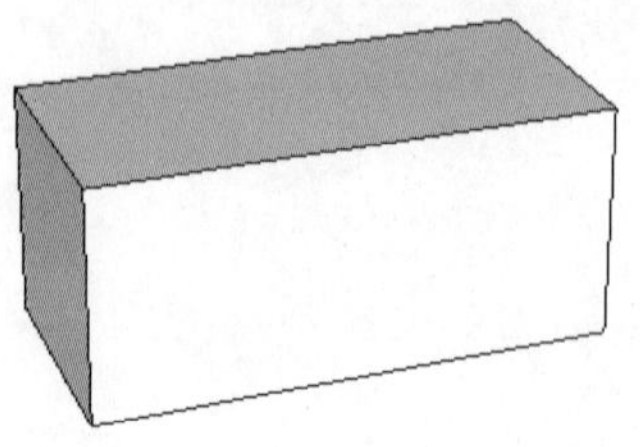

图 1-226　绘制立方体

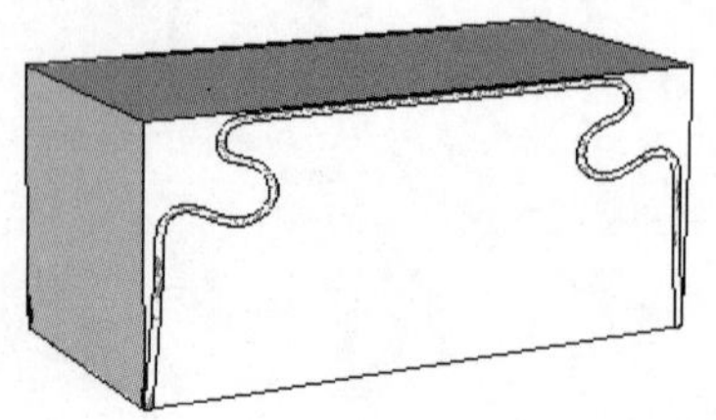

图 1-227　绘制曲面

step 03 选择“推/拉”工具，将多余的面推拉到 0 厚度，并将面删除，如图 1-228 所示。

step 04 选择“推/拉”工具，并按住 Ctrl 键推拉出茶几厚度，10mm，如图 1-229 所示。

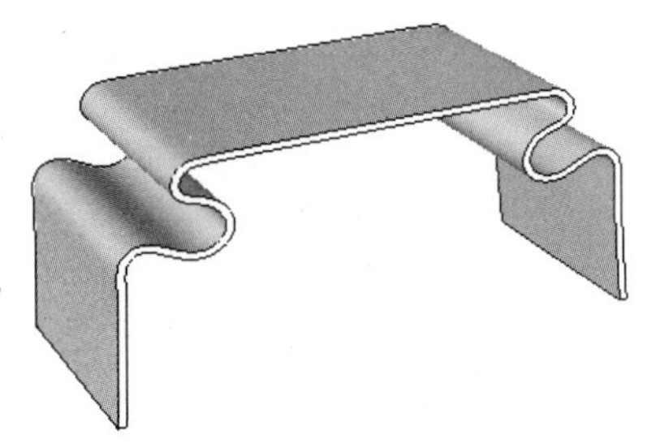

图 1-228　删除面

图 1-229　推拉厚度

step 05 将茶几创建为组，在茶几上放几个杯子模型，完成客厅茶几创建，如图 1-230 所示。

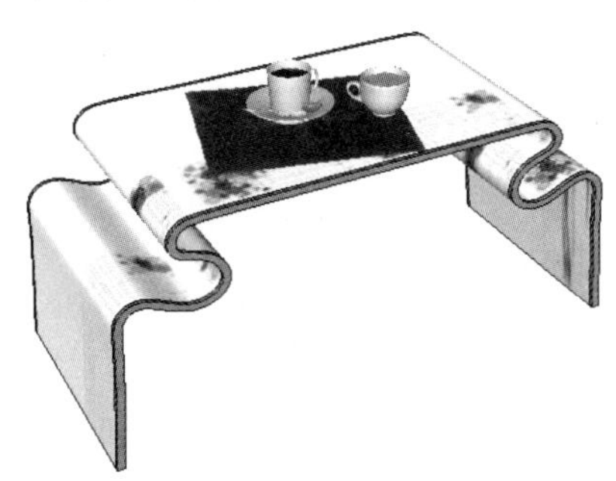

图 1-230　创建完成的客厅茶几

1.5.28　创建建筑老虎窗

案例文件：ywj/01/1-3-28-1.skp、ywj/01/1-3-28-2.skp。

视频文件：光盘→视频课堂→第 1 章→1.3.28。

案例操作步骤如下。

step 01 打开场景文件 1-3-28-1.skp，如图 1-231 所示。

图 1-231　打开场景文件

step 02 选择“直线”工具绘制窗户的轮廓，如图 1-232 所示。

step 03 选择“推/拉”工具，推拉出一定厚度，创建窗户，并创建为组，如图 1-233 所示。

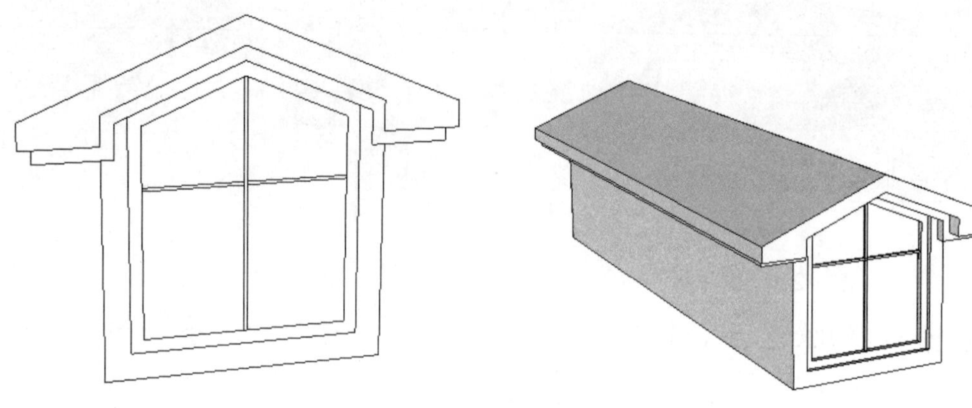

图 1-232　绘制窗户的轮廓　　　　图 1-233　创建窗户

step 04 选择“移动”工具并按住 Ctrl 键，将窗户移动复制到合适的位置，并赋予材质，如图 1-234 所示，完成建筑老虎窗的创建。

图 1-234　创建完成的建筑老虎窗

1.6　本 章 小 结

在本章的学习中，读者了解了 SketchUp 的一些基本命令和工具，使用这些命令和工具，可以制作出简单的模型，并可以修改模型。希望读者通过练习，能够熟练地操作这些基本工具，因为这些工具在以后的绘图应用中会经常使用到。

第 2 章

模型操作和标注

运用 SketchUp 中的模型操作，可以很容易地制作出较为复杂的模型，所以熟练应用这些操作技巧，可以提高绘图的效率。

SketchUp 尺寸标注可以更直观地观察模型的大小，也可以辅助绘图，把握绘图的准确性。掌握文字的绘制，可以更方便地为图形添加说明。

2.1 模型操作

运用 SketchUp 中的模型操作，可以很容易地制作出较为复杂的模型，所以熟练使用这些操作技巧，可以提高绘图的效率。

2.1.1 相交平面

执行“相交平面”命令方式：从菜单栏中选择“编辑”→“模型交错”菜单命令。

下面举例说明“相交平面”命令的用法。

(1) 创建两个立方体，如图 2-1 所示。

(2) 选中立方体，用鼠标右键单击，然后从弹出的快捷菜单中选择“相交面”→“与模型”命令，此时，就会在立方体与立方体相交的地方产生边线，删除不需要的部分，如图 2-2 所示。

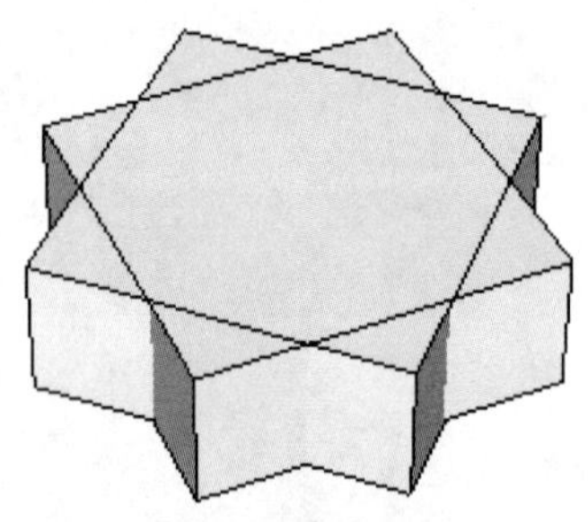

图 2-1 创建两个立方体

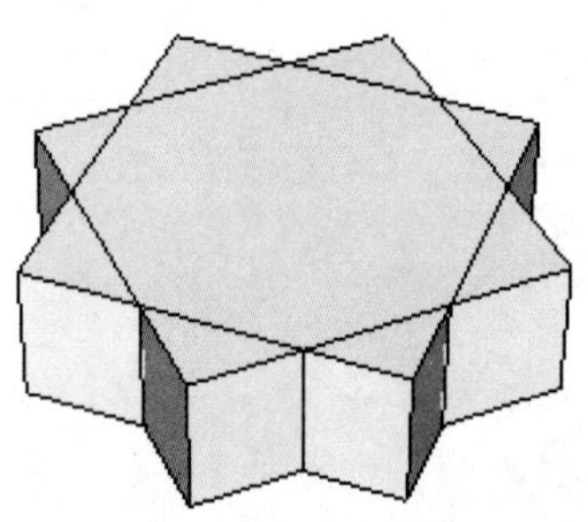

图 2-2 模型交错

关于 SketchUp 中布尔运算的“相交平面”命令，它相当于 3ds Max 中的布尔运算功能。布尔是英国的数学家，在 1847 年发明了处理二值之间关系的逻辑数学计算法，包括联合、相交、相减。后来，在计算机图形处理操作中引用了这种逻辑运算方法，以使用简单的基本图形组合来产生新的形体，并由二维布尔运算发展到三维图形的布尔运算。

2.1.2 实体工具栏

执行“实体工具”命令方式：

- 从菜单栏中选择“视图”→“工具栏”→“实体工具”菜单命令。
- 从菜单栏中选择“工具”→“实体工具”菜单命令。

1. 实体外壳

“实体外壳”工具用于对指定的几何体加壳，使其变成一个群组或者组件。下面举例进行说明。

(1) 激活“实体外壳”工具，然后在绘图区域移动鼠标，此时鼠标显示为，提示用户选择第一个组或组件，单击选择圆柱体组件，如图 2-3 所示。

(2) 选择一个组件后，鼠标显示提示用户选择第二个组或组件，单击选中立方体组件，如图 2-4 所示。

(3) 完成选择后，组件会自动合并为一体，相交的边线都被自动删除，且自成一个组件，如图 2-5 所示。

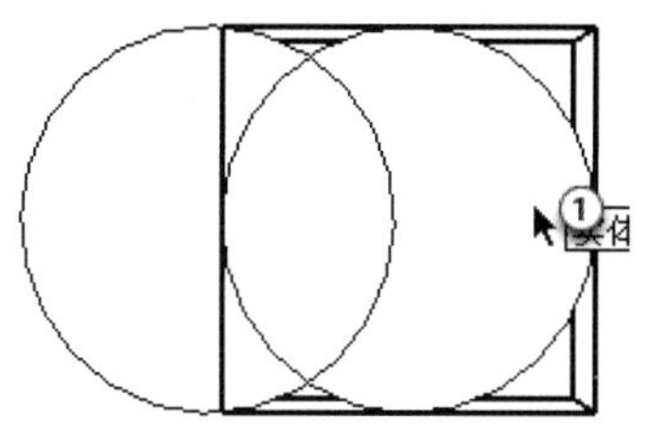

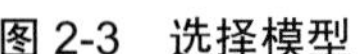

图 2-3 选择模型

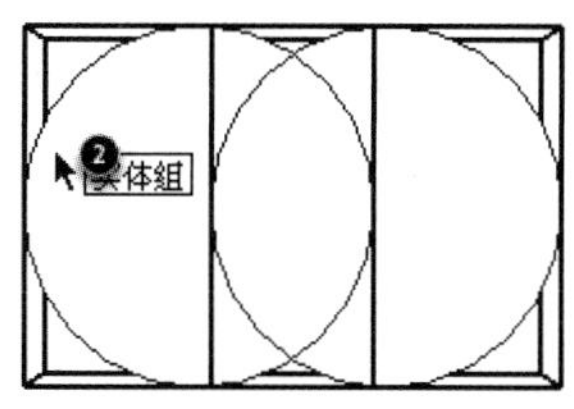

图 2-4 选择另一个模型

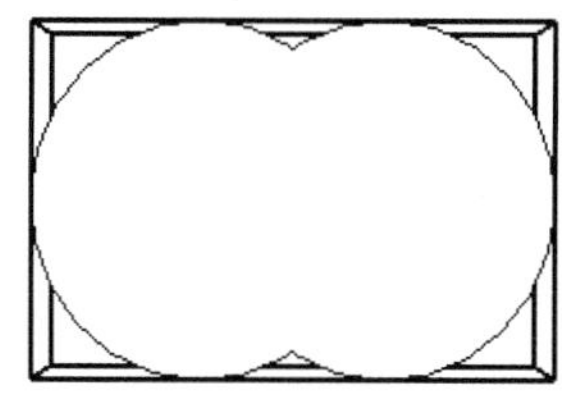

图 2-5 合成了新组件

2. 相交

“相交”工具用于保留相交的部分，删除不相交的部分。该工具的使用方法与“外壳”工具相似，激活“相交”工具后，鼠标会提示选择第一个物体和第二个物体，完成选择后，将保留两者相交的部分，如图 2-6 所示。

3. 联合

“联合”工具用来将两个物体合并，相交的部分将被删除，运算完成后，两个物体将成为一个物体。

这个工具在效果上与“实体外壳”工具相同，如图 2-7 所示。

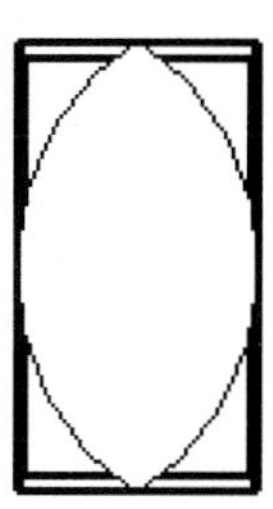

图 2-6 使用“相交”命令

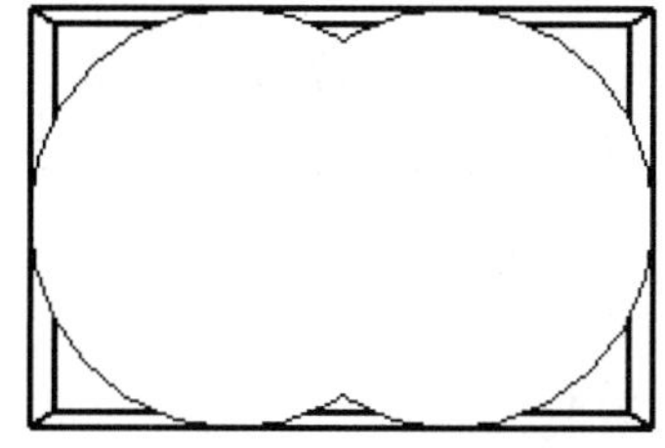

图 2-7 使用“联合”并集命令

4. 减去

使用“减去”工具时，同样需要选择第一个物体和第二个物体，完成选择后，将删除第一个物体，并在第二个物体中减去与第一个物体重合的部分，只保留第二个物体剩余的部分。

激活“减去”工具后，如果先选择左边的圆柱体，再选择右边的圆柱体，那么保留的就是圆柱体不相交的部分，如图 2-8 所示。

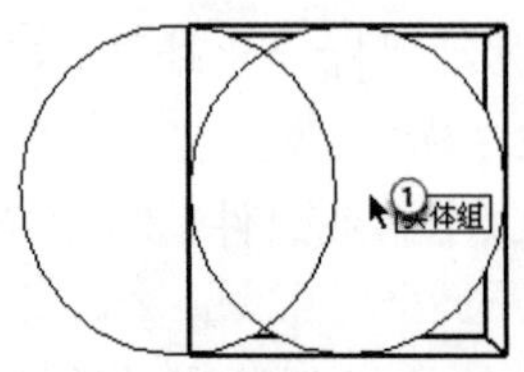

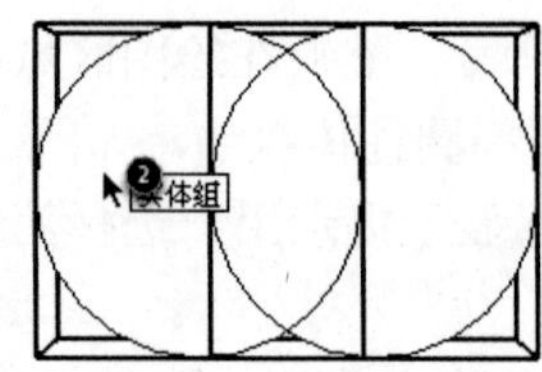

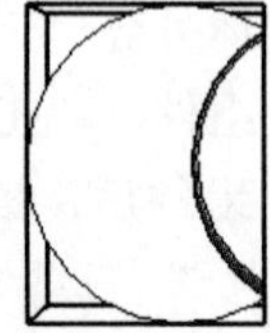

图 2-8 使用“减去”去除命令

5. 剪辑

激活“剪辑”工具，并选择第一个物体和第二个物体后，将在第二个物体中修剪与第一个物体重合的部分，第一个物体保持不变。

激活“剪辑”工具后，如果先选择左边的圆柱体，再选择右边的圆柱体，那么修剪之后，左边的圆柱体将保持不变，右边的圆柱体被挖除了一部分，如图 2-9 所示。

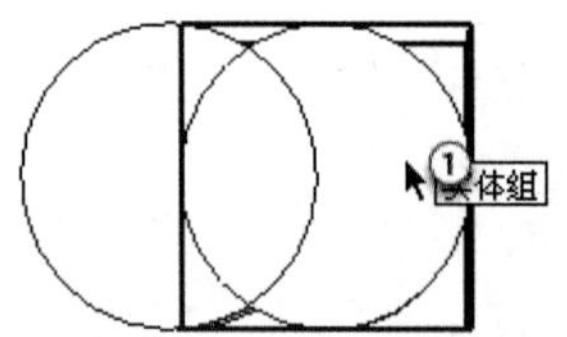

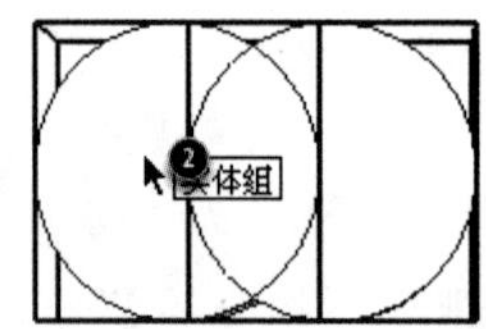

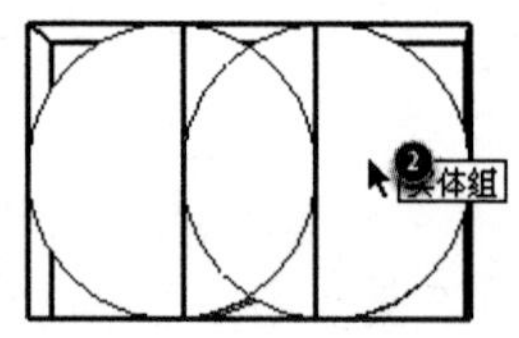

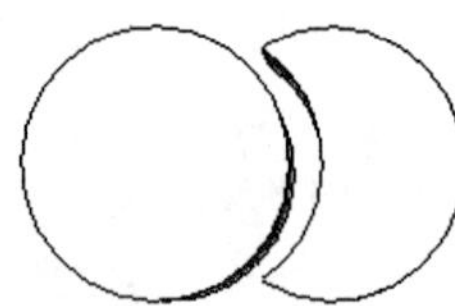

图 2-9 使用“剪辑”命令

6. 拆分

使用“拆分”工具可以将两个物体相交的部分分离成单独的新物体，原来的两个物体被修剪掉相交的部分，只保留不相交的部分，如图 2-10 所示。

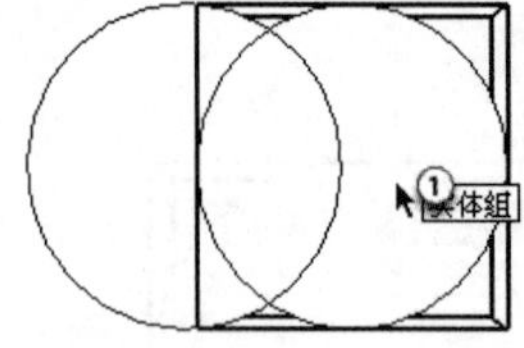

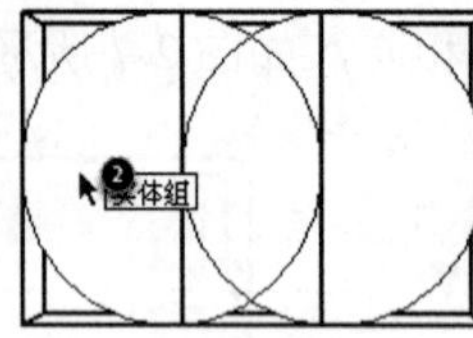

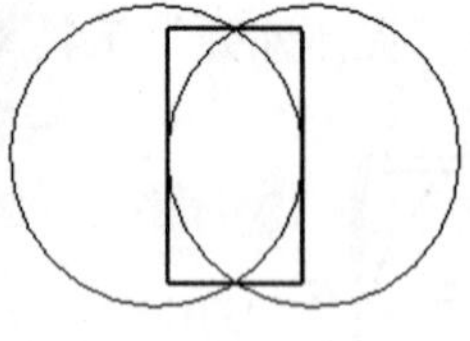
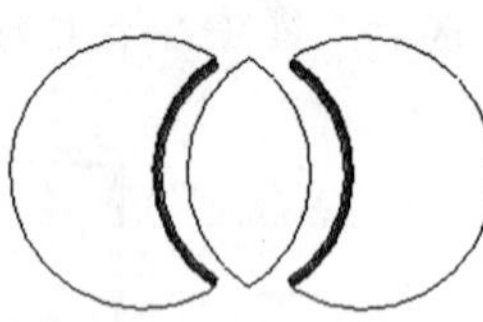

图 2-10 拆分命令

2.1.3 柔化边线

执行“柔化边线”命令的方式：从菜单栏中选择“窗口”→“柔化边线”命令。

1. 柔化边线

柔化边线有以下 4 种方法。

(1) 使用“擦除”工具的同时按住 Ctrl 键，可以柔化边线而不是删除边线。

(2) 在边线上用鼠标右键单击，从弹出的快捷菜单中选择“柔化”命令。

(3) 选中多条边线，然后在选集上用鼠标右键单击，从弹出的快捷菜单中选择“柔化/平滑边线”命令，此时将弹出“柔化边线”编辑器，如图 2-11 所示。

法线之间的角度：拖动该滑块，可以调节光滑角度的下限值，超过此值的夹角都将被柔化处理。

平滑法线：启用该复选框，可以指定对符合允许角度范围的夹角实施光滑和柔化效果。

软化共面：启用该复选框，将自动柔化连接共面表面间的交线。

(4) 选择“窗口”→“柔化边线”菜单命令也可以进行边线柔化操作，如图 2-12 所示。

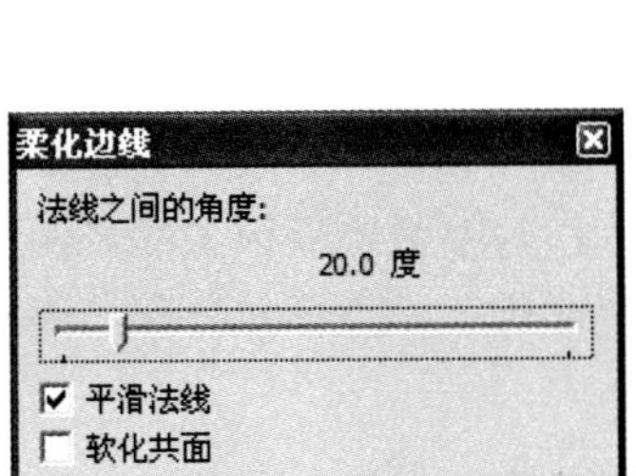

图 2-11 柔化边线

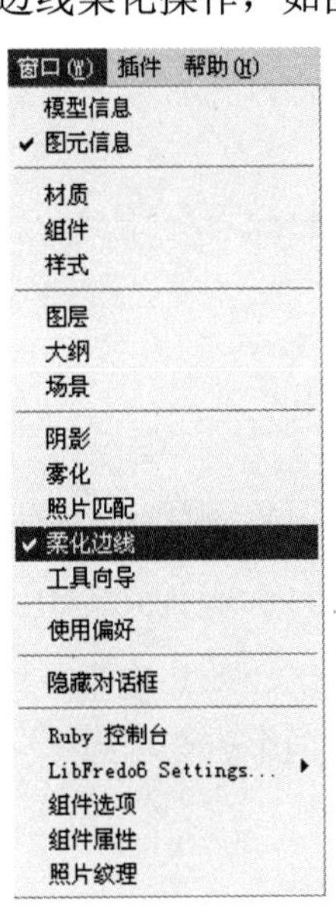

图 2-12 “柔化边线”命令

2. 取消柔化

取消边线柔化效果的方法同样有 4 种，与柔化边线的 4 种方法相互对应。

(1) 使用“擦除”工具的同时，按住 Ctrl+Shift 组合键，可以取消对边线的柔化。

(2) 在柔化的边线上用鼠标右键单击，然后从弹出的快捷菜单中选择“取消柔化”命令。

(3) 选中多条柔化的边线，在选集上用鼠标右键单击，然后从弹出的快捷菜单中选择“柔化/平滑边线”命令，接着在“柔化边线”编辑器中调整允许的角度范围为 0。

(4) 选择“窗口”→“柔化边线”菜单命令，然后在弹出的“柔化边线”编辑器中调整允许的角度范围为 0。

例如，在一个曲面上，我们把线隐藏后，面的个数不会减少，但是你用优化边线，却能使这些面成为一个面。个数减少，便于选择。

2.1.4 照片匹配

执行“照片匹配”命令的方式：在菜单栏中，选择“相机”→“新建照片匹配”命令。

SketchUp 的“照片匹配”功能可以根据实景照片计算出相机的位置和视角，然后在模型中创建与照片相似的环境。

关于照片匹配的命令有两个，分别是“新建照片匹配”命令和“编辑照片匹配”命令，这两个命令可以在“相机”菜单中找到，如图 2-13 所示。

当视图中不存在照片匹配时，“编辑照片匹配”命令将不能使用，当一个照片匹配后，才会激活“编辑照片匹配”命令。用户在新建照片匹配时，将弹出“照片匹配”对话框，如图 2-14 所示。

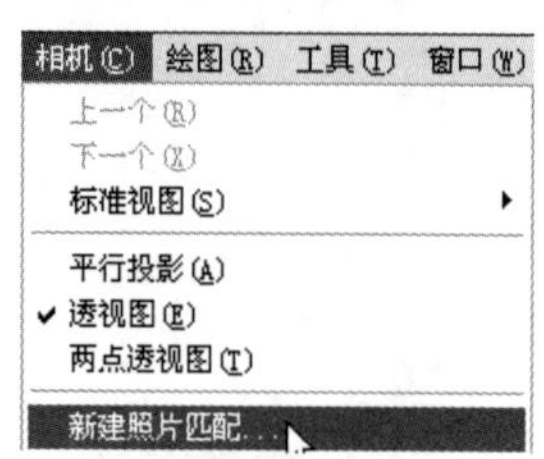

图 2-13　匹配新照片

图 2-14　“照片匹配”对话框

“从照片投影纹理”按钮：单击该按钮，将会把照片作为贴图覆盖模型的表面材质。

“栅格”选项组：选项组下包含 3 种网格，分别为“样式”、“平面”和“间距”。

2.2　模型操作案例

2.2.1　创建曲面玻璃幕墙

案例文件：ywj/02/2-1-1.skp。

视频文件：光盘→视频课堂→第 2 章→2.1.1。

案例操作步骤如下。

step 01 选择“圆弧”工具和“线条”工具，绘制底部弧面，如图 2-15 所示。

step 02 选择“推/拉”工具，推拉底部弧面，如图 2-16 所示。

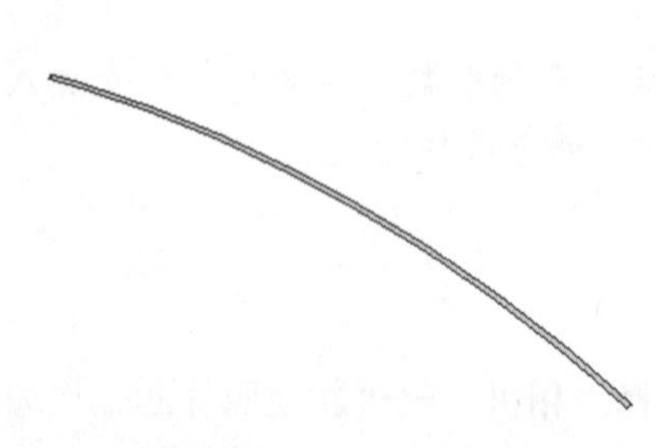

图 2-15　绘制底部弧面

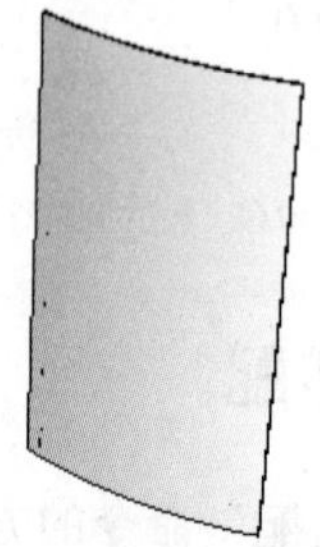

图 2-16　推拉底部弧面

step 03 选择“圆弧”工具和“线条”工具，绘制两个倾斜的面，如图 2-17 所示。

step 04 选择模型，单击鼠标右键，从弹出的快捷菜单中选择“相交面”→“与选项”菜单命令，如图 2-18 所示。

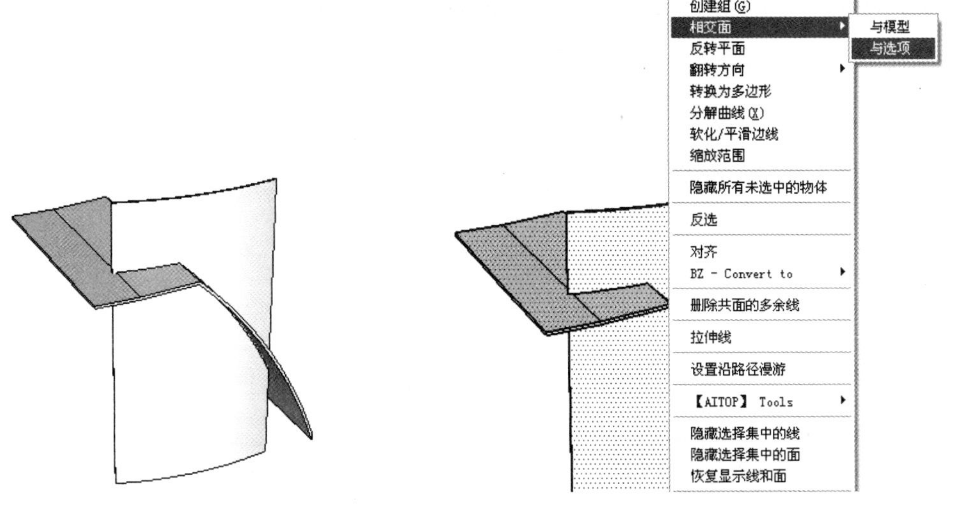

图 2-17　绘制倾斜面　　图 2-18　右键快捷菜单

step 05 删除多余面，并创建为组，完成曲面玻璃幕墙的创建，如图 2-19 所示。

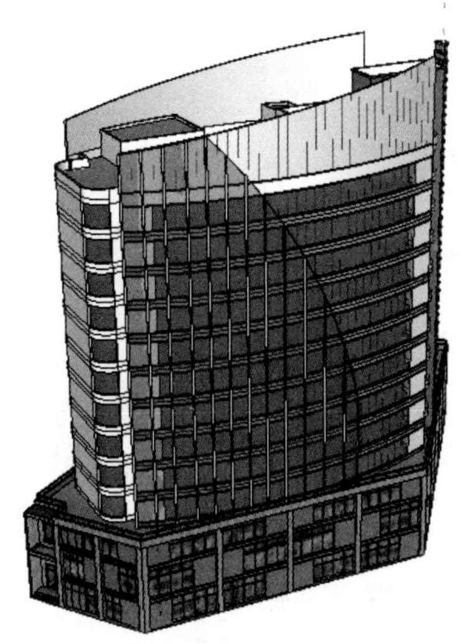

图 2-19　创建完成的曲面玻璃幕墙

2.2.2　创建建筑半圆十字拱顶

案例文件：ywj/02/2-1-2.skp。
视频文件：光盘→视频课堂→第 2 章→2.1.2。

案例操作步骤如下。

step 01 选择“矩形”工具，绘制长度为 4100mm，宽度分别为 2600mm 和 2000mm 的两个矩形，如图 2-20 所示。

step 02 选择“圆”工具，绘制圆，如图 2-21 所示。

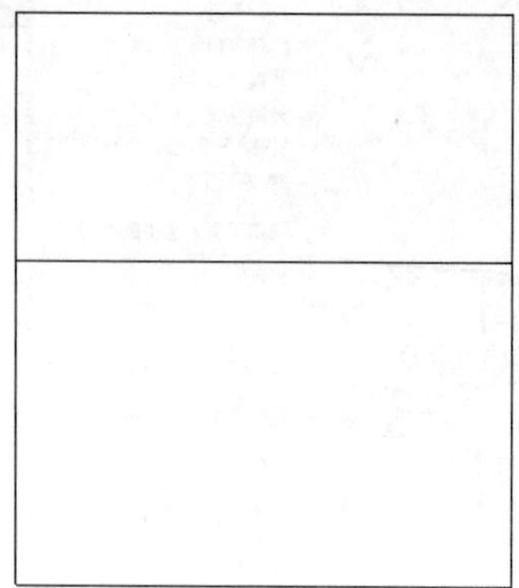

图 2-20　绘制矩形

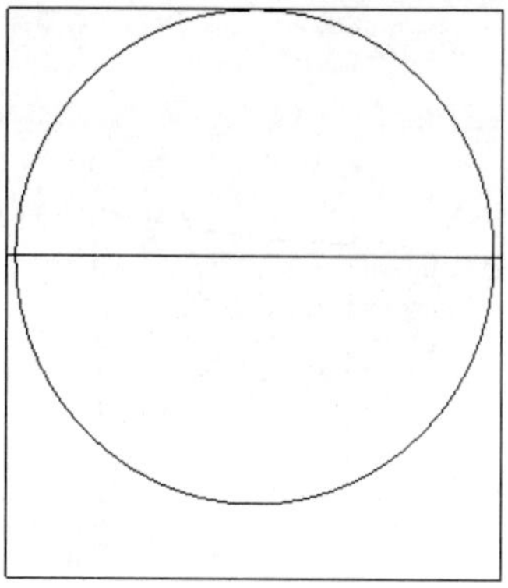

图 2-21　绘制圆

step 03 删除圆形的下半部分以及矩形，选择“偏移”工具，将半圆轮廓向内偏移 250mm，选择“直线”工具，连接线条封闭面，如图 2-22 所示。

step 04 选择“推/拉”工具，将半圆面推出 5000mm 的长度，形成半圆拱，选择“旋转”工具并配合 Ctrl 键，旋转的同时复制半圆拱，如图 2-23 所示。

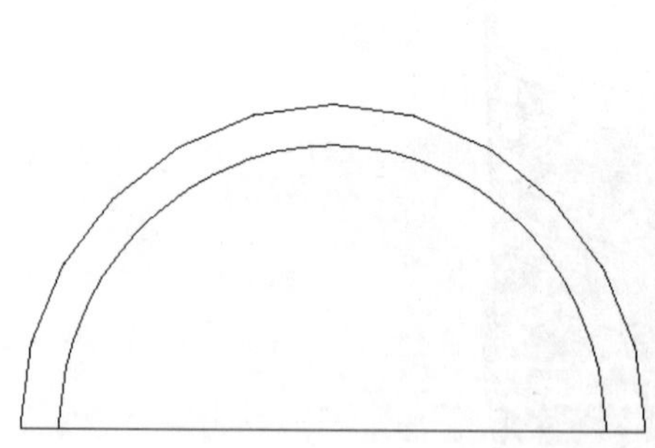

图 2-22　绘制面

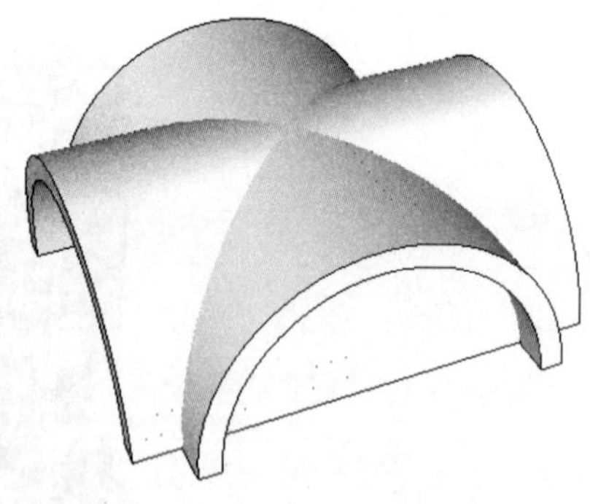

图 2-23　绘制半圆拱

step 05 选中模型，单击鼠标右键，从弹出的快捷菜单中选择“相交面”→“与选项”菜单命令，如图 2-24 所示。

step 06 删除多余面，并制做组件，如图 2-25 所示。

step 07 选择“直线”工具、“矩形”工具和“推/拉”工具，绘制立方体和截面，如图 2-26 所示。

step 08 选择“路径跟随”工具，绘制完成柱子，如图 2-27 所示。

step 09 选择“移动”工具，按住 Ctrl 键，复制模型，完成建筑半圆十字拱顶的创建，如图 2-28 所示。

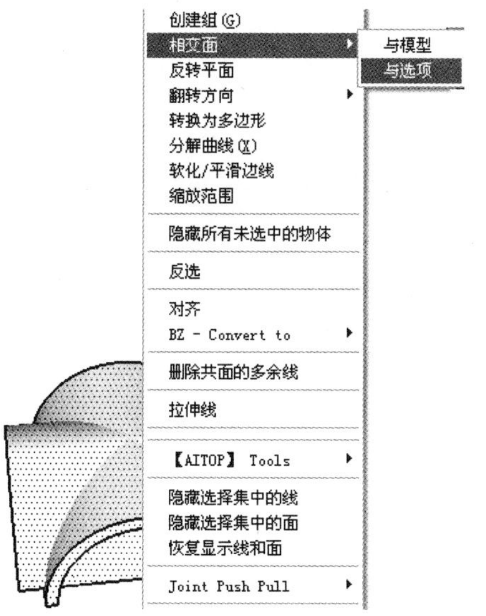

图 2-24　右键快捷菜单

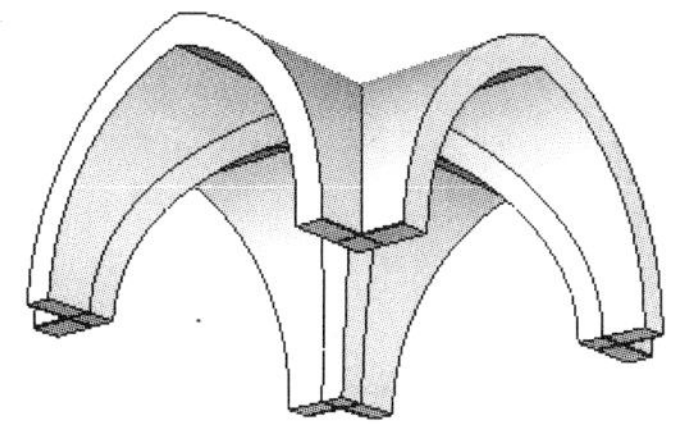

图 2-25　绘制顶部

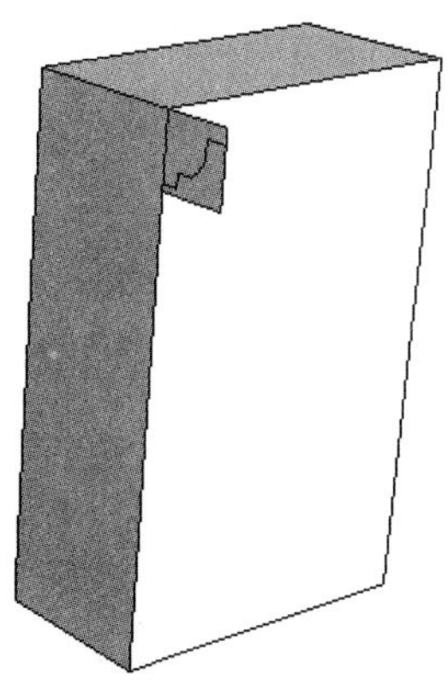

图 2-26　绘制立方体和截面

图 2-27　绘制柱子

图 2-28　创建完成的建筑半圆十字拱顶

2.2.3 创建花瓣状建筑屋顶

案例文件：ywj/02/2-1-3.skp。

视频文件：光盘→视频课堂→第 2 章→2.1.3。

案例操作步骤如下。

step 01 选择“直线”工具和“圆弧”工具，绘制顶部结构轮廓，如图 2-29 所示。

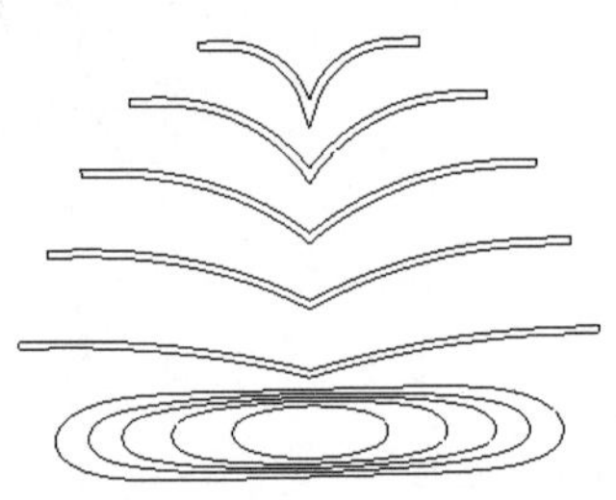

图 2-29 绘制顶部结构轮廓

step 02 把平面和立面线条按照对位关系，分成五组，单独取出来，如图 2-30 所示。

图 2-30 分组线条

step 03 选择“直线”工具，绘制四分之一平面，如图 2-31 所示。

step 04 选择“推/拉”工具，推拉面，使两个形体相交，如图 2-32 所示。

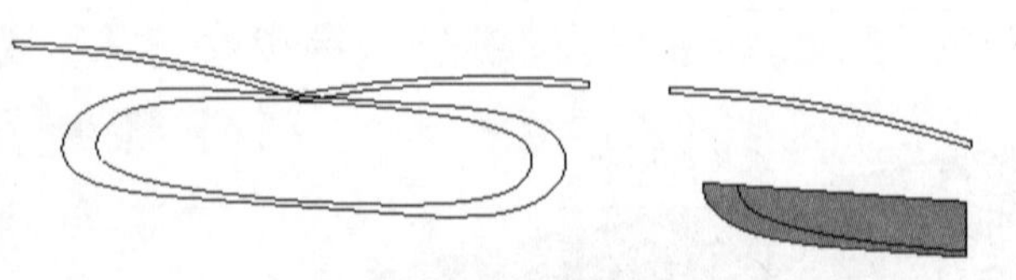

图 2-31 绘制平面

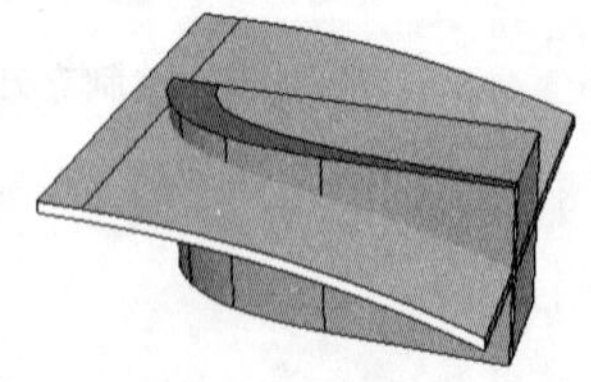

图 2-32 推拉面

step 05 选中模型，单击鼠标右键，从弹出的快捷菜单中选择“相交面”→“与选项”菜单命令，如图 2-33 所示。

step 06 删除多余面，将玻璃和挑板分别创建为组，如图 2-34 所示。

step 07 从挑板边沿复制两条曲线，如图 2-35 所示。

step 08 选择“路径跟随”工具，放样截面，如图 2-36 所示。

step 09 制作组件并赋予材质，采用相同的方法，把其余 4 个构件创建完成，如图 2-37 所示。

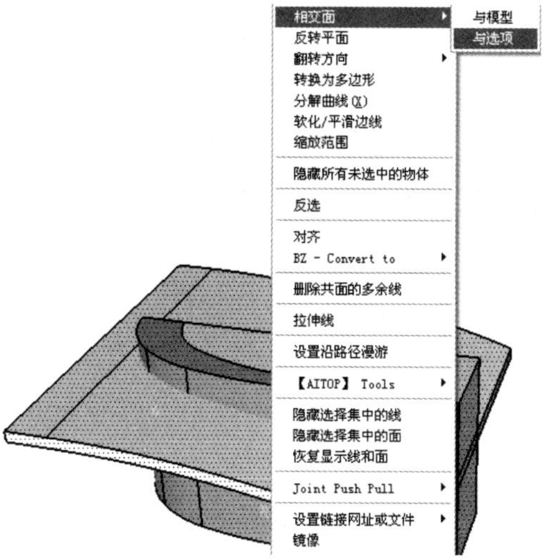

图 2-33 右键快捷菜单

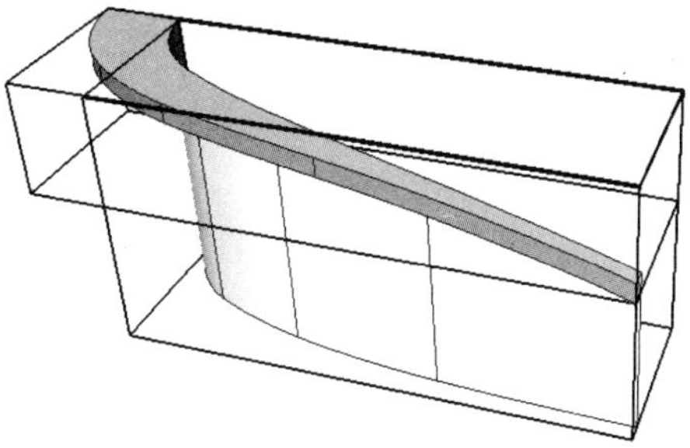

图 2-34 创建组

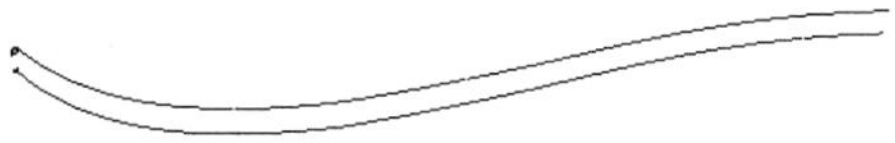

图 2-35 复制曲线

图 2-36 放样截面

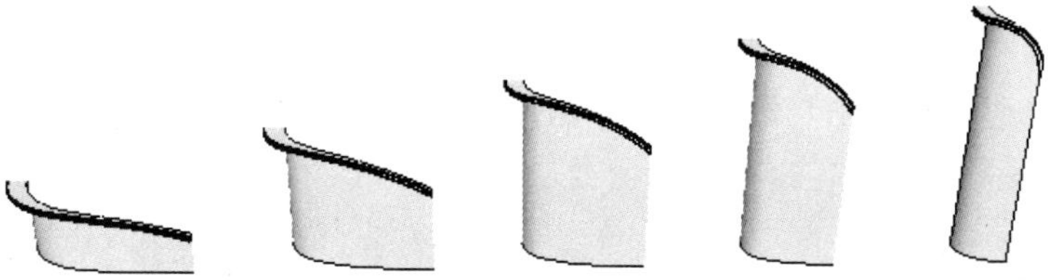

图 2-37 放样截面

step 10 按照对应位置进行拼接，完成花瓣状建筑屋顶的创建，如图 2-38 所示。

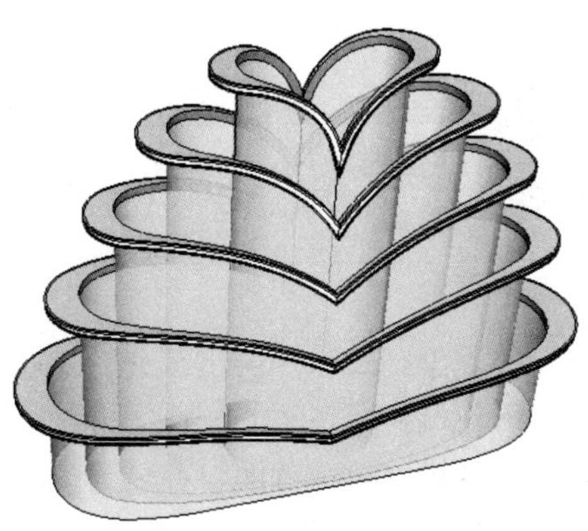

图 2-38 创建完成的花瓣状建筑屋顶

2.2.4 创建中式景观亭

案例文件：ywj/02/2-1-4.skp。
视频文件：光盘→视频课堂→第 2 章→2.1.4。

案例操作步骤如下。

step 01 选择“多边形”工具，绘制边数为 6、半径为 2000mm 的多边形，如图 2-39 所示。

step 02 选择“移动”工具，按住 Ctrl 键，垂直向上复制多边形，复制距离为 2800mm，如图 2-40 所示。

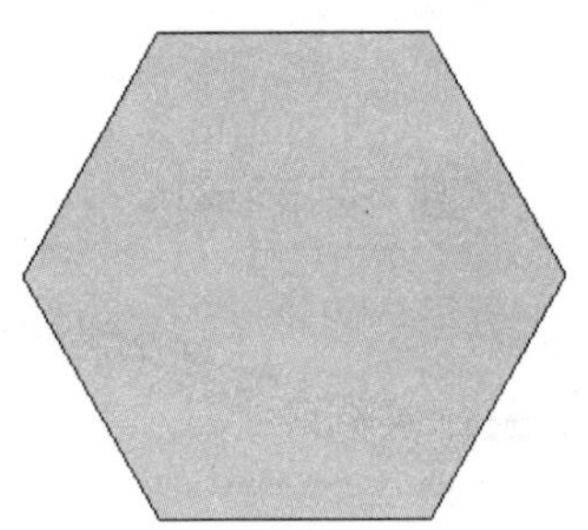

图 2-39 绘制多边形

图 2-40 复制多边形

step 03 选择“直线”工具，沿 Z 轴绘制 1500mm 的直线，如图 2-41 所示。

step 04 选择“矩形”工具，绘制参考面，如图 2-42 所示。

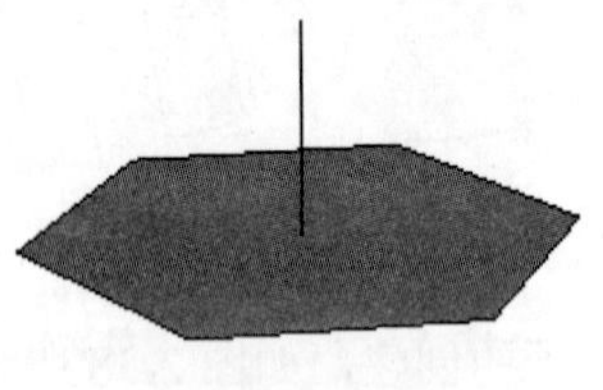

图 2-41 绘制直线

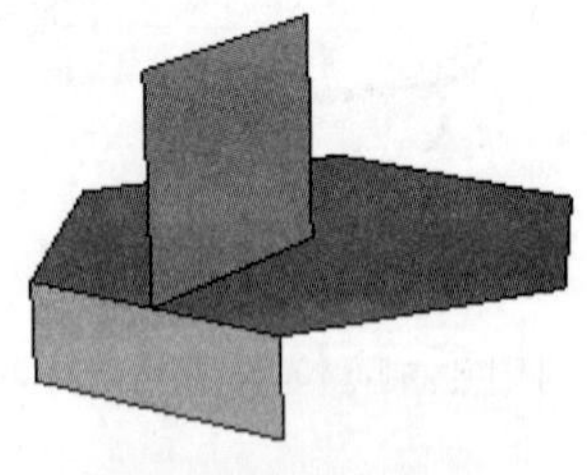

图 2-42 绘制矩形

step 05 选择“圆弧”工具，绘制圆弧，突出部分为 300mm，如图 2-43 所示。

step 06 选择“偏移”工具，偏移线条 120mm，删除多余面，如图 2-44 所示。

step 07 选择“路径跟随”工具，放样截面，并创建为组件，如图 2-45 所示。

step 08 选择“直线”工具，绘制等边三角形，选择“推/拉”工具，推拉面，使两个形体相交，并创建为组件，如图 2-46 所示。

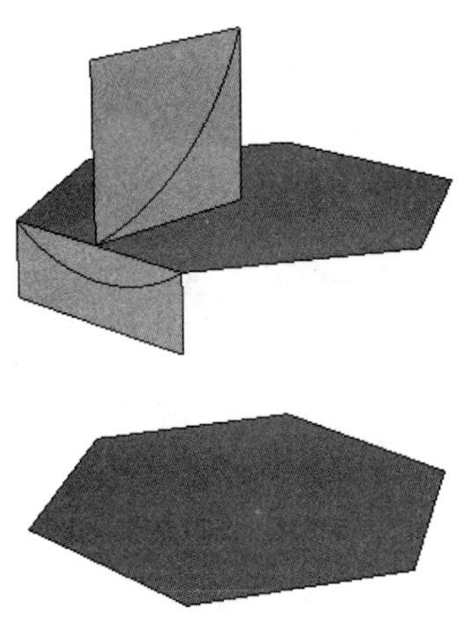

图 2-43 绘制圆弧

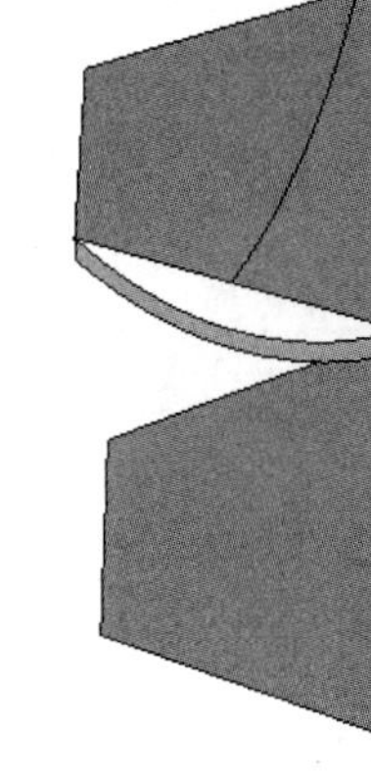

图 2-44 绘制截面

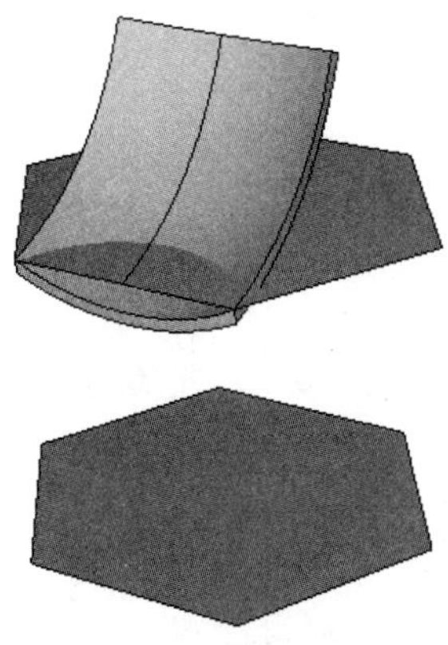

图 2-45 放样截面

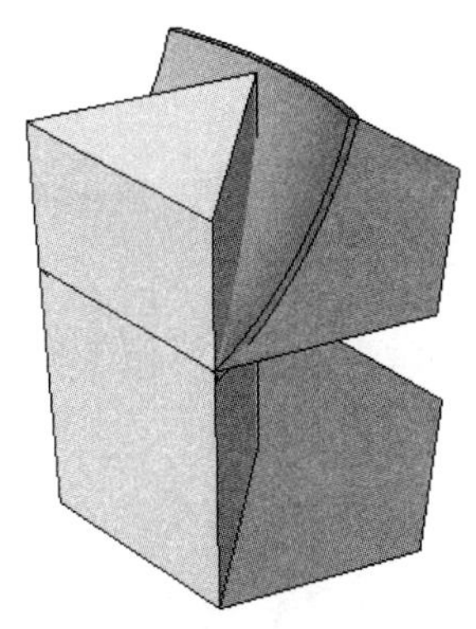

图 2-46 推拉模型

step 09 选择两个组件，用鼠标右键单击，从弹出的快捷菜单中选择“分解”命令，将其分解，选择快捷菜单中“模型交错”→“整个模型交错”命令，如图 2-47 所示。

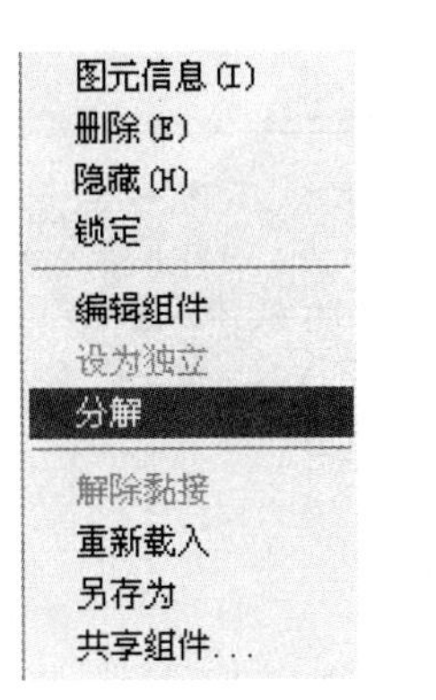

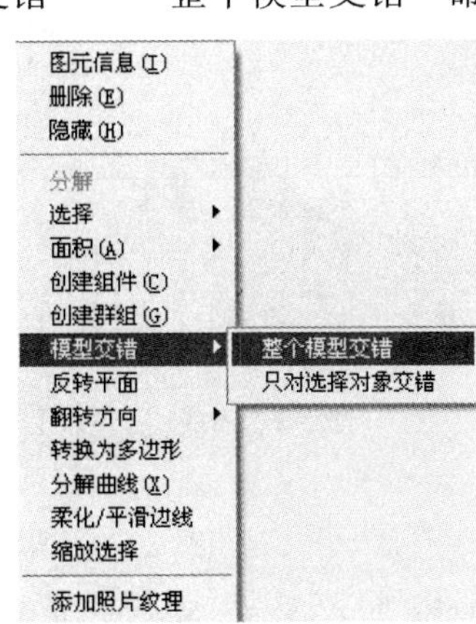

图 2-47 分解和模型交错命令

step 10 删除多余面，得到三角形屋面，如图 2-48 所示。

step 11 选择“旋转”按钮，按住 Ctrl 键旋转复制图形，如图 2-49 所示。

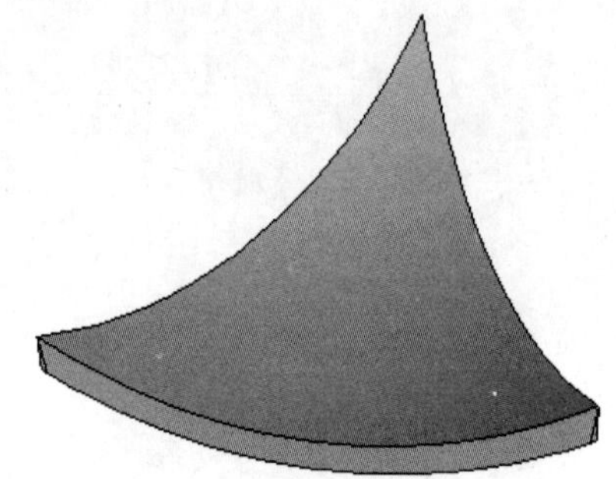

图 2-48 删除面

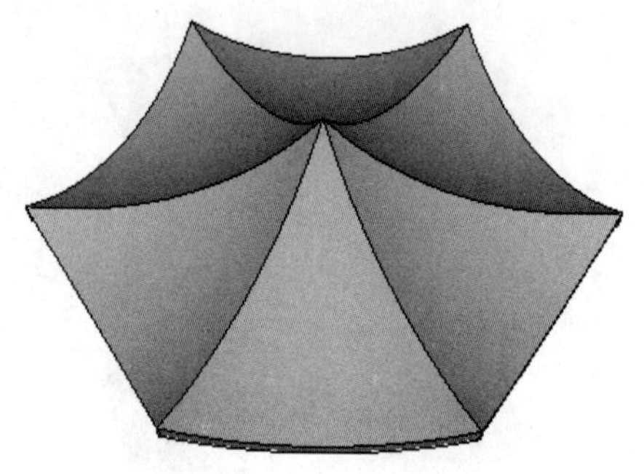

图 2-49 旋转复制面

step 12 双击，进入组内部，选择曲线复制，退出组内部，按下 Ctrl+V 粘贴，选择“直线”工具和“圆弧”工具，绘制截面，如图 2-50 所示。

step 13 选择“路径跟随”按钮，放样截面，如图 2-51 所示。

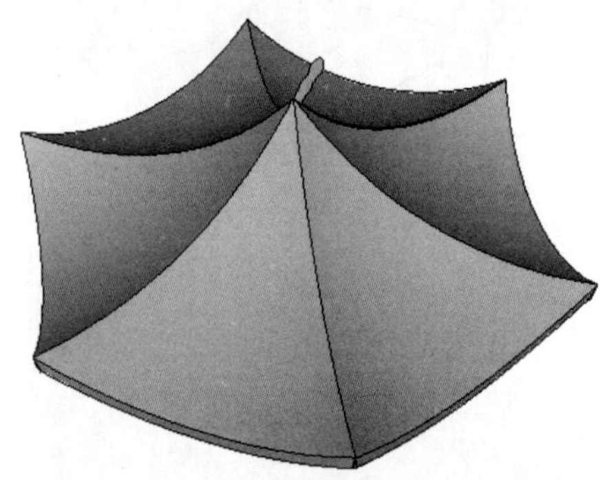

图 2-50 绘制截面

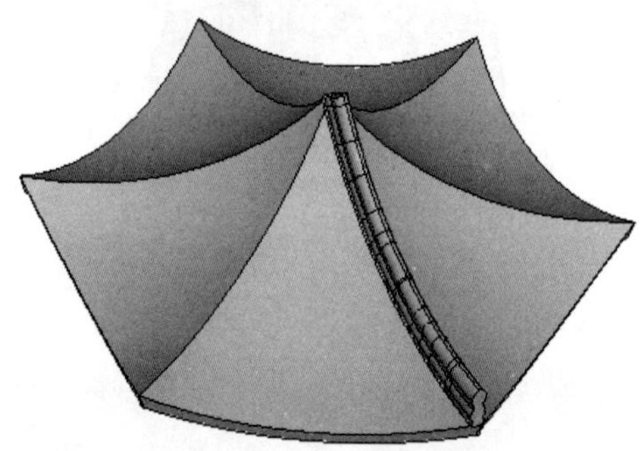

图 2-51 放样截面

step 14 选择“直线”工具和“推/拉”工具，处理图形尾部，如图 2-52 所示。

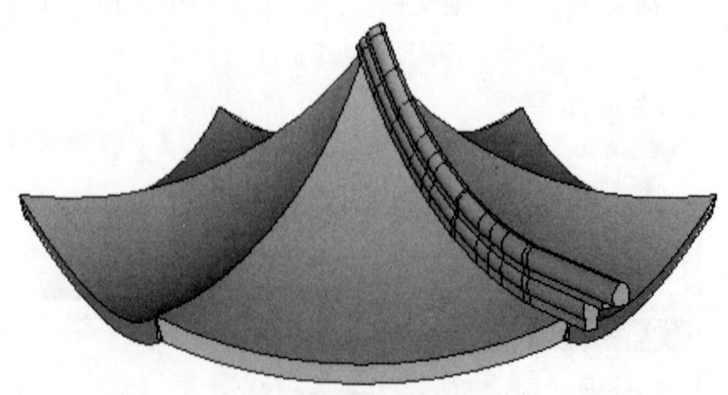

图 2-52 调节图形

step 15 旋转复制屋脊，用相同方法绘制出其余部分，并赋予材质，如图 2-53 所示，完成景观亭的创建。

图 2-53 创建完成的中式景观亭

2.2.5 创建欧式景观亭

案例文件：ywj/02/2-1-5.skp。

视频文件：光盘→视频课堂→第 2 章→2.1.5。

案例操作步骤如下。

step 01 选择“圆”工具和“线条”工具，绘制圆并分成 6 份，如图 2-54 所示。

step 02 为其中一块绘制图案，如图 2-55 所示。

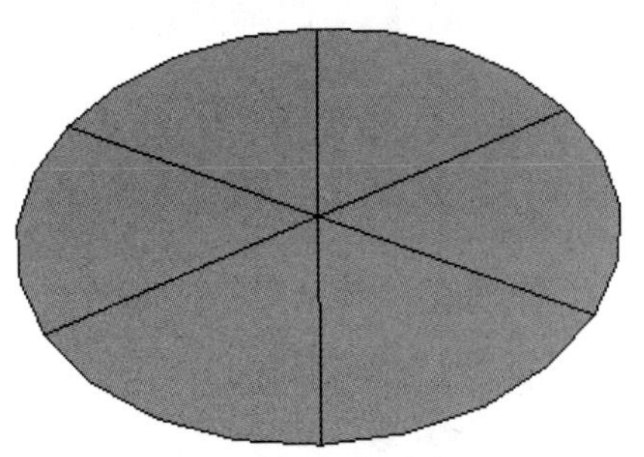

图 2-54 绘制圆并分割 6 份

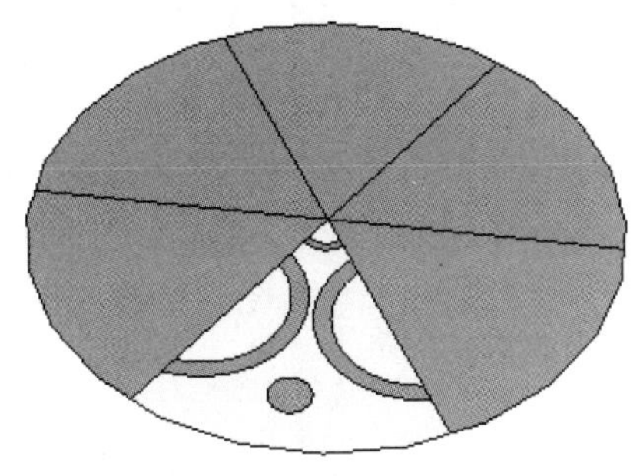

图 2-55 绘制图案

step 03 删除多余线条，保留图案并创建为组，如图 2-56 所示。

step 04 选择“矩形”工具和“圆弧”工具，绘制扇形面，如图 2-57 所示。

step 05 选择“跟随路径”工具，绘制模型，如图 2-58 所示。

step 06 选择“推/拉”工具，推拉出图案模型，如图 2-59 所示。

step 07 选择模型，单击鼠标右键，从弹出的快捷菜单中选择“模型交错”→“整个模型交错”命令，删除多余面，并赋予材质，如图 2-60 所示。

step 08 选择“矩形”工具和“圆弧”工具，绘制截面与路径，选择“路径跟随”工具，制作顶部的肋骨，如图 2-61 所示。

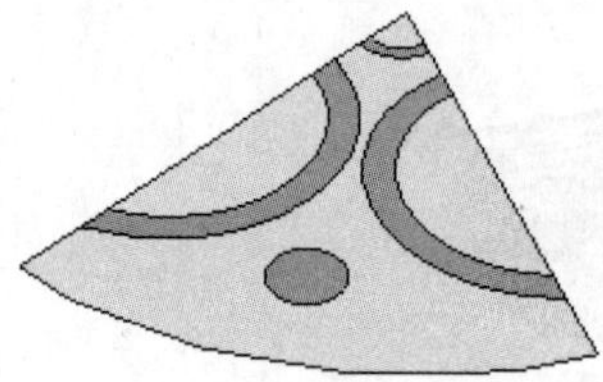

图 2-56　删除线条

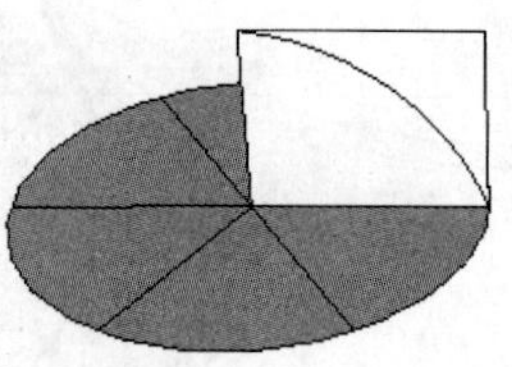

图 2-57　绘制扇形面

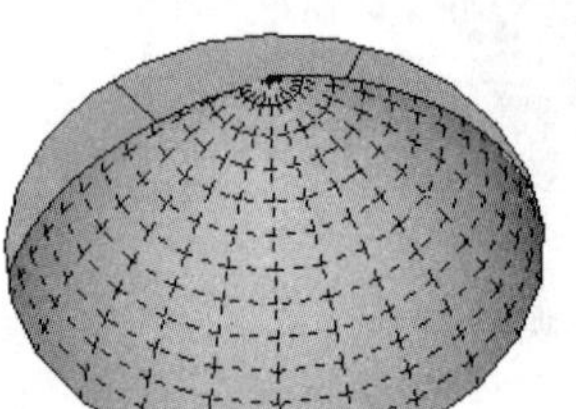

图 2-58　绘制模型

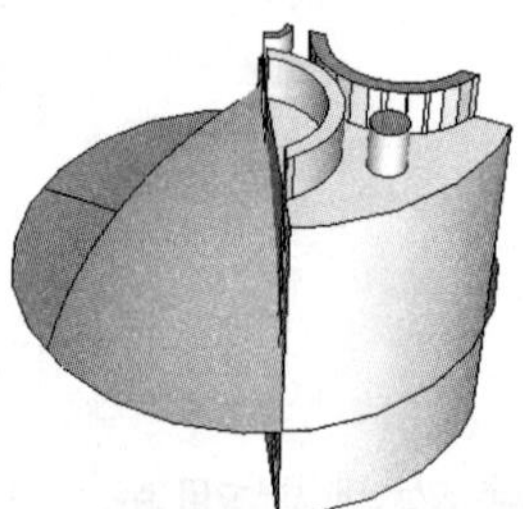

图 2-59　推拉模型

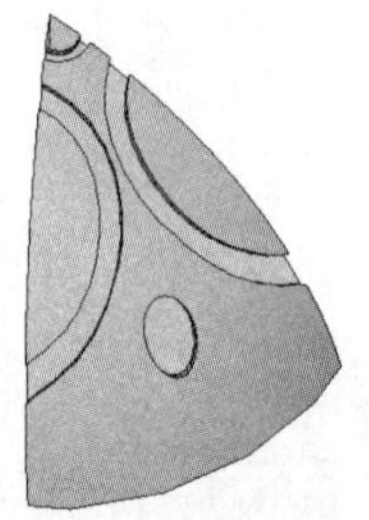

图 2-60　模型交错

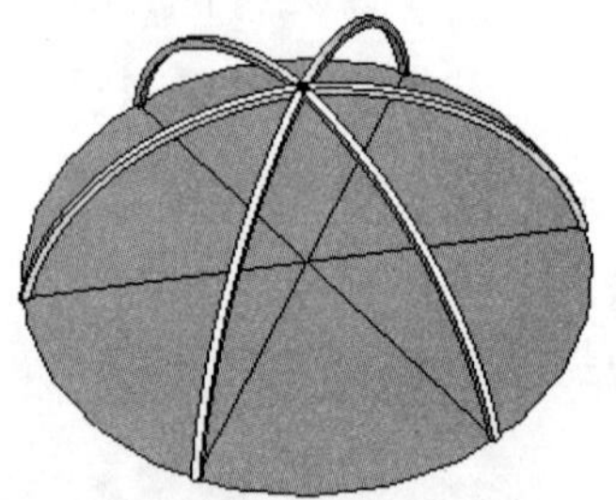

图 2-61　绘制顶部的肋骨

step 09 选择“圆弧”工具，按住 Ctrl 键，旋转复制图形，创建穹顶，如图 2-62 所示。

step 10 绘制柱子与基座的构件，完成欧式景观亭的创建，如图 2-63 所示。

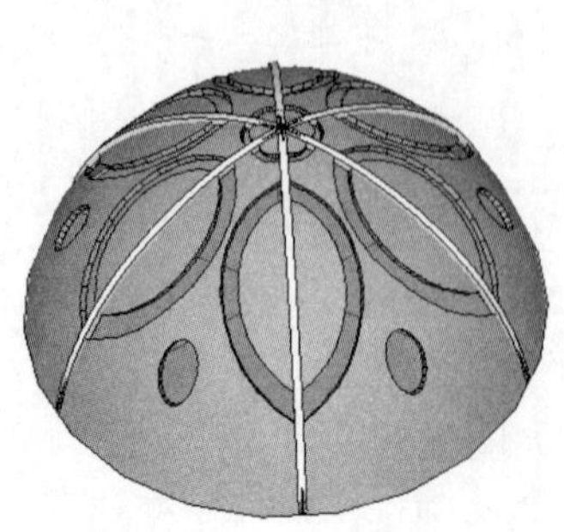

图 2-62　创建穹顶

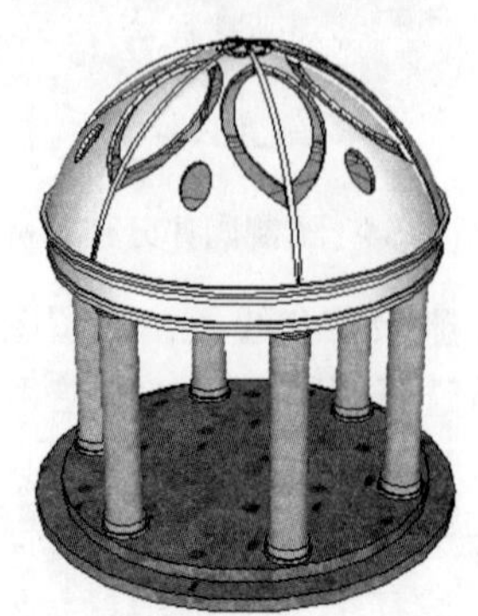

图 2-63　创建完成的欧式景观亭

2.2.6 创建水管接口

案例文件：ywj/02/2-1-6.skp。

视频文件：光盘→视频课堂→第2章→2-1.6。

案例操作步骤的如下。

step 01 选择“矩形”工具，绘制 200mm×200mm 的矩形，选择“直线”工具，平均分割矩形为 4 个面，选择“圆”工具，绘制半径为 80mm 的圆，如图 2-64 所示。

step 02 选择“圆”工具，绘制半径 30mm 的圆，并删除多余面，如图 2-65 所示。

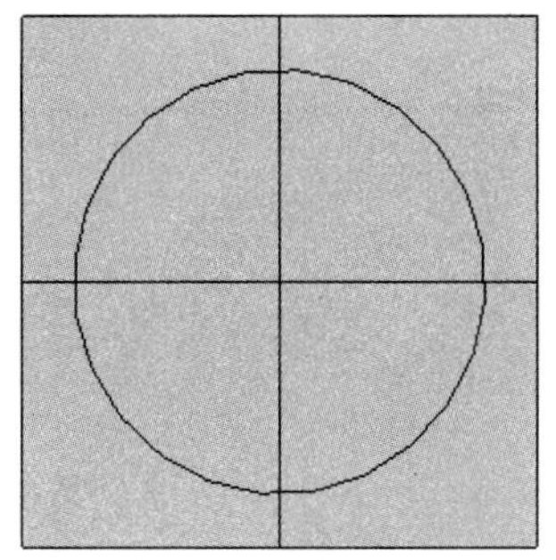

图 2-64 绘制面

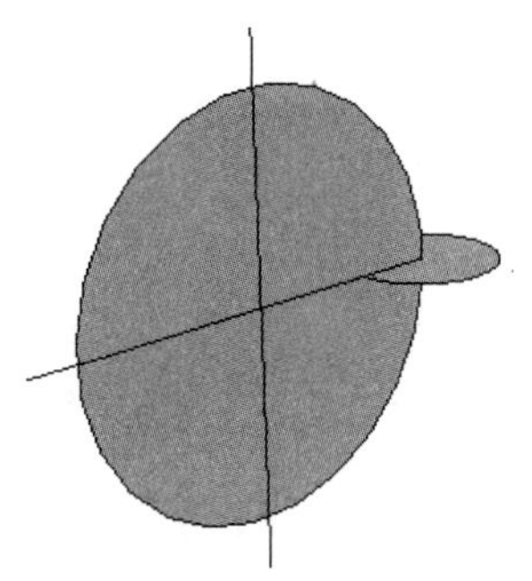

图 2-65 绘制圆

step 03 选择“跟随路径”工具，放样图形，如图 2-66 所示。

step 04 删除参考面，选择“推/拉”工具，推拉出 25mm 的距离，选择“缩放”工具将推出面放大，如图 2-67 所示。

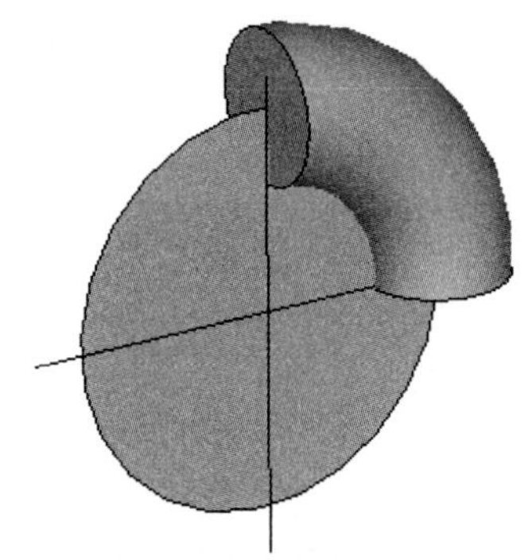

图 2-66 放样图形

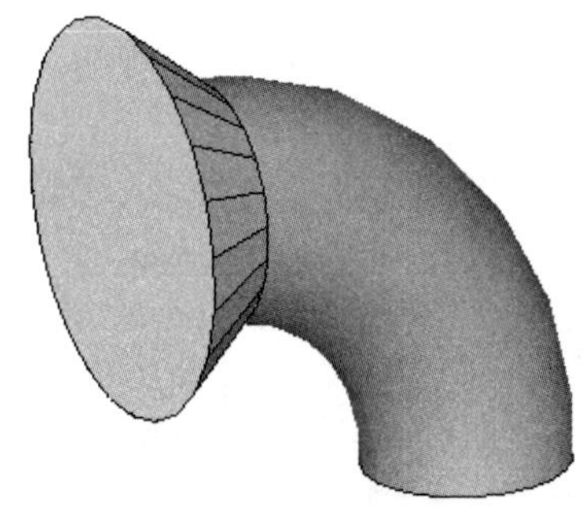

图 2-67 缩放图形

step 05 选择“偏移”工具，向外偏移 12mm 的距离，选择“推/拉”工具，推拉出 10mm 的厚度，如图 2-68 所示。

step 06 选择“圆”工具，绘制 4mm 的圆孔，选择“旋转”工具，旋转复制圆孔，如图 2-69 所示。

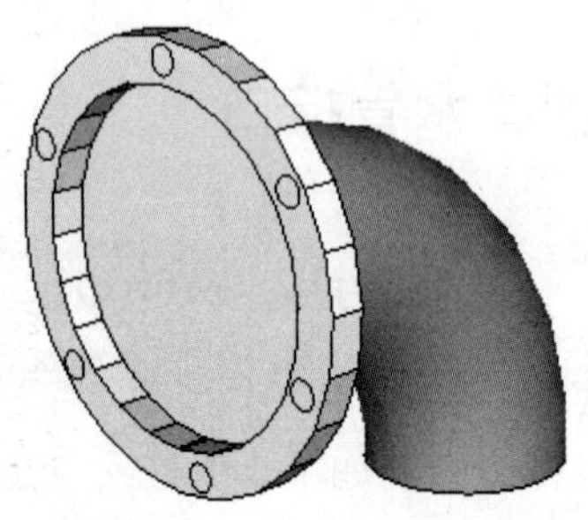

图 2-68　推拉模型　　图 2-69　绘制圆孔

step 07 选择“推/拉”工具，推拉出 10mm 的厚度，删除多余面，并且创建为组，如图 2-70 所示。

step 08 选择“旋转”工具，按住 Ctrl 键，旋转复制模型，如图 2-71 所示。

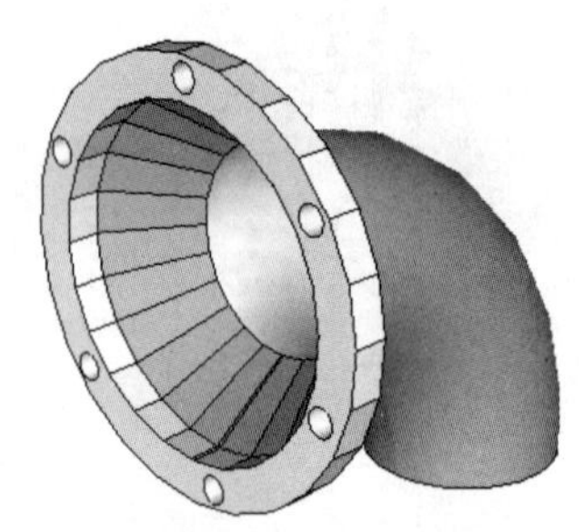

图 2-70　推拉模型

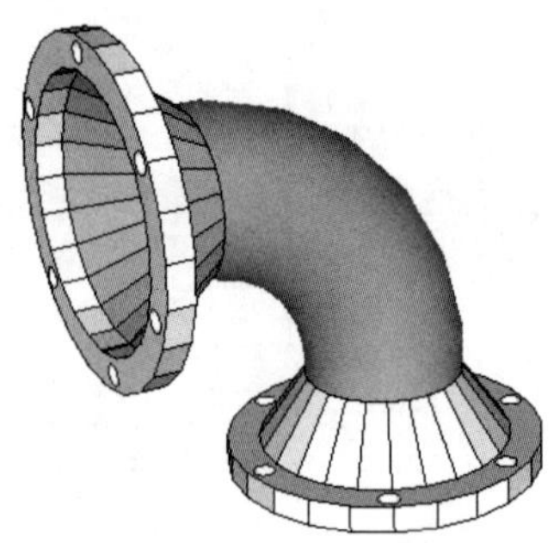

图 2-71　旋转复制模型

step 09 选择模型，单击鼠标右键，从弹出的快捷菜单中选择“柔化/平滑边线”命令，打开“柔化边线”对话框，将模型平滑处理，如图 2-72 和 2-73 所示。

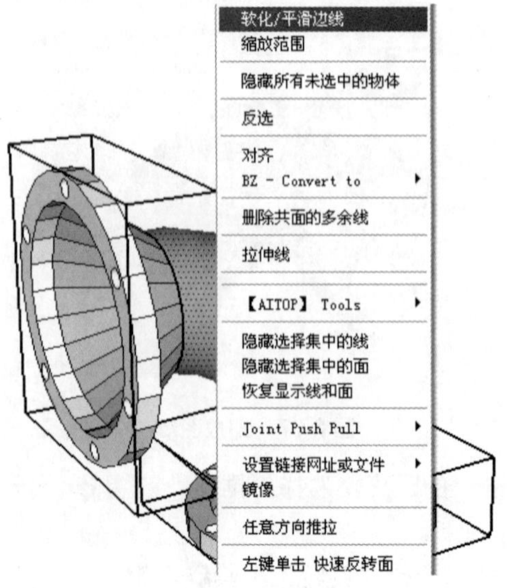

图 2-72　右键菜单

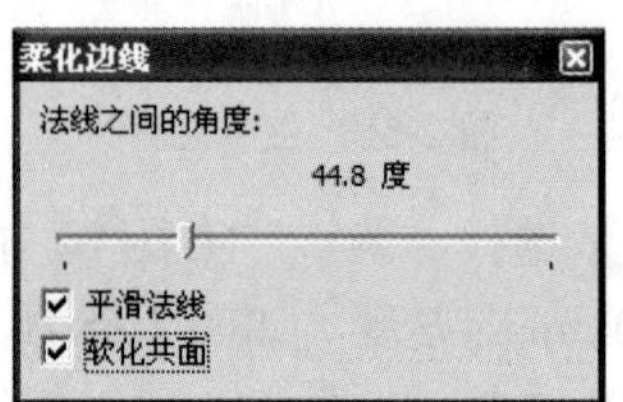

图 2-73　“柔化边线”设置

step 10 为模型赋予材质，如图 2-74 所示，完成了水管接口的创建。

图 2-74 创建完成的水管接口

2.2.7 创建建筑转角飘窗

案例文件：ywj/02/2-1-7.skp。

视频文件：光盘→视频课堂→第 2 章→2.1.7。

案例操作步骤如下。

step 01 选择“矩形”工具和“推/拉”工具，创建建筑墙体，如图 2-75 所示。

step 02 选择“直线”工具，绘制窗户位置，如图 2-76 所示。

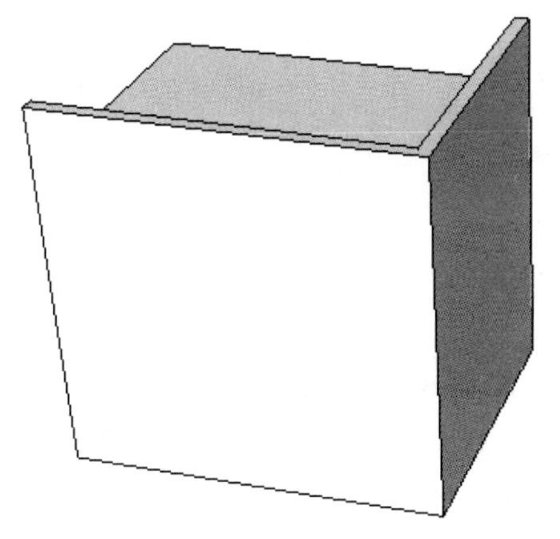

图 2-75 绘制墙体

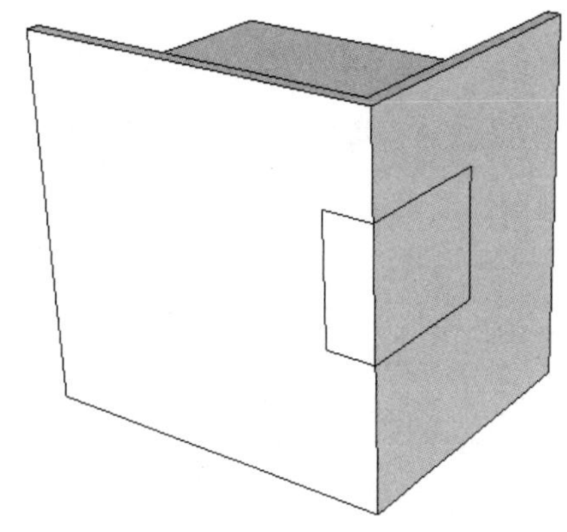

图 2-76 绘制窗户位置

step 03 选择“推/拉”工具，推拉出窗户位置，如图 2-77 所示。

step 04 选择“直线”工具和“推/拉”工具，推拉出窗户，如图 2-78 所示。

step 05 为窗户赋予材质，完成建筑转角飘窗的创建，如图 2-79 所示。

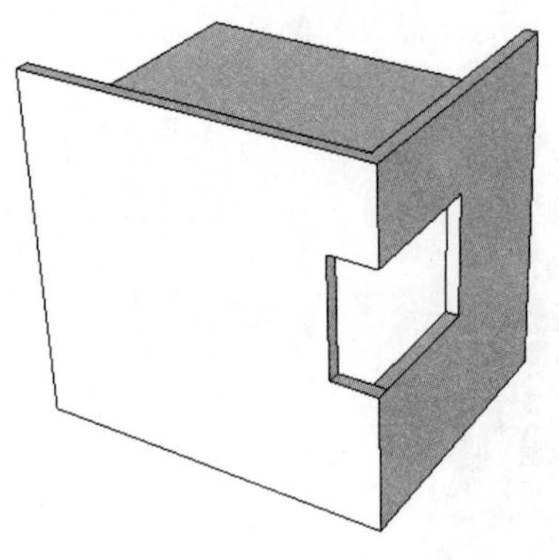
图 2-77　推拉窗户位置

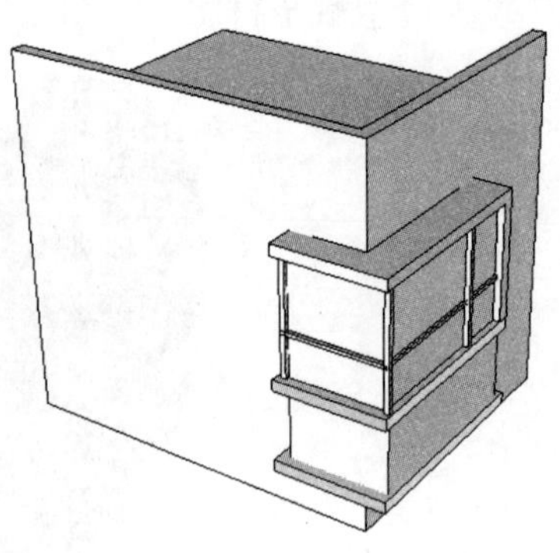
图 2-78　绘制窗户

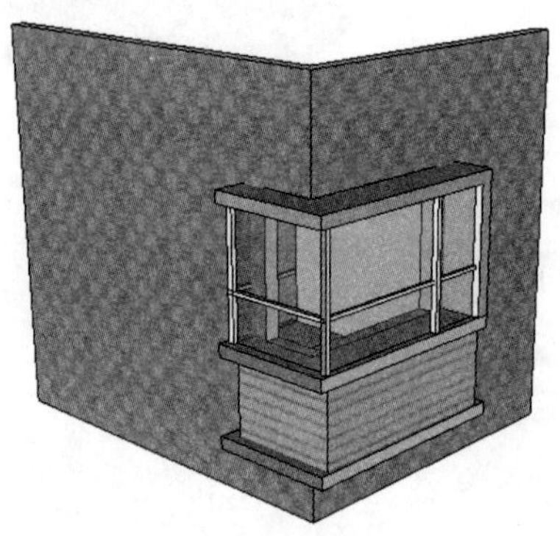
图 2-79　创建完成的建筑转角飘窗

2.2.8　创建镂空景墙

案例文件：ywj/02/2-1-8.skp。

视频文件：光盘→视频课堂→第 2 章→2.1.8。

案例操作步骤如下。

step 01 选择“直线”工具和“推/拉”工具，绘制墙体部分，如图 2-80 所示。

step 02 选择面进行复制，如图 2-81 所示。

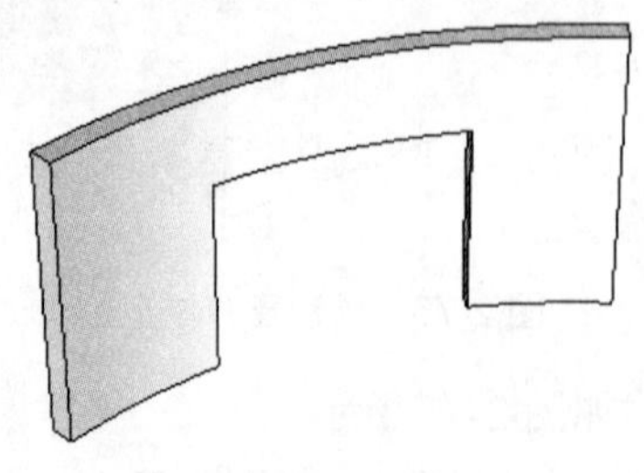
图 2-80　绘制墙体部分

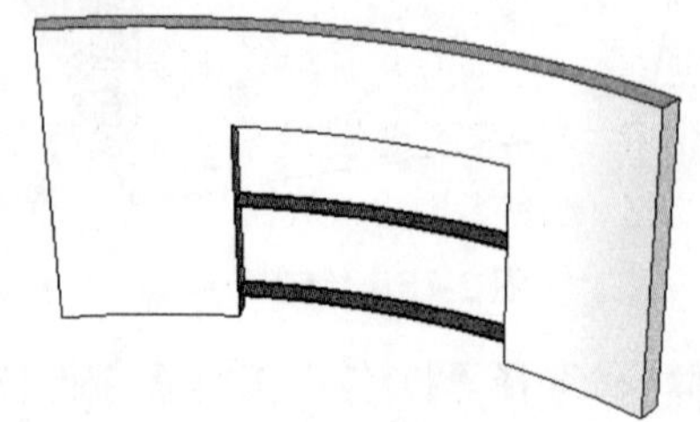
图 2-81　复制面

step 03 选择“推/拉”工具，推拉厚度，完成镂空景墙的创建，如图 2-82 所示。

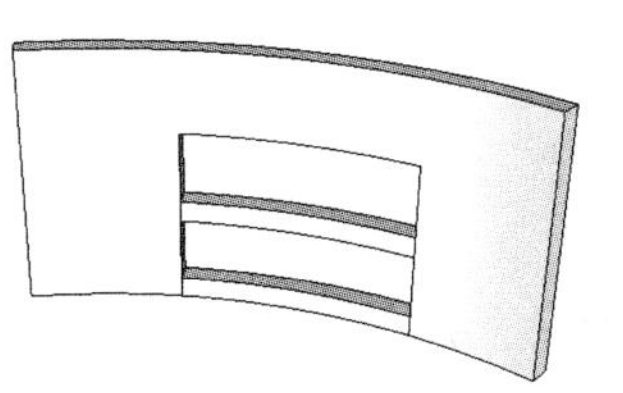

图 2-82　创建完成的镂空景墙

2.3 标 注 尺 寸

SketchUp 中的尺寸标注，可以随着模型的尺寸变化而变化，可以帮助使用者在绘制模型时对尺寸进行把控。

2.3.1 模型的测量

执行“卷尺”工具命令主要有以下几种方式：

- 从菜单栏中选择“工具”→“卷尺”菜单命令。
- 直接从键盘输入 T 键。
- 单击大工具集中的“卷尺”工具按钮。

1. 测量距离

(1) 测量两点间的距离

激活“卷尺”工具，然后拾取一点作为测量的起点，接着拖动鼠标，会出现一条类似参考线的“测量带”，其颜色会随着平行的坐标轴而变化，并且数值控制框会实时显示“测量带”的长度，再次单击拾取测量的终点后，测得的距离会显示在数值控制框中。

(2) 全局缩放

使用“卷尺”工具可以对模型进行全局缩放，这个功能非常实用，用户可以在方案研究阶段先构建粗略模型，当确定方案后，需要更精确的模型尺寸时，只要重新指定模型中两点的距离即可。

在 SketchUp 中可以通过“多边形”工具(快捷键为 Alt+B)创建正多边形，但是只能控制多边形的边数和半径，不能直接输入边长。不过有个变通的方法，就是利用“卷尺”工具进行缩放。以一个边长为 1000mm 的六边形为例，首先创建一个任意大小的等边六边形，然后将它创建为组，并进入组件的编辑状态，然后使用“卷尺”工具(快捷键为 Q 键)测量一条边的长度，接着通过键盘输入需要的长度 1000mm(注意，一定要先创建为组，然后进入组内进行编辑，否则会将场景模型都进行缩放)。

2. 测量角度

执行“量角器”命令主要有以下几种方式：

- 从菜单栏中选择“工具”→“量角器”命令。
- 单击大工具集中的“量角器”按钮。

(1) 测量角度

激活"量角器"工具后，在视图中会出现一个圆形的量角器，鼠标光标指向的位置就是量角器的中心位置，量角器默认对齐红/绿轴平面。

在场景中移动光标时，量角器会根据旁边的坐标轴和几何体而改变自身的定位方向，用户可以按住 Shift 键锁定所在的平面。

在测量角度时，将量角器的中心设在角的顶点上，然后将量角器的基线对齐到测量角的起始边上，接着再拖动鼠标旋转量角器，捕捉要测量角的第二条边，此时光标处会出现一条绕量角器旋转的辅助线，捕捉到测量角的第二条边后，测量的角度值会显示在数值控制框中，如图 2-83 所示。

(2) 创建角度辅助线

激活"量角器"工具，然后捕捉辅助线将经过的角的顶点，并单击鼠标左键，将量角器放置在该点上，接着在已有的线段或边线上单击，将量角器的基线对齐到已有的线上，此时会出现一条新的辅助线，移动光标到需要的位置，辅助线和基线之间的角度值会在数值控制框中动态显示，如图 2-84 所示。

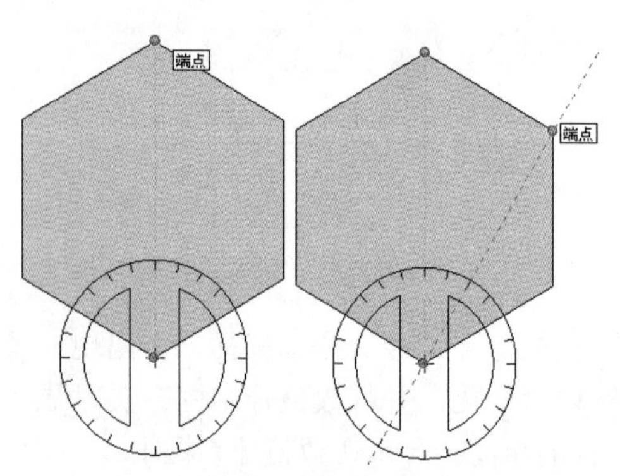

图 2-83　测量角度

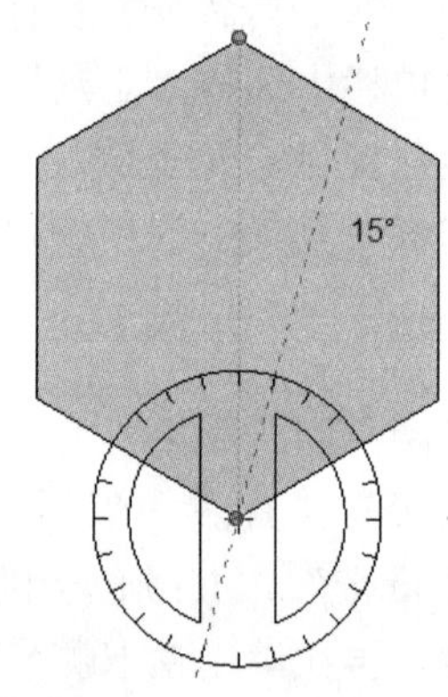

图 2-84　现实角度值

角度可以通过数值控制框输入，输入的值可以是角度(例如 15 度)，也可以是斜率(角的正切，例如 1:6)；输入负值表示将往当前鼠标指定方向的反方向旋转；在进行其他操作之前，可以持续输入修改。

(3) 锁定旋转的量角器

按住 Shift 键可以将量角器锁定在当前的平面定位上。

"卷尺"工具没有平面限制，该工具可以测出模型中任意两点的准确距离。尺寸的更改可以根据不同图形要求进行设置。当调整模型长度的时候，尺寸标注也会随之更改。

2.3.2　辅助线的绘制与管理

执行"辅助线"命令主要有以下几种方式：

- 从菜单栏中选择"工具"→"卷尺"、"量角器"菜单命令。

- 单击大工具集中的“卷尺”工具，“量角器”工具。

1. 绘制辅助线

使用“卷尺”工具绘制辅助线的方法如下。

激活“卷尺”工具，然后在线段上单击，拾取一点作为参考点，此时在光标上会出现一条辅助线随着光标移动，同时会显示辅助线与参考点之间的距离，接着确定辅助线的位置后，单击鼠标左键，即可绘制一条辅助线，如图 2-85 所示。

2. 管理辅助线

眼花缭乱的辅助线有时候会影响视线，从而产生负面影响，此时可以通过选择“编辑”→“删除向导器”菜单命令、“编辑”→“还原向导”菜单命令或者“编辑”→“删除参考线”菜单命令删除所有的辅助线，如图 2-86 所示。

在“图元信息”对话框中，可以查看辅助线的相关信息，并且可以修改辅助线所在的图层，如图 2-87 所示。

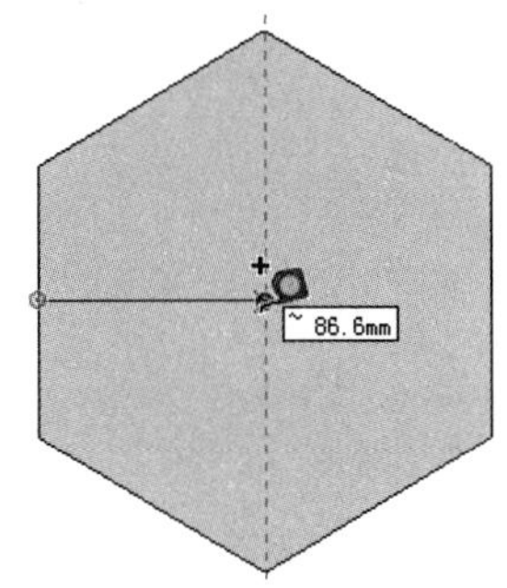

图 2-85 测量距离

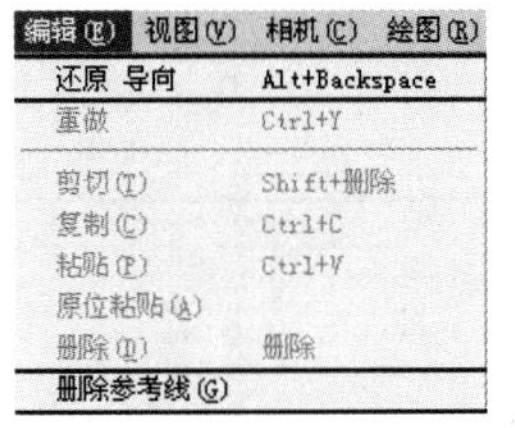

图 2-86 菜单命令

图 2-87 图元信息

辅助线的颜色可以通过“样式”对话框进行设置，在“样式”对话框中切换到“编辑”选项卡，然后对“参考线”选项后面的颜色色块进行调整，如图 2-88 所示。

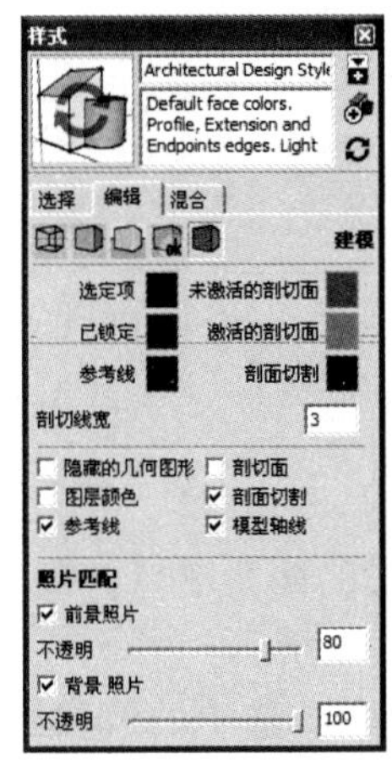

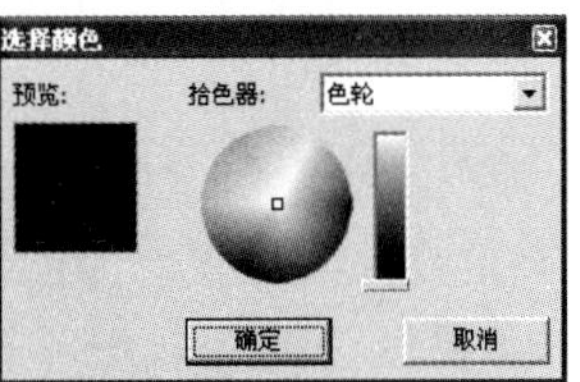

图 2-88 “样式”对话框

3. 导出辅助线

在 SketchUp 中，可以将辅助线导出到 AutoCAD 中，以便为进一步精确绘制立面图提供帮助。导出辅助线的方法如下。

选择“文件”→“导出”→“三维模型”菜单命令，然后在弹出的“导出模型”对话框中设置“输出类型”为“AutoCAD DWG 文件(*.dwg)”，接着单击“选项”按钮，并在弹出的“AutoCAD 导出选项”对话框中启用“构造几何图形”复选框，最后依次单击“好”按钮和“导出”按钮将辅助线导出，如图 2-89 所示。为了能更清晰地显示和管理辅助线，可以将辅助线单独放在一个图层上再进行导出。

图 2-89　导出模型

辅助线可以在绘图过程中的帮助对尺寸的把握。

2.3.3　尺寸的标注

执行“标注尺寸”命令主要有以下几种方式：

- 从菜单栏中选择“工具”→“尺寸标注”菜单命令。
- 单击大工具集中的“尺寸标注”按钮。

(1) 标注线段

激活“尺寸标注”工具，然后依次单击线段的两个端点，接着移动鼠标，拖曳一定的距离，再次单击鼠标左键确定标注的位置，如图 2-90 所示。

用户也可以直接单击需要标注的线段进行标注，选中的线段会呈高亮显示，单击线段后，拖曳出一定的标注距离即可，如图 2-91 所示。

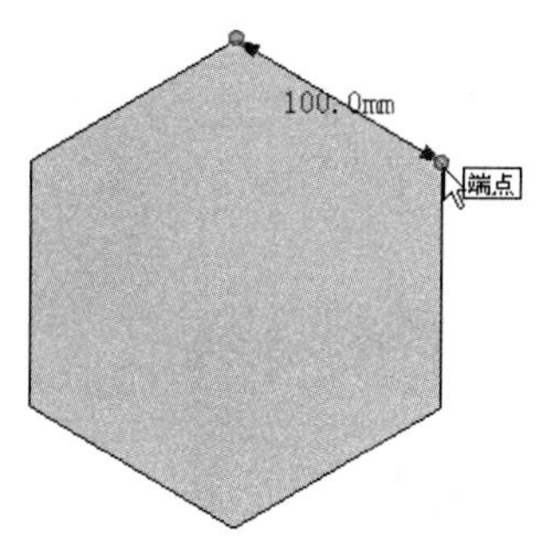

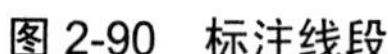
图 2-90 标注线段

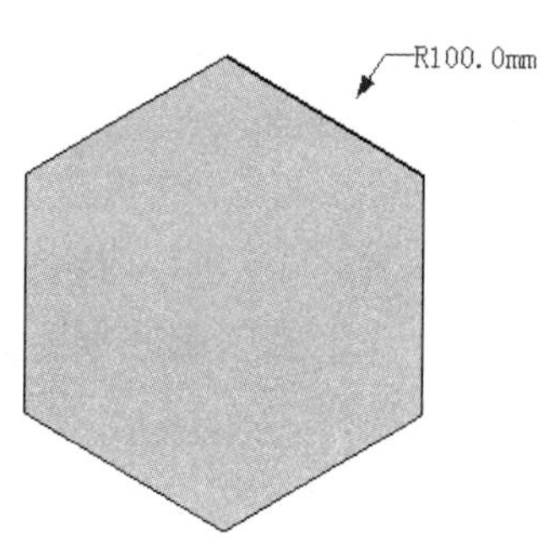

图 2-91 尺寸标注

(2) 标注直径

激活“尺寸标注”工具，然后单击要标注的圆，接着移动鼠标，拖曳出标注的距离，再次单击鼠标左键确定标注的位置，如图 2-92 所示。

(3) 标注半径

激活“尺寸标注”工具，然后单击要标注的圆弧，接着拖曳鼠标，确定标注的距离，如图 2-93 所示。

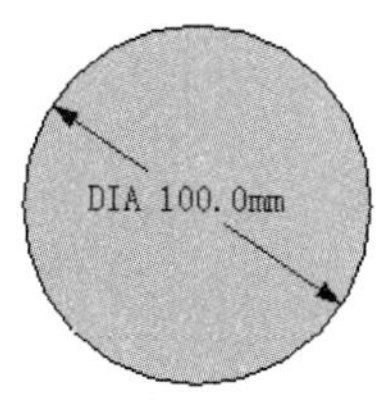

图 2-92 直径标注

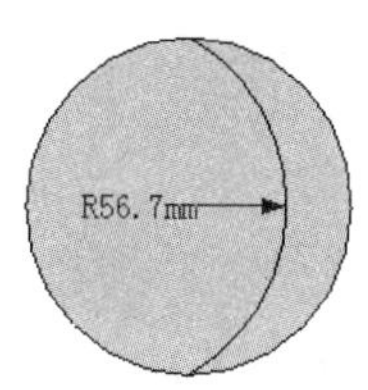

图 2-93 半径标注

(4) 互换直径标注和半径标注

从半径标注的右键快捷菜单中，选择“类型”→“直径”命令，可以将半径标注转换为直径标注，同样，从右键菜快捷单中选择“类型”→“半径”命令，可以将直径标注转换为半径标注，如图 2-94 所示。

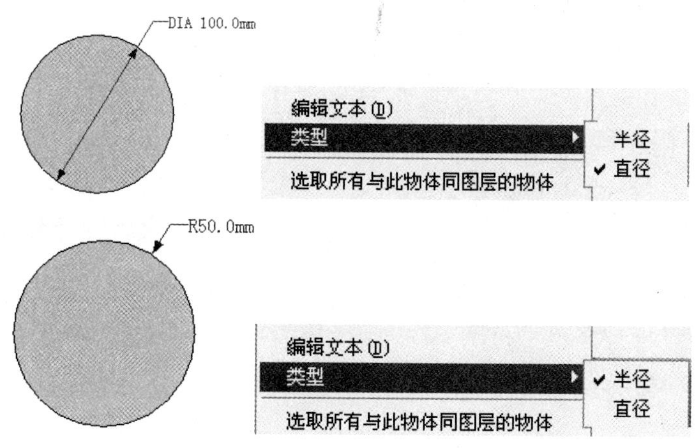

图 2-94 标注转换

SketchUp 中提供了许多种标注的样式以供使用者选择。

修改标注样式的步骤是：选择“窗口”→“模型信息”菜单命令，然后从弹出的“模型信息”对话框中单击“尺寸”选项，接着在“引线”选项组的“端点”下拉列表框中选择“斜线”或者其他方式，如图 2-95 所示。

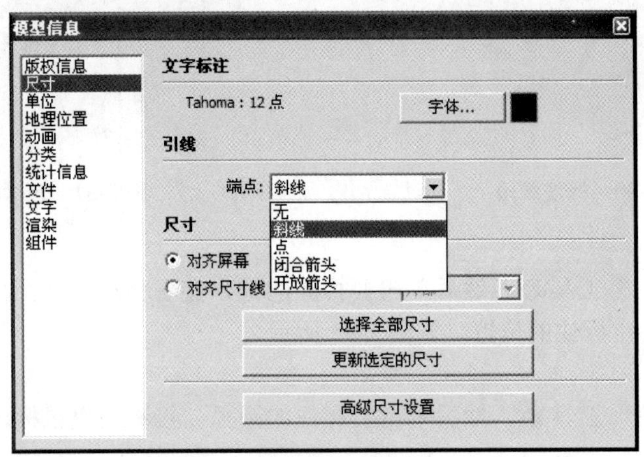

图 2-95　模型信息

2.4　标注尺寸的案例

2.4.1　创建建筑内部墙体标注并修改

案例文件：ywj/02/2-2-1-1.skp、ywj/02/2-2-1-2.skp。

视频文件：光盘→视频课堂→第 2 章→2.2.1。

案例操作步骤如下。

step 01 打开 2-2-1-1.skp 文件，如图 2-96 所示。

step 02 选择“尺寸”工具，对模型进行标注，如图 2-97 所示。

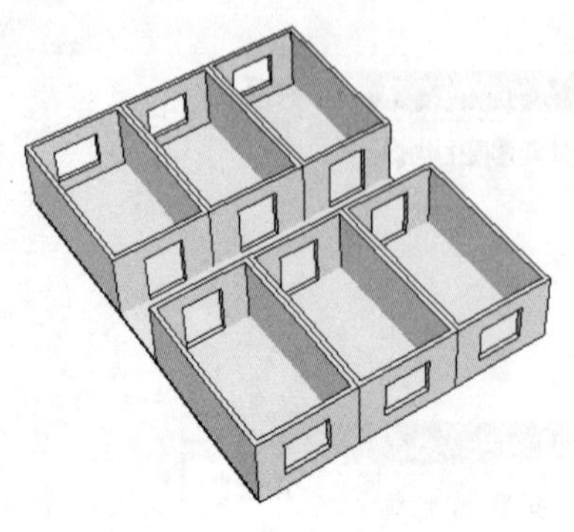

图 2-96　打开文件

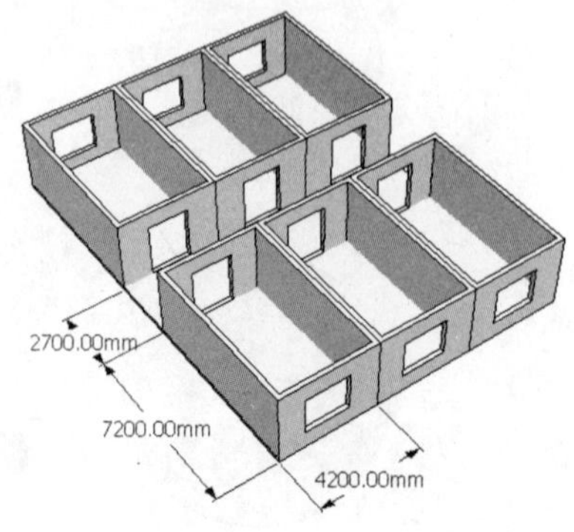

图 2-97　标注尺寸

step 03 双击标注数据，修改内容，如图 2-98 所示。

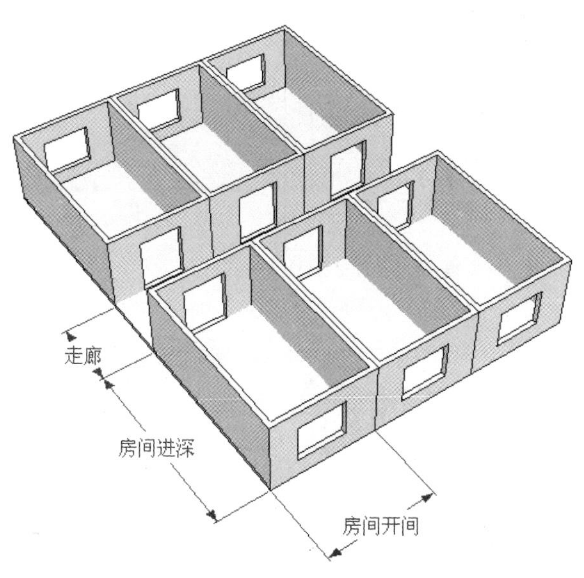

图 2-98　修改标注

2.4.2　标注双开门尺寸

案例文件：ywj/02/2-2-2-1.skp、ywj/02/2-2-2-2.skp。

视频文件：光盘→视频课堂→第 2 章→2.2.2。

案例操作步骤如下。

step 01 打开 2-2-2-1.skp 文件，如图 2-99 所示。

step 02 选择“尺寸”工具，对模型进行标注，如图 2-100 所示，完成了双开门的尺寸标注。

图 2-99　打开文件

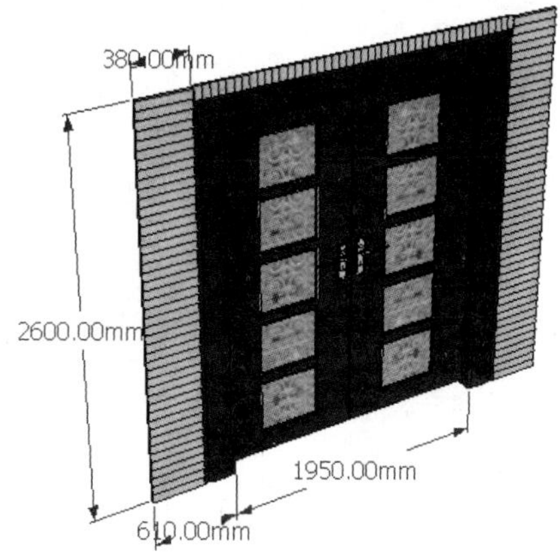

图 2-100　标注尺寸

2.4.3 标注围墙尺寸

案例文件：ywj/02/2-2-3-1.skp、ywj/02/2-2-3-2.skp。
视频文件：光盘→视频课堂→第 2 章→2.2.3。

案例操作步骤如下。

step 01 打开 2-2-3-1.skp 文件，如图 2-101 所示。

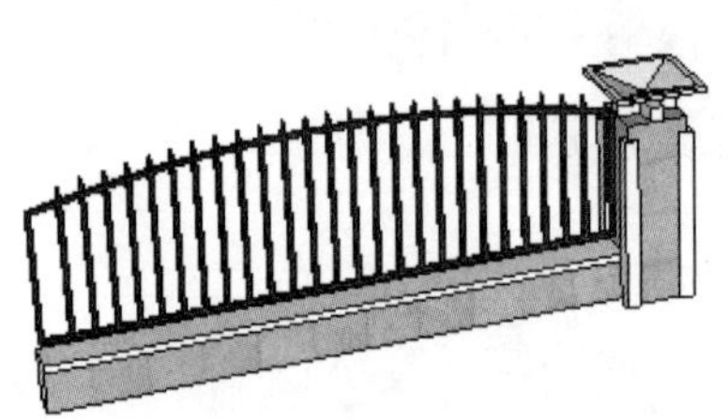
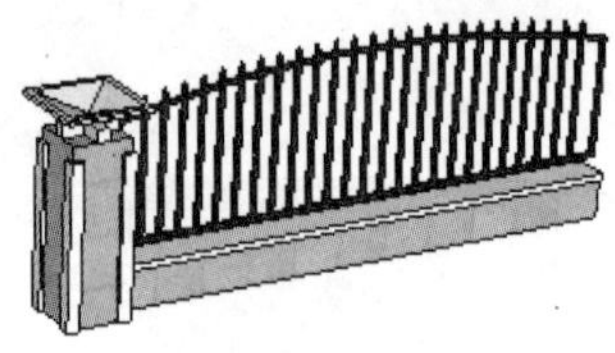

图 2-101 打开文件

step 02 选择“尺寸”工具，对模型进行标注，如图 2-102 所示，完成围墙尺寸标注。

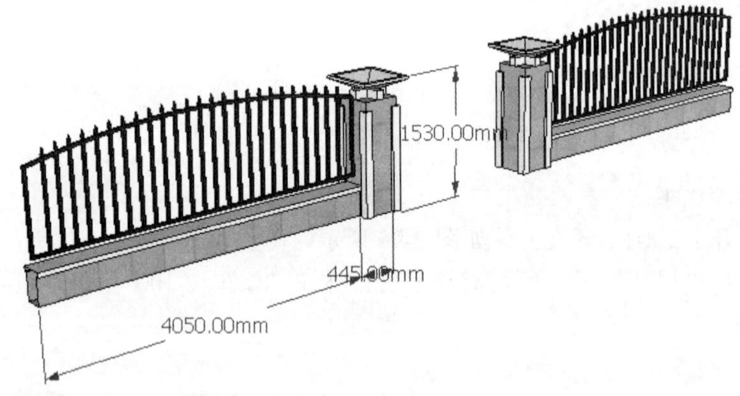

图 2-102 标注尺寸

2.4.4 标注百叶窗尺寸

案例文件：ywj/02/2-2-4-1.skp、ywj/02/2-2-4-2.skp。
视频文件：光盘→视频课堂→第 2 章→2.2.4。

案例操作步骤如下。

step 01 打开 2-2-4-1.skp 文件，如图 2-103 所示。

step 02 选择“尺寸”工具，对模型进行标注，如图 2-104 所示，完成百叶窗尺寸的标注。

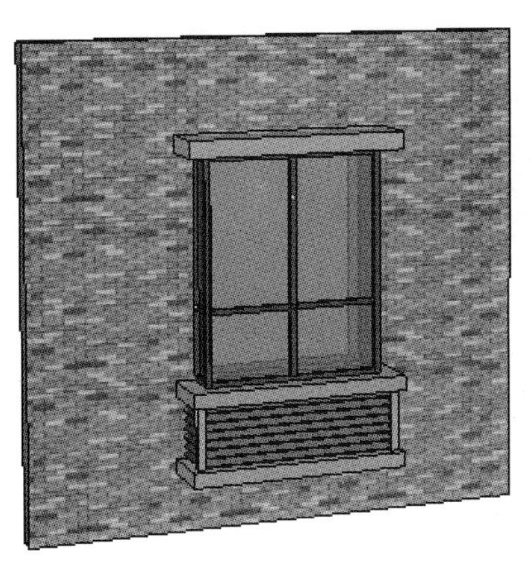

图 2-103　打开文件

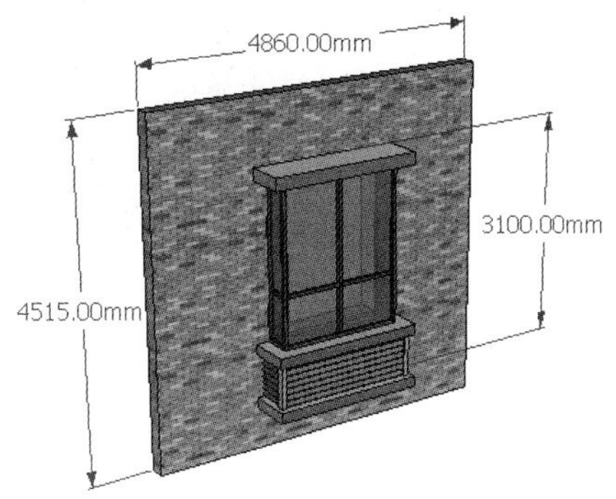

图 2-104　标注尺寸

2.4.5　标注办公室尺寸(一)

案例文件：ywj/02/2-2-5-1.skp、ywj/02/2-2-5-2.skp。

视频文件：光盘→视频课堂→第 2 章→2.2.5。

案例操作步骤如下。

step 01 打开 2-2-5-1.skp 文件，如图 2-105 所示。

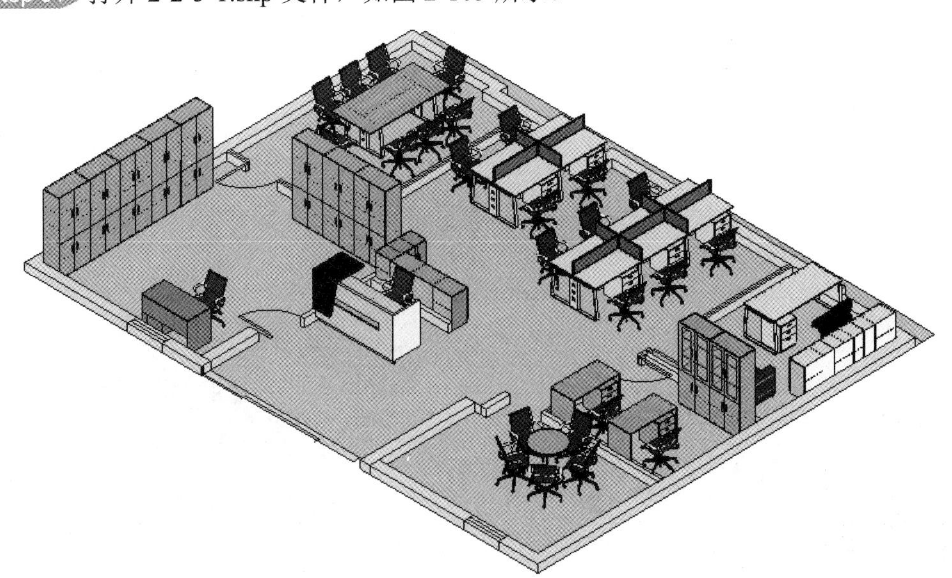

图 2-105　打开文件

step 02 选择“尺寸”工具，对模型进行标注，如图 2-106 所示，完成办公室尺寸(一)的标注。

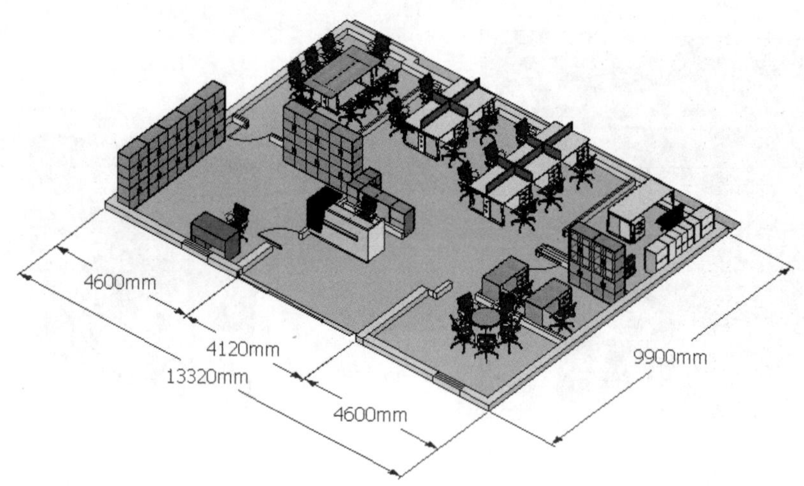

图 2-106　尺寸标注

2.4.6　标注办公室尺寸(二)

案例文件：ywj/02/2-2-6-1.skp、ywj/02/2-2-6-2.skp。

视频文件：光盘→视频课堂→第 2 章→2.2.6。

案例操作步骤二如下。

step 01 打开 2-2-6-1.skp 文件，如图 2-107 所示。

step 02 选择“尺寸”工具，对模型进行标注，如图 2-108 所示，完成办公室尺寸(二)的标注。

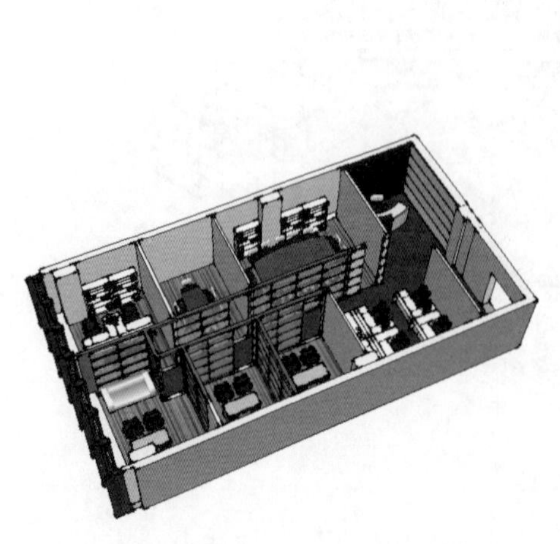

图 2-107　打开文件

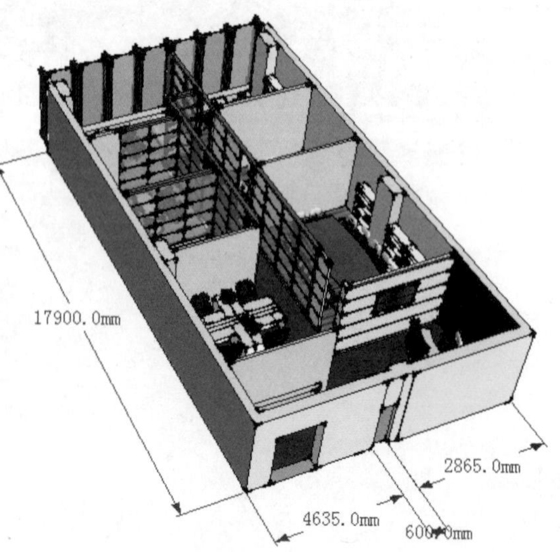

图 2-108　标注尺寸

2.4.7 标注办公室尺寸(三)

案例文件：ywj/02/2-2-7-1.skp、ywj/02/2-2-7-2.skp。

视频文件：光盘→视频课堂→第 2 章→2.2.7。

案例操作步骤如下。

step 01 打开 2-2-7-1.skp 文件，如图 2-109 所示。

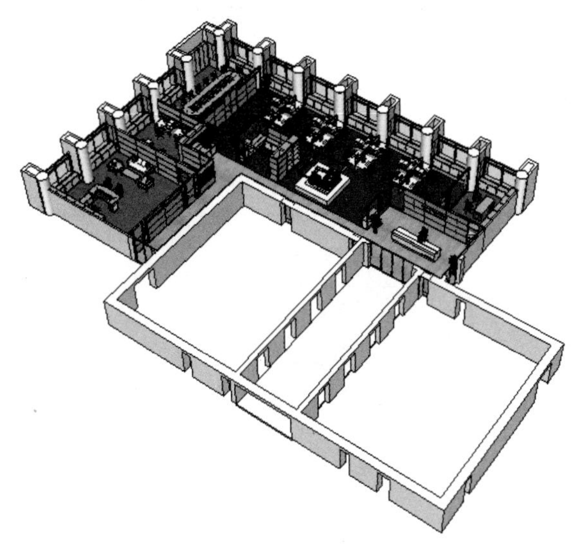

图 2-109 打开文件

step 02 选择“尺寸”工具，对模型进行标注，如图 2-110 所示，完成办公室尺寸(三)的标注。

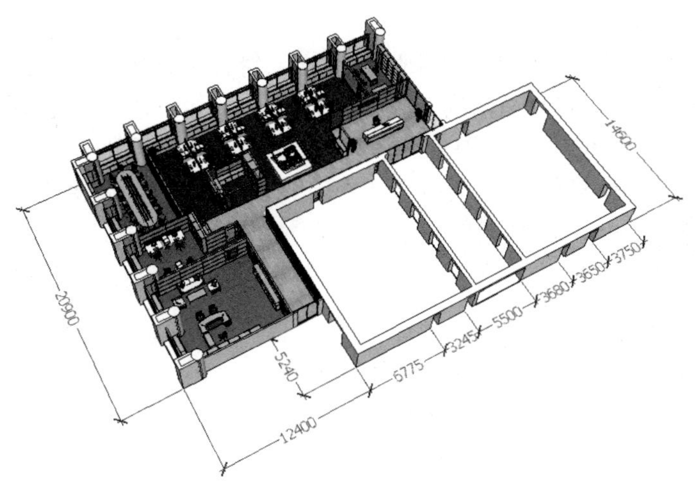

图 2-110 标注尺寸

2.5 标 注 文 字

标注文字，可以让观察者更直观地看到模型的意义，更清楚地表达设计者的意图。

2.5.1 文字的标注

执行“文字”命令主要有以下几种方式：

- 从菜单栏中选择“工具”→“文字”菜单命令。
- 单击大工具集中的“文字”按钮。

在插入引线文字的时候，先激活“文字”工具，然后在实体(表面、边线、顶点、组件、群组等)上单击，指定引线指向的位置，接着拖曳出引线的长度，并单击确定文本框的位置，最后在文本框中输入注释文字，如图 2-111 所示。

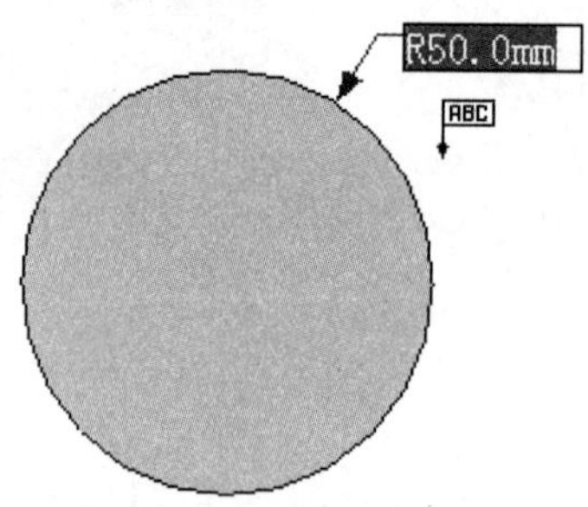

图 2-111　文本标注

输入注释文字后，按两次 Enter 键，或者单击文本框的外侧，就可以完成输入。按 Esc 键可以取消操作。

文字也可以不需要引线，而直接放置在实体上，只需在需要插入文字的实体上双击即可，引线将被自动隐藏。

插入屏幕文字的时候，先激活“文字”工具，然后在屏幕的空白处单击，接着在弹出的文本框中输入注释文字，最后按两次 Enter 键或者单击文本框的外侧完成输入。

屏幕文字在屏幕上的位置是固定的，受视图改变的影响。另外，在已经编辑好的文字上双击鼠标左键，即可重新编辑文字，可以在文字的右键快捷菜单中选择“编辑文字”命令。

2.5.2 三维文字

执行“三维文字”命令主要有以下几种方式：

- 从菜单栏中选择“工具”→“三维文字”命令。
- 单击大工具集中的“三维文字”按钮。

激活“三维文字”工具会弹出“放置三维文本”对话框，该对话框中的“高度”表示文字的大小、“已延伸”表示文字的厚度，如果禁用“填充”复选框，组成的文字将只有轮廓线，如图 2-112 所示。

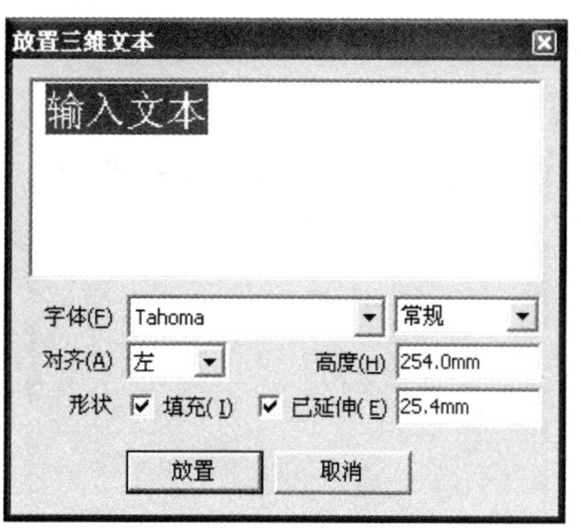

图 2-112 “放置三维文本”对话框

在“放置三维文本”对话框的文本框中输入文字后，单击“放置”按钮 放置 ，即可将文字拖放到合适的位置，生成的文字自动成组，使用“缩放”工具可以对文字进行缩放，如图 2-113 所示。

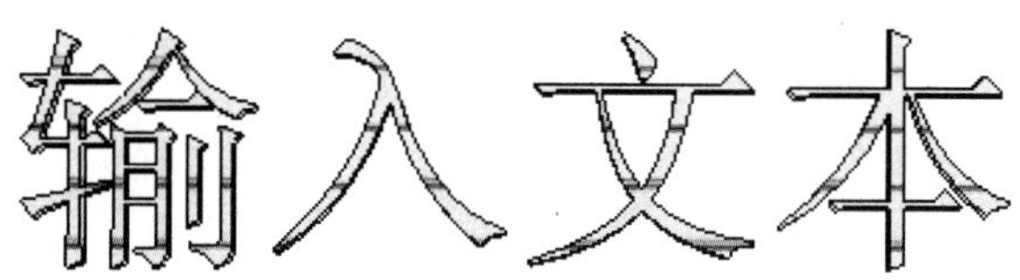

图 2-113 放置三维文字

3D 文字可以设置不同的样式。

2.6 标注文字的案例

2.6.1 为某校大门添加学校名称

案例文件：ywj/02/2-3-1-1.skp、ywj/02/2-3-1-2.skp。
视频文件：光盘→视频课堂→第 2 章→2.3.1。

案例操作步骤的如下。

step 01 打开 2-3-1-1.skp 文件，如图 2-114 所示。

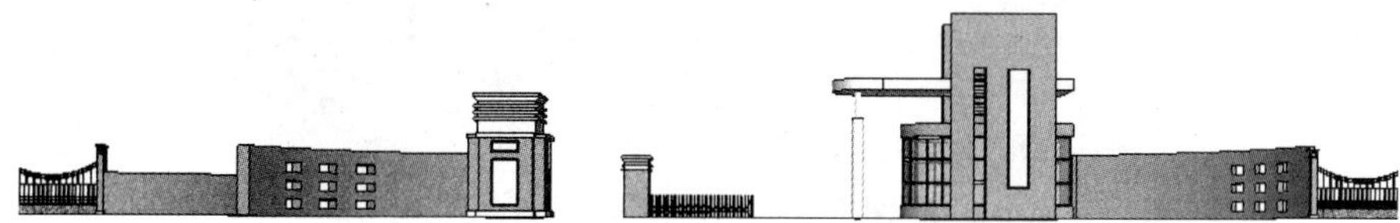

图 2-114 打开文件

step 02 选择“三维文字”工具，弹出“放置三维文字”对话框，输入“第三十九中学”，设置如图 2-115 所示。

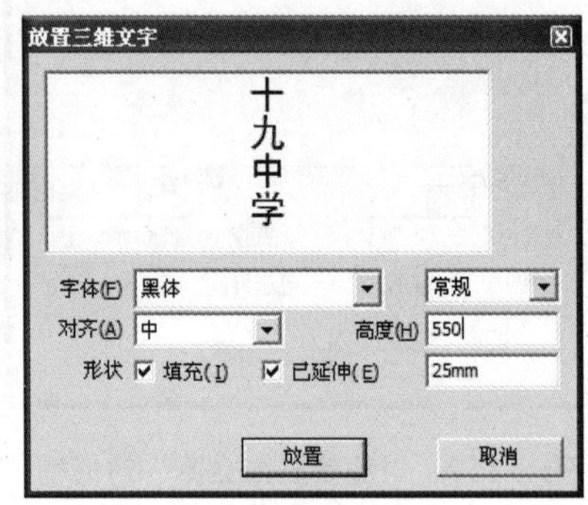

图 2-115 “放置三维文字”对话框中参数的设置

step 03 放置文字到合适的位置，完成学校名称的添加，如图 2-116 所示。

图 2-116 完成添加学校的名称

2.6.2 添加建筑名牌

案例文件：ywj/02/2-3-2-1.skp、ywj/02/2-3-2-2.skp。
视频文件：光盘→视频课堂→第 2 章→2.3.2。

案例操作步骤如下。

step 01 打开 2-3-2-1.skp 文件，如图 2-117 所示。

图 2-117 打开文件

step 02 选择“三维文字”工具，弹出“放置三维文字”对话框，输入“奥特莱斯”，设置如图 2-118 所示。

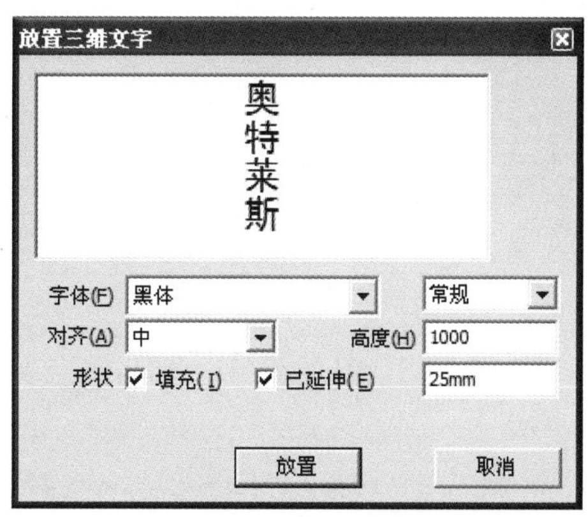

图 2-118 文字设置

step 03 放置文字到合适的位置，完成建筑名牌的添加，如图 2-119 所示。

图 2-119 添加完成的建筑名牌

2.7 本章小结

通过本章的学习，读者可以使用模型操作绘制较为复杂的模型了，这样，在以后的绘图中，遇到复杂模型时，就可以轻松应对了。另外，还可以熟练地应用尺寸标注工具对模型进行尺寸标注和尺寸大小控制、为模型添加文字说明。

第 3 章 设置材质和贴图

SketchUp 拥有强大的材质库，可以应用到边线、表面、文字、剖面、组和组件中，并实时显示材质效果，所见即所得。而且在赋予材质以后，可以方便地修改材质的名称、颜色、透明度、尺寸大小及位置等属性特征，这是 SketchUp 的最大优势之一。本章将带领读者一起学习 SketchUp 的材质功能的应用，包括材质的提取、填充、坐标调整、特殊形体的贴图以及 PNG 贴图的制作及应用等。

3.1 材 质 操 作

基本的材质操作可以很简单，例如为模型添加材质贴图。

3.1.1 基本的材质操作

在 SketchUp 中创建几何体的时候，会被赋予默认的材质。默认材质的正反两面显示的颜色是不同的，这是因为 SketchUp 使用的是双面材质。默认材质正反两面的颜色可以在“样式”对话框的“编辑”选项卡中进行设置，如图 3-1 所示。

图 3-1　“样式”对话框

双面材质的特性可以帮助用户更容易区分表面的正反朝向，以方便将模型导入其他软件时调整面的方向。

3.1.2 材质编辑器

选择“窗口”→“材质”菜单命令，可以打开“材质”编辑器，如图 3-2 所示。在“材质”编辑器中有“选择”和“编辑”两个选项卡，这两个选项卡用来选择与编辑材质，也可以浏览当前模型中使用的材质。

“单击开始用笔刷绘图”按钮：该按钮的实质就是用于显示材质预览窗口。选择或者提取一个材质后，在窗口中会显示这个材质，同时会自动激活“材质”工具。

"名称"文本框：选择一个材质赋予模型后，在"名称"文本框中将显示材质的名称，用户可以在这里为材质重新命名，如图 3-3 所示。

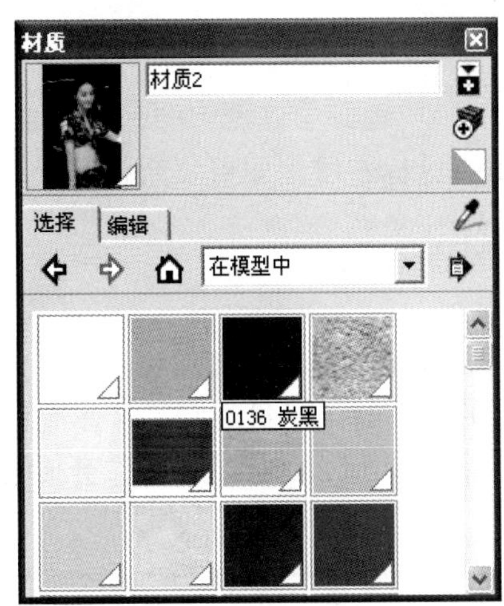

图 3-2 "材质"编辑器

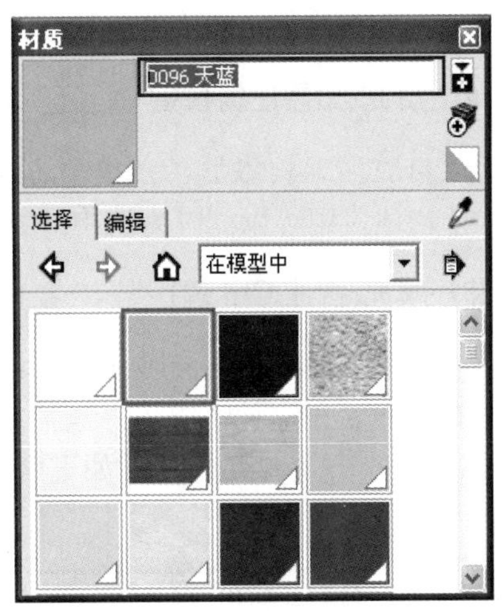

图 3-3 材质重命名

"创建材质"按钮：单击该按钮，将弹出"创建材质"对话框，在该对话框中，可以设置材质的名称、颜色、大小等属性，如图 3-4 所示。

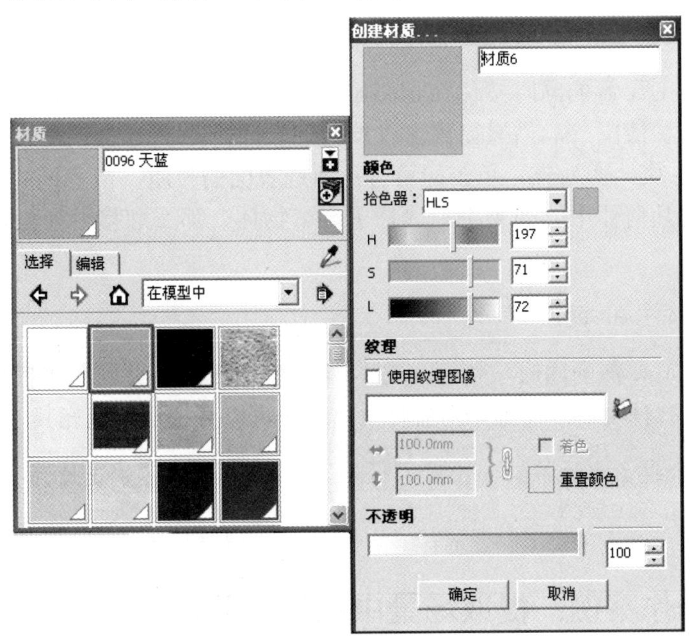

图 3-4 "创建材质"对话框

3.1.3 填充材质

执行"材质"命令主要有以下几种方式：

- 从菜单栏中，选择“窗口”→“材质”命令。
- 直接从键盘输入 B。
- 单击大工具集中的“材质”按钮。

1. 单个填充(无需任何按键)

激活“材质”工具后，在单个边线或表面上单击鼠标左键，即可填充材质。如果事先选中了多个物体，则可以同时为选中的物体上色。

2. 邻接填充(按住 Ctrl 键)

激活“材质”工具的同时按住 Ctrl 键，可以同时填充与所选表面相邻接并且使用相同材质的所有表面。在这种情况下，当捕捉到可以填充的表面时，“材质”工具图标的右下角会横放 3 个小方块，变为。如果事先选中了多个物体，那么邻接填充操作会被限制在所选范围之内。

3. 替换填充(按住 Shift 键)

激活“材质”工具的同时按住 Shift 键，“材质”工具图标的右下角会直角排列 3 个小方块，变为，这时可以用当前材质替换所选表面的材质。模型中所有使用该材质的物体都会同时改变材质。

4. 邻接替换(按住 Ctrl+Shift 组合键)

激活“材质”工具的同时按住 Ctrl+Shift 组合键，可以实现“邻接填充”和“替换填充”的效果。在这种情况下，当捕捉到可以填充的表面时，“材质”工具图标的右下角会竖直排列 3 个小方块，变为，单击即可替换所选表面的材质，但替换的对象将限制在所选表面有物理连接的几何体中。如果事先选择了多个物体，那么邻接替换操作会被限制在所选范围之内。

5. 提取材质(按住 Alt 键)

激活“材质”工具的同时按住 Alt 键，图标将变成，此时单击模型中的实体，就能提取该材质。提取的材质会被设置为当前材质，用户可以直接用来填充其他物体。

配合键盘上的按键，使用“材质”工具，可以快速地为多个表面同时填充材质。

3.1.4 材质操作案例：提取场景中的材质并填充

案例文件：ywj/03/3-1-1-1.skp、ywj/03/3-1-1-2.skp。
视频文件：光盘→视频课堂→第 3 章→3.1.1。

案例的操作步骤如下。

step 01 打开 3-1-1-1.skp 文件，如图 3-5 所示。

step 02 单击“颜料桶”按钮，打开“材质”编辑器，如图 3-6 所示。

图 3-5 打开文件

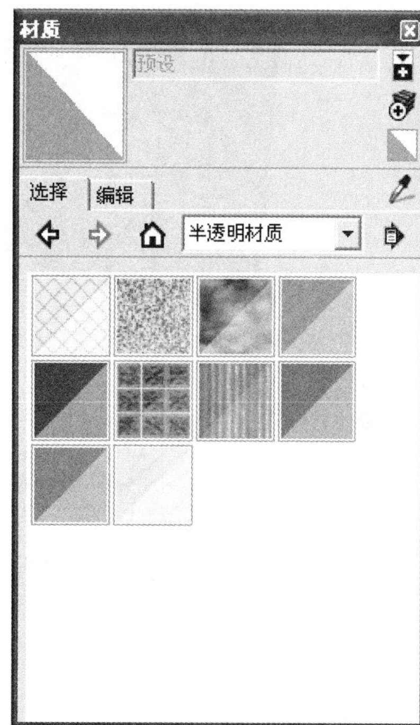

图 3-6 “材质”编辑器

step 03 选择“样本颜料”按钮，提取材质，如图 3-7 所示。

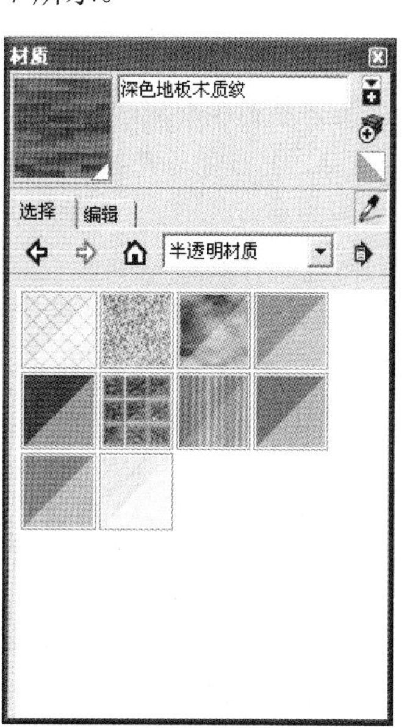

图 3-7 提取材质

step 04 完成材质的提取后，将自动激活“颜料桶”按钮，可以直接在模型上单击，将提取的材质填充到模型上，如图 3-8 所示。

图 3-8 用从场景中提取的材质进行填充

3.2 基本贴图的运用

在“材质”编辑器中，可以使用 SketchUp 自带的材质库。当然，材质库中只有一些基本的贴图，在实际工作中，还需自己动手编辑材质。从外部获得的贴图应尽量控制大小，如有必要，可以使用压缩的图像格式来减小文件量，例如 JPGE 或者 PNG 格式。

3.2.1 贴图的运用

导致贴图不随物体一起移动的原因，在于贴图图片拥有一个坐标系统，坐标的原点就位于 SketchUp 坐标系的原点上。如果贴图正好被赋予物体的表面，就需要使物体的一个顶点正好与坐标系的原点相重合，这是非常不方便的。

解决的方法有两种。

(1) 在贴图之前，先将物体制作成组件，由于组件都有其自身的坐标系，且该坐标系不会随着组件的移动而改变，因此先制作组件再赋予材质，就不会出现贴图不随着实体的移动而移动的问题。

(2) 利用 SketchUp 的贴图坐标，在贴图时，用鼠标右键单击，从弹出的快捷菜单中选择“贴图坐标”命令，进入贴图坐标的编辑状态，然后什么也不用做，只需再次用鼠标右键单击，从弹出的快捷菜单中选择“完成”命令即可。退出编辑状态后，贴图就可以随着实体一起移动了。

如果需要从外部获得贴图纹理，可以在“材质”编辑器的“编辑”选项卡中启用“使用贴图”复选框(或者单击“浏览”按钮)，此时将弹出一个对话框，用于选择贴图并导入 SketchUp 中。

3.2.2 贴图坐标的调整

执行“位置”命令的方式：从右键快捷菜单中选择“纹理”→“位置”命令。

SketchUp 的贴图坐标有两种模式，分别为“锁定图钉”模式和“自由图钉”模式。

1. “锁定图钉”模式

打开一个图形文件，在物体的贴图上用鼠标右键单击，从弹出的快捷菜单中选择“纹理”→“位置”命令，此时，物体的贴图将以透明的方式显示，并且在贴图上会出现 4 个彩色的图钉，每一个图钉都有固定的特有功能，如图 3-9 所示。

“平行四边形变形”图钉：拖曳蓝色的图钉，可以对贴图进行平行四边形变形操作。在移动“平行四边形变形图钉”时，位于下面的两个图钉(“移动”图钉，和“缩放旋转”图钉)是固定的，贴图变形效果如图 3-10 所示。

图 3-9　贴图调整图钉

图 3-10　平行操作

“移动”图钉：拖曳红色的图钉，可以移动贴图，如图 3-11 所示。

“梯形变形”图钉：拖曳黄色的图钉，可以对贴图进行梯形变形操作，也可以形成透视效果，如图 3-12 所示。

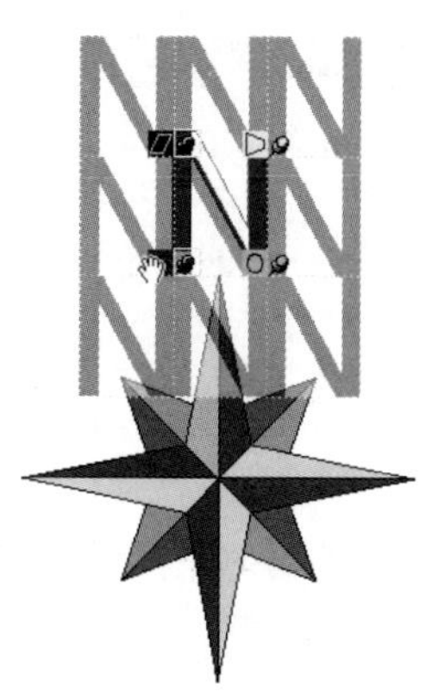

图 3-11　移动操作

图 3-12　梯形变形操作

“缩放旋转”图钉：拖曳绿色的图钉，可以对贴图进行缩放和旋转操作。单击鼠标左键时，贴图上出现旋转的轮盘，移动鼠标时，从轮盘的中心点将放射出两条虚线，分别对应缩放和旋转操作前后比例与角度的变化。沿着虚线段和虚线弧的原点将显示出系统图像的现在尺寸和原始尺寸，或者也可以用鼠标右键单击，从弹出的快捷菜单中选择“重设”命令。进行重设时，会把旋转和按比例缩放都重新设置，如图 3-13 所示。

在对贴图进行编辑的过程中，按 Esc 键可以随时取消操作。完成贴图的调整后，用鼠标右键单击，从弹出的快捷菜单中选择“完成”命令或者按 Enter 键确定即可。

2. “自由图钉”模式

“自由图钉”模式适合设置和消除照片的扭曲。在“自由图钉”模式下，图钉相互之间都不限制，这样就可以将图钉拖曳到任何位置。只需在贴图的右键快捷菜单中禁用“固定图钉”命令，即可将“固定图钉”模式调整为“自由图钉”模式，此时，4 个彩色的图钉都会变成相同模样的黄色图钉，用户可以通过拖曳图钉进行贴图的调整，如图 3-14 所示。

图 3-13 缩放旋转操作

图 3-14 “固定图钉”命令

为了更好地锁定贴图的角度，可以在“模型信息”管理器中设置“角度捕捉”为 15.0°或 45.0°，如图 3-15 所示。

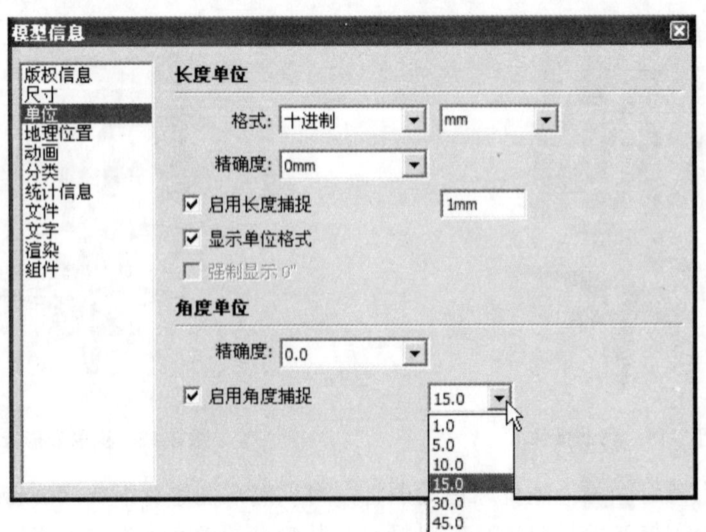

图 3-15 “模型信息”管理器

3.3 基本贴图案例

3.3.1 创建礼物包装箱体贴图

案例文件：ywj/03/3-2-1-1.skp、ywj/03/3-2-1-2.skp。

视频文件：光盘→视频课堂→第 3 章→3.2.1。

案例的操作步骤如下。

step 01 打开 3-2-1-1.skp 文件，选择模型，单击“颜料桶”按钮，打开“材质”编辑器，在默认材质中选择一个赋予物体，如图 3-16 所示。

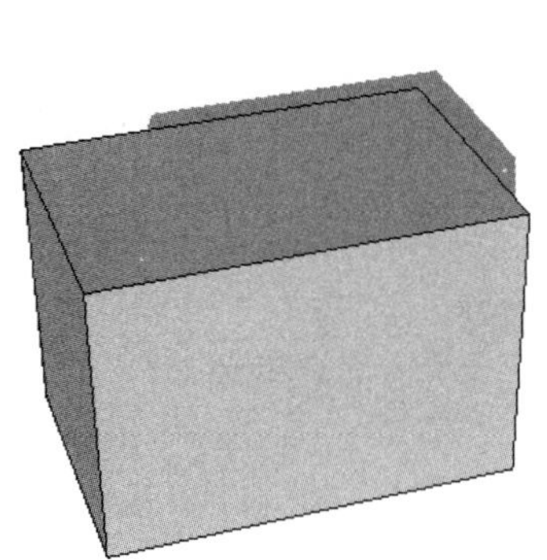

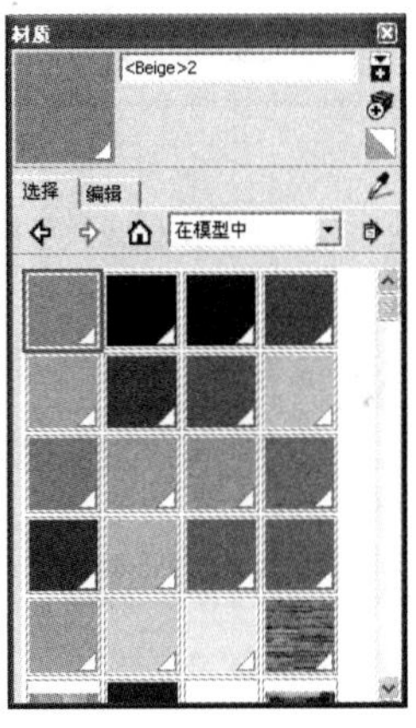

图 3-16 赋予物体材质

step 02 在“材质”编辑器中，单击“编辑”选项卡中“浏览”按钮，打开“选择图像”对话框，选择 01.jpg 图像，如图 3-17 所示，为模型赋予材质，如图 3-18 所示。

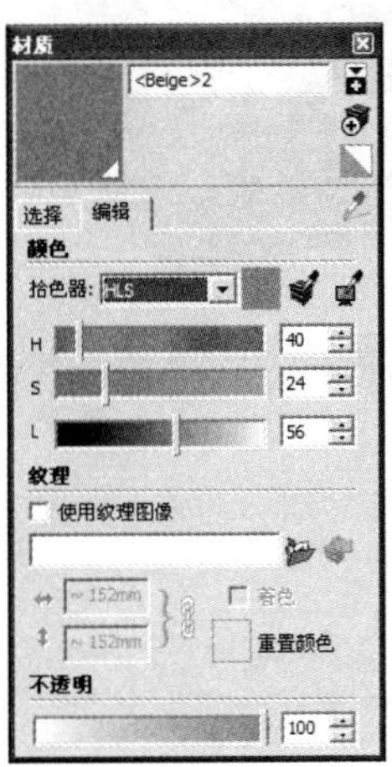

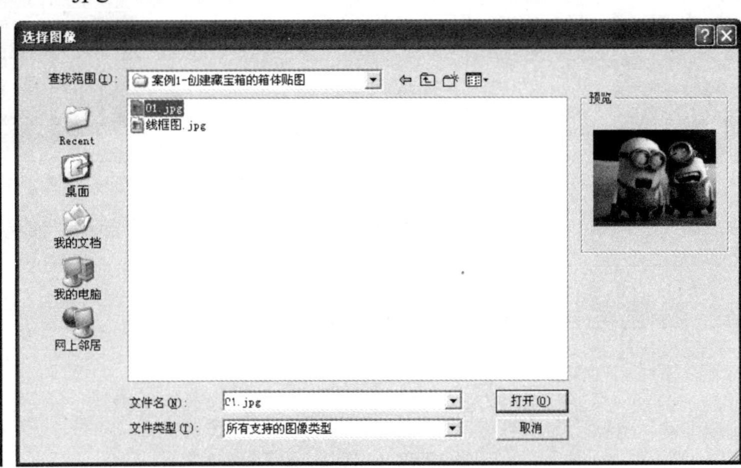

图 3-17 选择图像

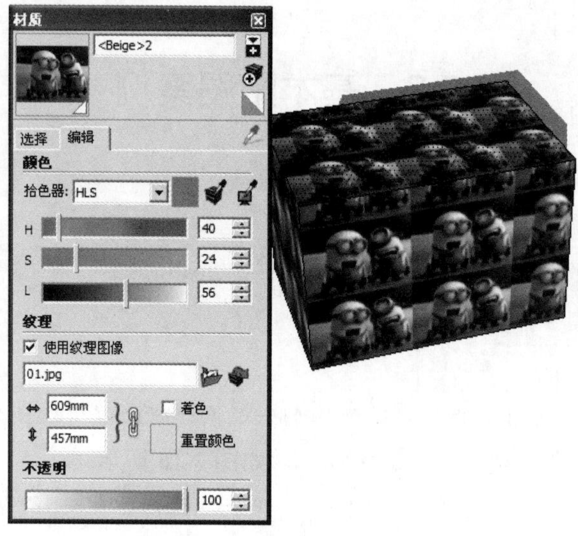

图 3-18　为模型材质赋予贴图

step 03 选择贴图，用鼠标右键单击，从弹出的快捷菜单中选择“纹理”→“位置”命令，如图 3-19 所示。

step 04 调整图形，完成礼物包装箱体贴图的创建，如图 3-20 所示。

图 3-19　选择菜单命令

图 3-20　创建完成的礼物包装箱体贴图

3.3.2　创建笔记本电脑贴图

案例文件：ywj/03/3-2-2-1.skp、ywj/03/3-2-2-2.skp。

视频文件：光盘→视频课堂→第 3 章→3.2.2。

案例的操作步骤如下。

step 01 打开 3-2-2-1.skp 文件，如图 3-21 所示。

step 02 创建“显示屏”的贴图，打开“材质”编辑器，单击“添加材质”按钮，如图 3-22 所示。

图 3-21 打开文件

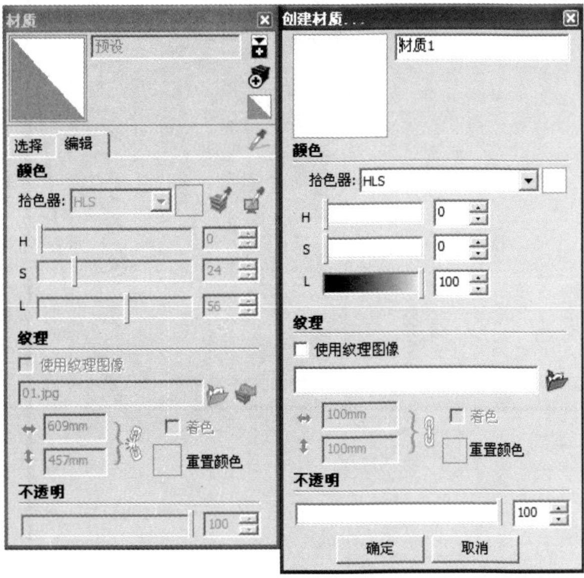

图 3-22 创建材质

step 03 在弹出的“创建材质”对话框中，启用“使用纹理图像”复选框，然后在弹出的“选择图像”对话框中选择“显示.jpg”贴图图片，单击“打开”按钮，即可完成材质的创建，如图 3-23 所示。

图 3-23 选择材质

step 04 单击该材质，将其赋予显示器，如图 3-24 所示。

step 05 选择赋予材质的面，然后用鼠标右键单击，从弹出的快捷菜单中选择“纹理”→“位置”命令，如图 3-25 和图 3-26 所示。

step 06 调整贴图的大小和位置，如图 3-27 所示。

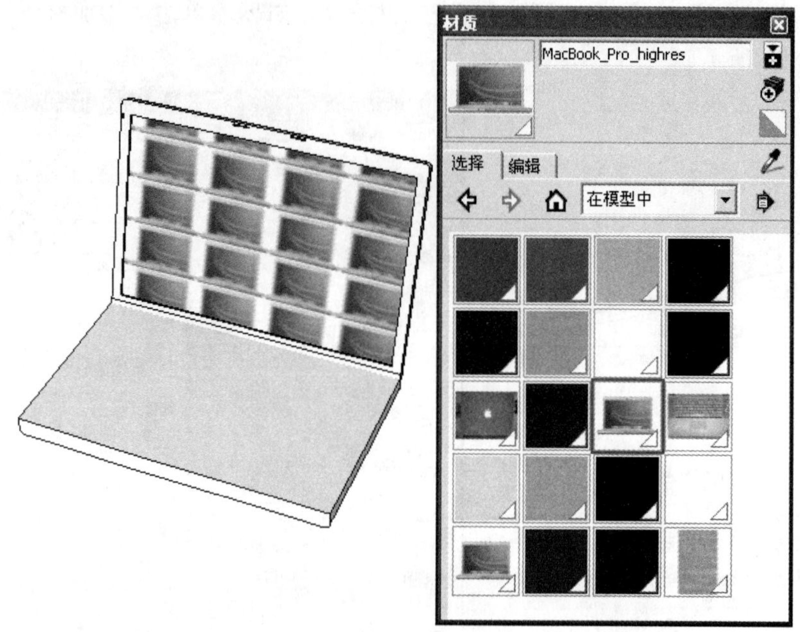

图 3-24　材质贴图

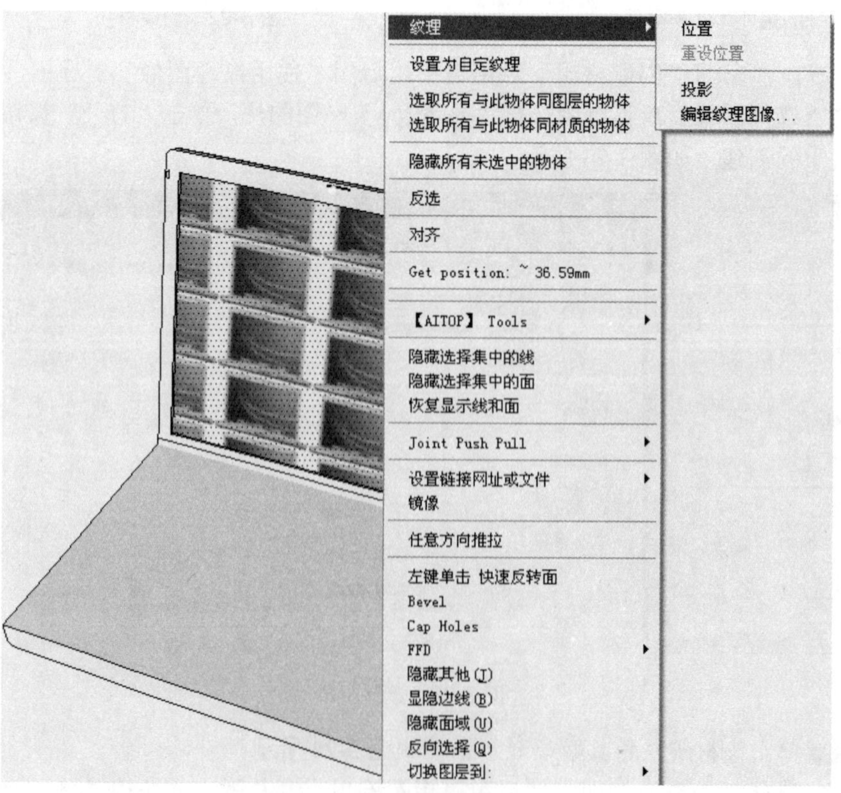

图 3-25　选择菜单命令

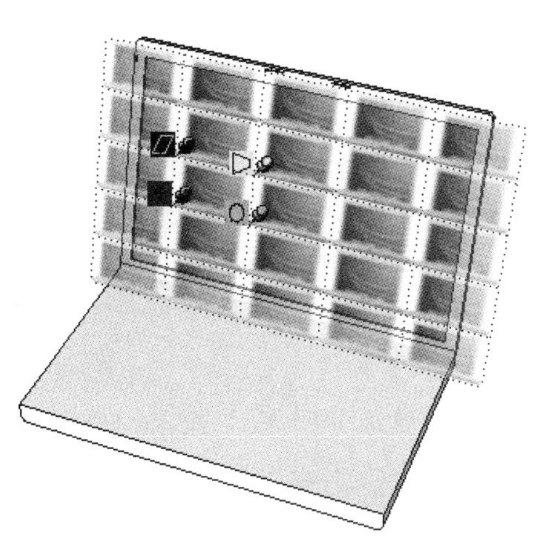
图 3-26 贴图坐标

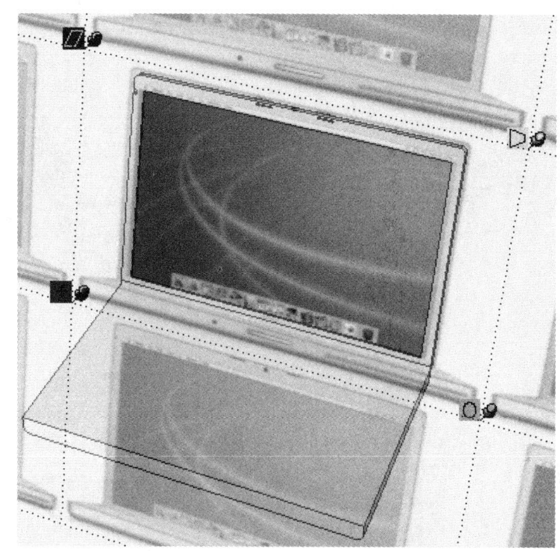
图 3-27 调整贴图

step 07 按下 Enter 键，确定完成贴图的调整，如图 3-28 所示。

step 08 采用相同的方法，为笔记本赋予其他材质，最终效果如图 3-29 所示。

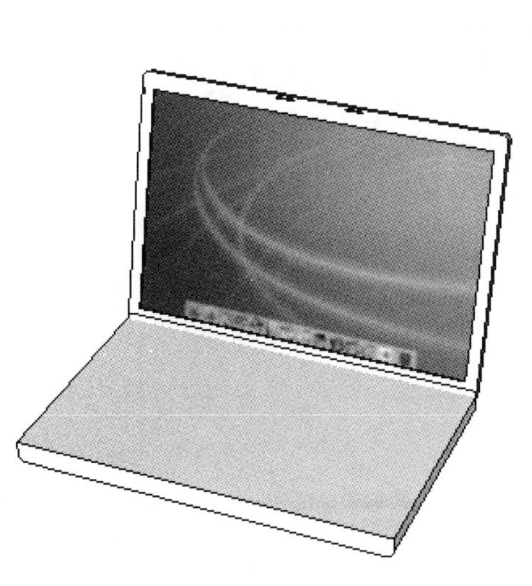
图 3-28 完成贴图

图 3-29 完成创建的笔记本电脑贴图

3.3.3 创建 DVD 机贴图

案例文件：ywj/03/3-2-3-1.skp、ywj/03/3-2-3-2.skp。

视频文件：光盘→视频课堂→第 3 章→3.2.3。

案例的操作步骤如下。

step 01 打开 3-2-3-1.skp 文件，如图 3-30 所示。

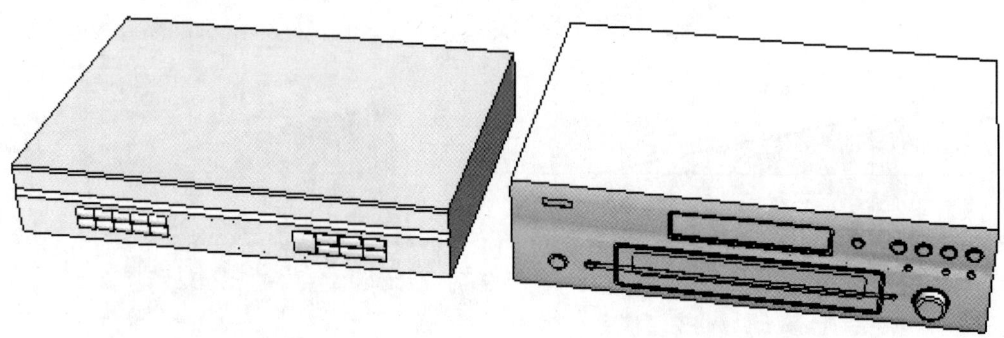

图 3-30　打开文件

step 02 打开“材质”编辑器，单击“添加材质”按钮，如图 3-31 所示。

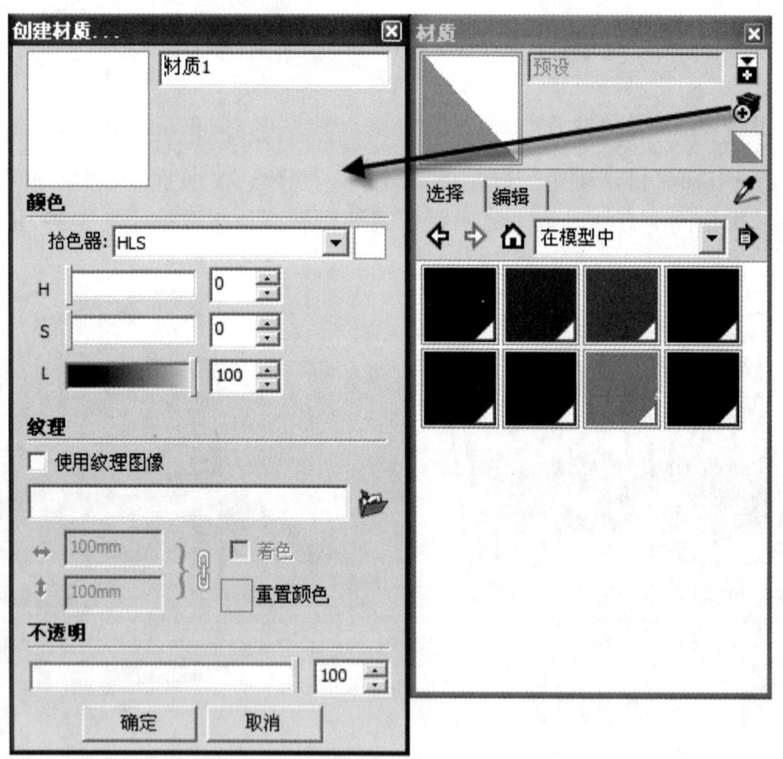

图 3-31　创建材质

step 03 在弹出的“创建材质”对话框中，选中“使用纹理图像”复选框，然后在弹出的“选择图像”对话框中选择“音响 01.jpg”贴图图片，单击“打开”按钮，即可完成材质的创建，如图 3-32 所示。

step 04 单击“颜料桶”按钮，为音响赋予材质，如图 3-33 所示。

step 05 选择赋予材质的面，然后用鼠标右键单击，从弹出的快捷菜单中选择“纹理”→“位置”命令，如图 3-34 所示。

图 3-32 选择材质

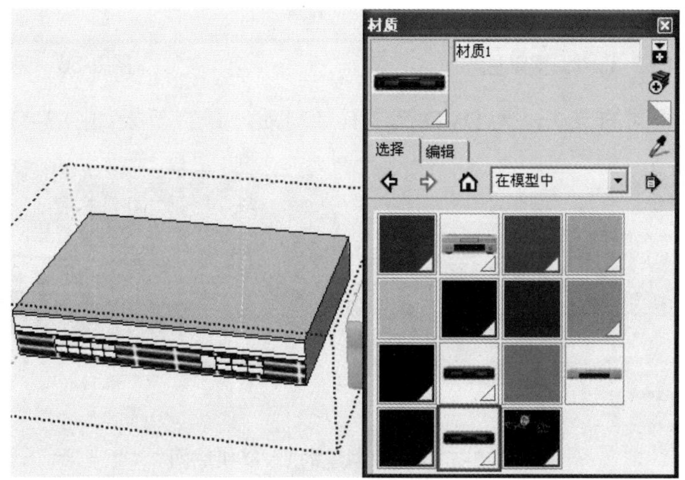

图 3-33 赋予材质

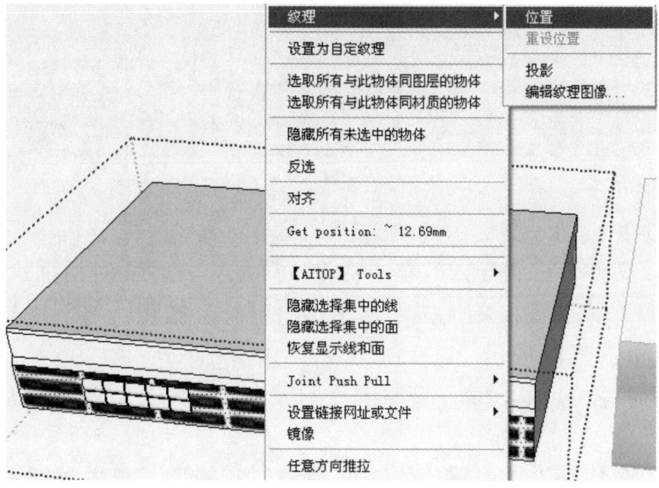

图 3-34 选择“纹理”→“位置”命令

step 06 调整贴图的大小位置，如图 3-35 所示。

step 07 按下 Enter 键，确定完成贴图的调整，如图 3-36 所示。

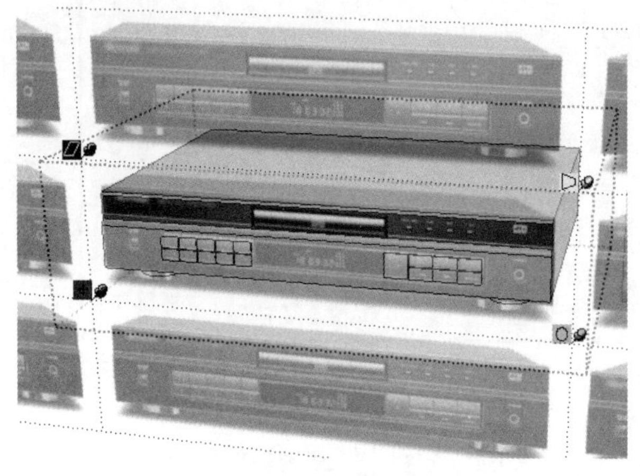

图 3-35 调整贴图

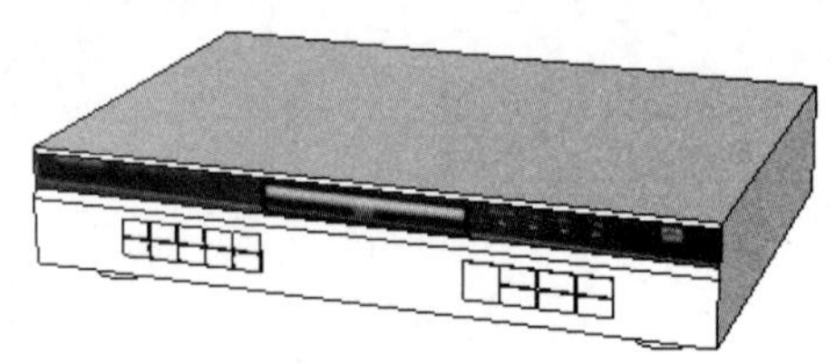

图 3-36 完成贴图

step 08 采用相同的方法，为 DVD 赋予其他材质，最终效果如图 3-37 所示。

图 3-37 完成创建的 DVD 机贴图

3.3.4 创建鱼缸贴图

案例文件：ywj/03/3-2-4-1.skp、ywj/03/3-2-4-2.skp。
视频文件：光盘→视频课堂→第 3 章→3.2.4。

案例的操作步骤如下。

step 01 打开 3-2-4-1.skp 文件，如图 3-38 所示。

step 02 选择“文件”→“导入”菜单命令，弹出“打开”对话框，选择 01.jpg 贴图图片，选中“作为纹理”单选按钮，单击“打开”按钮，将图片导入到场景中，具体如图 3-39 和图 3-40 所示。

step 03 选择“拉伸”工具，调整图片的大小，使之与鱼缸正面大小相同，如图 3-41 所示。

step 04 选择“颜料桶”工具，打开“材质”编辑器，单击“样本颜料”按钮，提取调整好的贴图，赋予鱼缸，如图 3-42 所示。

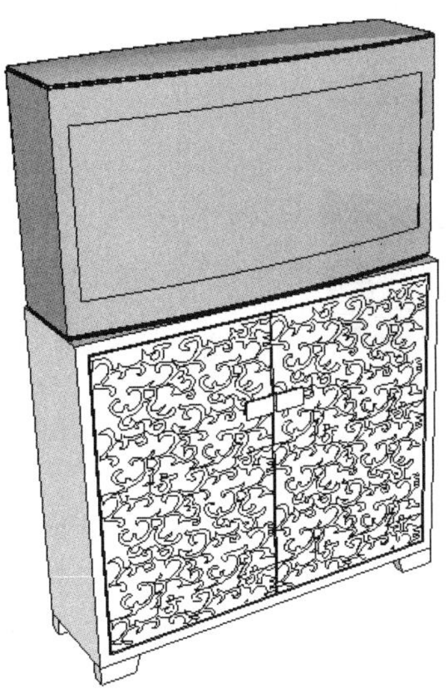

图 3-38　打开文件

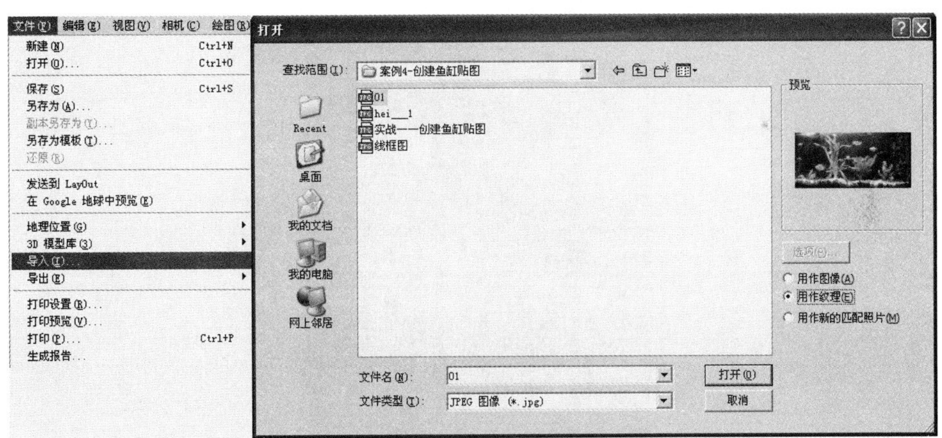

图 3-39　选择纹理图片

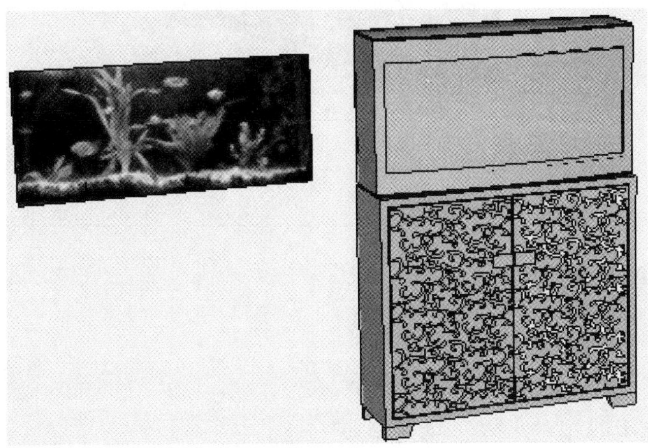

图 3-40　导入纹理图片

图 3-41　调整图片的大小

图 3-42　赋予材质

step 05 完成鱼缸其他材质的填充，最终效果如图 3-43 所示。

图 3-43　最终效果

3.3.5　创建古建筑的窗户贴图

案例文件：ywj/03/3-2-5-1.skp、ywj/03/3-2-5-2.skp。

视频文件：光盘→视频课堂→第 3 章→3.2.5。

案例的操作步骤如下。

step 01 打开 3-2-5-1.skp 文件，如图 3-44 所示。

图 3-44　打开文件

step 02 选择“文件”→“导入”菜单命令，弹出“打开”对话框，选择 04.jpg 贴图图片，选中“作为纹理”单选按钮，单击“打开”按钮，将图片导入场景，如图 3-45 所示。

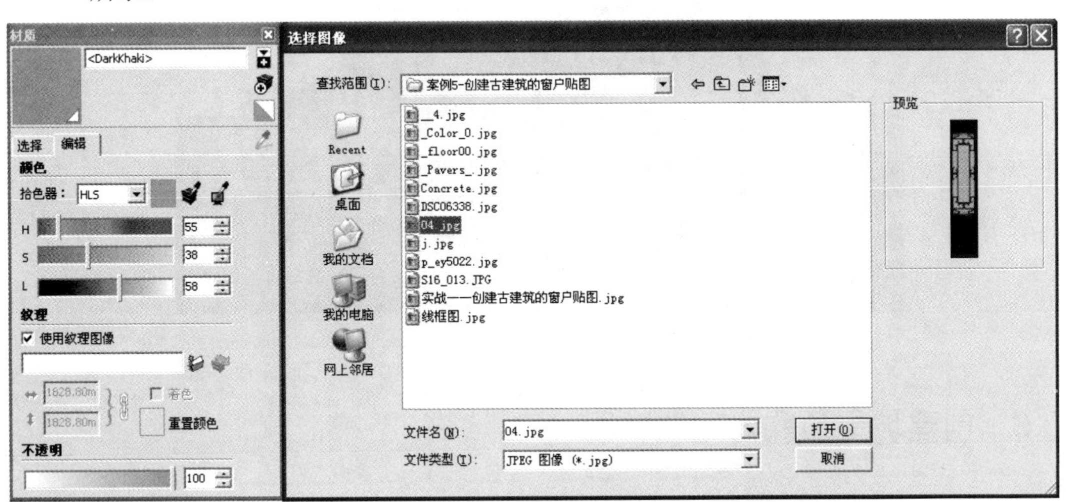

图 3-45　选择贴图

step 03 选择赋予材质的面，然后用鼠标右键单击，从弹出的快捷菜单中选择“纹理”→“位置”命令，如图 3-46 所示。

step 04 调整贴图的大小和位置，如图 3-47 所示。

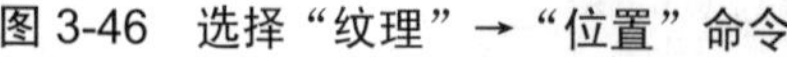

图 3-46　选择“纹理”→“位置”命令

图 3-47　调整贴图

step 05 采用相同的方法，赋予模型其他材质，最终效果如图 3-48 所示。

图 3-48　最终效果

3.3.6　创建坡屋顶欧式建筑贴图

案例文件：ywj/03/3-2-6-1.skp、ywj/03/3-2-6-2.skp。

视频文件：光盘→视频课堂→第 3 章→3.2.6。

案例的操作步骤如下。

step 01 打开 3-2-6-1.skp 文件，如图 3-49 所示。

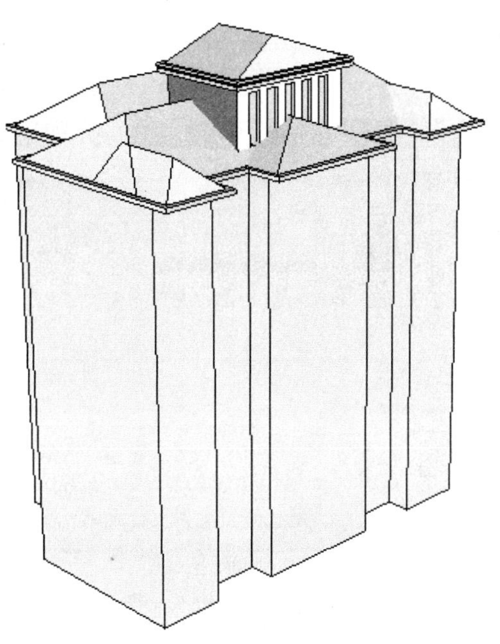

图 3-49　打开文件

step 02 打开“材质”编辑器，单击“添加材质”按钮，如图 3-50 所示。

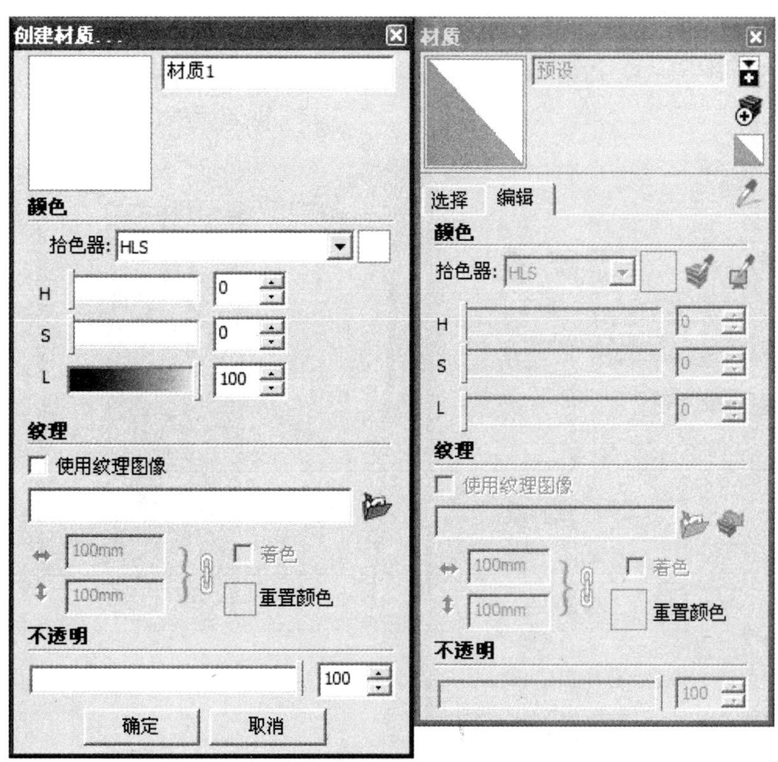

图 3-50　创建材质

step 03 在弹出的“创建材质”对话框中选中“使用纹理图像”复选框，然后在弹出的

“选择图像”对话框中选择 05.jpg 贴图图片，单击“打开”按钮，即可完成材质的创建，如图 3-51 所示。

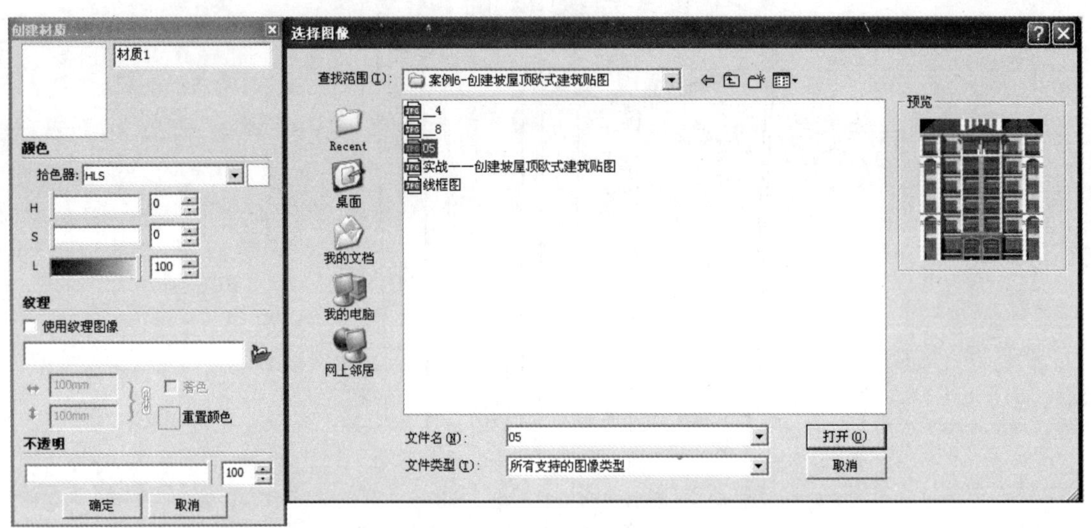

图 3-51　创建材质

step 04 单击该材质，将其赋予建筑立面，如图 3-52 所示。

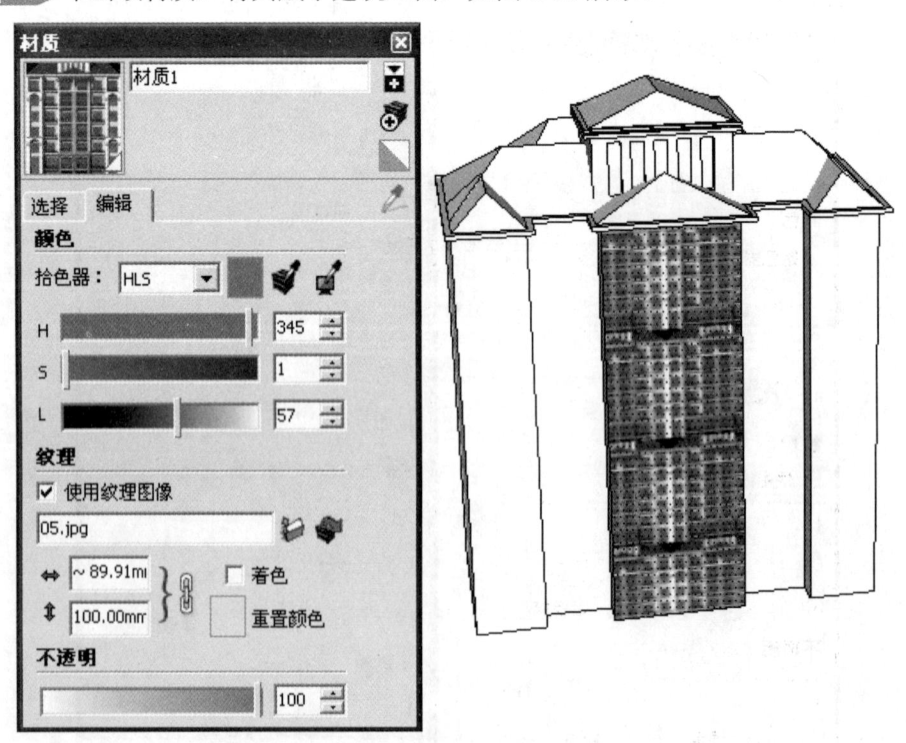

图 3-52　材质贴图

step 05 选择赋予材质的面，然后用鼠标右键单击，从弹出的快捷菜单中选择“纹理”→“位置”命令，如图 3-53 所示。

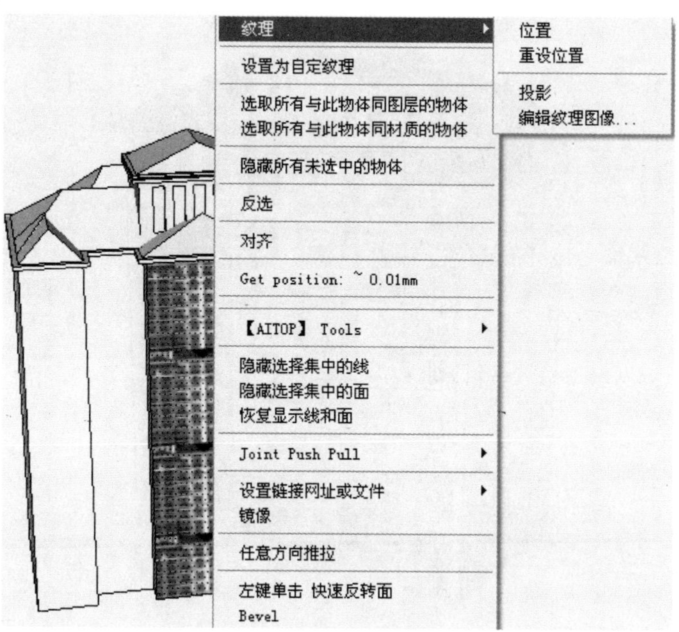

图 3-53 右键快捷菜单

step 06 调整贴图大小，如图 3-54 所示。

step 07 按下 Enter 键，确定完成贴图的调整，如图 3-55 所示。

图 3-54 调整贴图大小

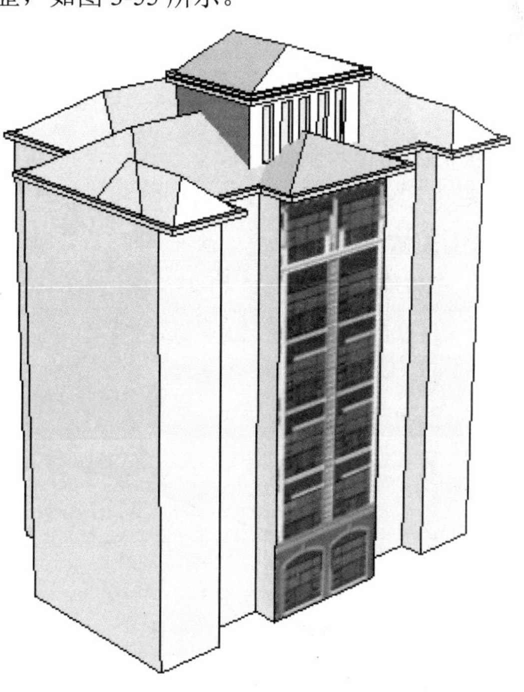

图 3-55 完成贴图的调整

step 08 采用相同的方法，为建筑侧面赋予材质，完成坡屋顶欧式建筑的贴图，最终效果如图 3-56 所示。

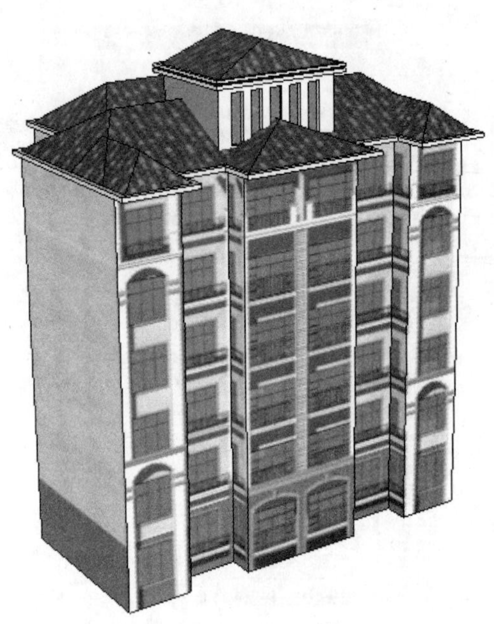

图 3-56　最终效果

3.3.7　创建城市道路贴图

案例文件：ywj/03/3-2-7.skp。

视频文件：光盘→视频课堂→第 3 章→3.2.7。

案例的操作步骤如下。

step 01 选择“矩形”工具和“推/拉”工具创建矩形体，如图 3-57 所示。

step 02 选择“矩形”工具、“推/拉”工具，再配合使用“移动”工具，绘制斑马线，如图 3-58 所示。

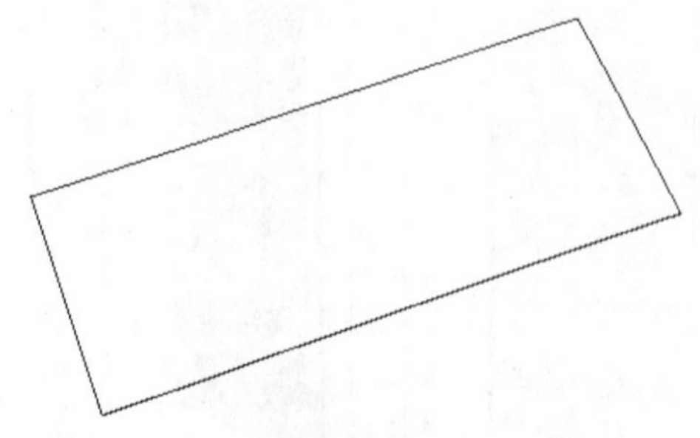

图 3-57　创建矩形体

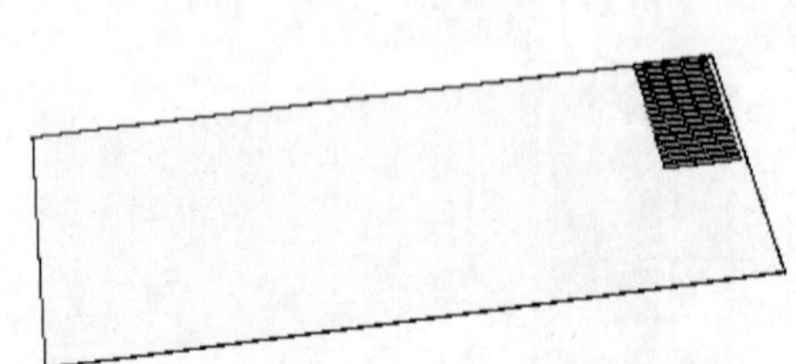

图 3-58　绘制斑马线

step 03 选择“线条”工具和“矩形”工具，配合使用“推/拉”工具，绘制人行横道，如图 3-59 所示。

step 04 为图形赋予材质，并调整材质的位置，如图 3-60 所示。

step 05 为场景添加组件，完成城市道路贴图的创建，如图 3-61 所示。

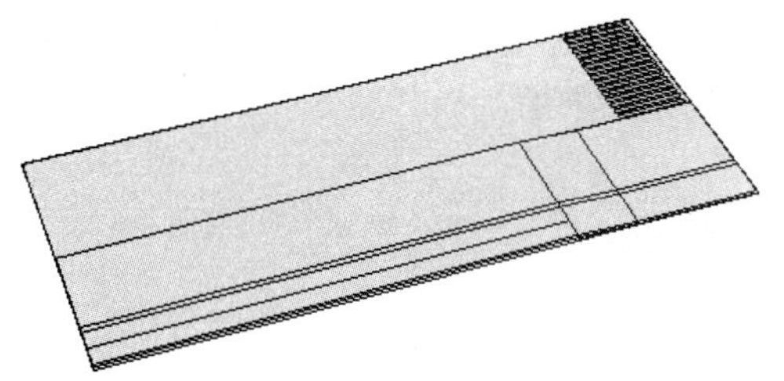

图 3-59 绘制人行横道

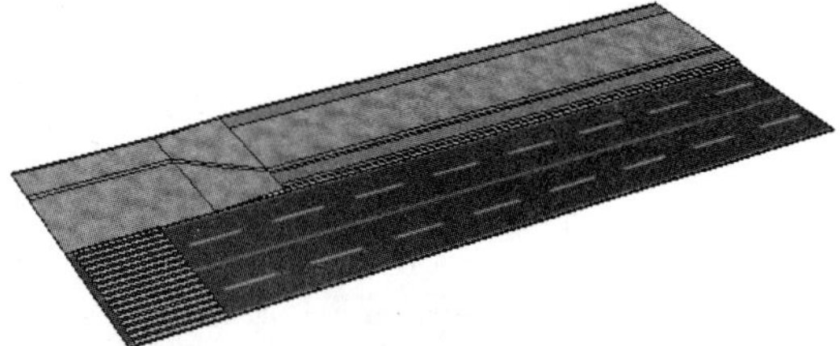

图 3-60 赋予材质

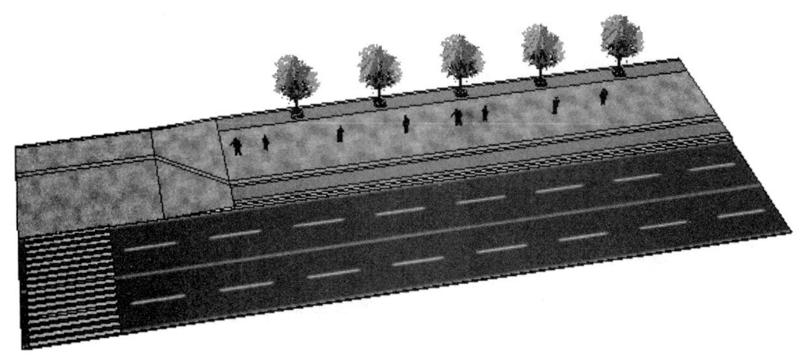

图 3-61 创建完成的城市道路贴图

3.3.8 调整中心广场的铺地贴图

案例文件：ywj/03/3-2-8-1.skp、ywj/03/3-2-8-2.skp。

视频文件：光盘→视频课堂→第 3 章→3.2.8。

案例的操作步骤如下。

step 01 打开 3-2-8-1.skp 文件，如图 3-62 所示。

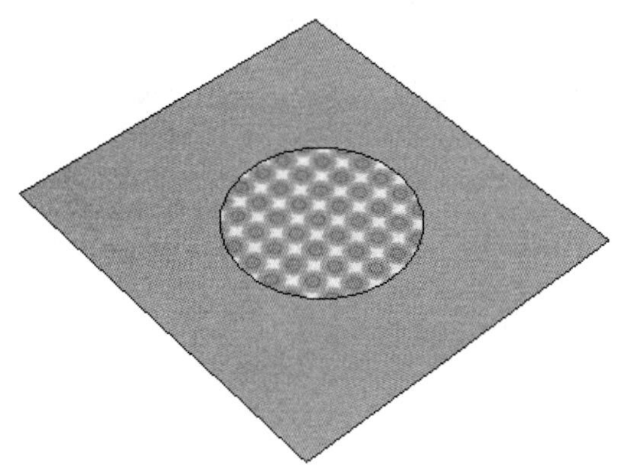

图 3-62 打开文件

step 02 选择中心圆的面，然后用鼠标右键单击，从弹出的快捷菜单中选择“纹理”→

“位置”命令，如图 3-63 所示。

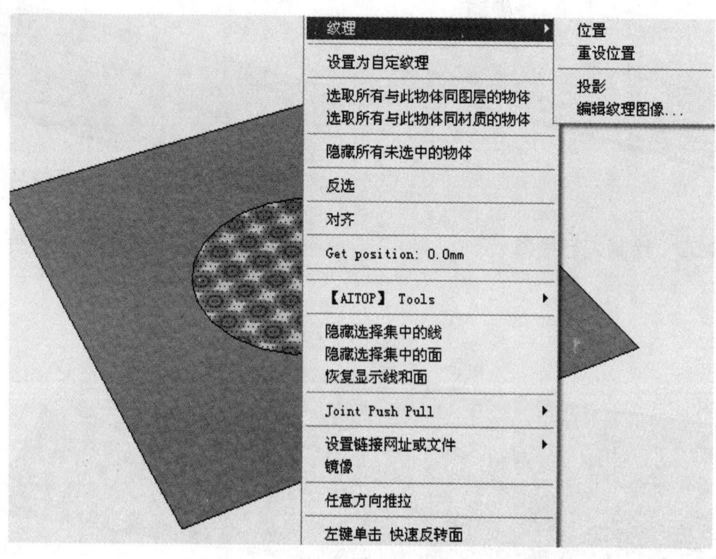

图 3-63　选择快捷菜单命令

step 03 拖动“别针”来调整贴图的大小和位置，如图 3-64 所示。

step 04 按下 Enter 键完成材质贴图，如图 3-65 所示，中心广场铺地贴图调整完成。

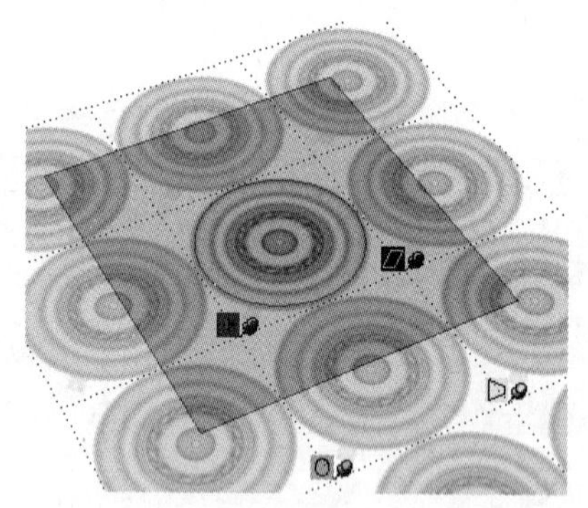

图 3-64　调整贴图的大小和位置

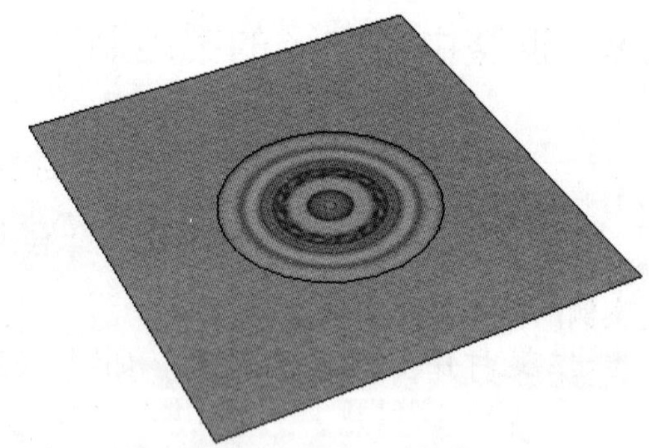

图 3-65　完成了材质贴图

3.4　复杂贴图的运用

复杂的贴图运用，可以为模型赋予更为复杂的贴图材质，这样，模型就能更好地表现设计者的设计意图和想法了。

3.4.1　转角贴图

赋予图形转角贴图的命令方式：从右键快捷菜单中选择“纹理”→“位置”命令。

将纹理图片添加到“材质”编辑器中，接着，将贴图材质赋予石头的一个面，如图 3-66

所示。

在贴图表面用鼠标右键单击，从弹出的快捷菜单中选择“纹理”→“位置”命令，进入贴图坐标的操作状态，此时，直接用鼠标右键单击，从弹出的快捷菜单中选择“完成”命令，如图 3-67 所示。

单击“材质”编辑器中的“样本颜料”按钮(或者使用“材质”工具并配合 Alt 键)，然后单击被赋予材质的面，进行材质取样，接着单击其相邻的表面，将取样的材质赋予相邻的表面。完成贴图，效果如图 3-68 所示。

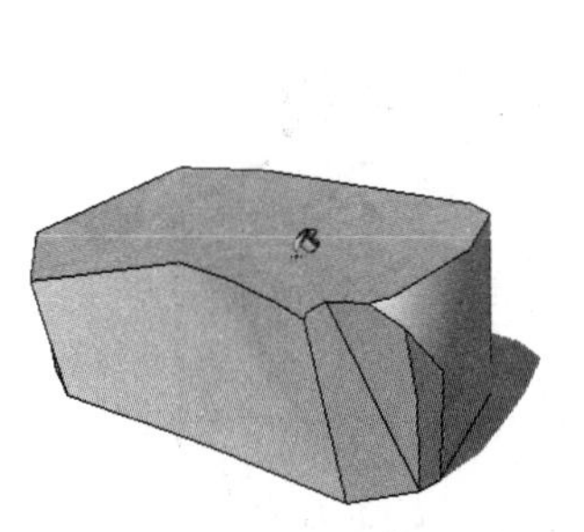

图 3-66　赋予材质

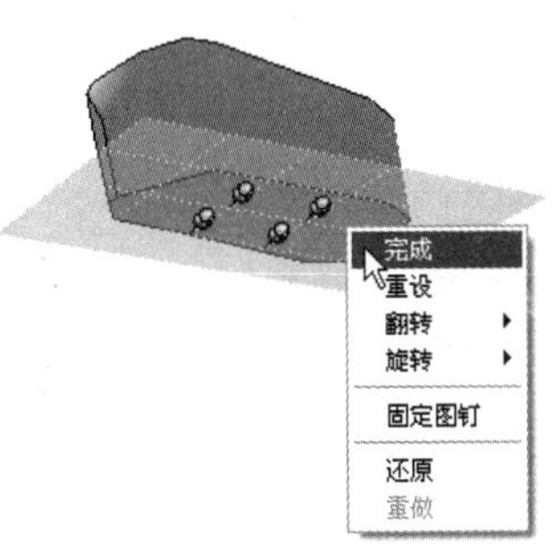

图 3-67　贴图坐标操作

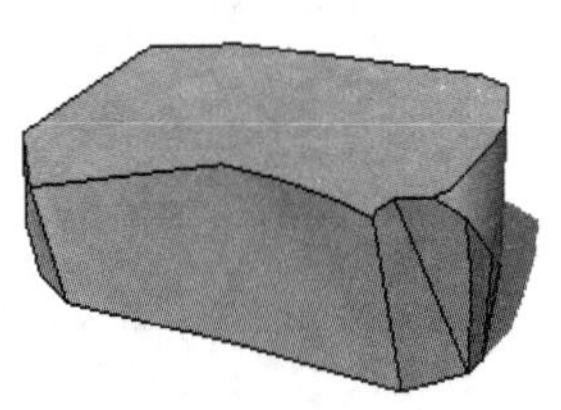

图 3-68　完成材质贴图

3.4.2　圆柱体的无缝贴图

执行“位置”命令的方式：从右键快捷菜单中选择“纹理”→“位置”命令。

将纹理图片，添加到“材质”编辑器中，接着将贴图材质赋予圆柱体的一个面，会发现没有全部显示贴图。如图 3-69 所示。

图 3-69　材质贴图

选择“视图”→“隐藏几何图形”菜单命令，将物体网格显示出来。在物体上用鼠标右键单击，然后从弹出的快捷菜单中选择“纹理”→“位置”命令，如图 3-70 所示，接着对圆柱体中的一个分面进行重设贴图坐标操作，再次用鼠标右键单击，从弹出的快捷菜单中选择“完成”命令，结果如图 3-71 所示。

单击“材质”编辑器中的“样本颜料”按钮，然后单击已经赋予材质的圆柱体的面，进行材质取样，接着，为圆柱体的其他面赋予材质，此时贴图没有出现错位现象，完成的效果如图 3-72 所示。

图 3-70　选择“纹理”→“位置”命令

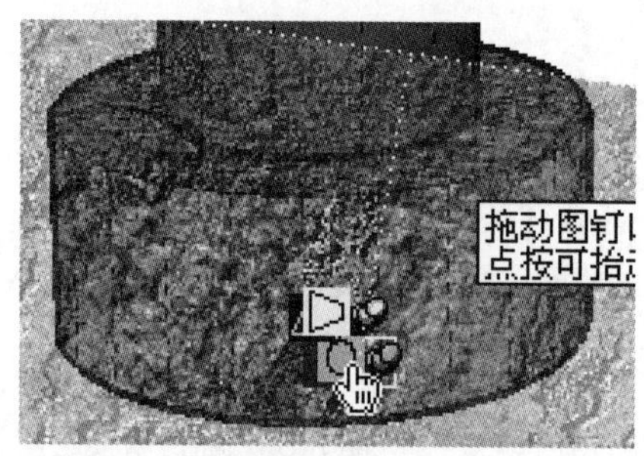

图 3-71　调节图片

图 3-72　完成贴图

3.4.3　投影贴图

执行“投影”贴图命令的方式：从右键快捷菜单中选择“纹理”→“投影”命令。

SketchUp 的贴图坐标可以投影贴图，就像将一个幻灯片用投影机投影一样。如果希望在模型上投影地形图像或者建筑图像，那么投影贴图就非常有用。任何曲面，不论是否被柔化，都可以使用投影贴图来实现无缝拼接。

实际上，投影贴图不像包裹贴图的花纹那样是随着物体形状的转折而转折的，花纹大小不会改变，而是图像来源于平面，相当于把贴图拉伸，使其与三维实体相交，是贴图正面投影到物体上形成的形状。因此，使用投影贴图会使贴图有一定的变形。

3.4.4　球面贴图

执行“贴图调整”命令的方式：从右键快捷菜单中选择“纹理”→“投影”命令。

熟悉了投影贴图的原理，那么曲面的贴图自然也就会了，因为曲面实际上就是由很多三角面组成的。

3.4.5　PNG 贴图

镂空贴图图片的格式要求为 PNG 格式，或者带有通道的 TIF 格式和 TGA 格式。在“材质”编辑器中可以直接调用这些格式的图片。

另外，SketchUp 不支持镂空显示阴影，如果要想得到正确的镂空阴影效果，需要对模型中的物体平面进行修改和镂空，尽量与贴图大致相同。

PNG 格式是 20 世纪 90 年代中期开发的图像文件存储格式，其目的是想要替代 GIF 格式和 TIFF 格式。PNG 格式增加了一些 GIF 格式文件所不具备的特性，在 SketchUp 中，主要运用它的透明性。PNG 格式的图片可以在 Photoshop 中进行制作。

3.5 复杂贴图案例

3.5.1 展览馆转角贴图的制作

案例文件：ywj/03/3-3-1.skp。

视频文件：光盘→视频课堂→第 3 章→3.3.1。

案例操作步骤的如下。

step 01 选择“矩形”工具和“推/拉”工具创建矩形体，如图 3-73 所示。

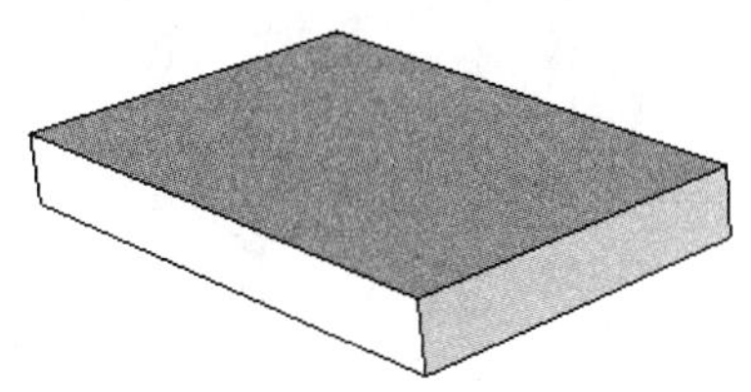

图 3-73 创建矩形体

step 02 将 01.jpg 贴图图片添加到“材质”编辑器中，再将贴图材质赋予长方体的一个面，如图 3-74 和图 3-75 所示。

step 03 选择赋予材质的面，然后用鼠标右键单击，从弹出的快捷菜单中选择“纹理”→“位置”命令，如图 3-76 所示。

图 3-74 选择材质贴图

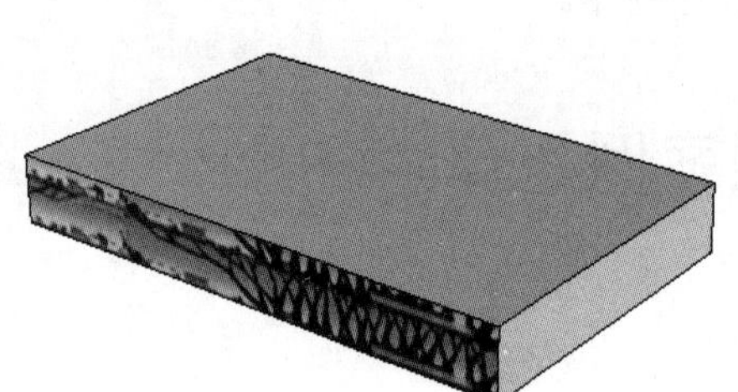

图 3-75　赋予材质

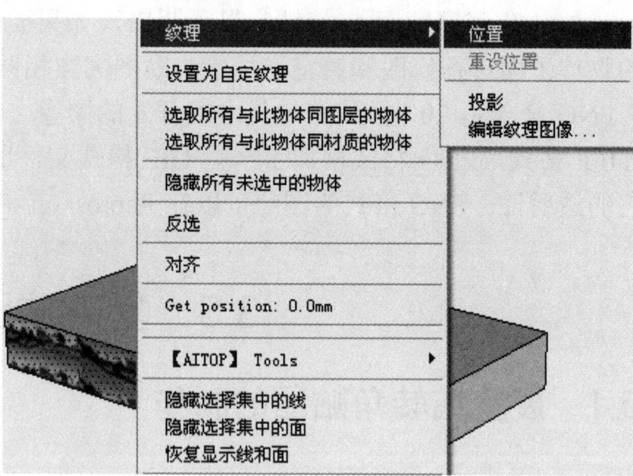

图 3-76　选择"纹理"→"位置"命令

step 04 调整贴图的大小，如图 3-77 所示。

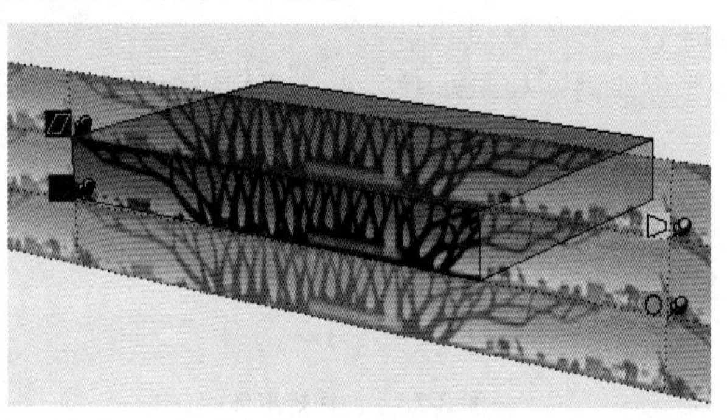

图 3-77　调整贴图的大小

step 05 单击"材质"编辑器中的"提取材质"按钮，单击被赋予材质的面，进行材质取样，接着单击相邻面，将取样的材质赋予相邻的表面，赋予的材质贴图自动无错位相接，如图 3-78 和图 3-79 所示，完成展览馆转角贴图。

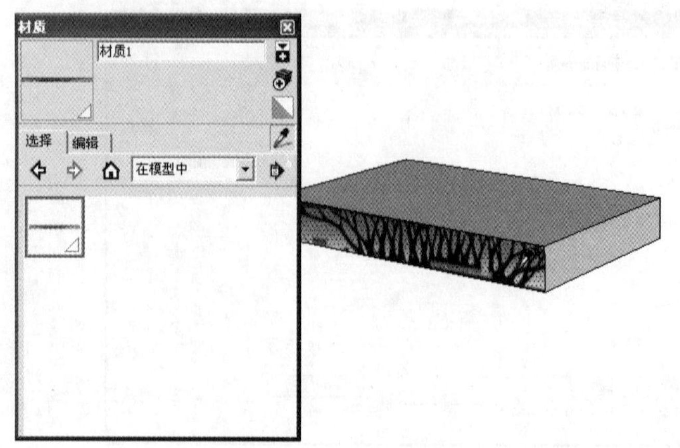

图 3-78　提取材质

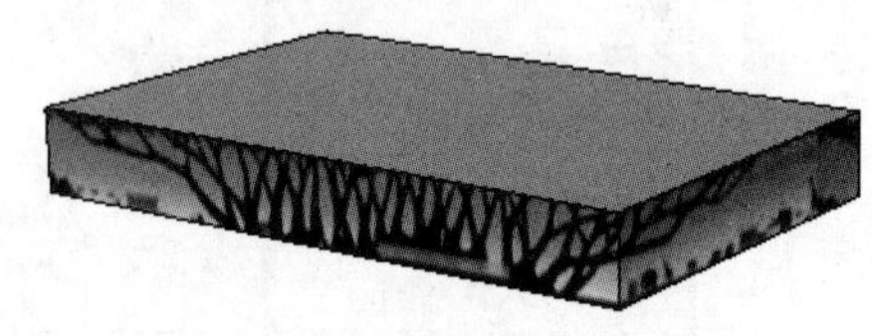

图 3-79　完成转角材质贴图

3.5.2 创建珠宝箱贴图

案例文件：ywj/03/3-3-2-1.skp、ywj/03/3-3-2-2.skp。

视频文件：光盘→视频课堂→第 3 章→3.3.2。

案例的操作步骤如下。

step 01 打开 3-3-2-1.skp 文件，如图 3-80 所示。

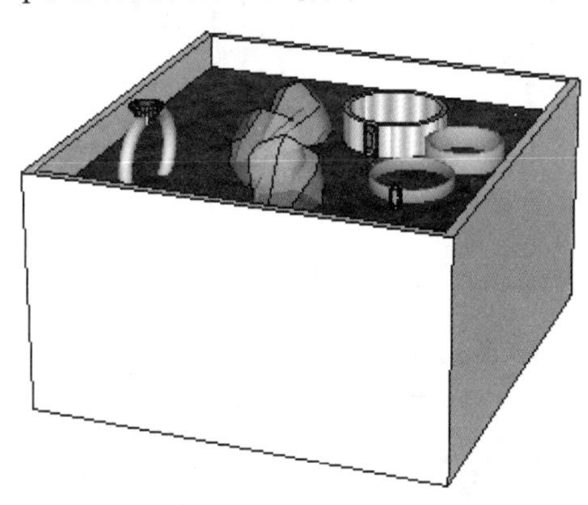

图 3-80 打开文件

step 02 将 06.jpg 贴图图片添加到“材质”编辑器中，将贴图材质赋予长方体的侧面，如图 3-81 和图 3-82 所示。

step 03 选择赋予材质的面，然后用鼠标右键单击，从弹出的快捷菜单中选择“纹理”→“位置”命令，如图 3-83 所示。

step 04 进入贴图坐标的操作状态，此时不要做任何操作，直接用鼠标右键单击，在弹出的快捷菜单中选择“完成”命令，如图 3-84 所示。

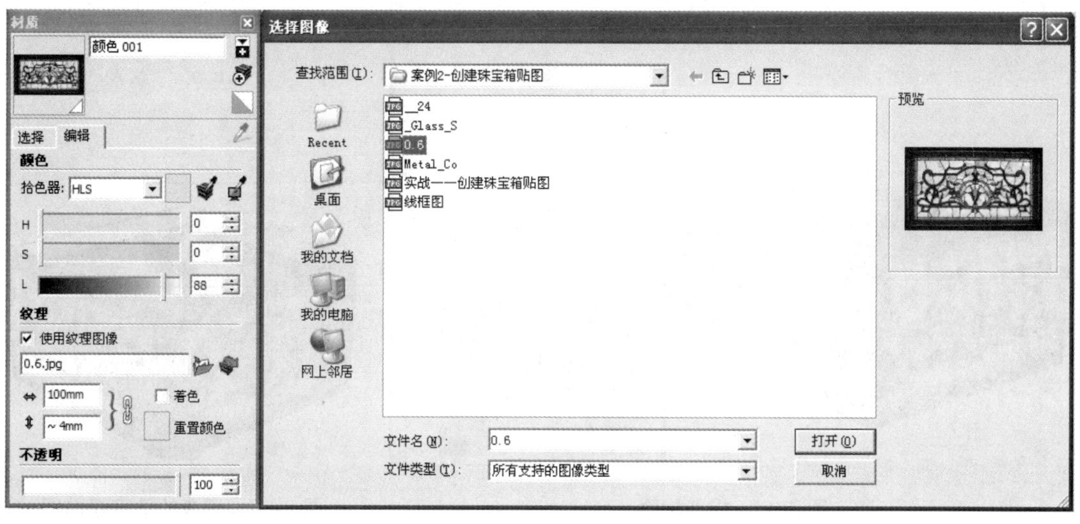

图 3-81 选择材质贴图

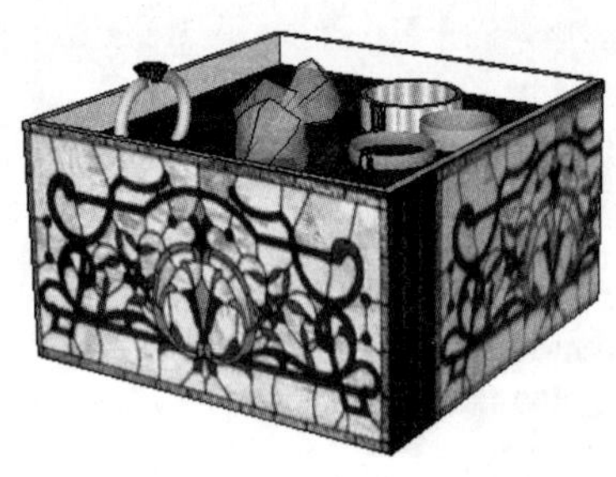

图 3-82　赋予材质

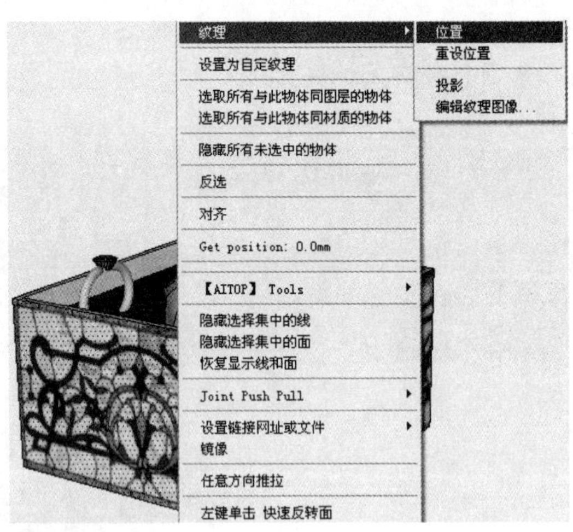

图 3-83　选择“纹理”→“位置”命令

图 3-84　选择“完成”命令

step 05 单击“材质”编辑器中的“提取材质”按钮，单击被赋予材质的面，进行材质取样，接着单击相邻面，将取样的材质赋予相邻表面上，赋予的材质贴图自动无错位相接，如图 3-85 和图 3-86 所示，完成了珠宝箱的贴图操作。

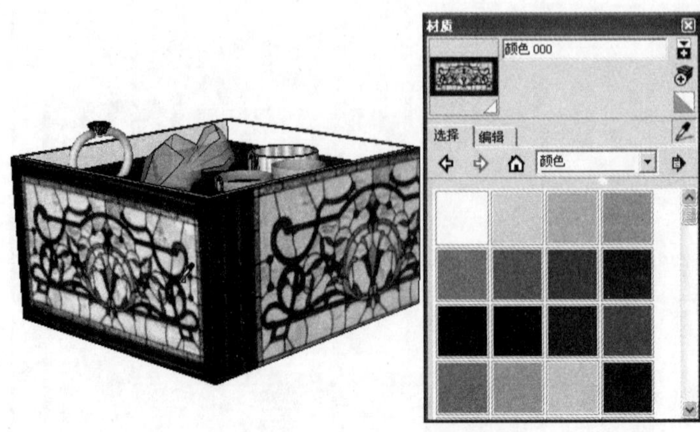

图 3-85　提取材质

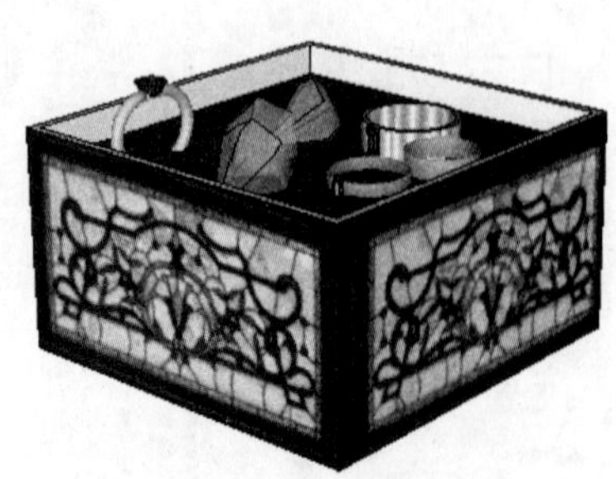

图 3-86　完成的珠宝箱贴图

3.5.3 创建绿篱

案例文件：ywj/03/3-3-3.skp。

视频文件：光盘→视频课堂→第 3 章→3.3.3。

案例的操作步骤如下。

step 01 选择“矩形”工具和“推/拉”工具创建矩形体，矩形尺寸为 2000mm×300 mm，推拉厚度为 400mm，如图 3-87 所示。

step 02 按住 Ctrl 键的同时，选择“推/拉”工具，向上推拉 40mm 的距离，并删除顶面，如图 3-88 和图 3-89 所示。

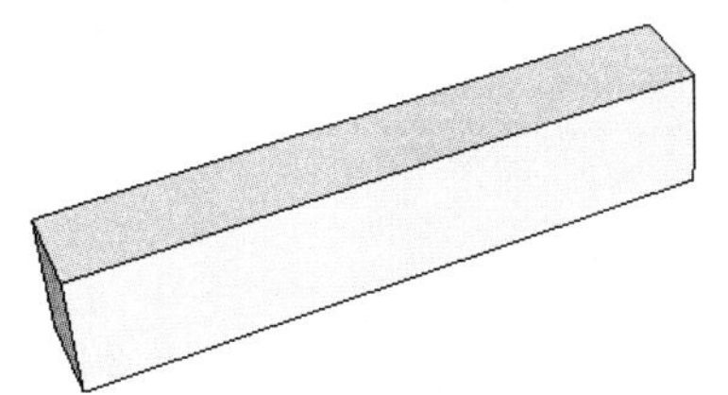

图 3-87 创建矩形体

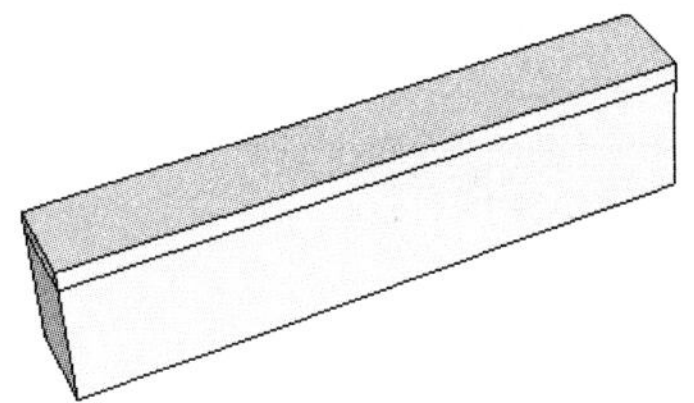

图 3-88 推拉矩形体

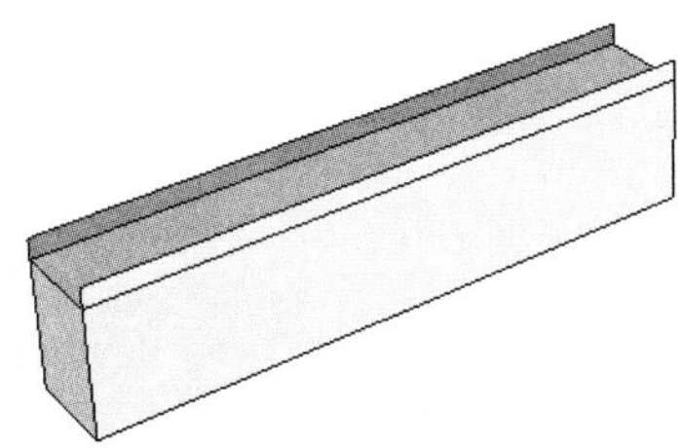

图 3-89 删除顶面

step 03 将 07.png 贴图图片添加到“材质”编辑器中，如图 3-90 所示。

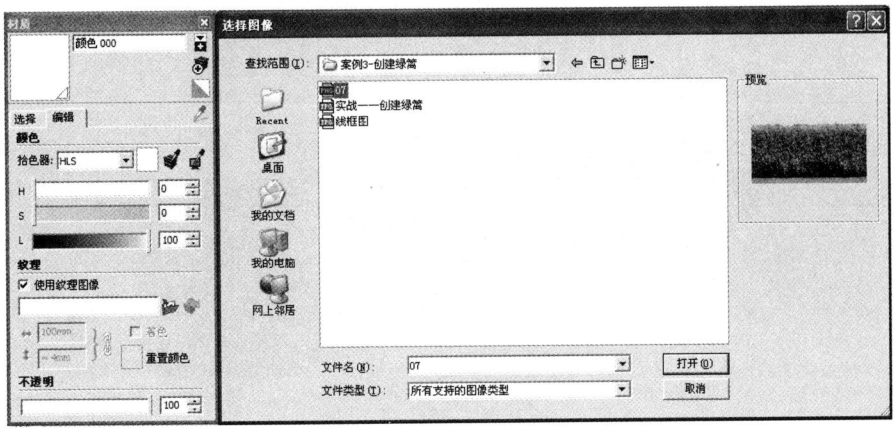

图 3-90 选择材质贴图

step 04 然后，将贴图材质赋予图形，如图 3-91 所示。

step 05 选择赋予材质的面，然后用鼠标右键单击，从弹出的快捷菜单中选择“纹理”→“位置”命令，如图 3-92 所示。

图 3-91　赋予材质

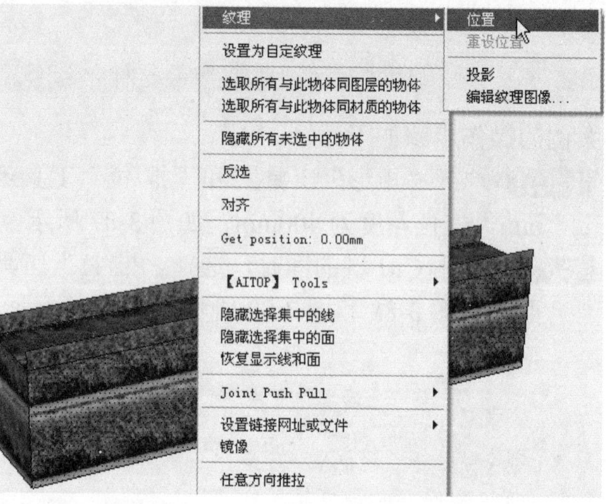

图 3-92　选择“纹理”→“位置”命令

step 06 调整贴图，如图 3-93 所示。选择“擦除”工具，按住 Shift 键，将边线进行柔化，如图 3-94 所示，最终效果如图 3-95 所示，完成绿篱的创建。

图 3-93　调整贴图

图 3-94　边线柔化

图 3-95　最终效果

3.5.4 创建悠嘻猴笔筒贴图

案例文件：ywj/03/3-3-4-1.skp、ywj/03/3-3-4-2.skp。

视频文件：光盘→视频课堂→第 3 章→3.3.4。

案例的操作步骤如下。

step 01 打开 3-3-4-1.skp 文件，如图 3-96 所示。

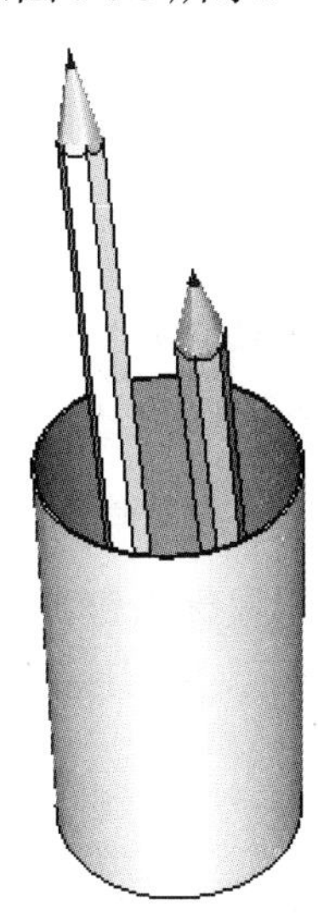

图 3-96 打开文件

step 02 将 06.jpg 贴图图片添加到“材质”编辑器中，如图 3-97 所示。

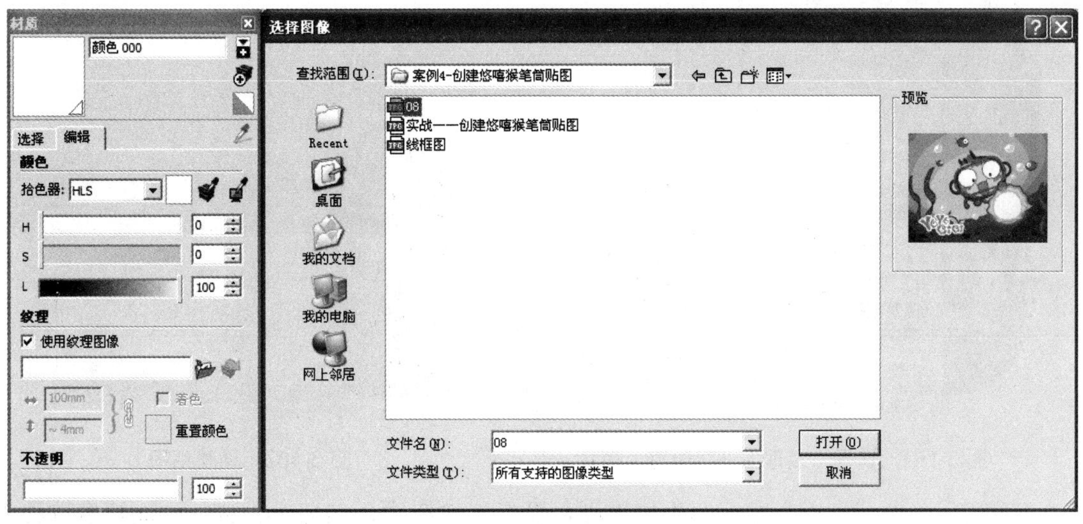

图 3-97 选择材质贴图

step 03 将贴图材质赋予笔筒，如图 3-98 所示。

step 04 此时贴图不是正确显示，因此要选择“视图”→“隐藏物体”菜单命令，显示网格线，如图 3-99 和图 3-100 所示。

图 3-98 赋予材质

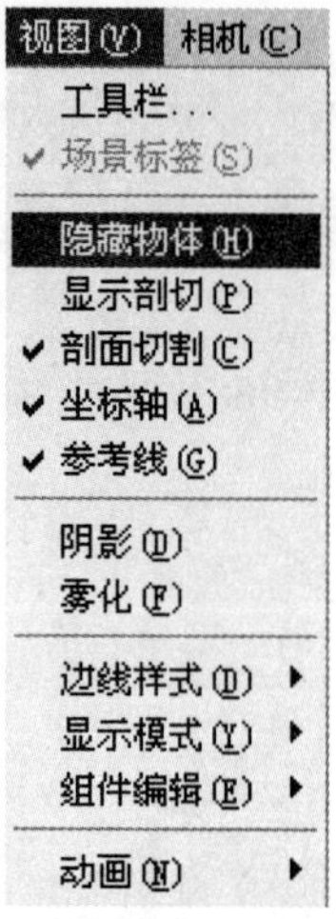

图 3-99 菜单命令

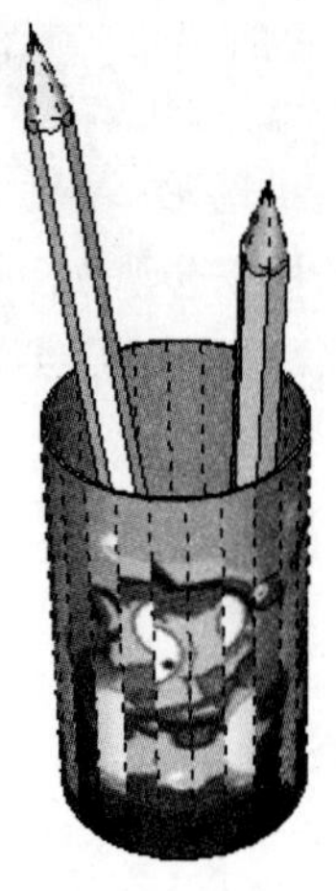

图 3-100 显示网格线

step 05 选择赋予材质的面，然后用鼠标右键单击，从弹出的快捷菜单中选择“纹理”→“位置”命令，如图 3-101 所示，接着调整贴图，如图 3-102 所示。

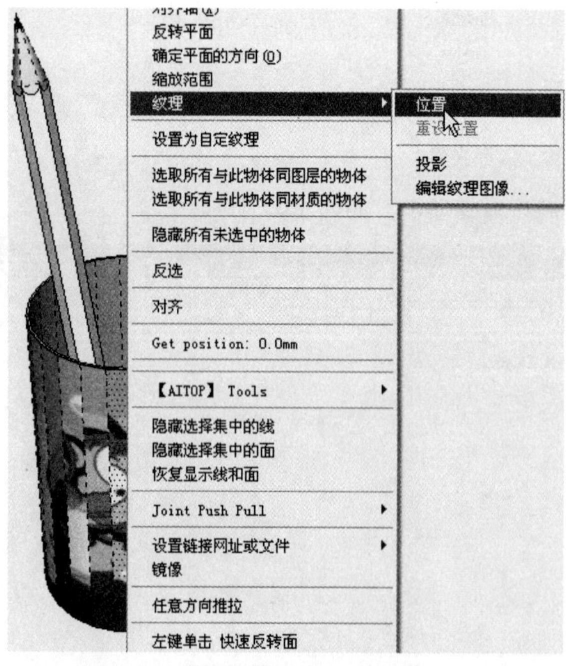

图 3-101 选择“纹理”→“位置”命令

图 3-102 调整贴图

step 06 单击“材质”编辑器中的“样本颜料”按钮，然后单击调整的面提取，接着赋予模型，此时贴图没有出现错位现象，完成了悠嘻猴笔筒贴图操作，如图 3-103 所示。

图 3-103　完成了贴图操作

3.5.5　将遥感图像赋予地形模型

案例文件：ywj/03/3-3-5-1.skp、ywj/03/3-3-5-2.skp。

视频文件：光盘→视频课堂→第 3 章→3.3.5。

案例的操作步骤如下。

step 01 打开 3-3-5-1.skp 文件，如图 3-104 所示。

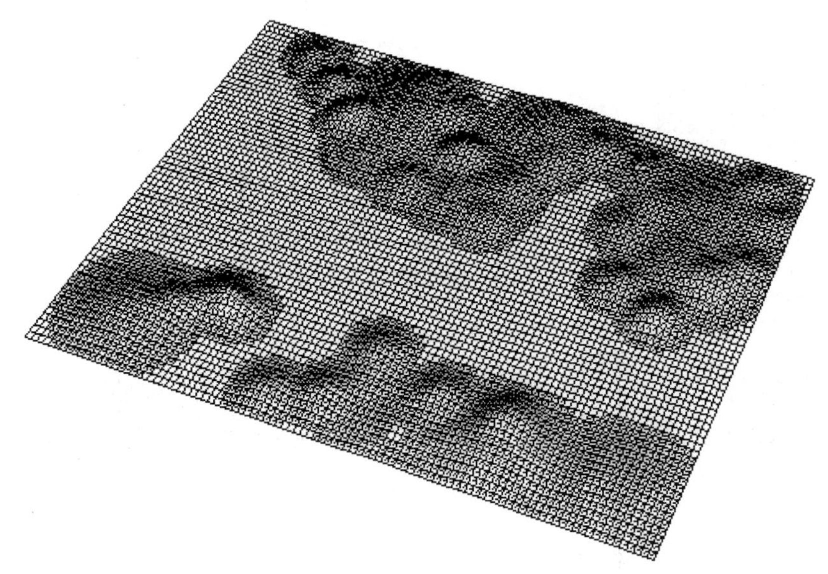

图 3-104　打开文件

step 02 选择“矩形”工具，在地形图上方创建一个矩形面，打开“材质”编辑器，选择 08.jpg 文件作为贴图赋予模型，如图 3-105 所示。

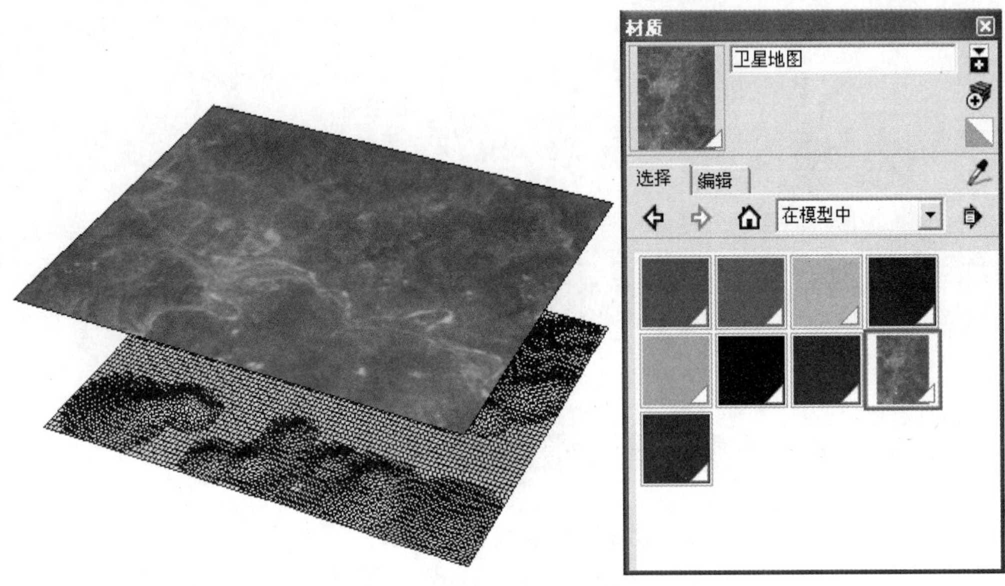

图 3-105　把贴图赋予模型

step 03 在贴图上用鼠标右键单击，从弹出的快捷菜单菜单中选择“纹理”→“投影”命令，如图 3-106 所示。

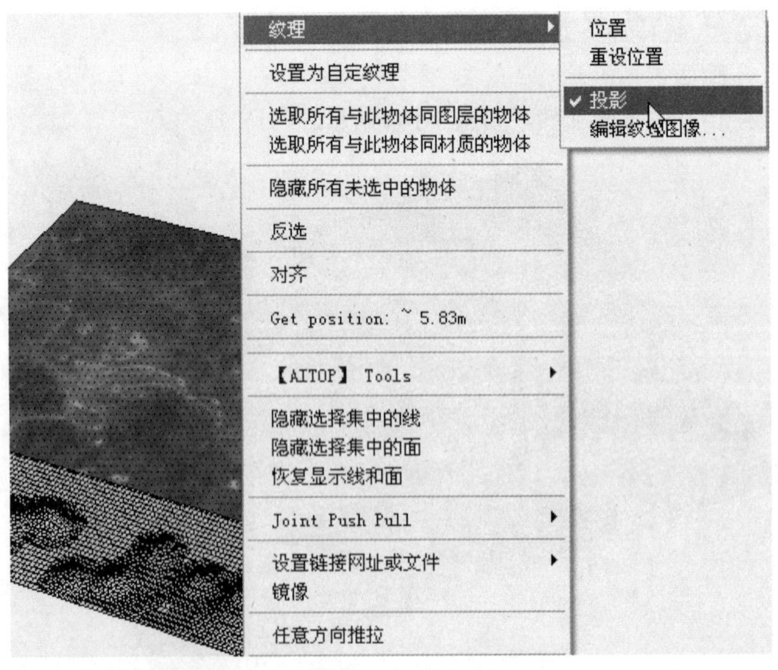

图 3-106　选择“纹理”→“投影”命令

step 04 单击“材质”编辑器中的“样本颜料”按钮，单击贴图图像，进行材质取样，接着赋予地形模型，如图 3-107 所示。

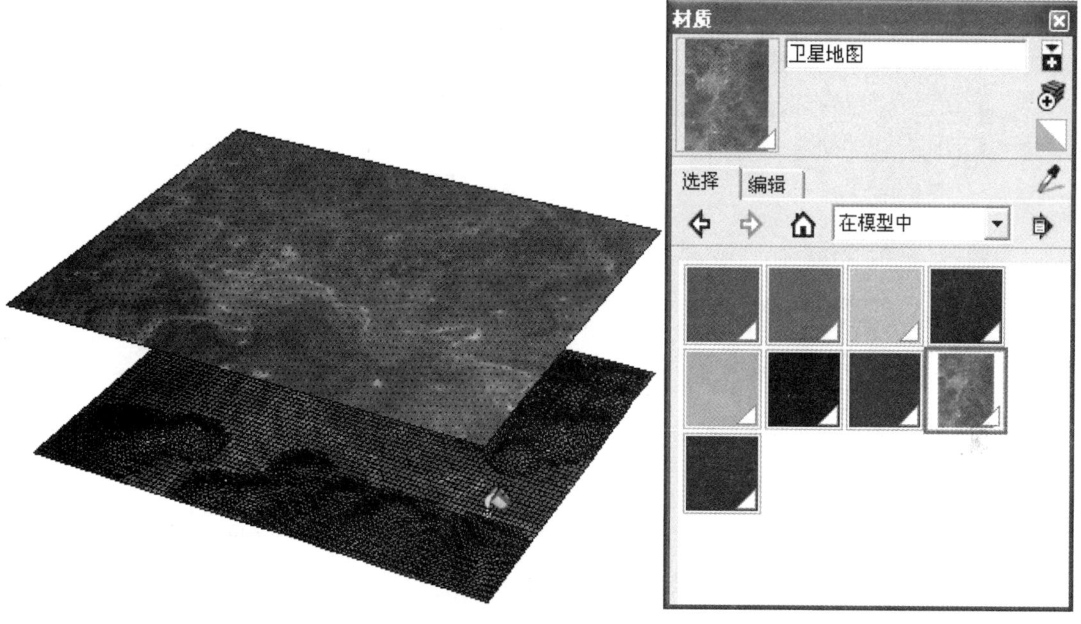

图 3-107　赋予材质

step 05 将遥感图像赋予地形模型后，最终效果如图 3-108 所示。

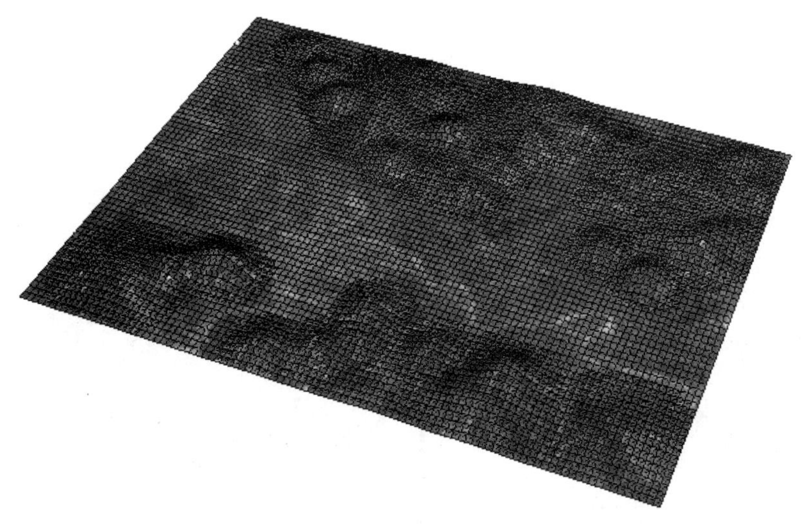

图 3-108　最终效果

3.5.6　创建玻璃球体贴图

案例文件：ywj/03/3-3-6.skp。
视频文件：光盘→视频课堂→第 3 章→3.3.6。

案例的操作步骤如下。

step 01 绘制圆球体，选择“圆”工具，绘制两个相互垂直的圆，删除其中一个圆的面，如图 3-109 所示。

step 02 选择“路径跟随”工具，绘制球体，选择“矩形”工具，绘制矩形平面，如图 3-110 所示。

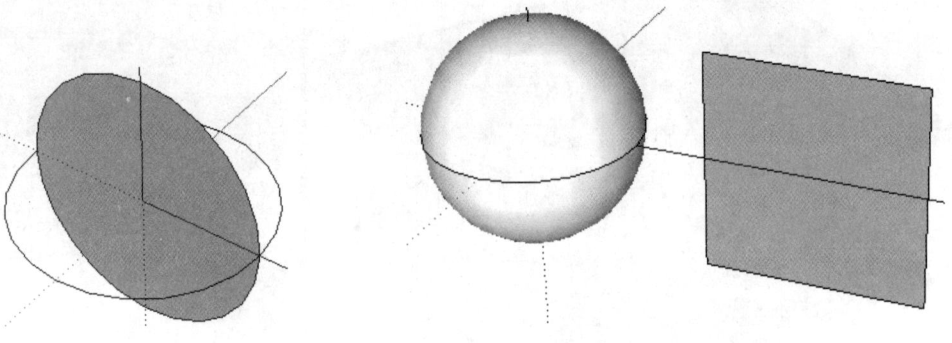

图 3-109　绘制圆

图 3-110　绘制图形

step 03 选择 09.PNG 贴图，赋予矩形材质贴图，如图 3-111 所示。

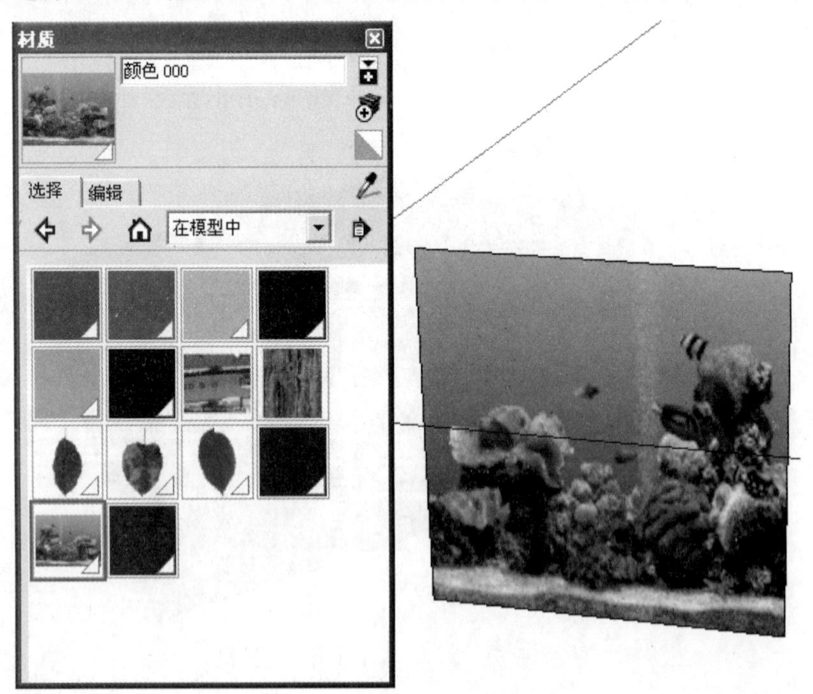

图 3-111　赋予材质贴图

step 04 在矩形面上用鼠标右键单击，从弹出的快捷菜单中选择“纹理”→“投影”命令，如图 3-112 所示。

step 05 选择球体，单击“材质”编辑器中“样本颜料”按钮，单击矩形平面贴图，进行材质取样，将提取的材质赋予球体，如图 3-113 和图 3-114 所示。

step 06 将虚线隐藏，完成玻璃球体贴图，效果如图 3-115 所示。

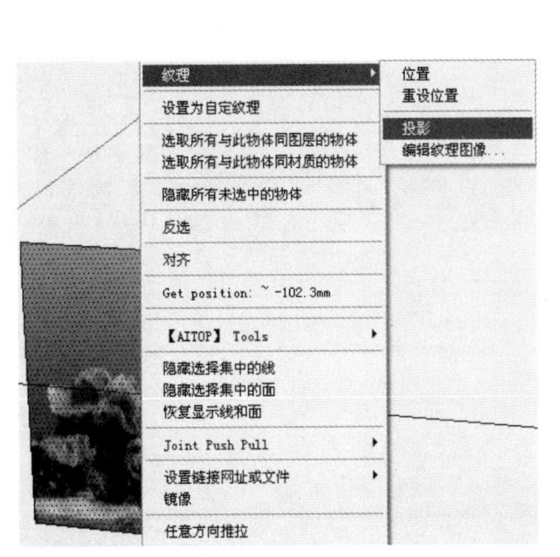

图 3-112 选择“纹理”→“投影”命令

图 3-113 提取材质

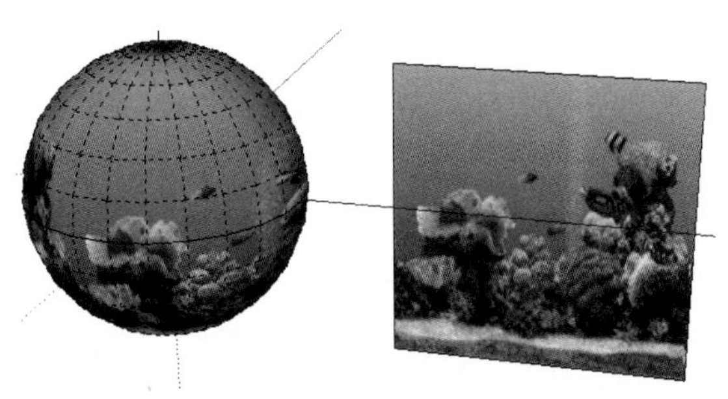

图 3-114 赋予材质

图 3-115 完成的玻璃球体贴图

3.6 本 章 小 结

在本章中，我们学习了如何使用 SketchUp 材质与贴图给模型赋予材质，熟悉了调整材质坐标的方法，学会了运用材质贴图来创建模型。一个好的材质贴图可以更准确地表达设计意图，所以读者要多加练习，来巩固所学的知识。

第 4 章

群组与组件

SketchUp 抓住了设计师的职业需求，不依赖图层，而是提供了更加方便的“组/组件”管理功能，这种分类与现实生活中物体的分类十分相似，用户之间还可以通过组或组件进行资源共享，并且它们十分容易修改。

本章将系统地介绍 SketchUp 中组和组件的相关知识，包括组和组件的创建、编辑、共享及动态组件的制作原理。

4.1 制作群组与组件

群组是一些点、线、面或者实体的集合，与组件的区别在于，群组没有组件库和关联复制的特性。但是组可以作为临时性的群组管理，并且不占用组件库，也不会使文件变大，所以使用起来还是很方便的。

组件是将一个或多个几何体的集合定义为一个单位，使之可以像一个物体那样进行操作。组件可以是简单的一条线，也可以是整个模型，尺寸和范围也没有限制。

组件与组类似，但多个相同的组件之间具有关联性，可以进行批量操作，在与其他用户或其他 SketchUp 组件之间共享数据时也更为方便。

4.1.1 创建组

执行“创建群组”命令主要有以下几种方式：

- 从菜单栏中选择“编辑”→“创建群组”菜单命令。
- 从右键菜单中选择“创建群组”命令。

选中要创建为组的物体，然后选择“编辑”→“创建群组”菜单命令。组创建完成后，外侧会出现高亮显示的边界框，创建群组前后的效果如图 4-1 和 4-2 所示。

图 4-1 创建组之前

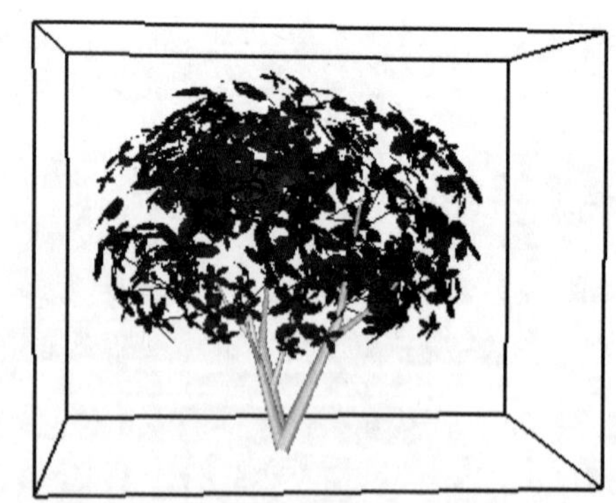

图 4-2 创建组之后

组的优势有以下 5 点。

(1) **快速选择**：选中一个组，就选中了组内的所有元素。

(2) **几何体隔离**：组内的物体和组外的物体相互隔离，操作互不影响。

(3) **协助组织模型**：几个组还可以再次成组，形成一个具有层级结构的组。

(4) **提高建模速度**：用组来管理和组织划分模型，有助于节省计算机资源，提高建模和显示速度。

(5) **快速赋予材质**：分配给组的材质会由组内使用默认材质的几何体继承，而事先制定了材质的几何体不会受影响，这样可以大大提高赋予材质的效率。当组被炸开以后，此特性

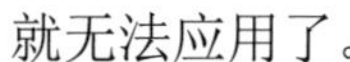

就无法应用了。

4.1.2 创建组件

执行“编辑组”命令主要有以下几种方式：

- 从菜单栏中选择“编辑”→“制作组件”菜单命令。
- 直接从键盘输入 G。
- 从右键菜单中选择“制作组件”命令。

组件是将一个或多个几何体的集合定义为一个单位，使之可以像一个物体那样进行操作。组件可以是简单的一条线，也可以是整个模型，尺寸和范围也没有限制。

组件与组类似，但多个相同的组件之间具有关联性，可以进行批量操作，在与其他用户或其他 SketchUp 组件之间共享数据时也更为方便。

组件的优势有以下 6 点。

(1) **独立性**：组件可以是独立的物体，小至一条线，大至住宅、公共建筑，包括附着于表面的物体，例如门窗、装饰构架等。

(2) **关联性**：对一个组件进行编辑时，与其关联的组件将会同步更新。

(3) **附带组件库**：SketchUp 附带一系列预设组件库，并且还支持自建组件库，只需将自建的模型定义为组件，并保存到安装目录的 Components 文件夹中即可。在“系统使用偏好”对话框的“文件”选项中，可以查看组件库的位置，如图 4-3 所示。

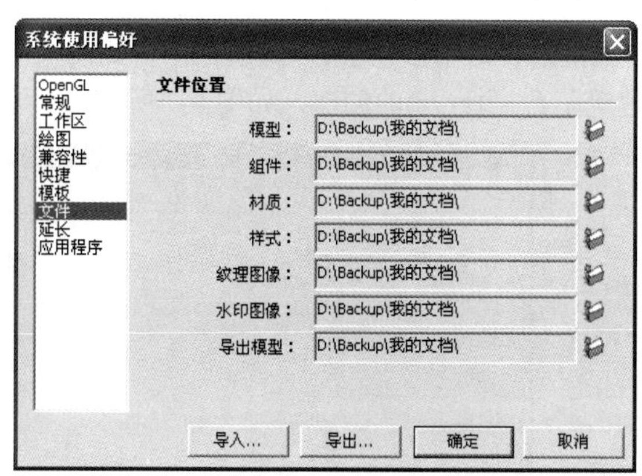

图 4-3 “系统使用偏好”对话框

(4) **与其他文件链接**：组件除了存在于创建它们的文件中，还可以导出到别的 SketchUp 文件中。

(5) **组件替换**：组件可以被其他文件中的组件替换，满足不同精度的建模和渲染要求。

(6) **特殊的对齐行为**：组件可以对齐到不同的表面上，并且在附着的表面上挖洞开口。组件还拥有自己内部的坐标系。

灵活运用组件，可以节省绘图时间，提升效率。

4.2 制作组和组件的案例

4.2.1 创建建筑阳台栏杆(一)

案例文件：ywj/04/4-1-1.skp。
视频文件：光盘→视频课堂→第 4 章→4.1.1。

案例的操作步骤如下。

step 01 选择“矩形”工具和“推/拉”工具，绘制阳台部分，如图 4-4 所示。

step 02 选择“编辑”→“创建组”菜单命令，分别将模型与矩形面创建为组，如图 4-5 所示。

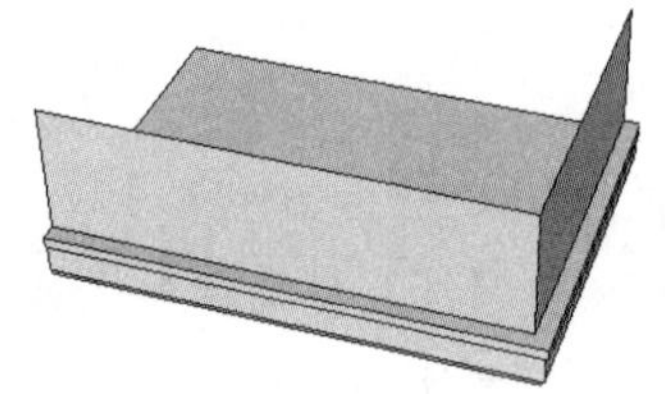

图 4-4 绘制阳台

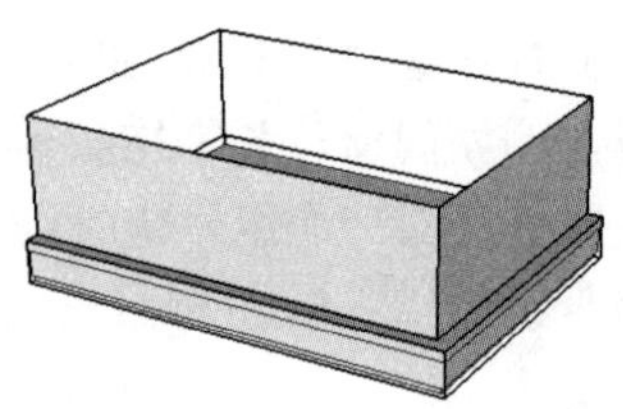

图 4-5 创建组

step 03 将 09.jpg 贴图图片添加到“材质”编辑器中，如图 4-6 所示，将贴图材质赋予矩形面，完成建筑阳台栏杆(一)的创建，如图 4-7 所示。

图 4-6 选择材质贴图

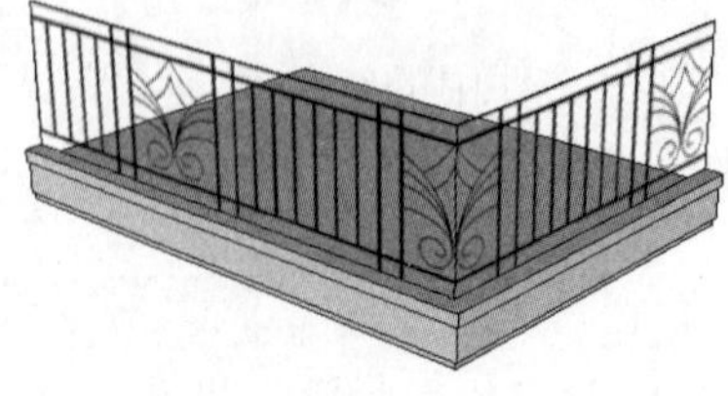

图 4-7 完成创建建筑阳台栏杆(一)

4.2.2 创建建筑阳台栏杆(二)

案例文件：ywj/04/4-1-2.skp。

视频文件：光盘→视频课堂→第 4 章→4.1.2。

案例的操作步骤如下。

step 01 选择“矩形”工具和“推/拉”工具，绘制阳台部分，如图 4-8 所示。

step 02 选择“矩形”工具绘制参考面，选择“圆弧”工具和“直线”工具，绘制截面，选择“圆”工具绘制路径，如图 4-9 所示。

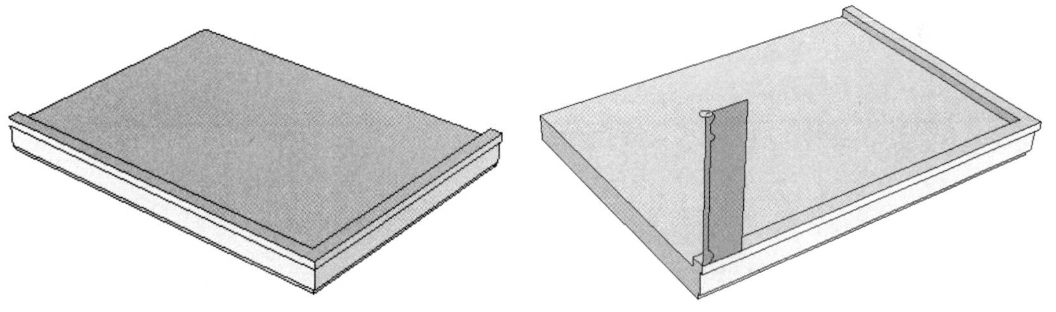

图 4-8 绘制阳台

图 4-9 绘制截面路径

step 03 选择“路径跟随”工具，放样图形，如图 4-10 所示，创建出柱子。

step 04 选择“编辑”→“创建组”菜单命令，将柱子创建为组，如图 4-11 所示。

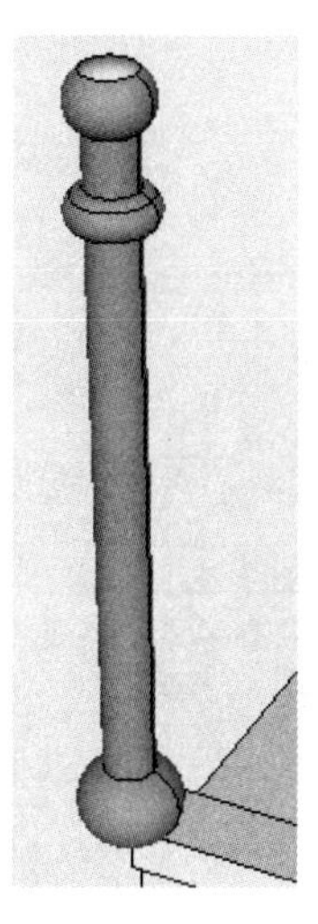

图 4-10 放样出柱子

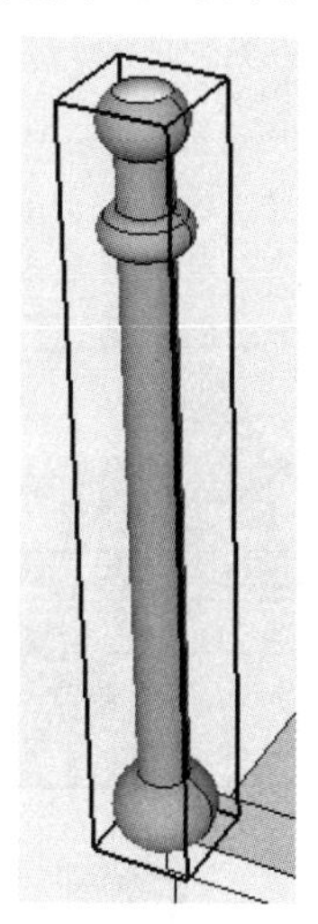

图 4-11 创建组

step 05 选择“移动”工具并按住 Ctrl 键，移动复制柱子，如图 4-12 所示。

step 06 添加柱子扶手，并创建为组，如图 4-13 所示，完成建筑阳台栏杆(二)的创建。

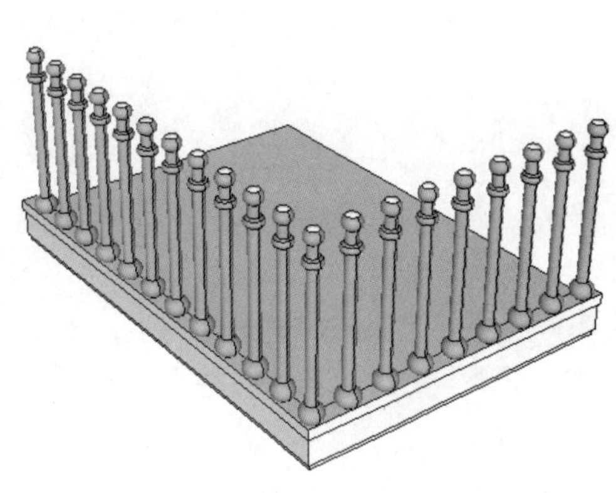

图 4-12　复制柱子

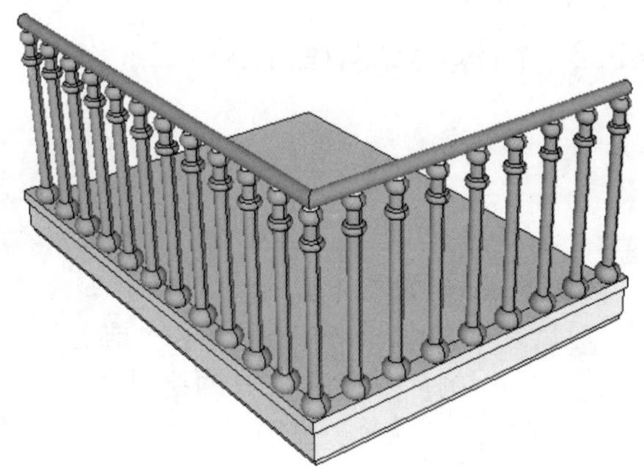

图 4-13　完成创建建筑阳台栏杆(二)

4.2.3　创建二维仿真树木组件(一)

案例文件：ywj/04/4-1-3.skp。
视频文件：光盘→视频课堂→第 4 章→4.1.3。

案例操作步骤如下。

step 01 将 PNG 图片导入到 SketchUp 中，将树木主干的中心点对齐坐标轴的原点，如图 4-14 所示。

step 02 选择导入的图片，用鼠标右键单击，从弹出的快捷菜单中选择“分解”命令，如图 4-15 所示。

图 4-14　导入图片

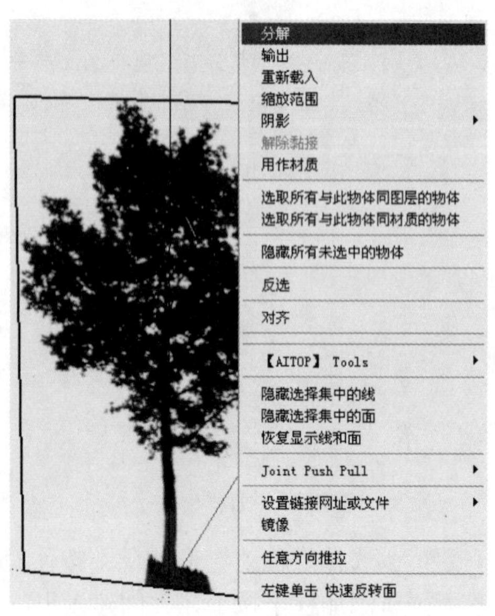

图 4-15　分解组

step 03 选择“线条”工具，描绘树木的轮廓，如图4-16所示。

step 04 全选树木，用鼠标右键单击，从弹出的快捷菜单中选择“显隐边线”命令，隐藏边线，如图4-17所示。

图 4-16　描绘轮廓

图 4-17　隐藏边线

step 05 用鼠标右键单击，从弹出的快捷菜单中选择“制作组件”命令，打开“创建组件”对话框，组件命名为“树木 1”，并启用“总是朝向相机”和“阴影朝向太阳”复选框，这样，一个2D的树木组件就创建完成了，如图4-18所示。

图 4-18　完成创建二维仿真树木组件(一)

4.2.4　创建二维仿真树木组件(二)

案例文件：ywj/04/4-1-4.skp。

视频文件：光盘→视频课堂→第4章→4.1.4。

案例的操作步骤如下。

step 01 打开 Photoshop 软件，然后打开一张树木的图片，接着双击背景图层，将其转换成普通图层，如图 4-19 所示。

图 4-19　转换图层

step 02 选择“魔棒”工具(快捷键为 W 键)，选中树木以外的区域，按下 Delete 键删除，如图 4-20 所示。

图 4-20　删除选择的区域

step 03 选择“文件”→“存储为”菜单命令，将图片另存为 PNG 格式，然后在“PNG 选项”对话框的“交错”选项组中选中“无”单选按钮，如图 4-21、4-22 所示。

图 4-21 选择“存储为”菜单命令

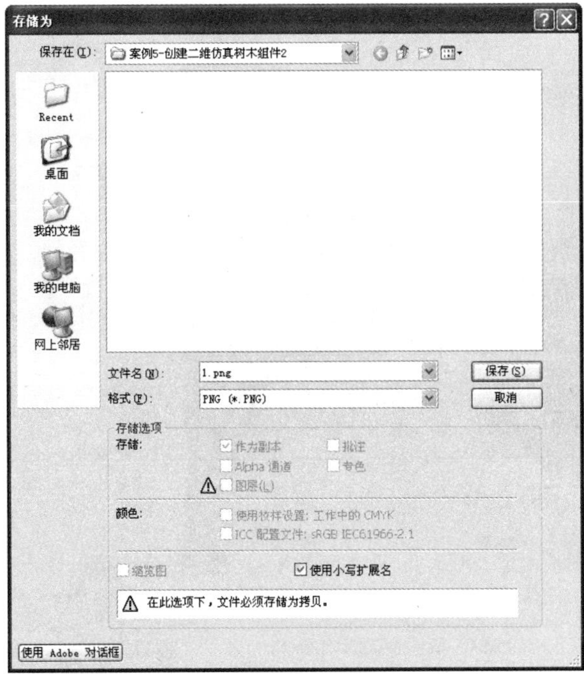

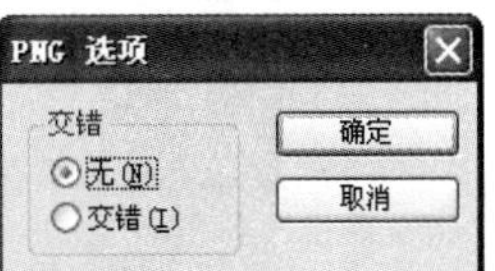

图 4-22 选择格式

step 04 将 PNG 图片导入到 SketchUp 中，将树木主干的中心点对齐坐标轴的原点，如图 4-23 所示。

step 05 选择导入的图片，用鼠标右键单击，从弹出的快捷菜单中选择“分解”命令，如图 4-24 所示。

图 4-23　导入图片

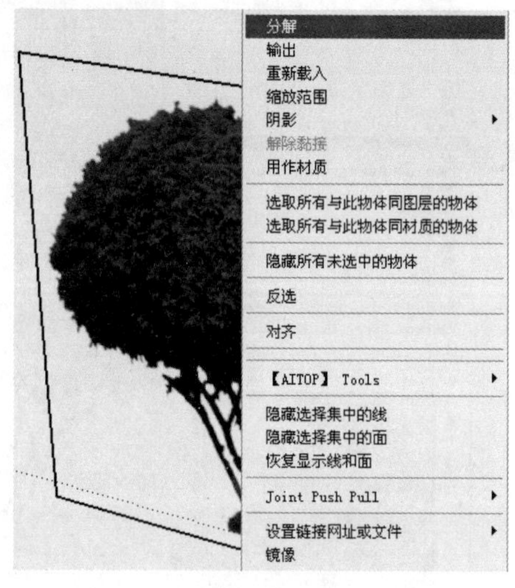

图 4-24　分解组

step 06 选择“线条”工具，描绘树木的轮廓，如图 4-25 所示。

step 07 全选树木，用鼠标右键单击，从弹出的快捷菜单中选择“显隐边线”命令，隐藏边线，如图 4-26 所示。

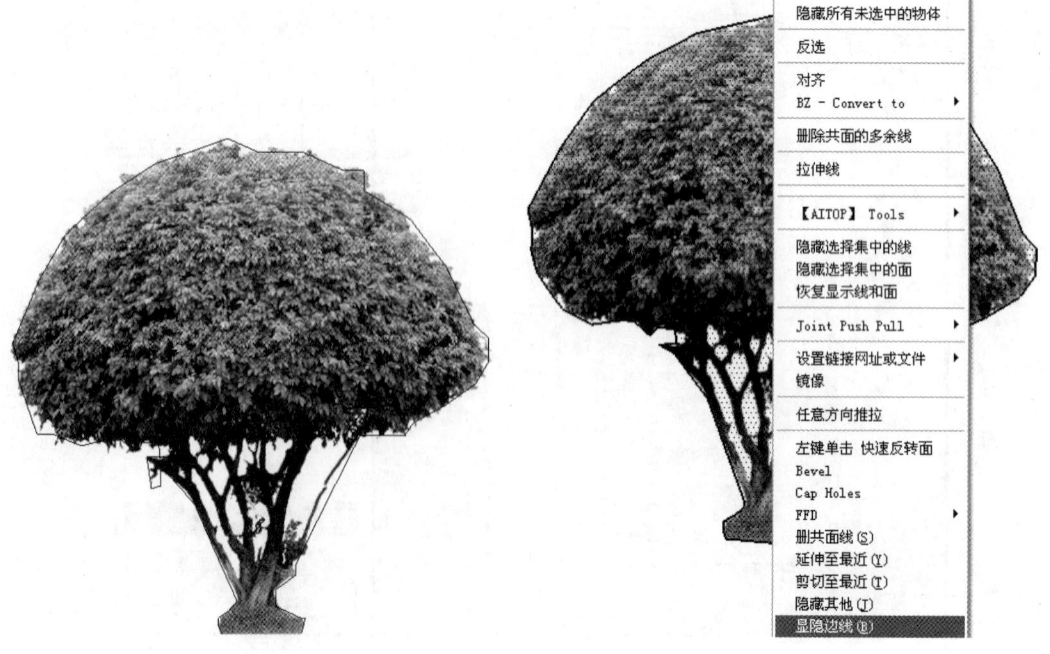

图 4-25　描绘轮廓

图 4-26　隐藏边线

step 08 用鼠标右键单击，从弹出的快捷菜单中选择“制作组件”命令，打开“创建组件”对话框，组件命名为“树木 2”，并启用“总是朝向相机”和“阴影朝向太阳”复选框，这样，一个 2D 的树木组件就创建完成了，如图 4-27 所示。

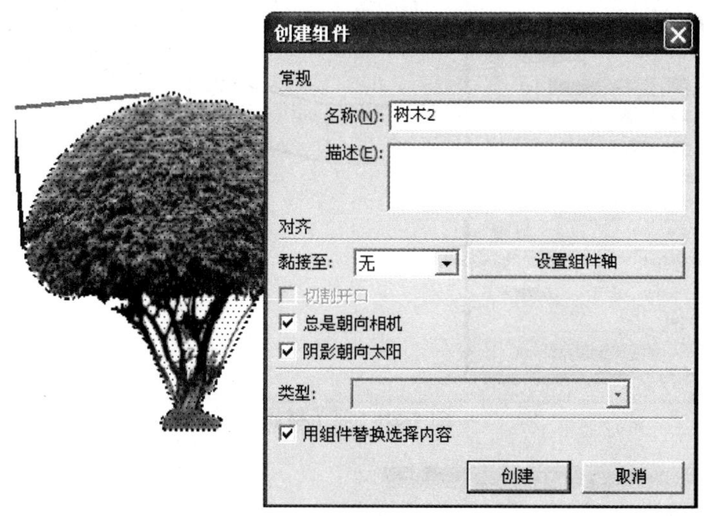

图 4-27　完成创建二维仿真树木组件(二)

4.2.5　创建二维仿真树丛组件(一)

案例文件：ywj/04/4-1-5.skp。
视频文件：光盘→视频课堂→第 4 章→4.1.5。

案例的操作步骤如下。

step 01 选择“矩形”工具，绘制折叠的矩形，如图 4-28 所示。

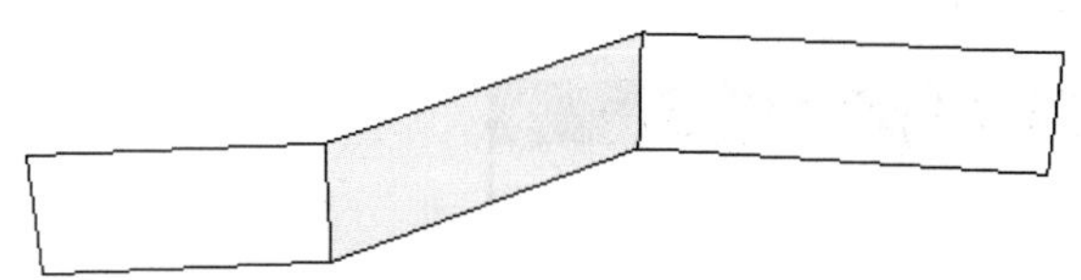

图 4-28　绘制矩形

step 02 打开“材质”编辑器，启用“使用纹理图像”复选框，选择 03.png 图像，赋予到折叠面上，如图 4-29 所示。

step 03 选择一个面，用鼠标右键单击，从弹出的快捷菜单中选择“纹理”→“位置”命令，如图 4-30 所示，调整贴图位置，如图 4-31 所示。

step 04 采用相同方法完成其他面贴图的调整，隐藏边线，用鼠标右键单击，从弹出的快捷菜单中选择“制作组件”命令，打开“创建组件”对话框，把组件命名为“树木 1”，并启用“总是朝向相机”和“阴影朝向太阳”复选框，如图 4-32 所示，完成二维仿真树丛组件的创建，如图 4-33 所示。

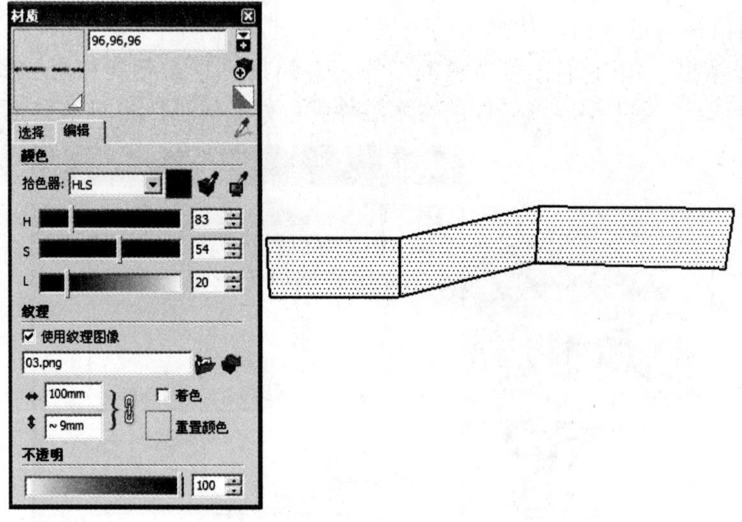

图 4-29　赋予材质

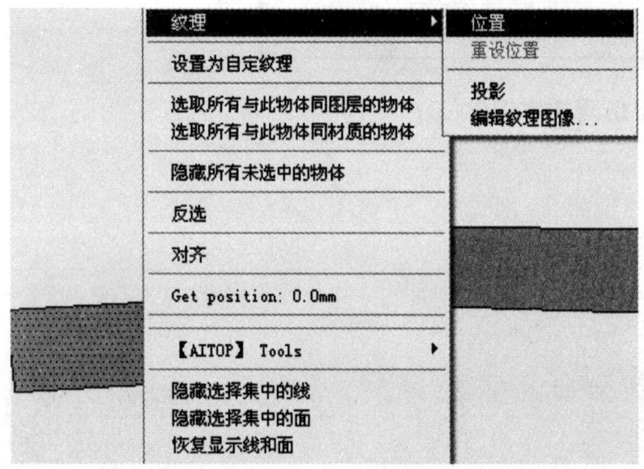

图 4-30　右键菜单

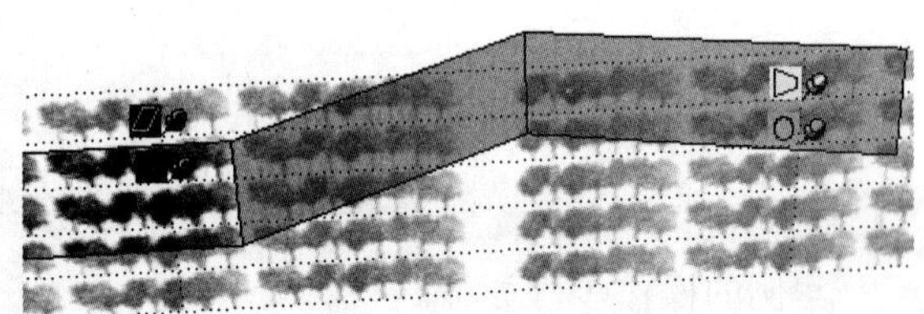

图 4-31　调整坐标

图 4-32　“创建组件”对话框

图 4-33　完成创建二维仿真树丛组件(一)

4.2.6　创建二维仿真树丛组件(二)

案例文件：ywj/04/4-1-6.skp。

视频文件：光盘→视频课堂→第 4 章→4.1.6。

案例的操作步骤如下。

step 01 选择“矩形”工具，绘制折叠的矩形，如图 4-34 所示。

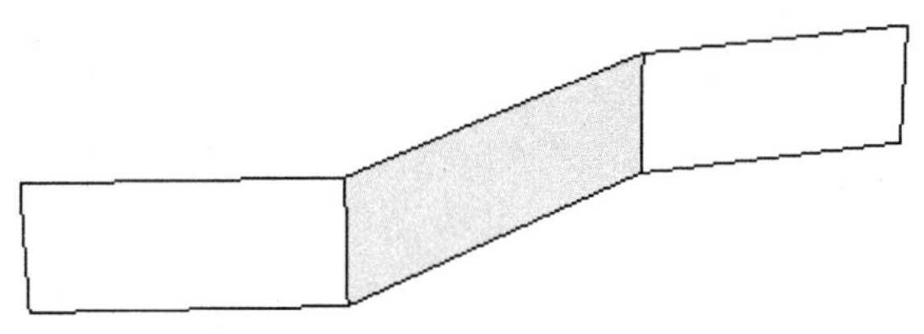

图 4-34　绘制矩形

step 02 打开“材质”编辑器，启用“使用纹理图像”复选框，选择 04.png 图像，赋予到折叠面上，如图 4-35 所示。

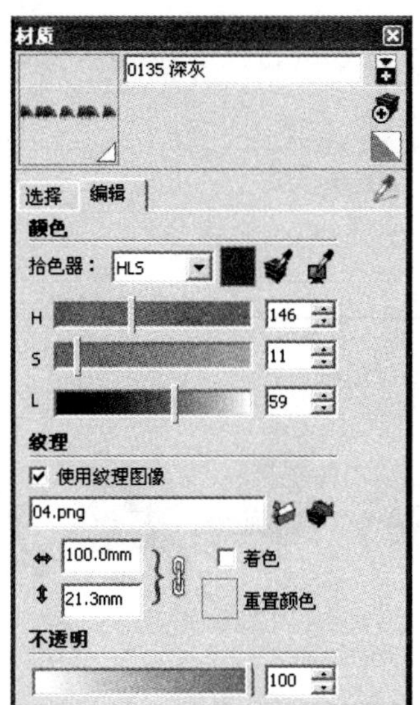

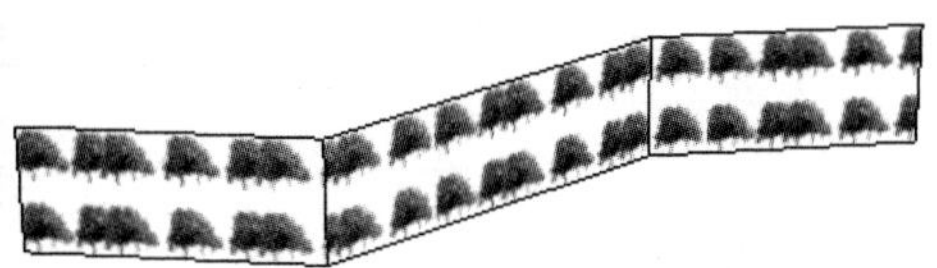

图 4-35　赋予材质

step 03 选择一个面，用鼠标右键单击，从弹出的快捷菜单中选择“纹理”→“位置”命令，如图 4-36 所示，调整贴图位置，如图 4-37 所示。

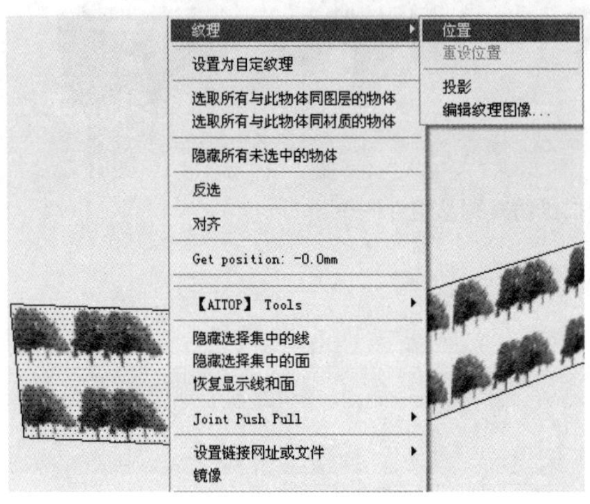

图 4-36　右键菜单

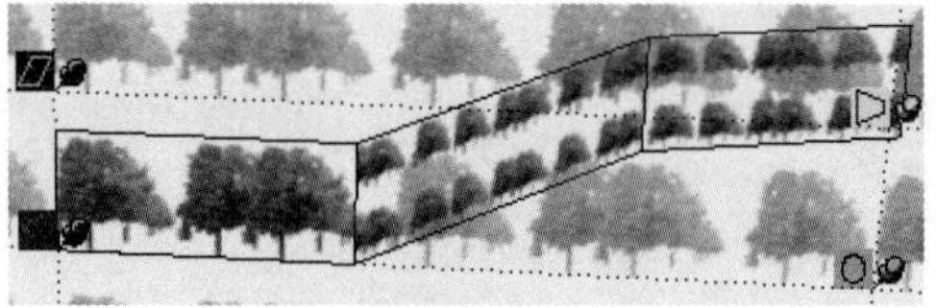

图 4-37　调整坐标

step 04 采用相同的方法完成其他面贴图的调整，隐藏边线，用鼠标右键单击，从弹出的快捷菜单中选择“制作组件”命令，打开“创建组件”对话框，组件命名为“树木 2”，并启用“总是朝向镜头”和“阴影朝向太阳”复选框，如图 4-38 所示，完成二维仿真树丛组件的创建，如图 4-39 所示。

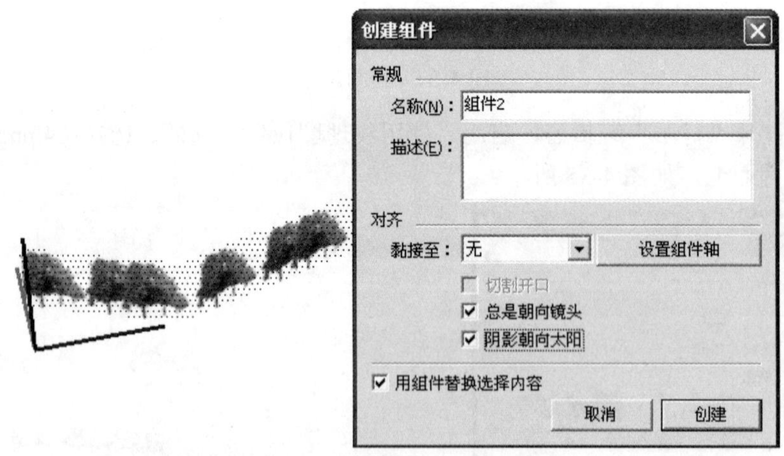

图 4-38　“创建组件”对话框

图 4-39　完成创建二维仿真树丛组件(二)

4.2.7 创建二维色块树木组件(一)

案例文件：ywj/04/4-1-7.skp。

视频文件：光盘→视频课堂→第 4 章→4.1.7。

案例的操作步骤如下。

step 01 选择“线条”工具，绘制轮廓线，如图 4-40 所示。

图 4-40 绘制轮廓线

step 02 选择“窗口”→“材质”菜单命令，打开“材质”编辑器，为场景添加几个新的材质，并设置一定的透明度，如图 4-41 所示。

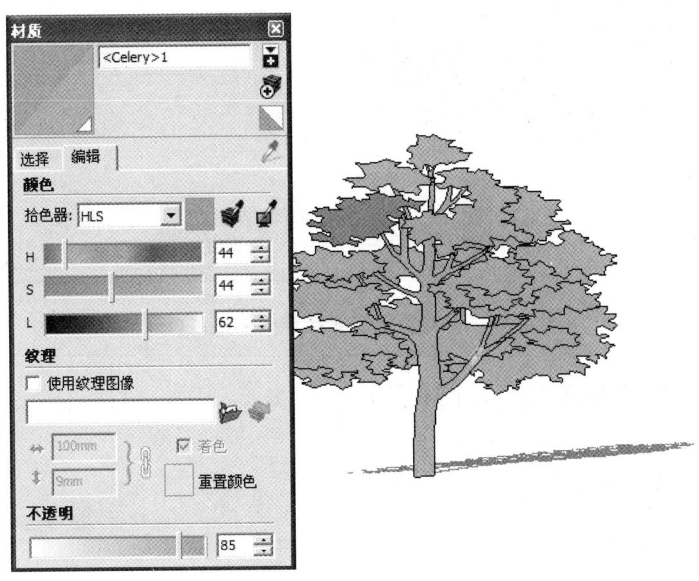

图 4-41 赋予材质

step 03 采用相同的方法为其他部分赋予相应的材质，如图 4-42 所示。

图 4-42　赋予相应的材质

step 04 用鼠标右键单击，从弹出的快捷菜单中选择“制作组件”命令，打开“创建组件”对话框，组件命名为“树木 3”，并启用“总是朝向相机”和“阴影朝向太阳”复选框，这样，一个 2D 的色块树木组件就创建完成了，如图 4-43 所示。

图 4-43　完成创建二维色块树木组件(一)

4.2.8　创建二维色块树木组件(二)

案例文件：ywj/04/4-1-8.skp。
视频文件：光盘→视频课堂→第 4 章→4.1.8。

案例的操作步骤如下。

step 01 选择“线条”工具，绘制轮廓线，如图 4-44 所示。

图 4-44 绘制轮廓线

step 02 选择“窗口”→“材质”菜单命令，打开“材质”编辑器，为场景添加几个新的材质并设置一定透明度，如图 4-45 所示。

图 4-45 赋予材质

step 03 采用相同方法，为其他部分赋予相应材质，如图 4-46 所示。

step 04 用鼠标右键单击，从弹出的快捷菜单中选择“制作组件”命令，打开“创建组件”对话框，组件命名为“树木 4”，并启用“总是朝向相机”和“阴影朝向太阳”复选框，这样，一个 2D 的树木色块组件就创建完成了，如图 4-47 所示。

图 4-46　赋予相应的材质

图 4-47　完成创建二维色块树木组件(二)

4.2.9　创建三维树木组件(一)

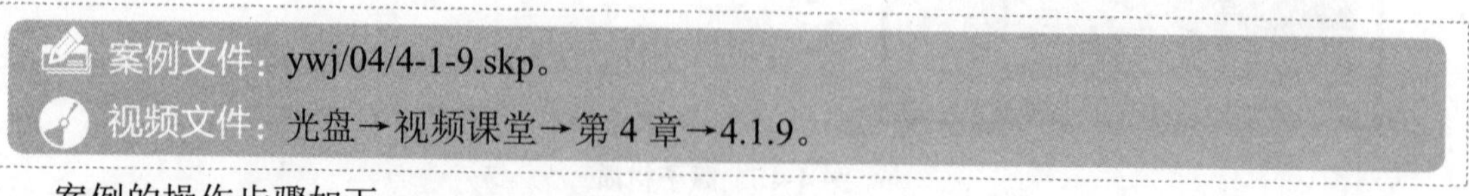

案例文件：ywj/04/4-1-9.skp。

视频文件：光盘→视频课堂→第 4 章→4.1.9。

案例的操作步骤如下。

step 01 首先创建树木的主干，选择“多边形”工具，创建一个边数为 5 的多边形，如图 4-48 所示。

step 02 按住 Ctrl 键的同时，选择“推/拉”工具将多边形拉伸，形成主体，并形成若干段，如图 4-49 所示。

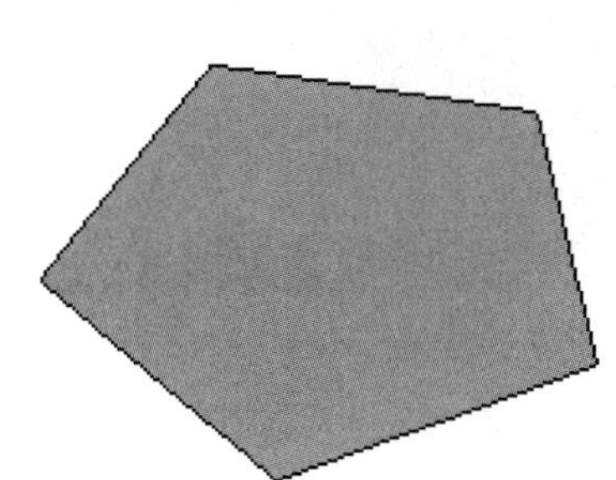

图 4-48　绘制多边形

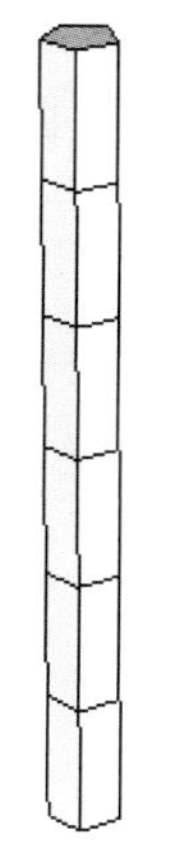

图 4-49　推拉图形

step 03 选中一些分割线，选择“缩放”工具进行缩放，如图 4-50 所示。

step 04 选择“矩形”工具，创建矩形并进行复制，如图 4-51 所示。

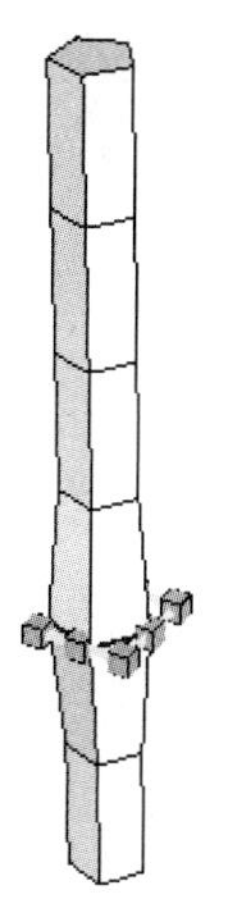

图 4-50　缩放拉伸图形

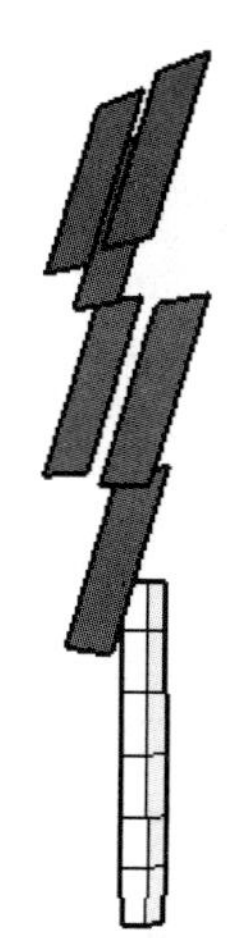

图 4-51　绘制矩形

step 05 为创建的多个矩形面赋予叶子的 PNG 贴图材质，注意叶子的贴图形状应有些区别，分为大叶子和小叶子等，如图 4-52 所示。

图 4-52　赋予材质

step 06 材质赋予完毕后，用鼠标右键单击，从弹出的快捷菜单中选择“显隐边线”命令，隐藏边线后的效果如图 4-53 所示。然后为树干赋予相应的材质。

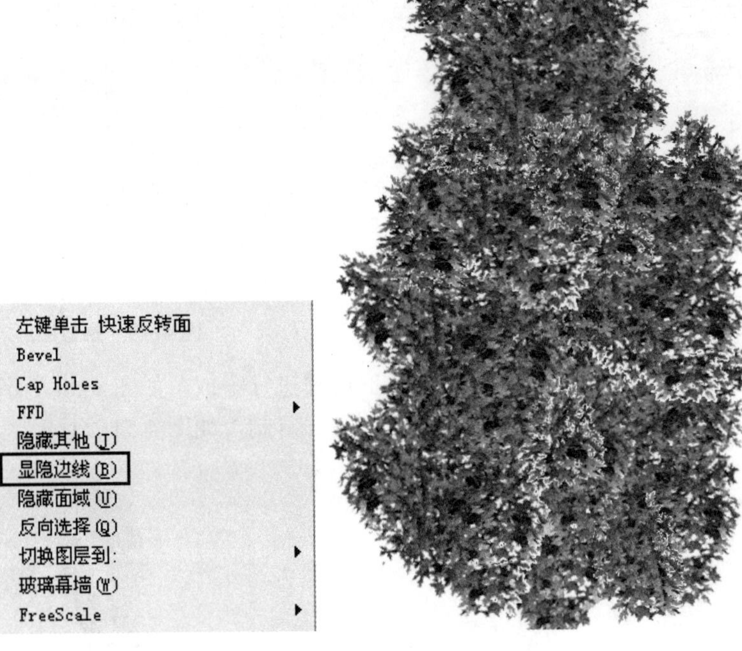

图 4-53　隐藏边线

step 07 用鼠标右键单击，从弹出的快捷菜单中选择“制作组件”命令，打开“创建组件”对话框，组件命名为“树木 5”，并启用“总是朝向相机”和“阴影朝向太阳”复选框，如图 4-54 所示，这样，一个三维树木组件就创建完成了，如图 4-55 所示。

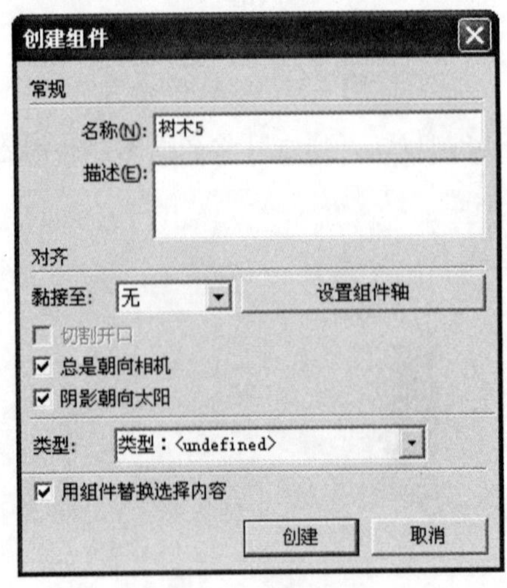

图 4-54　创建组件

图 4-55　完成创建三维树木组件(一)

4.2.10 创建三维树木组件(二)

案例文件：ywj/04/4-1-10.skp。

视频文件：光盘→视频课堂→第 4 章→4.1.10。

案例的操作步骤如下。

step 01 首先创建树木的主干，选择“多边形”工具，创建一个边数为 5 的多边形，如图 4-56 所示。

step 02 按住 Ctrl 键的同时，选择“推/拉”工具将多边形拉伸形成主体并形成若干段，如图 4-57 所示。

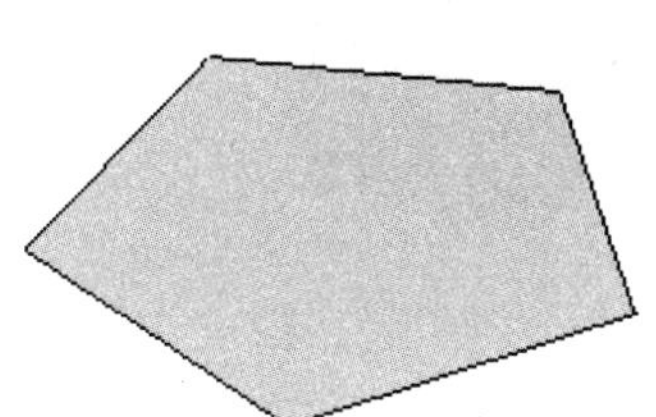

图 4-56　绘制多边形

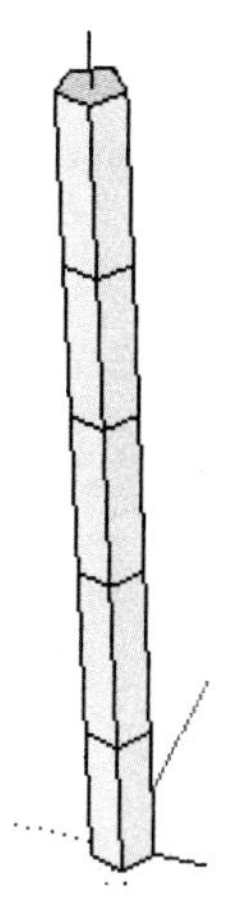

图 4-57　推拉图形

step 03 选中一些分割线，选择“缩放”工具进行缩放，如图 4-58 所示。

step 04 选择“矩形”工具，创建矩形并进行复制，如图 4-59 所示。

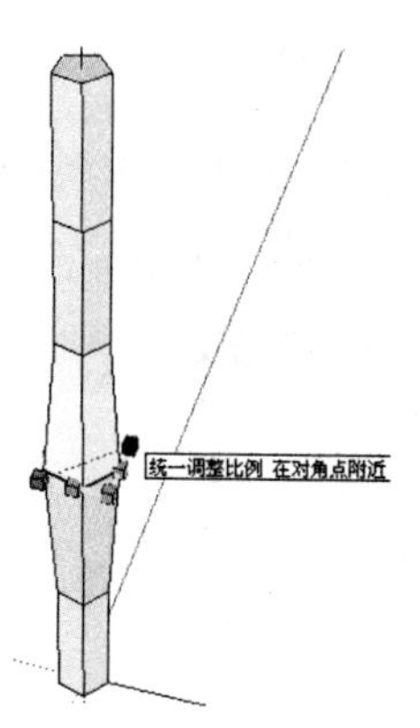

图 4-58　缩放拉伸图形

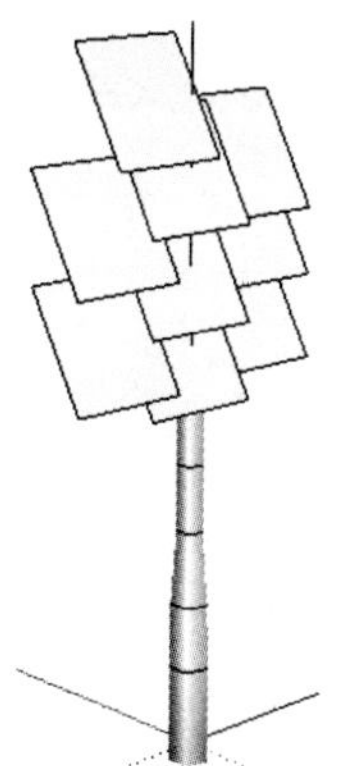

图 4-59　绘制矩形

step 05 为创建的多个矩形面赋予叶子的 PNG 贴图材质，叶子的贴图形状应有些区别，分为大叶子和小叶子等，如图 4-60 所示。

图 4-60　赋予材质

step 06 材质赋予完毕，用鼠标右键单击，从弹出的快捷菜单中选择“显隐边线”命令，隐藏边线后，效果如图 4-61 所示。然后为树干赋予相应的材质。

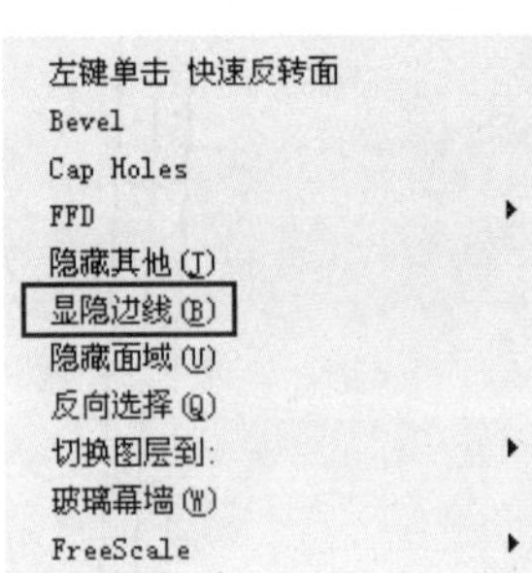

图 4-61　隐藏边线

step 07 用鼠标右键单击，从弹出的快捷菜单中选择“制作组件”命令，打开“创建组件”对话框，组件命名为“树木 7”，并启用“总是朝向相机”和“阴影朝向太阳”复选框，如图 4-62 所示，这样，一个三维树木组件就创建完成了，如图 4-63 所示。

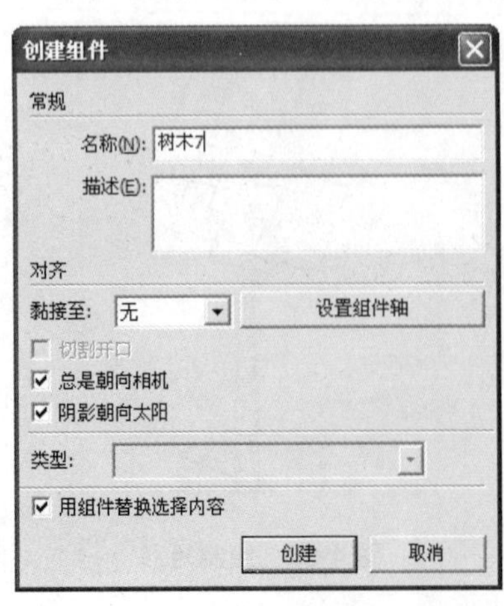

图 4-62　创建组件

图 4-63　完成创建三维树木组件(二)

4.2.11 创建喷泉

案例文件：ywj/04/4-1-11.skp。

视频文件：光盘→视频课堂→第 4 章→4.1.11。

案例的操作步骤如下。

step 01 选择“圆”工具绘制一个圆，然后选择“缩放”工具将其拉伸成椭圆，如图 4-64 所示，接着选择“推/拉”工具推拉一定的厚度，如图 4-65 所示。

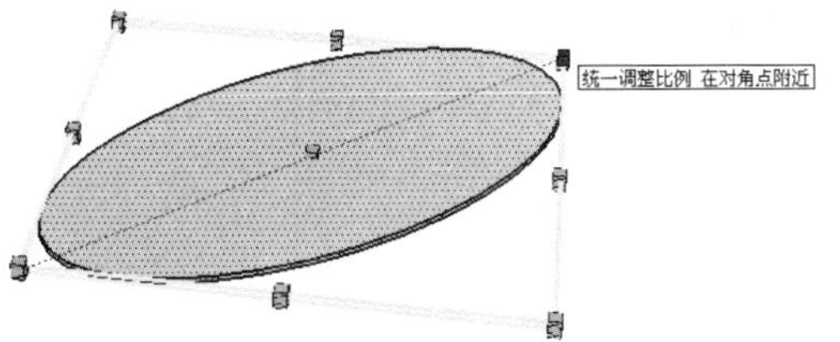

图 4-64 拉伸椭圆模型

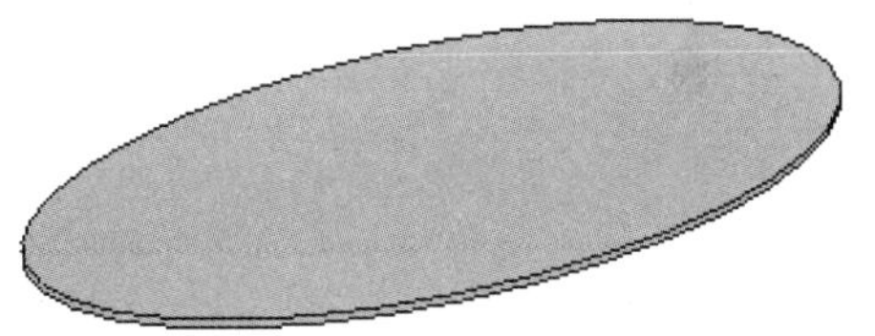

图 4-65 完成椭圆模型

step 02 选择“偏移”工具和“推/拉”工具，推拉出水池边缘的厚度，如图 4-66 所示，并赋予水池底部以石子材质等，如图 4-67 所示。

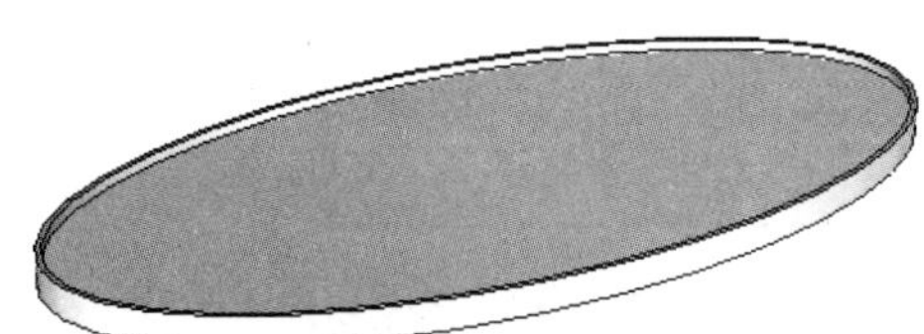

图 4-66 绘制边缘

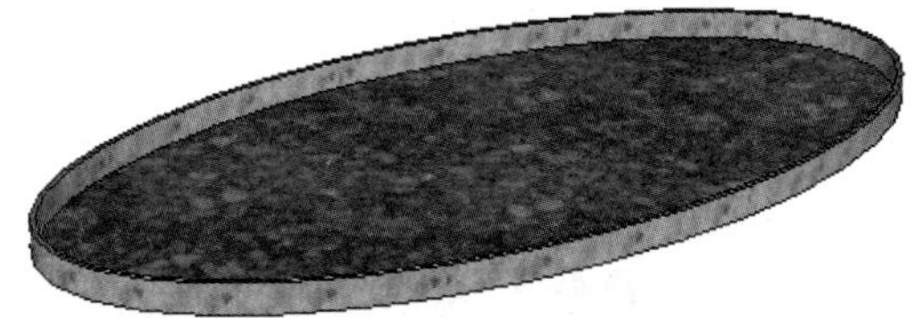

图 4-67 赋予材质

step 03 复制底面并创建为群组，为其赋予透明水面的材质，如图 4-68 所示，然后将其向上复制一份，形成较好的水面效果，如图 4-69 所示。

图 4-68 一层水面的效果

图 4-69 二层水面的效果

step 04 选择“矩形”工具绘制一个矩形面，如图 4-70 所示，将其制作为组，并将其复制和调整，如图 4-71 所示。

step 05 用鼠标右键单击，从弹出的快捷菜单中选择“显隐边线”命令，将边线隐藏，如图 4-72 所示，赋予矩形面以透明的白色材质，营造喷水的效果，如图 4-73 所示。

图 4-70　绘制矩形

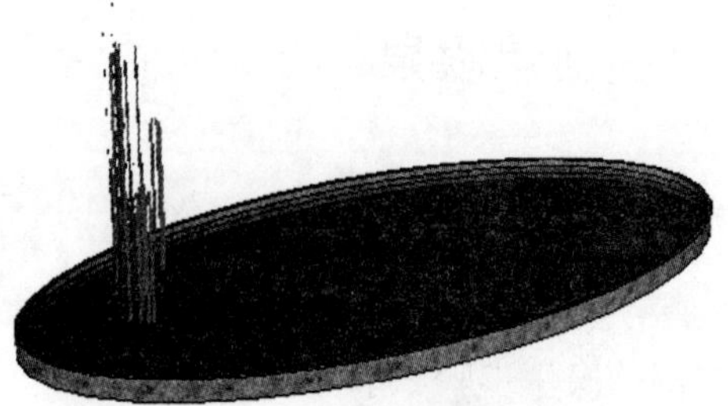

图 4-71　复制和调整矩形

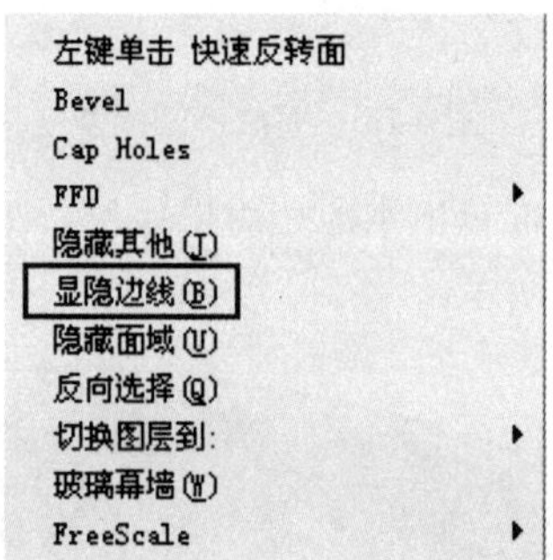

图 4-72　右键菜单

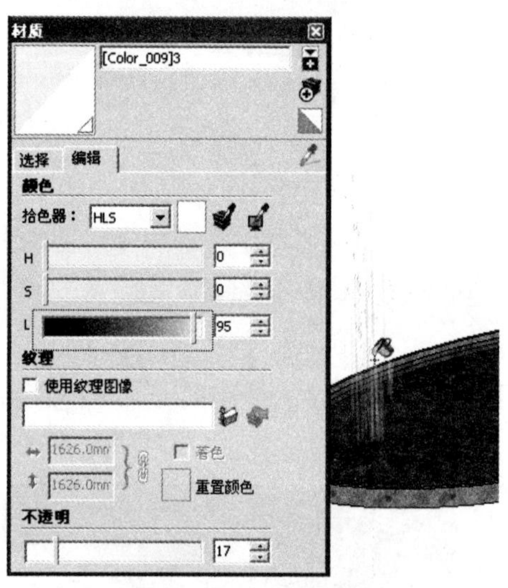

图 4-73　调整材质

step 06 复制喷水模型，完成喷泉的创建，如图 4-74 所示。

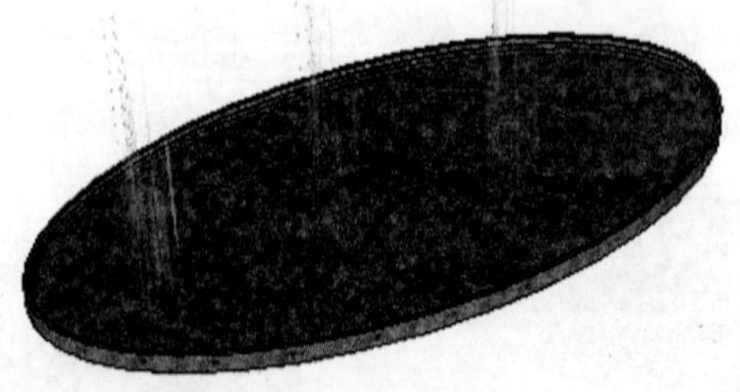

图 4-74　完成喷泉的创建

4.2.12　创建雨水

案例文件：ywj/04/4-1-12.skp。

视频文件：光盘→视频课堂→第 4 章→4.1.12。

案例的操作步骤如下。

step 01 为了看清雨水效果，选择“矩形”工具▨建立一个深色背景，并创建为组，如图 4-75 所示。

step 02 选择“矩形”工具▨，绘制矩形面，如图 4-76 所示。

图 4-75 绘制矩形

图 4-76 绘制矩形面

step 03 为矩形面赋予雨滴的材质贴图，如图 4-77 所示。

step 04 为了让水滴看起来有立体感和层次感，可以复制几层矩形面，如图 4-78 所示。

图 4-77 赋予材质

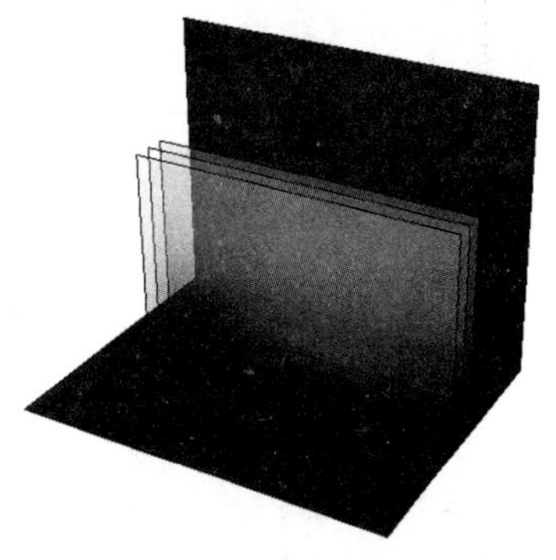

图 4-78 复制矩形面

step 05 用鼠标右键单击，从弹出的快捷菜单中选择“显隐边线”命令，如图 4-79 所示，将边线隐藏，完成雨水的创建，如图 4-80 所示。

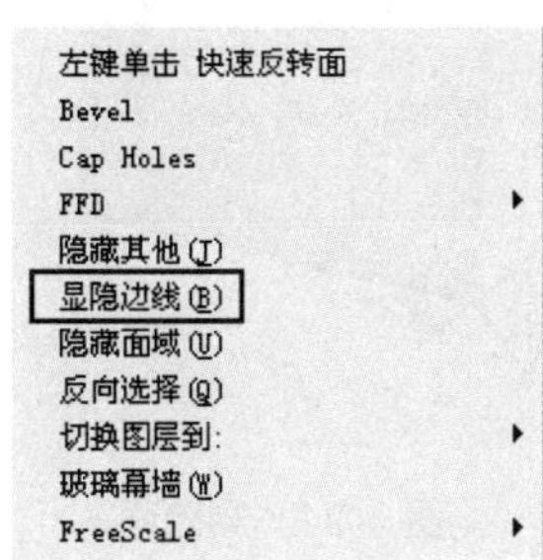

图 4-79 右键菜单

图 4-80 完成雨水的创建

4.2.13　制作建筑立面的开口窗组件(一)

案例文件：ywj/04/4-1-13.skp。

视频文件：光盘→视频课堂→第 4 章→4.1.13。

案例的操作步骤如下。

step 01 选择“矩形”工具，绘制矩形，如图 4-81 所示。

step 02 选择小矩形，将其制作为组件，在“创建组件”对话框中启用“切割开口”复选框，如图 4-82 所示。

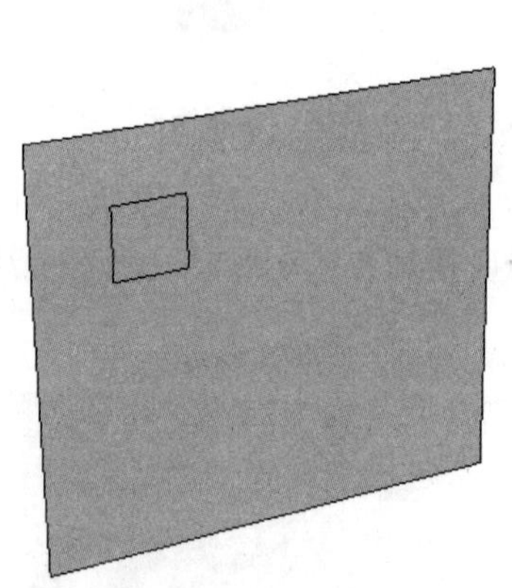

图 4-81　绘制矩形

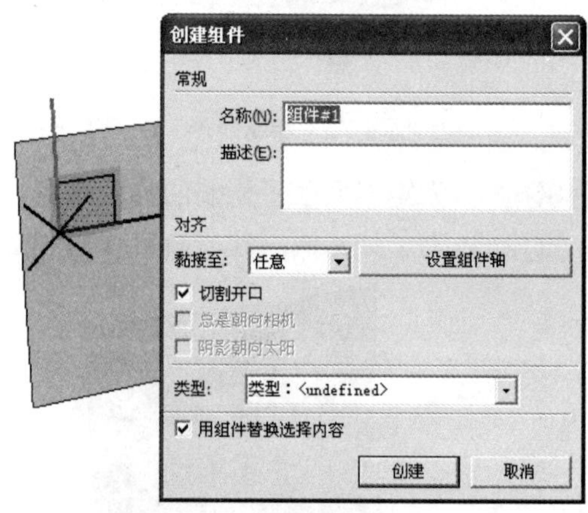

图 4-82　“创建组件”对话框

step 03 双击，进入组件的内部，选择“推/拉”工具，将其向内部推拉一定的厚度，如图 4-83 所示。

step 04 删除前面的面，如图 4-84 所示。

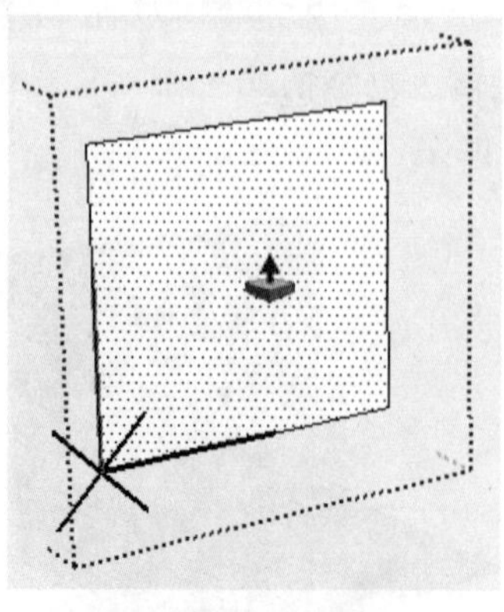

图 4-83　推拉厚度

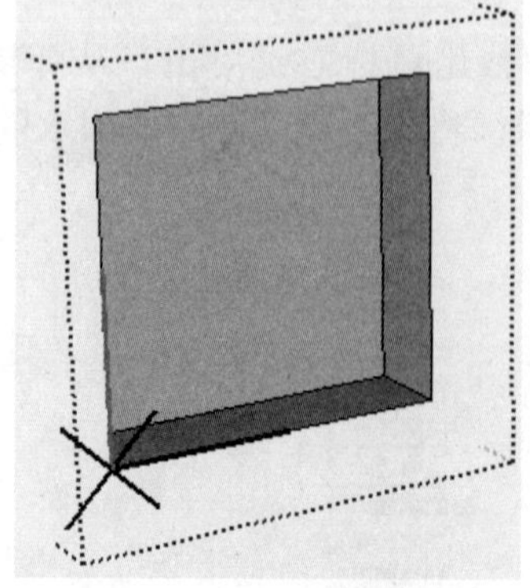

图 4-84　删除面

step 05 在组件内部，完成窗台、窗框和窗棂等构件的创建和复制，如图 4-85 所示，完成建筑立面开口窗组件(一)的创建。

图 4-85　建筑立面的开口窗组件(一)

4.2.14　制作建筑立面的开口窗组件(二)

案例文件：ywj/04/4-1-14.skp。
视频文件：光盘→视频课堂→第 4 章→4.1.14。

案例的操作步骤如下。

step 01 选择“矩形”工具，绘制矩形，如图 4-86 所示。

step 02 选择小矩形，将其制作成组件，在“创建组件”对话框中启用“切割开口”复选框，如图 4-87 所示。

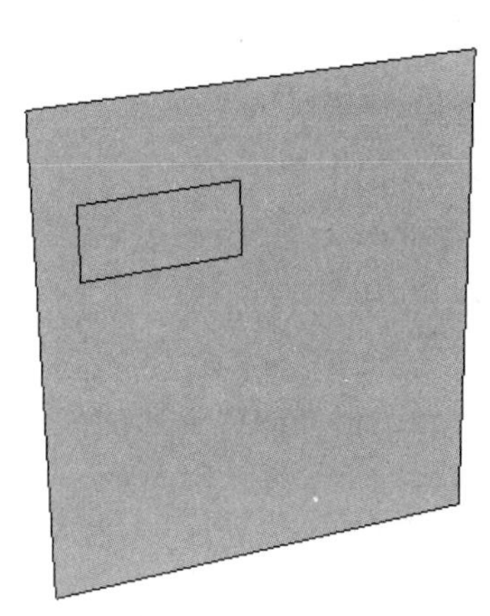

图 4-86　绘制矩形

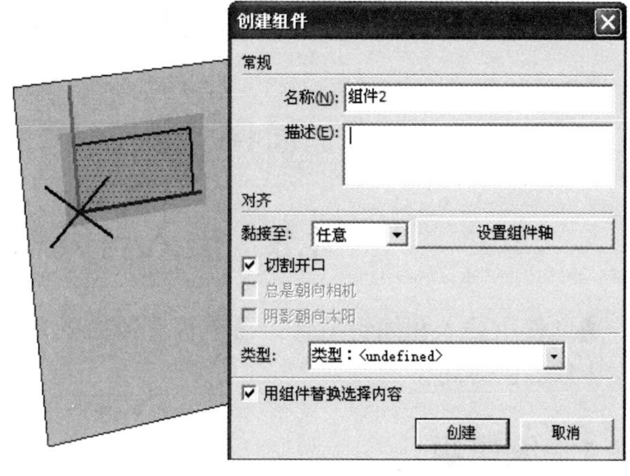

图 4-87　创建组件

step 03 双击，进入组件的内部，选择“推/拉”工具，将其向内部推拉一定厚度，如图 4-88 所示。

step 04 删除前面的面，如图 4-89 所示。

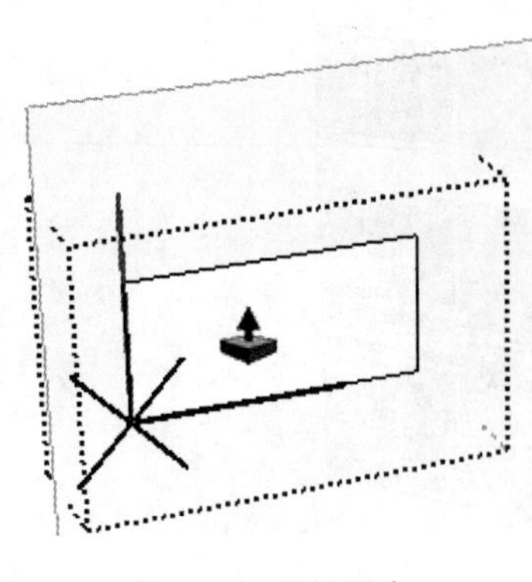

图 4-88　推拉厚度

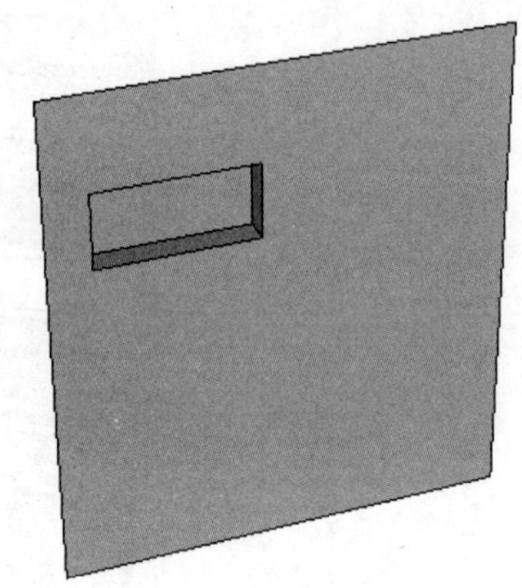

图 4-89　删除面

step 05 在组件内部，完成窗台、窗框和窗棂等构件的创建和复制，如图 4-90 所示，即完成了建筑立面开口窗组件(二)的创建。

图 4-90　绘制建筑立面开口窗组件(二)

4.3　插入与编辑组和组件

通过使用插入和编辑组件，可以提高绘图的效率，充分利用组件的特点，可以节省绘制模型中修改的时间。

4.3.1　编辑组

执行“编辑组”命令主要有以下几种方式：

- 从右键菜单中选择“分解”命令。
- 双击组，进入组的内部进行编辑。
- 从右键快捷菜单中选择“编辑组”命令。

创建的组可以被分解，分解后，组将恢复到成组之前的状态，同时组内的几何体可以与外部相连的几何体结合，并且嵌套在组内的组会变成独立的组。当需要编辑组内部的几何体时，就需要进入组的内部进行操作。在组上双击鼠标左键，或者用鼠标右键单击，从弹出的快捷菜单中选择“编辑组”命令，即可进入组进行编辑。

SketchUp 组件比组更加占用内存。SketchUp 中，如果整个模型都细致地进行了分组，那么你可以随时炸开某个组，而不会与其他几何体粘在一起。

4.3.2 编辑组件

执行“编辑组件”命令主要有以下几种方式：

- 双击组进入组内部编辑。
- 从右键菜单中选择“编辑组件”命令。

创建组件后，组件中的物体会被包含在组件中，而与模型的其他物体分离。SketchUp 支持对组件中的物体进行编辑，这样可以避免炸开组件进行编辑后再重新制作组件。

如果要对组件进行编辑，最常用的是双击组件，进入组件内部进行编辑，当然，还有很多其他编辑方法，下面进行详细的介绍。

在 SketchUp 中，所有复制的组件和原组件都会自动跟着改变的。这是 SKE 非常有用的功能。

4.3.3 插入组件

执行“插入组件”命令主要有以下几种方式：

- 从菜单栏中选择“窗口”→“组件”菜单命令。
- 从菜单栏中选择“文件”→“导入”菜单命令。

在 SketchUp 2014 中自带了一些二维人物组件。这些人物组件可随视线转动面向相机，如果想使用这些组件，直接将其拖曳到绘图区即可，如图 4-91 所示。

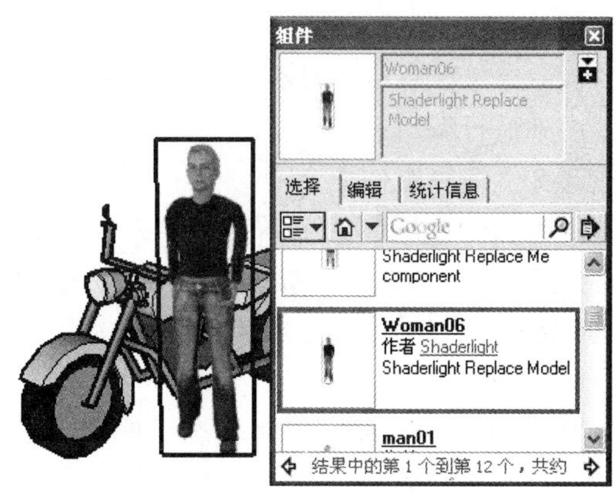

图 4-91 添加二维人物

当组件被插入到当前模型中时，SketchUp 会自动激活“移动/复制”工具，并自动捕捉组件坐标的原点，组件将其内部坐标原点作为默认的插入点。

若要改变默认的插入点，必须在组件插入之前更改其内部坐标系。选择“窗口”→“模型信息”菜单命令，打开“模型信息”管理器，然后在“组件”选项中启用“显示组件轴”复选框，即可显示内部的坐标系，如图 4-92 所示。

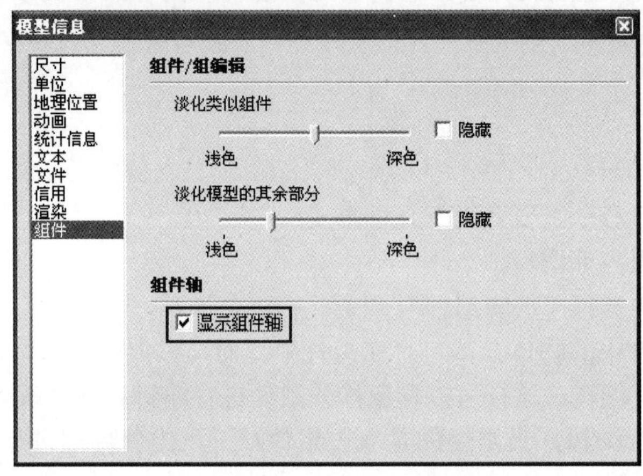

图 4-92　显示组件轴

其实，在安装完 SketchUp 后，就已经有了一些这样的素材。SketchUp 安装文件并没有附带全部的官方组件，可以登录官方网站 http://sketchup.google.com/3dwarehouse/下载全部的组件安装文件(注意，官方网站上的组件是不断更新和增加的，需要及时下载更新)。另外，还可以在官方论坛 http:// www.sketchupbbs.com 下载更多的组件，充实自己的 SketchUp 配景库。

SketchUp 中的配景也是通过插入组件的方式放置的，这些配景组件可以从外部获得，也可以自己制作。人、车、树配景可以是二维组件物体，也可以是三维组件物体。在前面有关 PNG 贴图的学习中，我们对几种树木组件的制作过程进行了讲解，读者可以根据场景设计风格，进行不同树木组件的制作及选用。

4.3.4　动态组件

执行“动态组件”工具栏命令主要有以下几种方式：

- 双击组件，进入组内部进行编辑。
- 从右键快捷菜单中选择“编辑组件”命令。

动态组件(Dynamic Components)使用起来非常方便，在制作楼梯、门窗、地板、玻璃幕墙、篱笆栅栏等方面应用较为广泛。例如，当你缩放一扇带边框的门窗时，由于事先固定了门(窗)框尺寸，就可以实现门(窗)框尺寸不变，而门(窗)整体尺寸变化。读者也可通过登录 Google 3D 的模型库，下载所需的动态组件。

总结这些组件的属性并加以分析，可以发现，动态组件包含以下方面的特征：固定某个构件的参数(尺寸、位置等)，复制某个构件，调整某个构件的参数，调整某个构件的活动性等。具备以上一种或多种属性的组件即可被称为动态组件。

SketchUp 中，有些时候发现了模型出现错误或混乱，最好是从前几步备份的文件重新开始画。重新画往往比绞尽脑汁去找出错的原因更加节省时间。

4.4 插入与编辑组和组件案例

4.4.1 制作道路旁的护路树

案例文件：ywj/04/4-2-1-1.skp、ywj/04/4-2-1-2.skp。

视频文件：光盘→视频课堂→第 4 章→4.2.1。

案例的操作步骤如下。

step 01 打开 4-2-1-1.skp 文件，如图 4-93 所示。

step 02 选择“文件”→“导入”菜单命令，弹出“打开”对话框，选择“行道树.dwg”文件，单击“选项”按钮，打开“导入 AutoCAD DWG/DXF 选项”对话框，选择“单位”为“毫米”，如图 4-94 所示。

图 4-93 打开文件

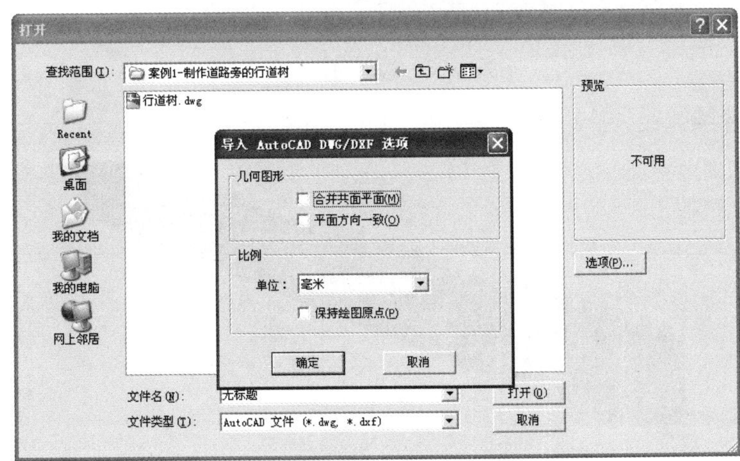

图 4-94 导入文件

step 03 导入之后，行道树会自动成组，如图 4-95 所示。

图 4-95　导入的图形

step 04 双击进入组的内部，选择“窗口”→“组件”菜单命令，打开“组件”编辑器，选择树木组件，拖入到圆心位置，如图 4-96 所示。

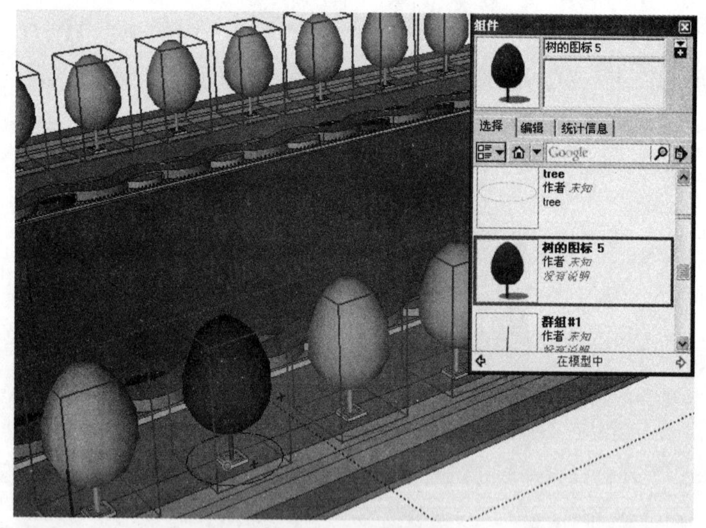

图 4-96　添加树木组件

step 05 删除圆弧线，护路树创建完成，如图 4-97 所示。

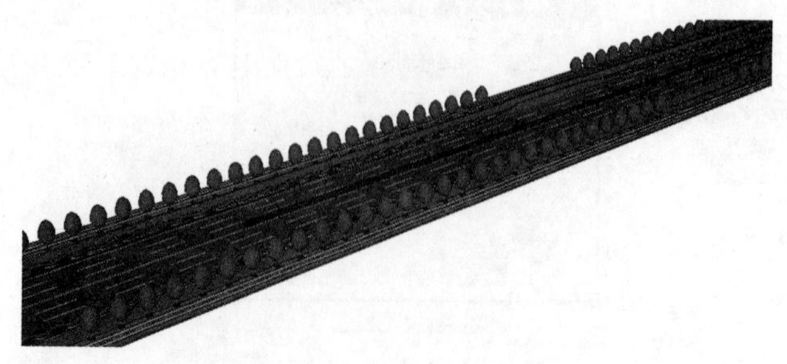

图 4-97　完成创建的护路树

4.4.2 对值班室进行镜像复制

案例文件：ywj/04/4-2-2-1.skp、ywj/04/4-2-2-2.skp。

视频文件：光盘→视频课堂→第 4 章→4.2.2。

案例的操作步骤如下。

step 01 打开 4-2-2-1.skp 文件，复制值班室到另一侧，如图 4-98 所示。

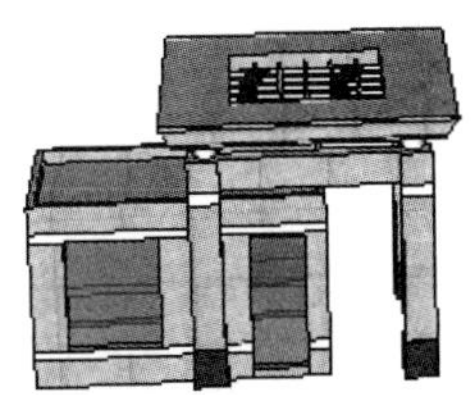

图 4-98　打开文件

step 02 选择复制的值班室组件，然后用鼠标右键单击，从弹出的快捷菜单中选择“旋转方向”→“组为红色”命令，如图 4-99 所示。

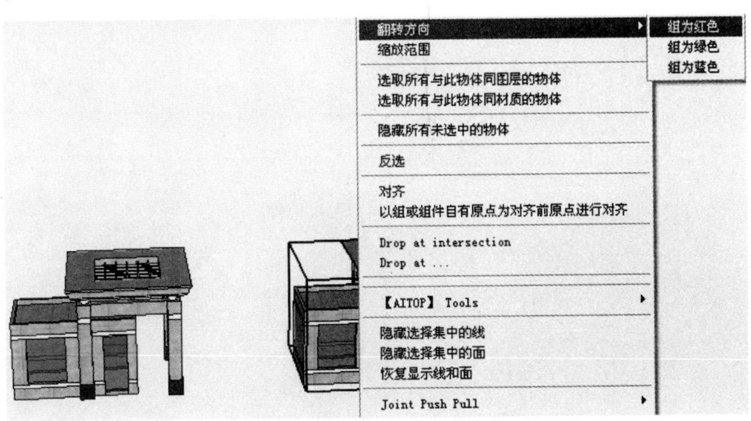

图 4-99　右键菜单

step 03 选择复制的值班室组件，然后用鼠标右键单击，从弹出的快捷菜单中选择“旋转方向”→“组为红色”命令，如图 4-100 所示，完成值班室的镜像。

图 4-100　完成镜像

4.5 本 章 小 结

本章学习了 SketchUp 中“组/组件”的管理功能，使绘制图形更加分类清晰。用户之间还可以通过组或组件进行资源共享，在修改图形的时候也更加得心应手。

第 5 章 页面设计

一般，在设计方案初步确定以后，我们会设置不同的角度来储存场景，通过“场景”标签的选择，可以方便地进行多个场景视图的切换，以利于对方案进行多角度对比。

5.1 场景及场景管理器

SketchUp 中，场景的功能主要用于保存视图和创建动画，场景可以存储显示设置、图层设置、阴影和视图等，通过绘图窗口上方的场景标签，可以快速切换场景显示。SketchUp 2014 包含了场景缩略图功能，用户可以在“场景”管理器中进行直观的浏览和选择。

执行“场景”管理器命令的方式：从菜单栏中选择“窗口”→“场景”菜单命令。

选择“窗口”→“场景”菜单命令，即可打开“场景”管理器，通过“场景”管理器，可以添加和删除场景，也可以对场景进行属性修改，如图 5-1 所示。

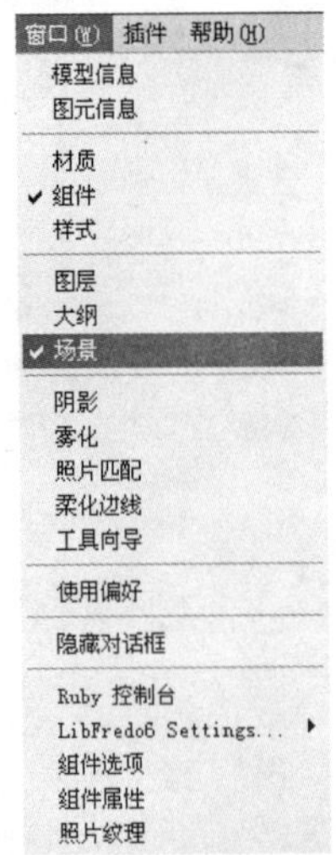

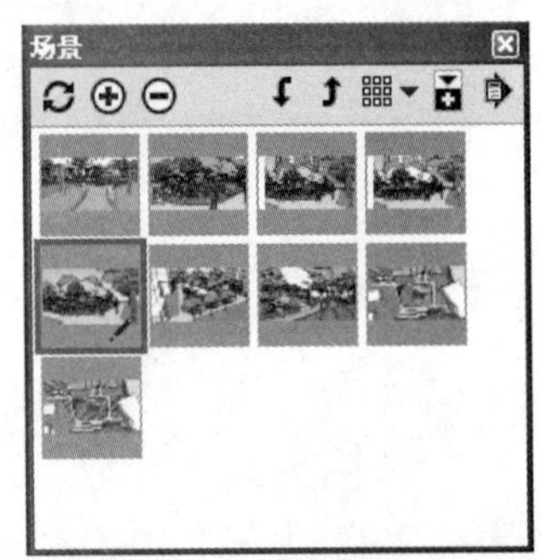

图 5-1 打开“场景”管理器

“添加场景”按钮：单击该按钮，将在当前相机设置下添加一个新的场景。

“删除场景”按钮：单击该按钮，将删除选择的场景，也可以在场景标签上用鼠标右键单击，然后在弹出的快捷菜单中执行“删除”命令进行删除。

“更新场景”按钮：如果对场景进行了改变，则需要单击该按钮进行更新，也可以在场景标签上用鼠标右键单击，然后从弹出的快捷菜单中选择“更新”命令。

“向下移动场景”按钮 /“向上移动场景”按钮：这两个按钮用于移动场景的前后位置，也可以在场景标签上用鼠标右键单击，然后从弹出的快捷菜单中选择“左移”或者“右移”命令。

单击绘图窗口左上方的场景标签，可以快速切换所记录的视图窗口。用鼠标右键单击场景标签，也能从弹出的快捷菜单中找到“场景”命令，如对场景进行更新、添加或删除等操作，如图 5-2 所示。

“查看选项”按钮：单击此按钮，可以改变场景视图的显示方式，如图 5-3 所示。在缩略图右下角有一个铅笔的场景，表示为当前场景。在场景数量多并且难以快速准确地找到所需场景的情况下，这项新增的功能显得非常重要。

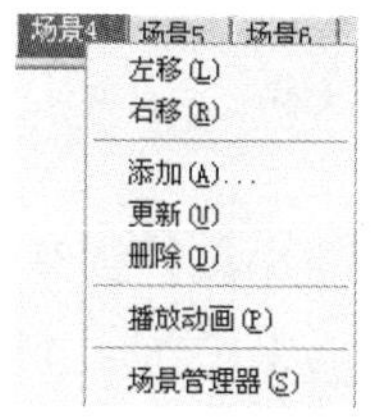

图 5-2　右键菜单

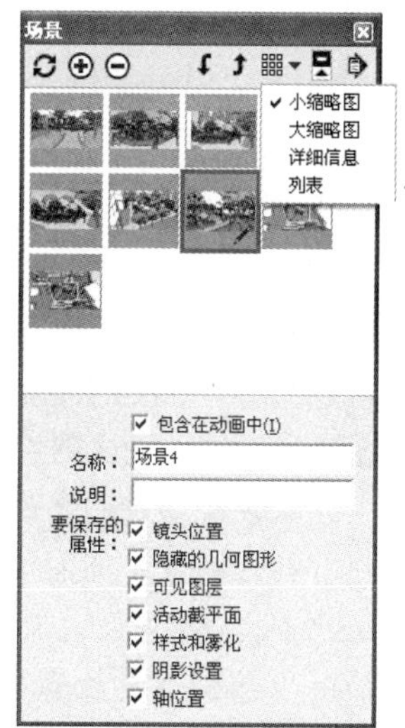

图 5-3　查看选项

SketchUp 2014 的“场景”管理器包含了场景缩略图，可以直观显示场景视图，使查找场景变得更加方便，也可以用鼠标右键单击缩略图，进行场景的添加和更新等操作，如图 5-4 所示。

在创建场景时，或者将 SketchUp 低版本中创建的含有场景属性的模型在 SketchUp 2014 中打开生成缩略场景时，可能需要一定的时间进行场景缩略图的渲染，这时候，可以选择等待或者取消渲染操作，如图 5-5 所示。

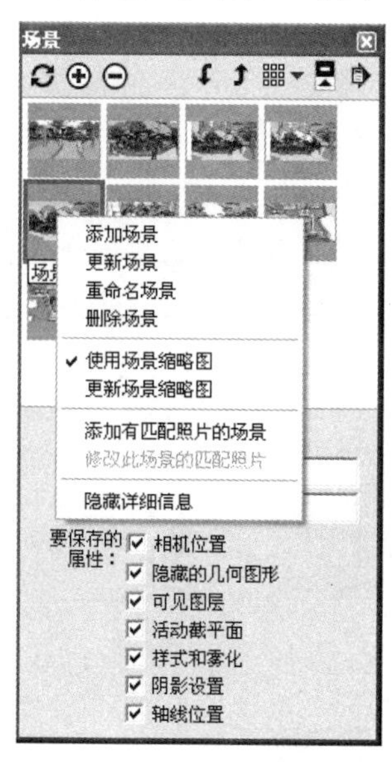

图 5-4　右键菜单

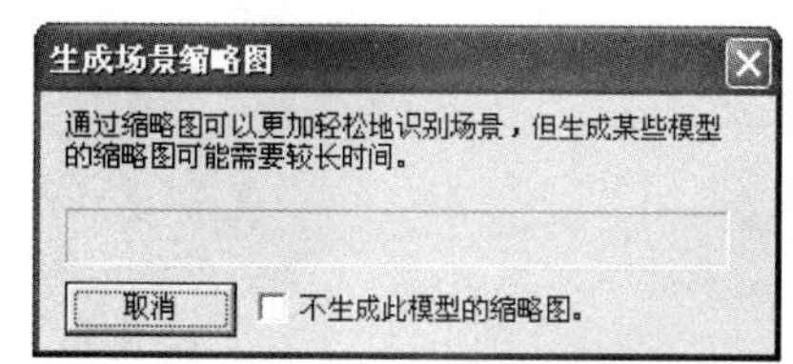

图 5-5　正在生成场景缩略图

“隐藏/显示详细信息”按钮：每一个场景都包含了很多属性设置，如图 5-6 所示。单击该按钮，即可显示或者隐藏这些属性。

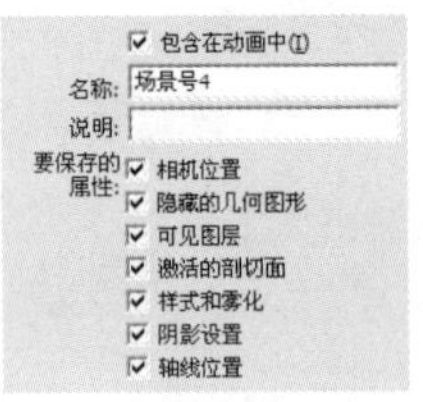

图 5-6　显示详细信息

“包含在动画中”：当动画被激活以后，启用该复选框，则场景会连续显示在动画中。如果禁用此复选框，则播放动画时会自动跳过该场景。

“名称”：可以改变场景的名称，也可以使用默认的场景名称。

“说明”：可以为场景添加简单的描述。

“要保存的属性”：包含了很多属性选项，选中则记录相关属性的变化，不选则不记录。在不选的情况下，当前上场景的这个属性会延续上一个场景的特征。例如禁用“阴影设置”复选框，那么从前一个场景切换到当前场景时，阴影将停留在前一个场景的阴影状态下；同时，当前场景的阴影状态将被自动取消。如果需要恢复，就必须再次启用“阴影设置”复选框，并重新设置阴影，还需要再次刷新。

在某个页面中增加或删除几何体，会影响到整个模型，其他页面也会相应增加或删除。而每个页面的显示属性却都是独立的。

5.2　场景及场景管理器案例

5.2.1　为场景添加多个页面(一)

案例文件：ywj/05/5-1-1-1.skp、ywj/05/5-1-1-2.skp。

视频文件：光盘→视频课堂→第 5 章→5.1.1。

案例的操作步骤如下。

step 01 打开 5-1-1-1.skp 文件，如图 5-7 所示。

图 5-7　打开文件

step 02 选择“窗口”→“场景”菜单命令，打开“场景”管理器，单击“添加场景”按钮⊕，完成“场景号 1”的添加，如图 5-8 所示。

图 5-8 添加“场景号 1”

step 03 调整视图，然后单击“添加场景”按钮⊕，完成“场景号 2”的添加，如图 5-9 所示。

图 5-9 添加“场景号 2”

step 04 采用相同方法，完成其他场景的添加，如图 5-10 ~ 5-15 所示。

图 5-10　添加“场景号 3”

图 5-11　添加“场景号 4”

图 5-12 添加“场景号 5”

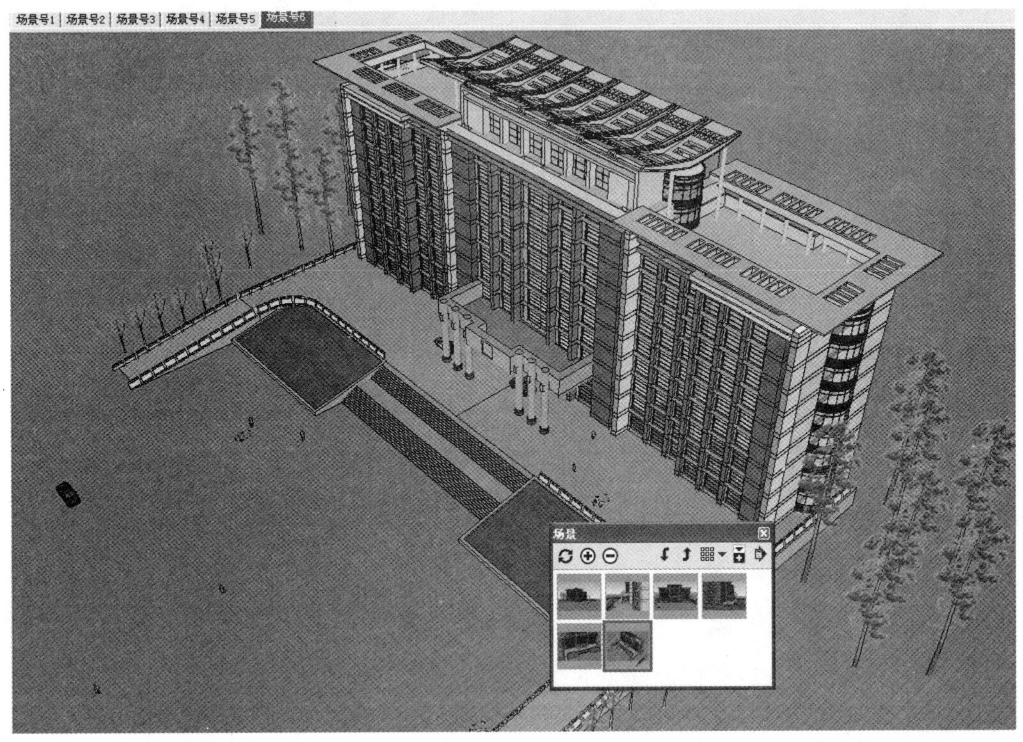

图 5-13 添加“场景号 6”

图 5-14　添加“场景号 7”

图 5-15　添加“场景号 8”

5.2.2　为场景添加多个页面(二)

案例文件：ywj/05/5-1-2-1.skp、ywj/05/5-1-2-2.skp。

视频文件：光盘→视频课堂→第 5 章→5.1.2。

案例的操作步骤如下。

step 01 打开 5-1-2-1.skp 文件，如图 5-16 所示。

图 5-16 打开文件

step 02 选择“窗口”→“场景”菜单命令，打开“场景”管理器，单击“添加场景”按钮⊕，完成“场景号 1”的添加，如图 5-17 所示。

图 5-17 添加“场景号 1”

step 03 调整视图，并单击“添加场景”按钮⊕，完成“场景号 2”的添加，如图 5-18 所示。

图 5-18　添加“场景号 2”

step 04 采用相同的方法，完成其他场景的添加，如图 5-19 ~ 5-24 所示。

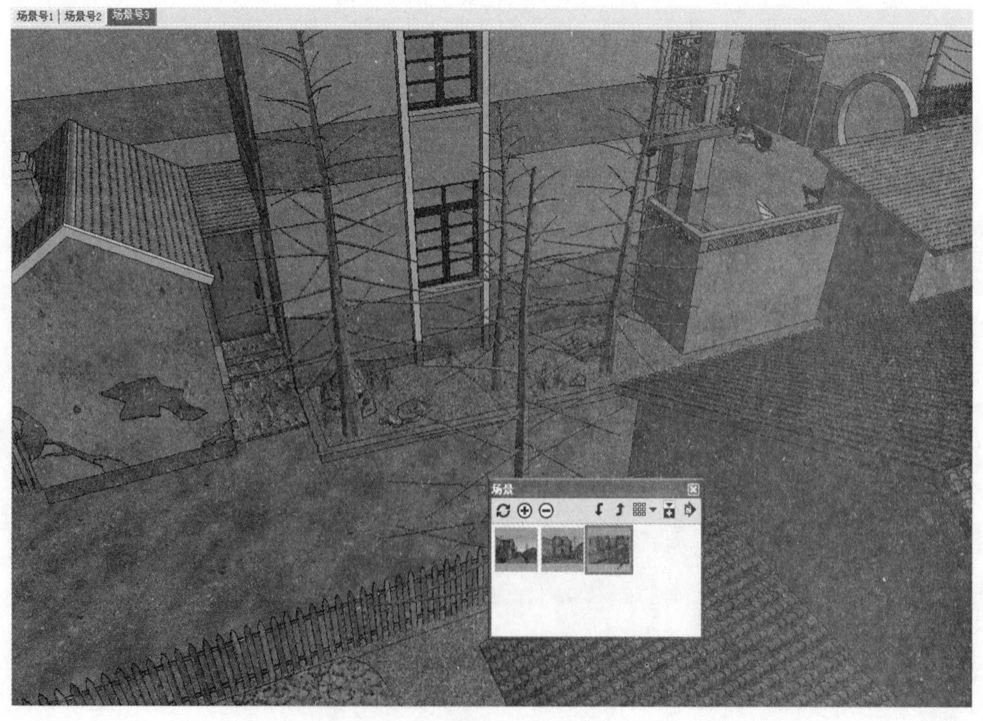

图 5-19　添加“场景号 3”

图 5-20 添加“场景号 4”

图 5-21 添加“场景号 5”

图 5-22　添加“场景号 6”

图 5-23　添加“场景号 7”

图 5-24　添加“场景号 8”

5.2.3　为场景添加多个页面(三)

案例文件：ywj/05/5-1-3-1.skp、ywj/05/5-1-3-2.skp。

视频文件：光盘→视频课堂→第 5 章→5.1.3。

案例的操作步骤如下。

step 01 打开 5-1-3-1.skp 文件，如图 5-25 所示。

图 5-25　打开文件

step 02 选择“窗口”→“场景”菜单命令，打开“场景”管理器，单击“添加场景”按钮⊕，完成“场景号 1”的添加，如图 5-26 所示。

图 5-26 添加“场景号 1”

step 03 调整视图，然后，通过单击“添加场景”按钮⊕，完成“场景号 2”的添加，如图 5-27 所示。

图 5-27 添加“场景号 2”

step 04 采用相同方法，完成其他场景的添加，如图 5-28 ~ 5-33 所示。

图 5-28　添加“场景号 3”

图 5-29　添加“场景号 4”

图 5-30　添加“场景号 5”

图 5-31　添加“场景号 6”

图 5-32 添加“场景号 7”

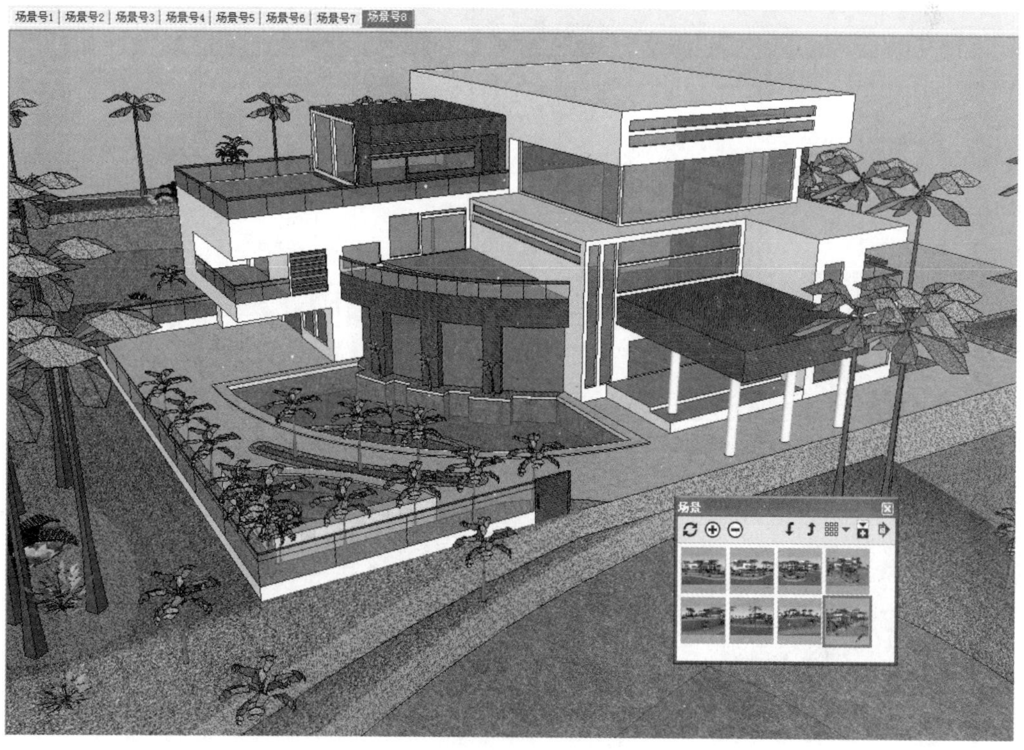

图 5-33 添加“场景号 8”

5.2.4 为场景添加多个页面(四)

案例文件：ywj/05/5-1-4-1.skp、ywj/05/5-1-4-2.skp。

视频文件：光盘→视频课堂→第 5 章→5.1.4。

案例的操作步骤如下。

step 01 打开 5-1-4-1.skp 文件，如图 5-34 所示。

图 5-34　打开文件

step 02 选择“窗口”→“场景”菜单命令，打开“场景”管理器，单击“添加场景”按钮⊕，完成“场景号 1”的添加，如图 5-35 所示。

图 5-35　添加“场景号 1”

step 03 调整视图，并单击“添加场景”按钮⊕，完成“场景号 2”的添加，如图 5-36 所示。

图 5-36　添加“场景号 2”

step 04 采用相同方法，完成其他场景的添加，如图 5-37 ~ 5-42 所示。

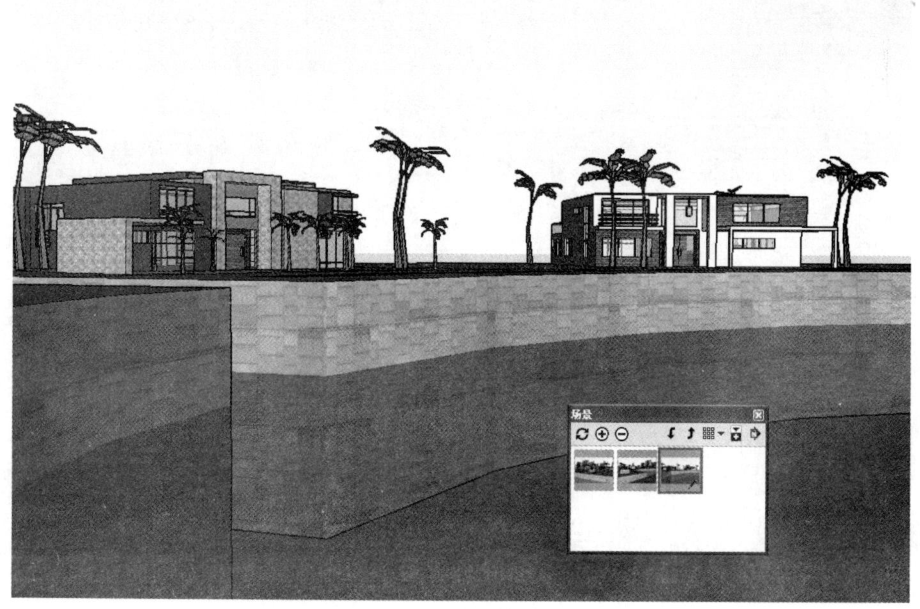

图 5-37　添加“场景号 3”

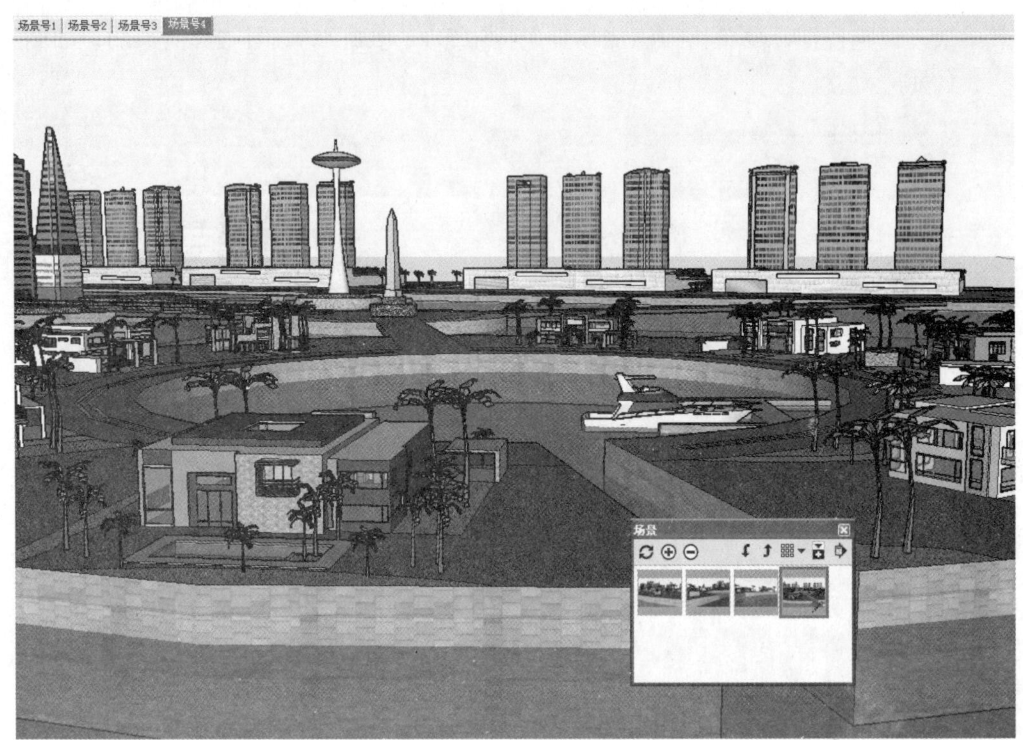

图 5-38　添加“场景号 4”

图 5-39　添加“场景号 5”

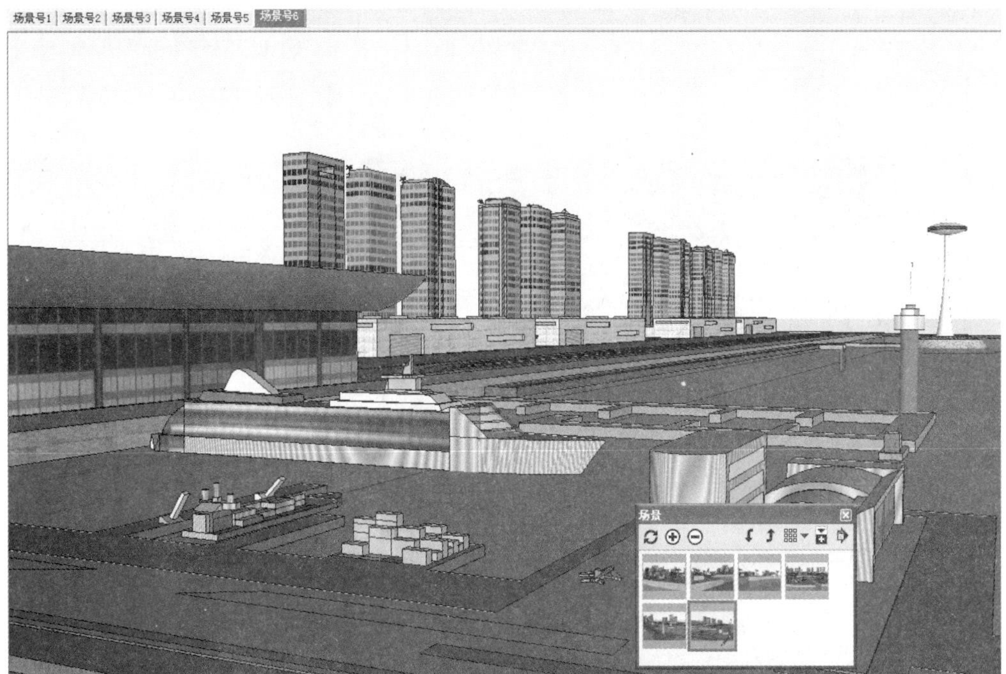

图 5-40　添加“场景号 6”

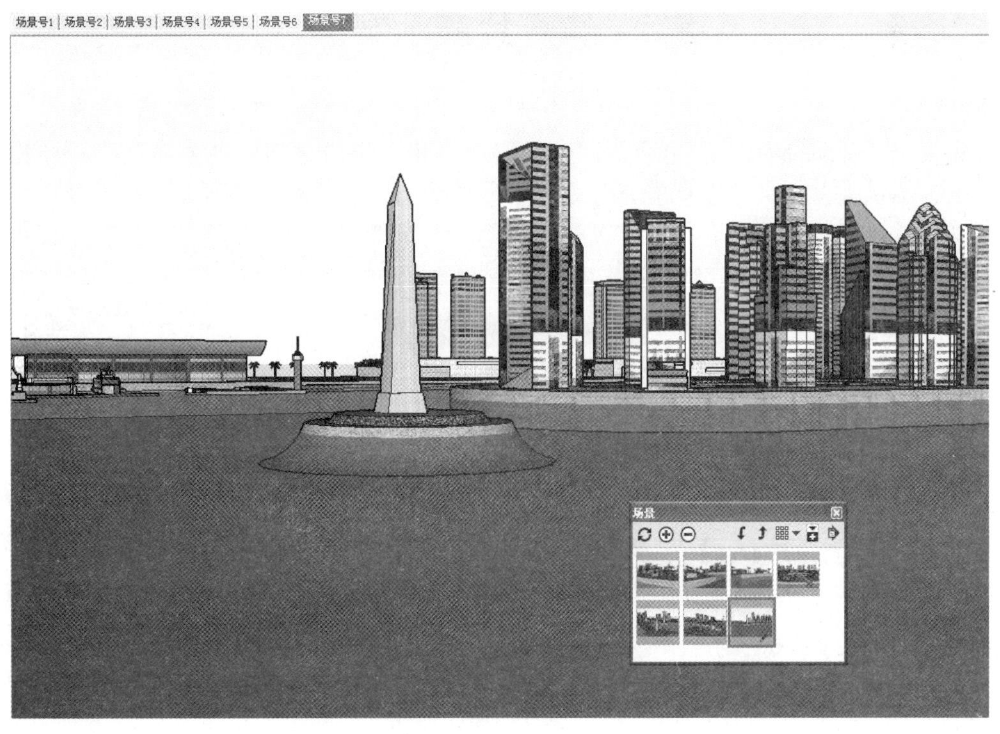

图 5-41　添加“场景号 7”

图 5-42　添加“场景号 8”

5.3　幻灯片演示案例

执行“播放”命令的方式：从菜单栏中选择“视图”→“动画”→“播放”命令。

首先设定一系列不同视角的场景，并尽量使得相邻场景之间的视角与视距不要相差太远，数量也不宜太多，只需选择能充分表达设计意图的代表性场景即可，然后选择“视图”→“动画”→“播放”菜单命令，可以打开“动画”对话框，单击“播放”按钮，即可播放场景的展示动画，单击“停止”按钮，即可暂停动画的播放，如图 5-43 所示。

图 5-43　“动画”对话框

5.3.1　播放幻灯片(一)

案例文件：ywj/05/5-2-1-1.skp、ywj/05/5-2-1-2.skp。
视频文件：光盘→视频课堂→第 5 章→5.2.1。

案例的操作步骤如下。

step 01 打开 5-2-1-1.skp 文件，如图 5-44 所示。

图 5-44 打开文件

step 02 选择“窗口”→“场景”菜单命令，打开“场景”管理器，单击“添加场景”按钮⊕，完成“场景号 1”的添加，如图 5-45 所示。

图 5-45 添加“场景号 1”

step 03 调整视图，并单击“添加场景”按钮⊕，完成“场景号 2”的添加，如图 5-46 所示。

图 5-46　添加“场景号 2”

step 04 采用相同方法，完成其他场景的添加，如图 5-47 ~ 5-52 所示。

图 5-47　添加“场景号 3”

图 5-48 添加“场景号 4”

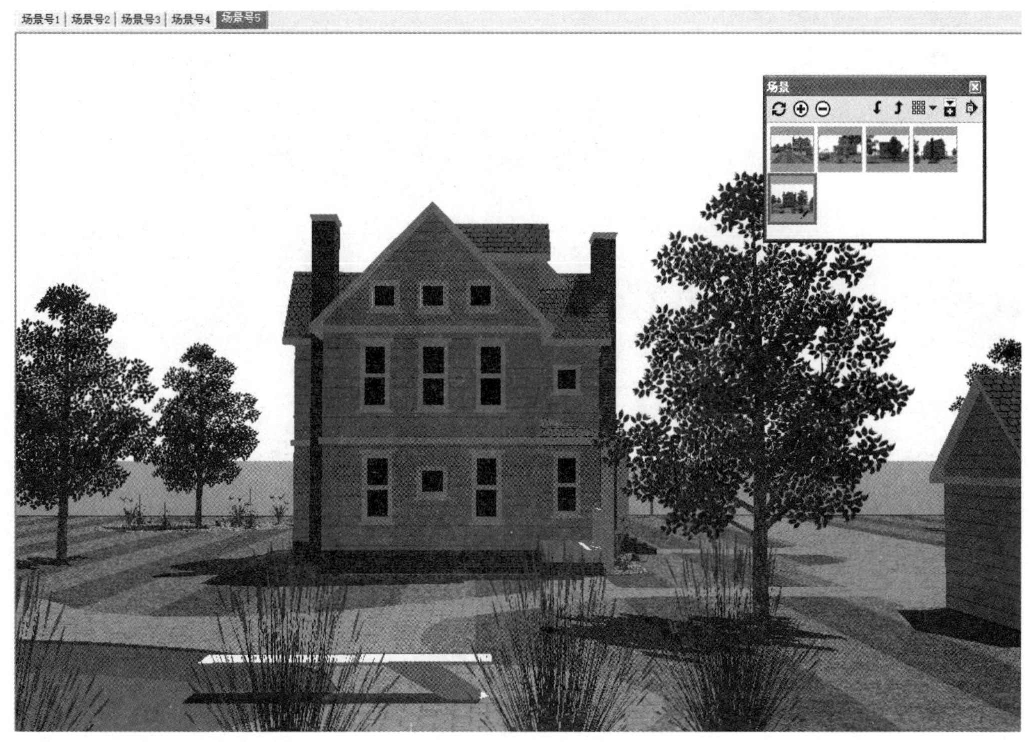

图 5-49 添加“场景号 5”

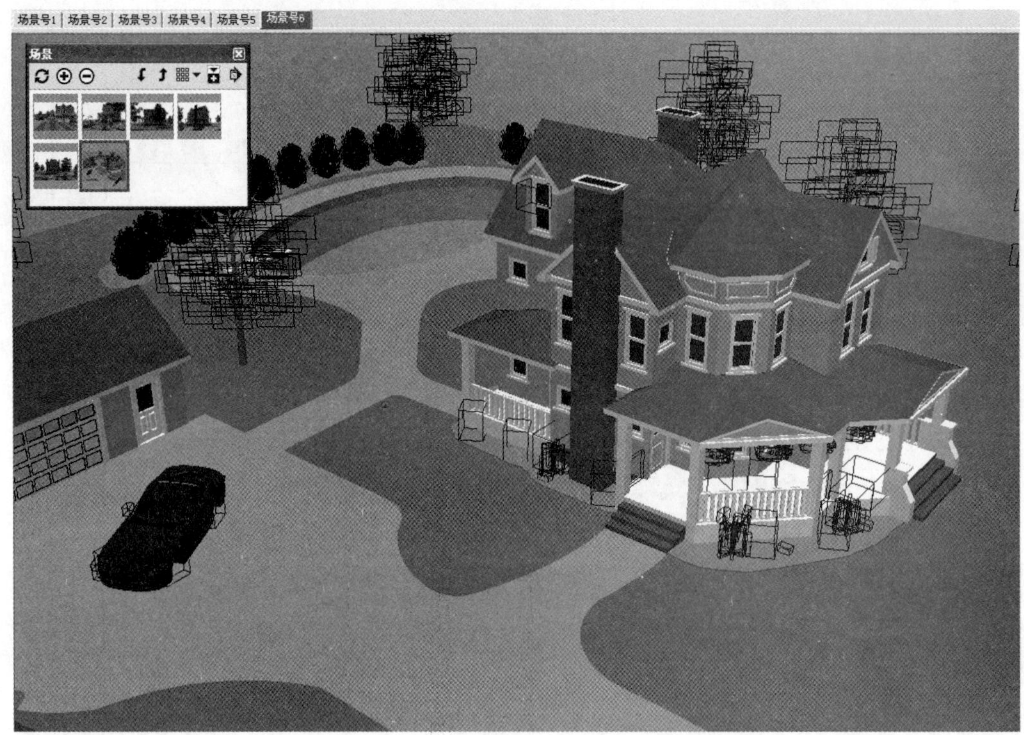

图 5-50　添加“场景号 6”

图 5-51　添加“场景号 7”

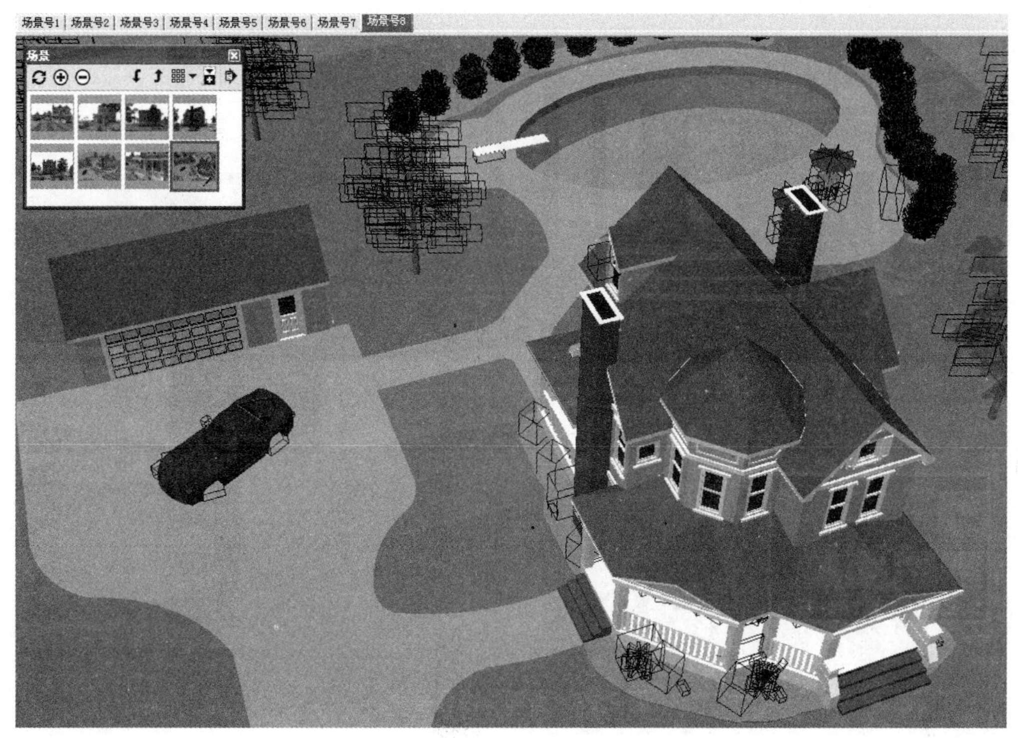

图 5-52 添加“场景号 8”

step 05 选择“视图”→“动画”→“播放”菜单命令，打开“动画”对话框，单击“播放”按钮，即可播放场景的展示动画，单击“暂停”按钮，即可暂停动画的播放，如图 5-53 所示。

图 5-53 “动画”对话框

5.3.2 播放幻灯片(二)

案例文件：ywj/05/5-2-2-1.skp、ywj/05/5-2-2-2.skp。
视频文件：光盘→视频课堂→第 5 章→5.2.2。

案例的操作步骤如下。

step 01 打开 5-2-2-1.skp 文件，如图 5-54 所示。

step 02 选择“窗口”→“场景”菜单命令，打开“场景”管理器，单击“添加场景”按钮⊕，完成“场景号 1”的添加，如图 5-55 所示。

step 03 调整视图，并单击“添加场景”按钮⊕，完成“场景号 2”的添加，如图 5-56 所示。

step 04 采用相同方法，完成其他场景的添加，如图 5-57 ~ 5-62 所示。

图 5-54　打开文件

图 5-55　添加“场景号 1”

图 5-56　添加“场景号 2”

图 5-57　添加“场景号 3”

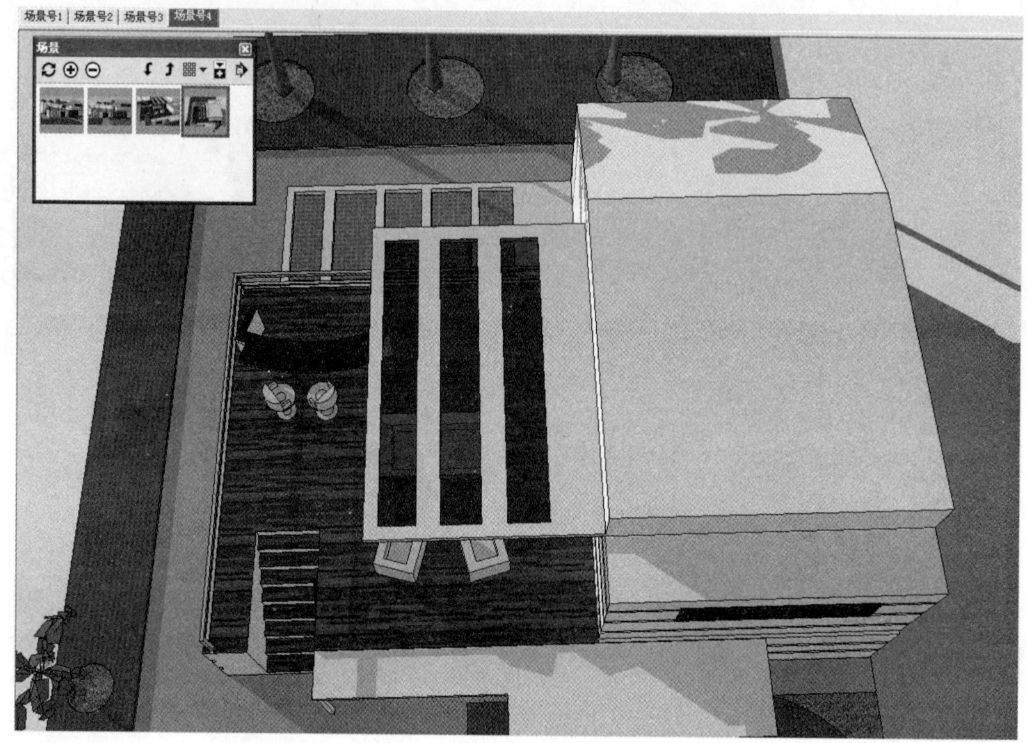

图 5-58　添加“场景号 4”

图 5-59　添加“场景号 5”

图 5-60　添加“场景号 6”

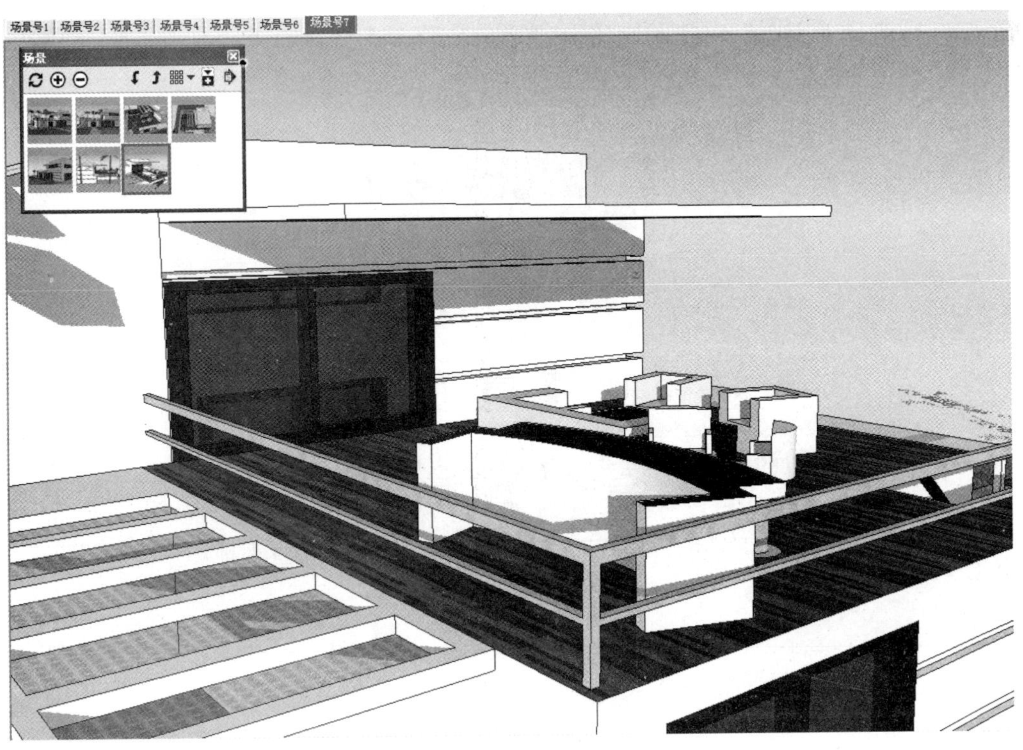

图 5-61　添加“场景号 7”

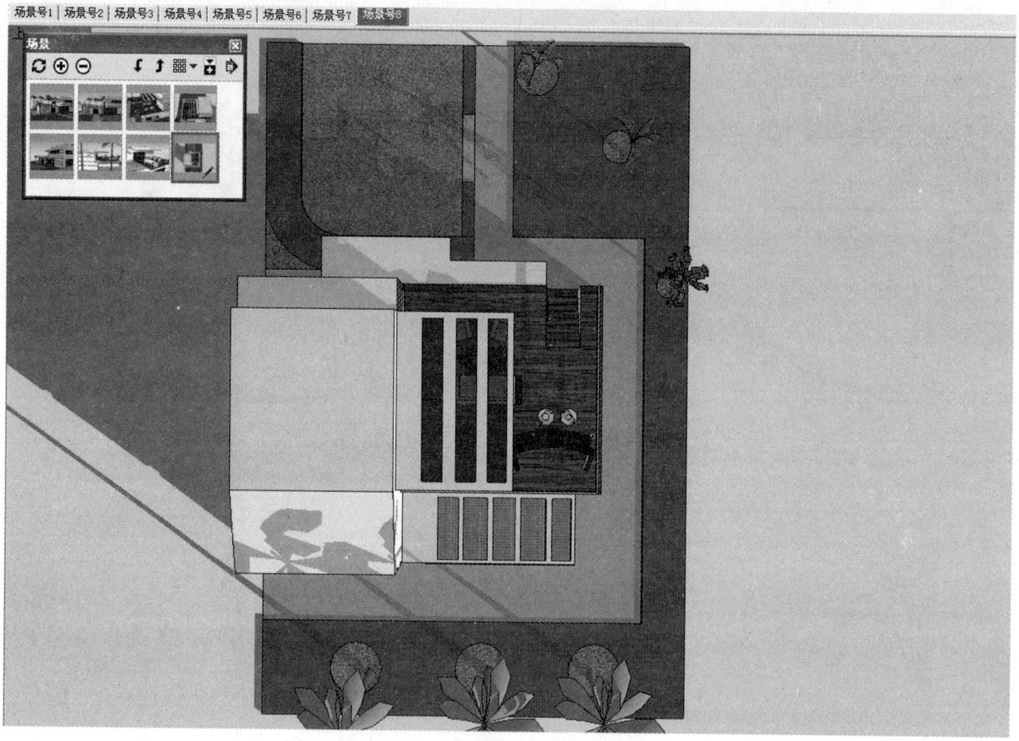

图 5-62　添加“场景号 8”

step 05 选择“视图”→“动画”→“播放”菜单命令，打开“动画”对话框，单击“播放”按钮，即可播放场景的展示动画，单击“暂停”按钮，即可暂停动画的播放，如图 5-63 所示。

图 5-63　“动画”对话框

5.4 本章小结

SketchUp 中，场景的功能主要用于保存视图和创建动画，场景可以存储显示设置、图层设置、阴影和视图等，通过绘图窗口上方的场景标签，可以快速切换场景显示。通过 SketchUp 2014 的场景缩略图功能，用户可以在“场景”管理器中直观地浏览和选择。

第6章

动 画 设 计

通过场景的设置，可以批量导出图片，或者制作展示动画，并可以结合“阴影”或“剖切面”制作出生动有趣的光影动画和生长动画，为实现“动态设计”提供了条件。本章将系统地介绍场景的设置、图像的导出以及动画的制作等有关内容。

6.1 制作展示动画

对于简单的模型，采用幻灯片播放能保持平滑的动态显示。但在处理复杂模型的时候，如果仍要保持画面流畅，就需要导出动画文件了。这是因为，采用幻灯片播放时，每秒显示的帧数取决于计算机的即时运算能力，而导出视频文件的话，SketchUp 会使用充裕的时间来渲染更多的帧，以保证画面的流畅播放。导出视频文件需要更多的时间。

6.1.1 导出 AVI 格式的动画器

执行“视频”命令的方式：从菜单栏中选择“文件”→“导出”→“动画”→“视频”命令。

想要导出动画文件，只须选择“文件”→“导出”→“动画”→“视频”菜单命令，然后在弹出的“输出动画”对话框中设定导出格式为“Avi 文件(*.avi 格式)”，如图 6-1 所示，接着，对导出选项进行设置即可，如图 6-2 所示。

帧尺寸(宽×长)：这两个选项的数值用于控制每帧画面的尺寸，以像素为单位。一般情况下，帧画面尺寸设为 400×300(像素)或者 320×240(像素)即可。如果是 640×480(像素)的视频文件，那就可以全屏播放了。对视频而言，由于人脑在一定时间内对于信息量的处理能力是有限的，其运动连贯性比静态图像的细节更重要。所以，可以从模型中分别提取高分辨率的图像和较小帧画面尺寸的视频，既可以展示细节，又可以动态展示空间关系。

如果是用 DVD 播放，画面的宽度需要为 720 像素。

电视机、大多数计算机的屏幕与 1950 年前电影的标准比例相同，是 4:3，宽银屏显示(包括数字电视、等离子电视等)的标准比例是 16:9。

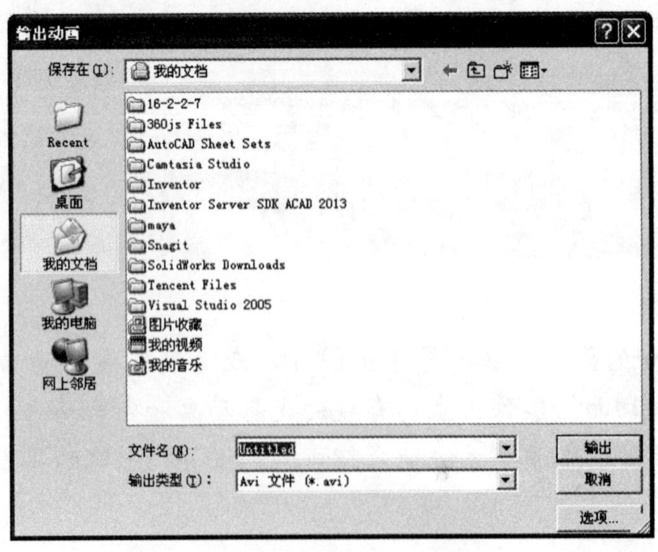

图 6-1 “输出动画”对话框

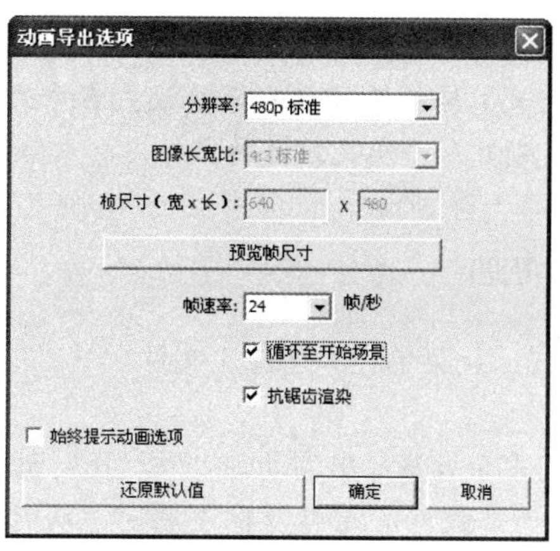

图 6-2 “动画导出选项”对话框(1)

帧速率：帧速率指每秒产生的帧画面数。帧速率与渲染时间以及视频文件大小呈正比，帧速率值越大，渲染所花费的时间以及输出后的视频文件就越大。帧速率设置为 8~10 帧/秒(fps)是画面连续的最低要求；12~15 帧/秒既可以控制文件的大小，也可以保证流畅播放；24~30 帧/秒之间的设置就相当于“全速”播放了。当然，还可以设置 5 帧/秒来渲染一个粗糙的尝试动画，来预览效果，这样能节约大量的时间，并且发现一些潜在的问题，例如高宽比不对、照相机穿墙等。

一些程序或设备要求特定的帧速率。例如一些国家的电视要求帧速率为 29.97 帧/秒；欧洲的电视要求为 25 帧/秒；电影需要 24 帧/秒；我国的电视要求为 25 帧/秒等。

循环至开始场景：选中该复选框，可以从最后一个场景倒退到第一个场景，创建无限循环的动画。

抗锯齿渲染：选中该复选框后，SketchUp 会对导出的图像做平滑处理。需要更多的导出时间，但是可以减少图像中的线条锯齿。

始终提示动画选项：在创建视频文件之前，总是先显示这个选项对话框。

在导出 AVI 文件时，从“动画导出选项”对话框中取消选中“循环至开始场景”复选框，如图 6-3 所示，即可让动画停到最后的位置。

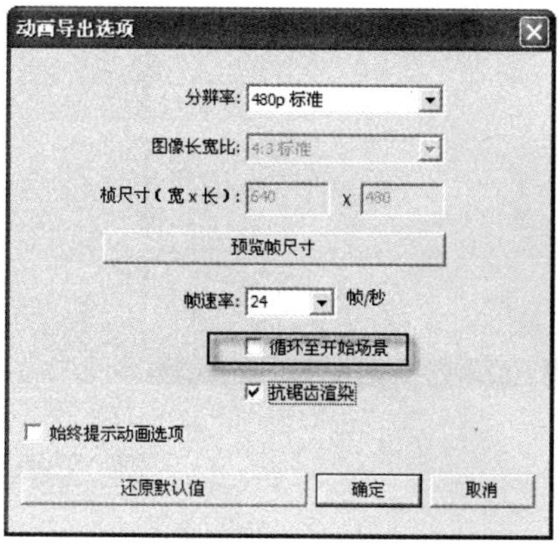

图 6-3 “动画导出选项”对话框(2)

SketchUp 有时候无法导出 AVI 文件，建议在建模时用英文名的材质，文件也保存为英文名或拼音，保存路径最好不要设置在中文名称的文件夹内(包括“桌面”也不行)，而是新建一个英文名称的文件夹，然后保存在某个盘的根目录下。

6.1.2 制作方案展示动画

执行“视频”命令的方式：从菜单栏中选择“文件”→“导出”→“动画”→“视频”菜单命令。

除了前面所讲述的直接将多个场景导出为动画以外，我们还可以将 SketchUp 的动画功能与其他功能结合起来生成动画。此外，还可以将“剖切”功能与“场景”功能结合，生成“剖切生长”动画。另外，还可以结合 SketchUp 的“阴影设置”和“场景”功能生成阴影动画，为模型带来阴影变化的视觉效果。

在切换命令时，初学者往往会不知如何结束正在执行的命令，所以特别建议将选择定义为空格键。按 Esc 键可取消正在执行的操作，或习惯地按一下空格键结束正在执行的命令，这会十分方便，又可避免误操作。

6.1.3 案例：办公室游览动画(一)

案例文件：ywj/06/6-1-1-1.skp、ywj/06/6-1-1-2.skp。
视频文件：光盘→视频课堂→第 6 章→6.1.1。

案例的操作步骤如下。

step 01 打开 6-1-1-1.skp 图形文件，其中已经设置好了多个场景，现在将场景导出为动画。选择“文件”→“导出”→“动画”→“视频”菜单命令，如图 6-4 所示。

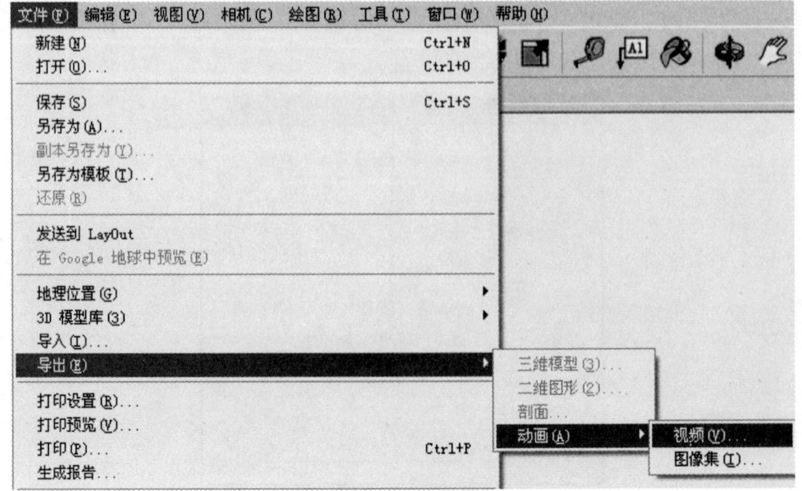

图 6-4 选择菜单命令

step 02 在弹出的“输出动画”对话框中设置文件保存的位置和文件名称，然后选择正确的导出格式(AVI 格式)，如图 6-5 所示。

图 6-5 “输出动画”对话框

step 03 接着单击“选项”按钮，在弹出的“动画导出选项”对话框中，设置分辨率为“408p 标准”，“帧速率”为 24，选中“循环至开始场景”复选框，绘图表现启用“抗锯齿渲染”，如图 6-6 所示，然后单击“确定”按钮。

step 04 导出动画文件的进程如图 6-7 所示，导出动画的截图如图 6-8～6-10 所示。

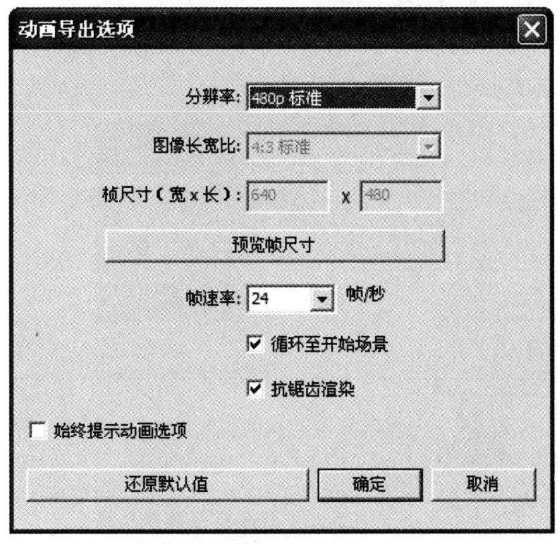

图 6-6 “动画导出选项”对话框

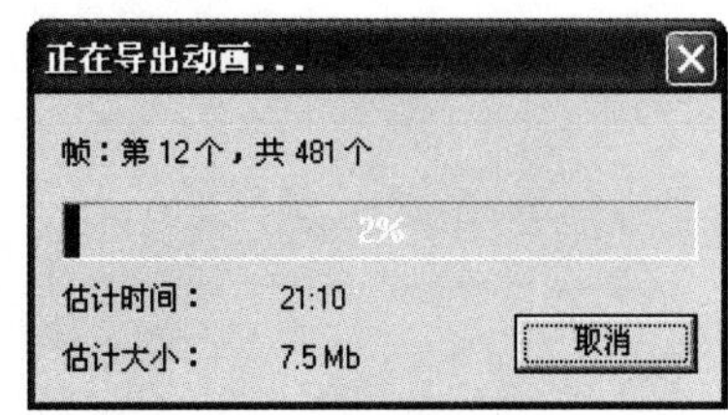

图 6-7 正在导出动画

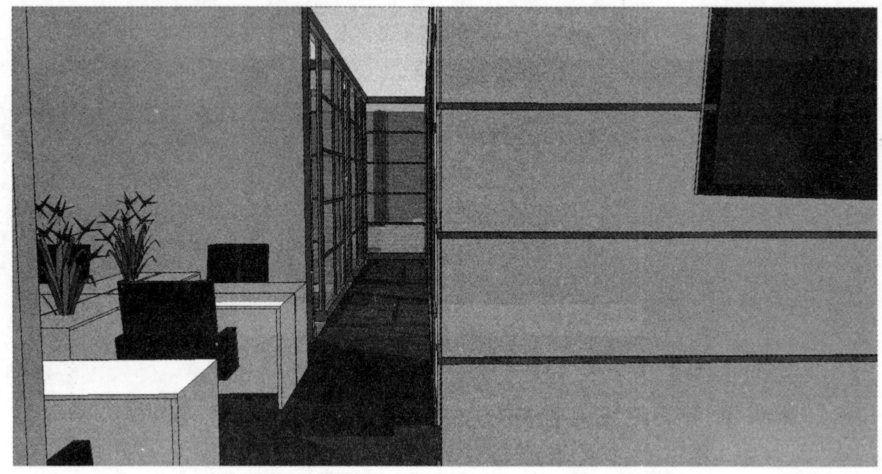

图 6-8 动画截图(一)

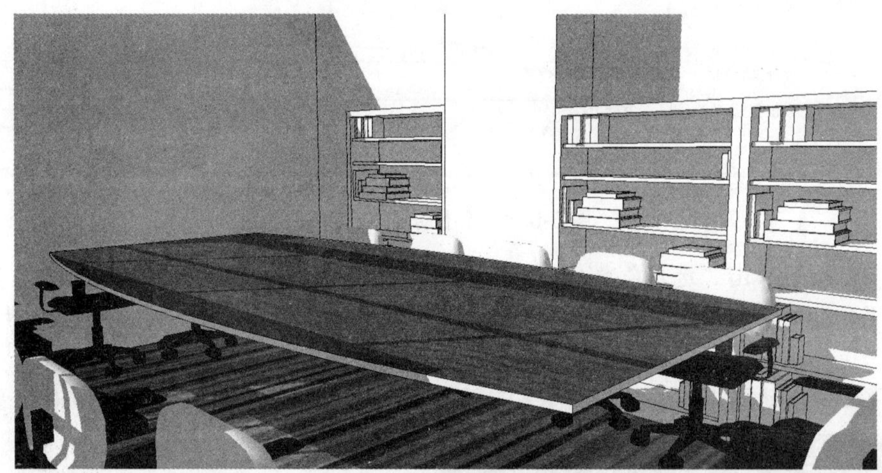

图 6-9 动画截图(二)

图 6-10 动画截图(三)

6.1.4 案例：办公室游览动画(二)

案例文件：ywj/06/6-1-2-1.skp、ywj/06/6-1-2-2.skp。

视频文件：光盘→视频课堂→第 6 章→6.1.2。

案例的操作步骤如下。

step 01 打开 6-1-2-1.skp 图形文件，在其中，我们已经设置好了多个场景，现在将场景导出为动画。选择“文件”→“导出”→“动画”→“视频”菜单命令，如图 6-11 所示。

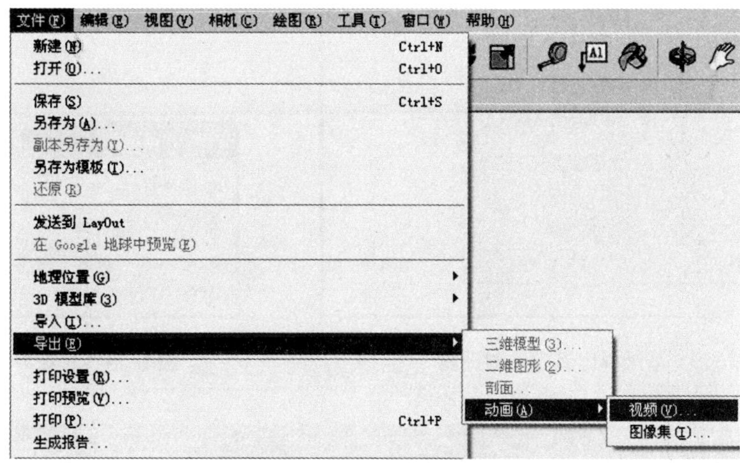

图 6-11 选择菜单命令

step 02 在弹出的“输出动画”对话框中，设置文件保存的位置和文件名称，然后选择正确的导出格式(AVI 格式)，如图 6-12 所示。

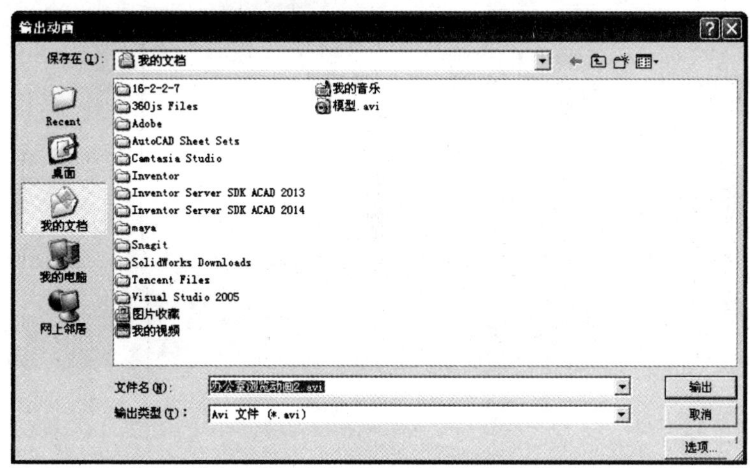

图 6-12 “输出动画”对话框

step 03 接着单击“选项”按钮，在弹出的“动画导出选项”对话框中，设置动画大小为 320×240，“帧速率”为 10，选中“循环至开始场景”复选框，绘图表现启用“抗锯齿渲染”，如图 6-13 所示，然后单击“确定”按钮。

step 04 导出动画文件的进程如图 6-14 所示，导出动画的截图如图 6-15 ~ 6-17 所示。

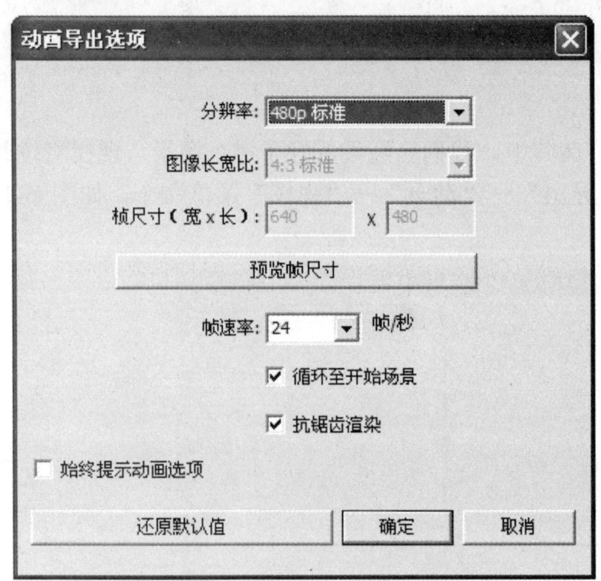

图 6-13 “动画导出选项”对话框

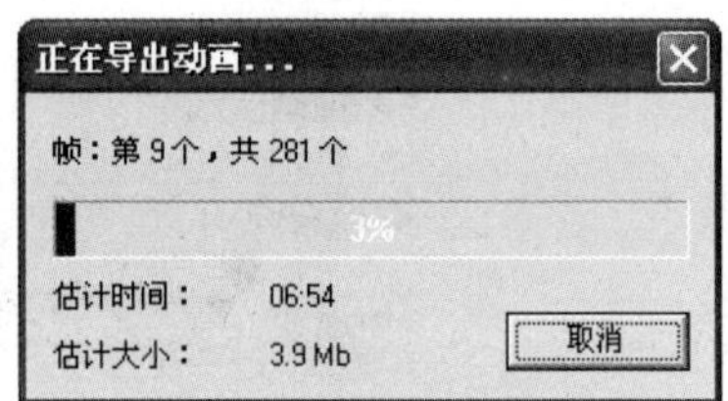

图 6-14 正在导出动画

图 6-15 动画截图(一)

图 6-15 动画截图(二)

图 6-17 动画截图(三)

6.1.5 案例：办公室游览动画(三)

案例文件：ywj/06/6-1-3-1.skp、ywj/06/6-1-3-2.skp。
视频文件：光盘→视频课堂→第 6 章→6.1.3。

案例的操作步骤如下。

step 01 打开 6-1-3-1.skp 图形文件，在其中，我们已经设置好了多个场景，现在将场景导出为动画。选择“文件”→“导出”→“动画”→“视频”菜单命令，如图 6-18 所示。

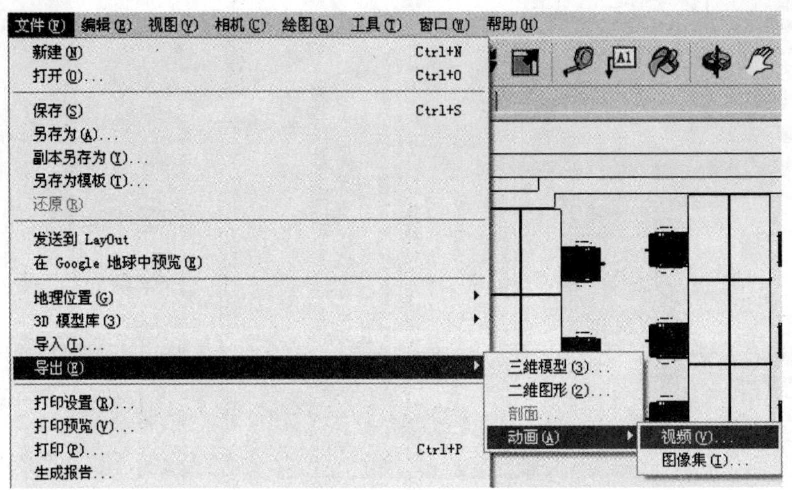

图 6-18　选中菜单命令

step 02 在弹出的“输出动画”对话框中设置文件保存的位置和文件名称，然后选择正确的导出格式(AVI 格式)，如图 6-19 所示。

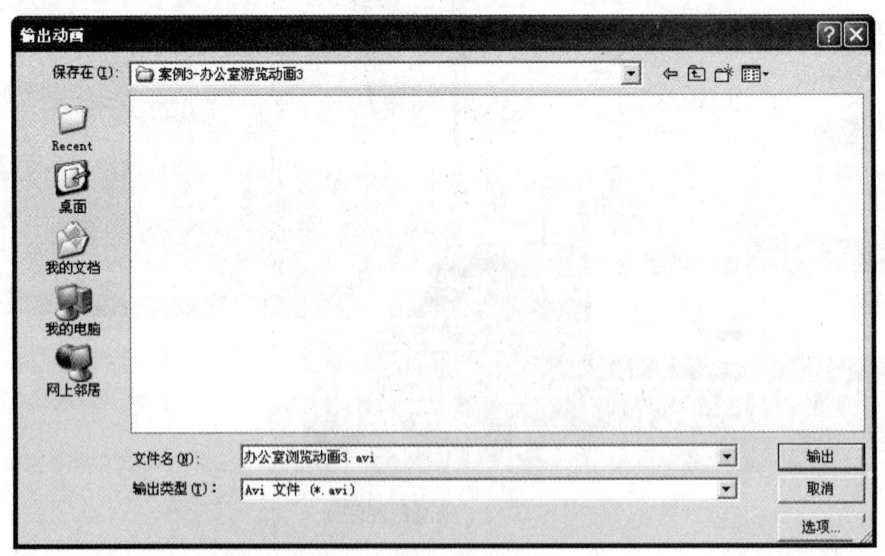

图 6-19　“输出动画”对话框

step 03 接着单击“选项”按钮，在弹出的“动画导出选项”对话框中，设置动画大小为 320×240，“帧速率”为 10，选中“循环至开始场景”复选框，绘图表现启用“抗锯齿渲染”，如图 6-20 所示，然后单击“确定”按钮。

step 04 导出动画文件的进程如图 6-21 所示，导出动画的截图如图 6-22～6-24 所示。

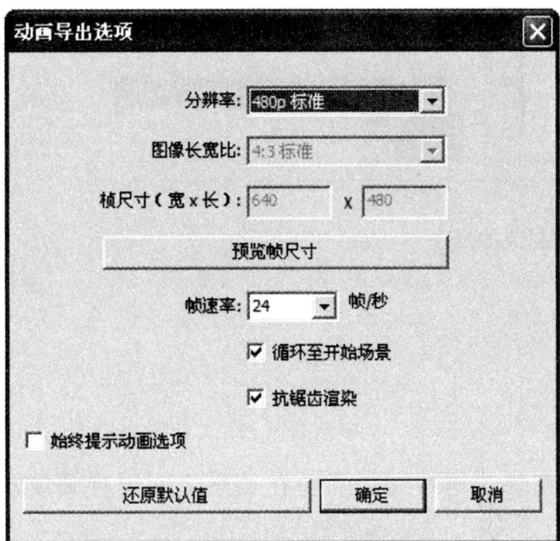

图 6-20　“动画导出选项”对话框

正在导出动画...

帧：第 7 个，共 121 个

5%

估计时间：　02:39

估计大小：　1.1 Mb

取消

图 6-21　正在导出动画

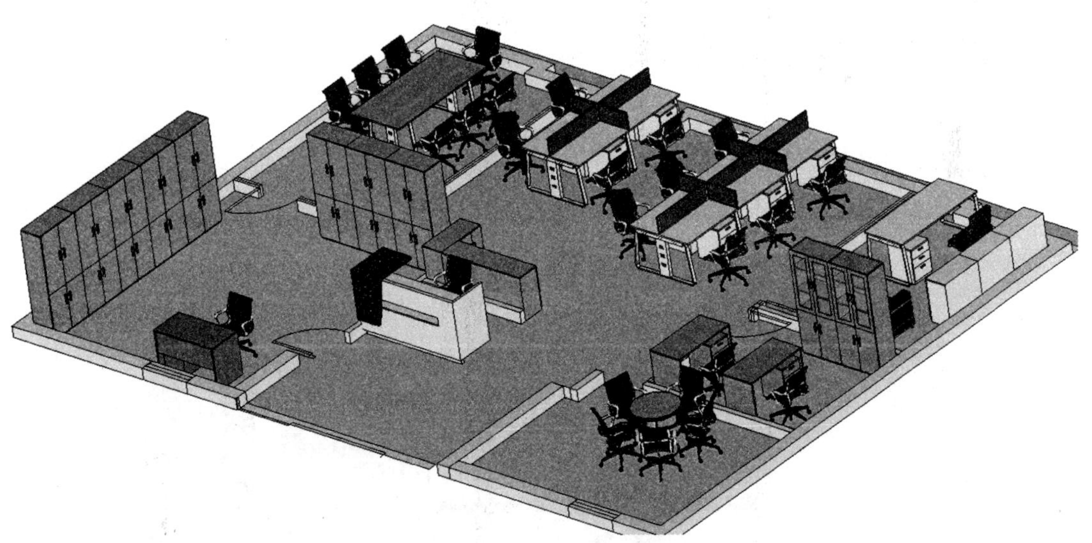

图 6-22　动画截图(一)

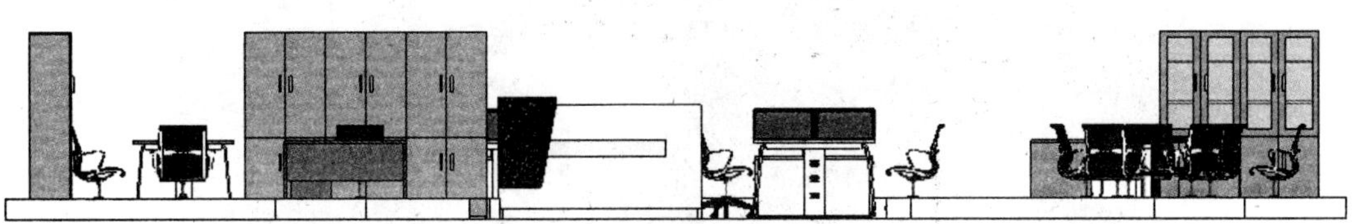

图 6-23　动画截图(二)

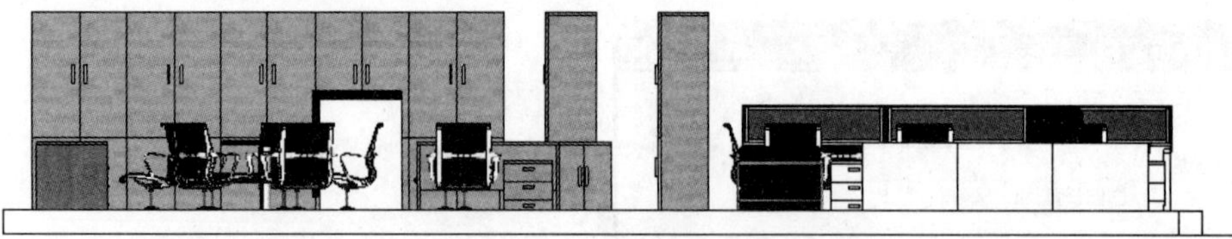

图 6-24 动画截图(三)

6.1.6 批量导出场景图像

执行“图像集”命令的方式：从菜单栏中选择“文件”→“导出”→“动画”→“图像集”命令。

当场景设置过多的时候，就需要批量导出图像，这样可以避免在场景之间进行繁琐的切换，并能节省大量的出图等待时间。

SketchUp 中应合理分层。把暂时不需要的层关闭可提高大文件的运算速度。

6.1.7 案例：住宅游览图像集(一)

案例文件：ywj/06/6-1-4.skp。
视频文件：光盘→视频课堂→第 6 章→6.1.4。

案例的操作步骤如下。

step 01 打开 6-1-4.skp 图形文件，设定好多个场景，如图 6-25 所示。

图 6-25 设定多个场景

step 02 选择“窗口”→“模型信息”菜单命令，然后在弹出的“模型信息”对话框中打开“动画”选项，接着设置“场景转换”为1秒，“场景暂停”为0秒，并按下Enter键确定，如图6-26所示。

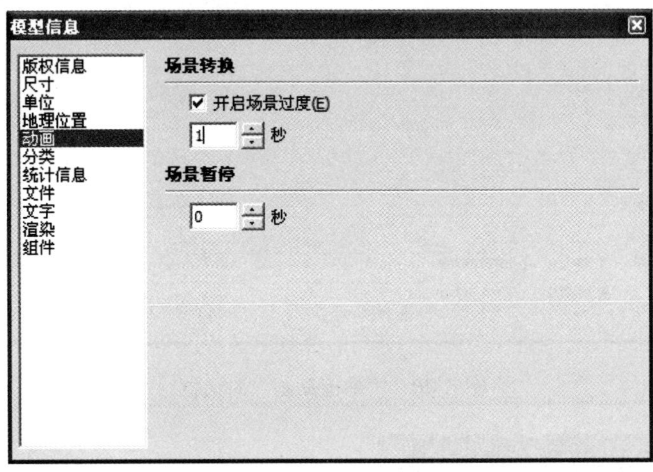

图6-26 “模型信息”对话框

step 03 选择“文件”→“导出”→“动画”→“图像集”菜单命令，如图6-27所示，然后，在弹出的“输出动画”对话框中，设置好动画的保存路径和类型，如图6-28所示。

step 04 接着单击“选项”按钮，在弹出的“动画导出选项”对话框中设置相关的导出参数，导出时，需要取消选中“循环至开始场景”复选框，如图6-29所示，否则，会将第一张图导出两次。

step 05 完成设置后，单击“导出”按钮开始导出，需等待一段时间，如图6-30所示。

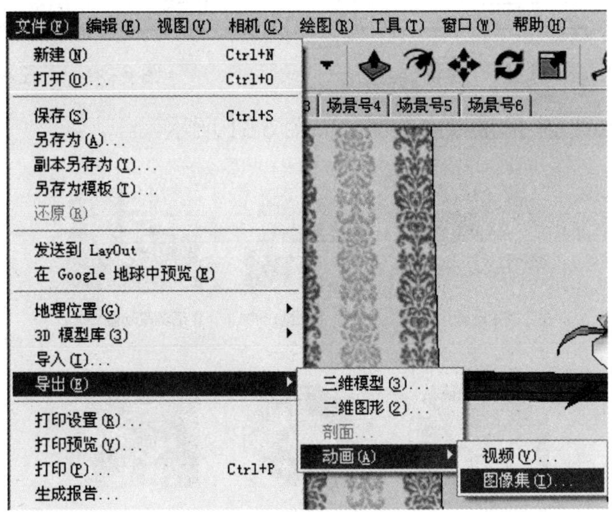

图6-27 选择菜单命令

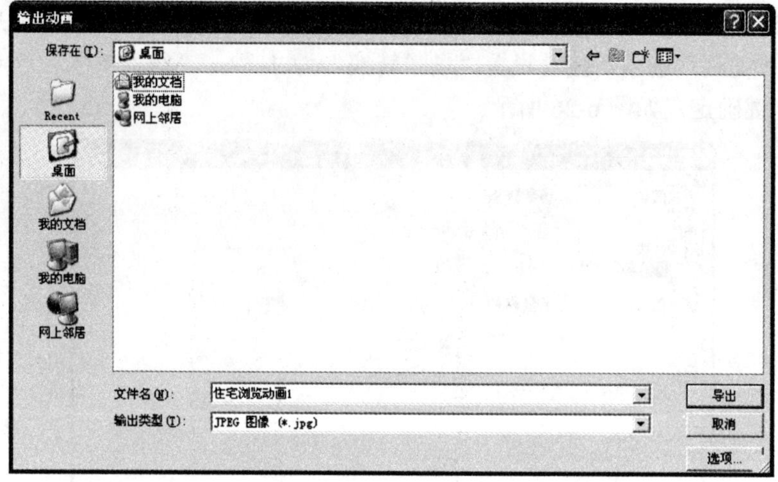

图 6-28 “输出动画”对话框

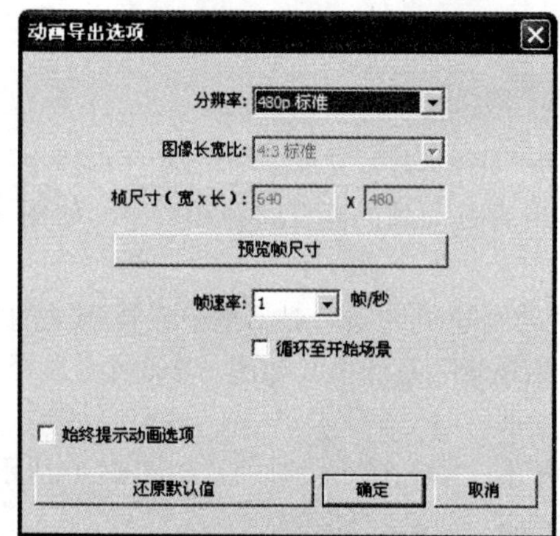

图 6-29 “动画导出选项”对话框

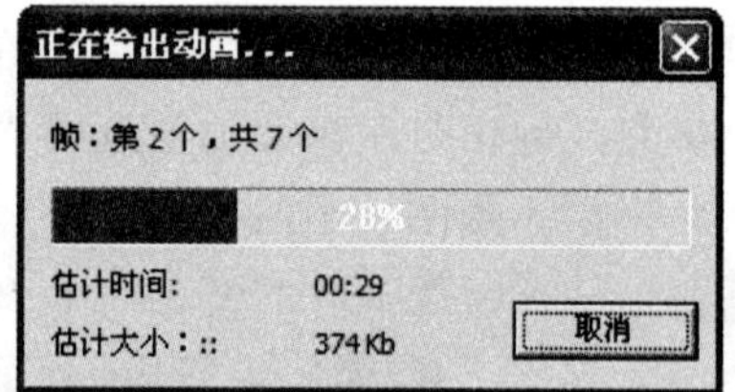

图 6-30 正在导出动画

step 06 在 SketchUp 中批量导出的图片如图 6-31 所示。

图 6-31 输出的图片

6.1.8 案例：住宅游览图像集(二)

案例文件：ywj/06/6-1-5.skp。

视频文件：光盘→视频课堂→第 6 章→6.1.5。

案例的操作步骤如下。

step 01 打开 6-1-5.skp 图形文件，设定好多个场景，如图 6-32 所示。

图 6-32 设定多个场景

step 02 选择“窗口”→“模型信息”菜单命令，然后，在弹出的“模型信息”对话框中单击“动画”选项，接着设置“场景转换”为 1 秒，“场景暂停”为 0 秒，并按下 Enter 键确定，如图 6-33 所示。

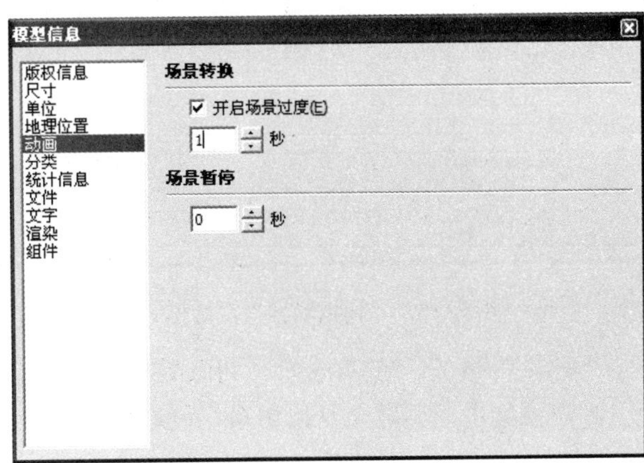

图 6-33 “模型信息”对话框

step 03 选择“文件”→“导出”→“动画”→“图像集”菜单命令，如图 6-34 所示，然后，在弹出的“输出动画”对话框中，设置好动画的保存路径和类型，如图 6-35 所示。

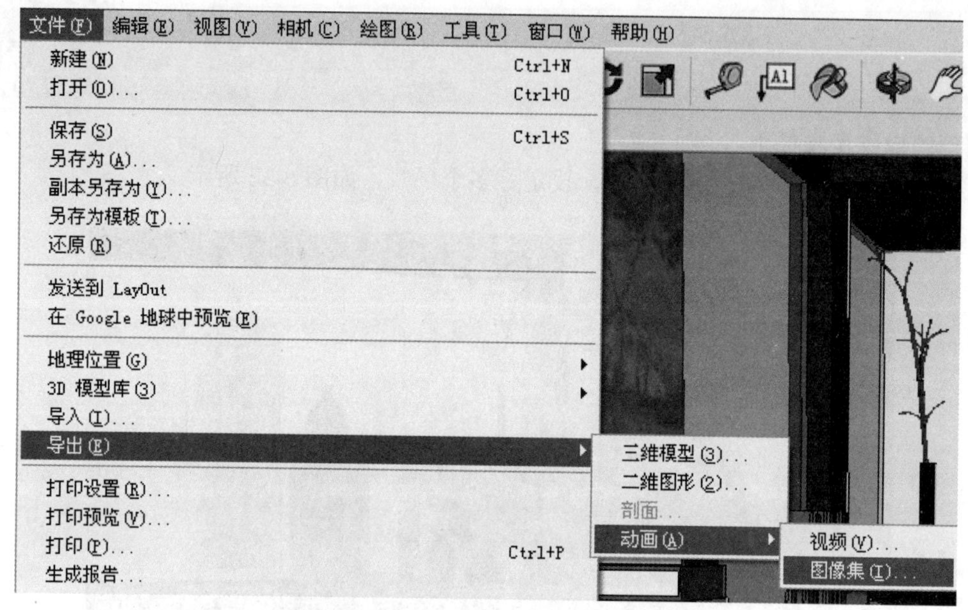

图 6-34　选择菜单命令

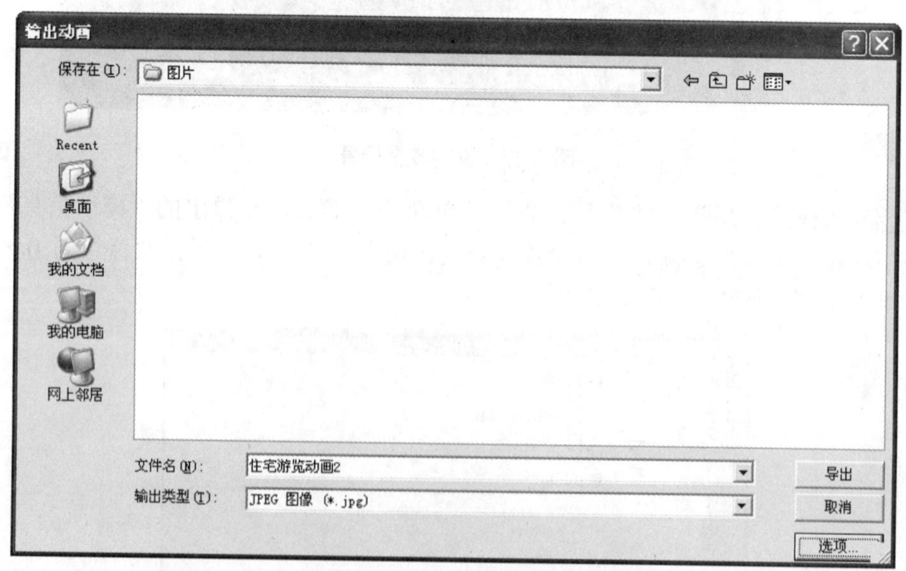

图 6-35　“输出动画”对话框

step 04 接着，单击“选项”按钮，在弹出的“动画导出选项”对话框中，设置相关的导出参数，导出时需要禁用“循环至开始场景”复选框，如图 6-36 所示，否则会将第一张图导出两次。

step 05 完成设置后，单击“导出”按钮开始导出，需等待一段时间，如图 6-37 所示。

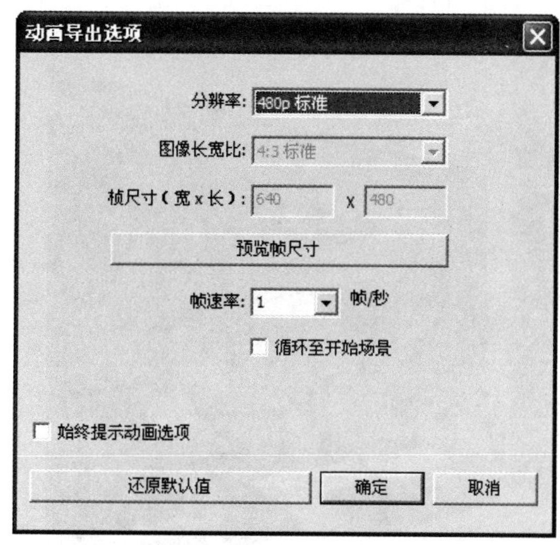

图 6-36 “动画导出选项”对话框

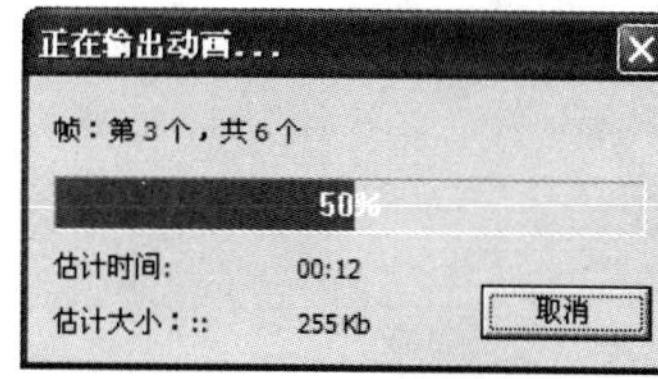

图 6-37 正在导出动画

step 06 在 SketchUp 中批量导出的图片如图 6-38 所示。

图 6-38 输出的图片

6.1.9 案例：住宅游览图像集(三)

案例文件：ywj/06/6-1-6.skp。
视频文件：光盘→视频课堂→第 6 章→6.1.6。

案例的操作步骤如下。

step 01 打开 6-1-6.skp 图形文件，设定好多个场景，如图 6-39 所示。

step 02 选择“窗口”→“模型信息”菜单命令，然后，在弹出的“模型信息”对话框中单击“动画”选项，接着设置“场景转换”为 1 秒，“场景暂停”为 0 秒，并按下 Enter 键确定，如图 6-40 所示。

图 6-39　设定多个场景

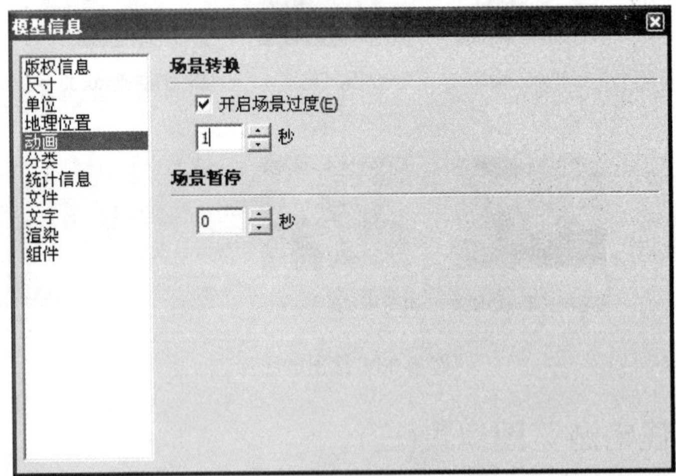

图 6-40　“模型信息”对话框

step 03 选择“文件”→“导出”→“动画”→“图像集”菜单命令，如图 6-41 所示，然后，在弹出的“输出动画”对话框中，设置好动画的保存路径和类型，如图 6-42 所示。

step 04 接着，单击“选项”按钮，在弹出的“动画导出选项”对话框中设置相关的导出参数，导出时需要禁用“循环至开始场景”复选框，如图 6-43 所示，否则会将第一张图导出两次。

step 05 完成设置后，单击“导出”按钮开始导出，需要等待一段时间，如图 6-44 所示。

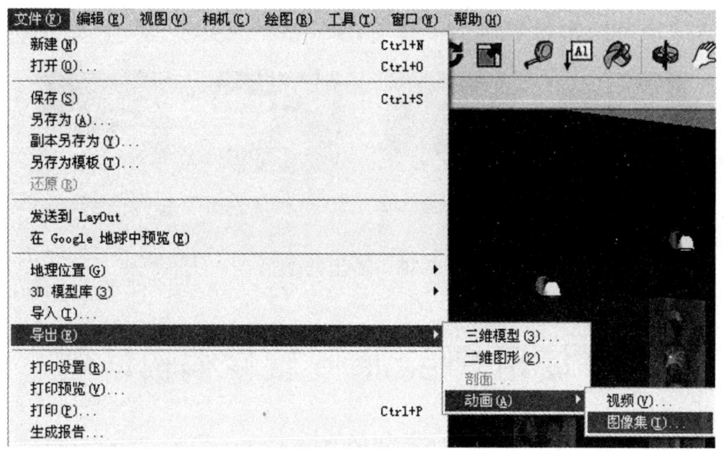

图 6-41　选择菜单命令

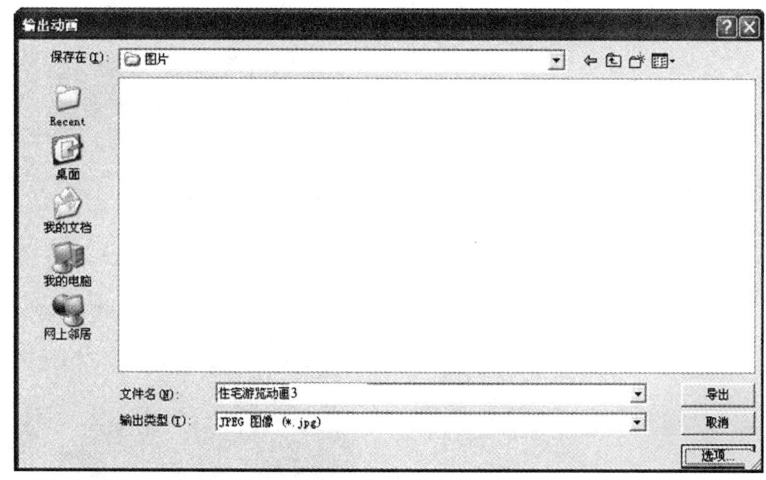

图 6-42　“输出动画”对话框

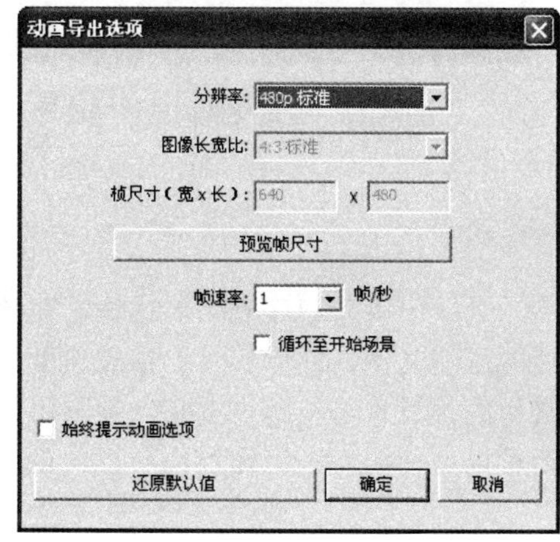

图 6-43　“动画导出选项”对话框

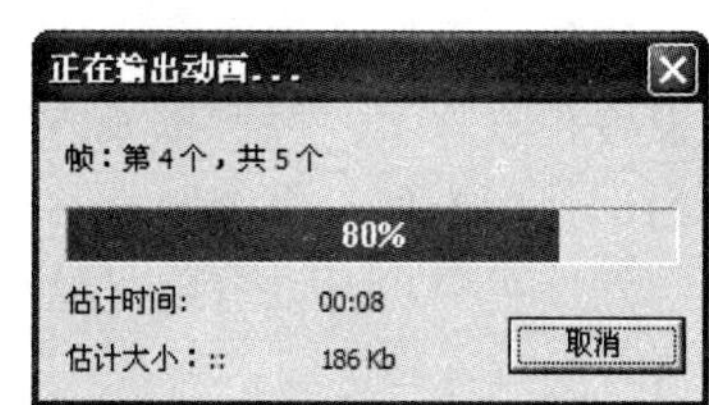

图 6-44　正在导出动画

step 06 在 SketchUp 中批量导出的图片如图 6-45 所示。

住宅游览动画30001

住宅游览动画30002

住宅游览动画30003

住宅游览动画30004

图 6-45　输出的图片

6.2　使用 Premiere 软件编辑动画

打开 Premiere 软件，会弹出一个“欢迎使用 Adobe Premiere Pro”对话框，在该对话框中单击“新建项目”图标，如图 6-46 所示，然后在弹出的“新建项目”对话框中设置好文件的保存路径和名称，如图 6-47 所示，完成设置后单击“确定”按钮。

图 6-46　新建项目

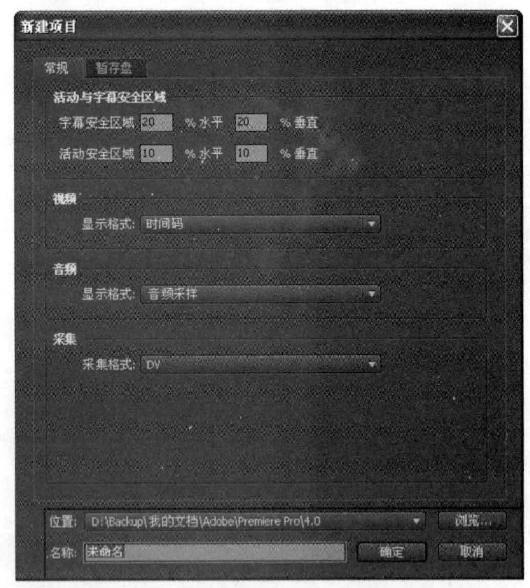

图 6-47　设置文件的路径和名称

6.2.1　设置预设方案

在“新建项目”对话框中单击“确定”按钮后，会弹出“新建序列”对话框，在该对话框中可以设置预设方案。每种预设方案中包括文件的压缩类型、视频尺寸、播放速度、音频模式等；为了使用方便，系统定义并优化了几种常用的预设，每种预设都是一套常用预设值的组合。当然，用户也可以自定义这样的预设，留待以后使用。在制作过程中，还可以根据实际需要随时更改这些选项。

国内电视采用的播放制式是 PAL 制式，如果需要在电视中播放，应选择 PAL 制式的某种设置，在此选择“标准 48kHz”，如图 6-48 所示。

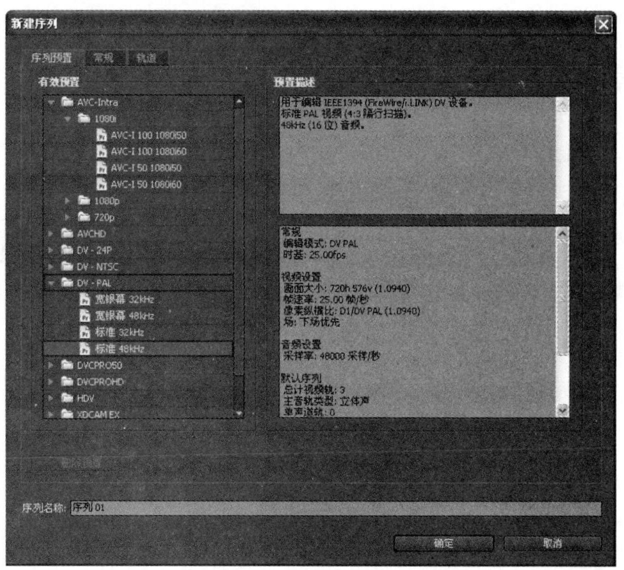

图 6-48 “新建序列”对话框

选择一种设置后，在右侧的“预置描述”文本框内会显示相应的预设参数，例如 PAL 制式的预设参数显示的是“画面大小”为“720×576”、“帧速率”为“25 帧/秒”、16 位立体声；NTSC 制式显示的是“画面大小”为“720×481”、“帧速率”为“29.97 帧/秒”、16 位立体声，可以将设置好的参数保存起来。另外，如果是用 DVD 播放，就需要结合已经完成的动画文件，自定义一个设置。

选择一种设置后，单击“确定”按钮，即可启动 Premiere 软件。

Premiere 软件的主界面包括“工程窗口”、“监视器窗口”、“时间轴”、“过渡窗口”、“效果窗口”等，如图 6-49 所示。用户可以根据需要调整窗口的位置或关闭窗口，也可以通过“窗口”菜单打开更多的窗口。

图 6-49 Premiere 工作窗口

6.2.2 将 AVI 文件导入 Premiere

选择“文件”→“导入”菜单命令(快捷键为 Ctrl+I 组合键)，打开“导入”对话框，然后选择需要导入的 AVI 文件将其导入，如图 6-50 所示。

图 6-50 “导入”对话框

导入文件后，在“工程”窗口中单击“清除”按钮可以将文件删除。双击“名称”标签下的空白处，可以导入新的文件。

导入工程窗口中的 AVI 素材可以直接拖到时间轴上，拖动时，鼠标显示为。也可以直接将视频素材拖入监视器窗口的源素材预演区。拖到时间轴上的时候，鼠标会显示为，这时候，左下角状态栏中提示“拖入轨道进行覆盖”，按住 Ctrl 键可启用插入，按住 Alt 键可替换素材。很多时候，状态栏中的提示可以帮助大家尽快熟悉操作界面。在拖拽素材之前，可以激活“吸附”按钮(快捷键为 S 键)，将素材准确地吸附到前一个素材之后。

每个独立的视频素材及声音素材都可放在监视器窗口中进行播放。通过相应的控制按钮，可以随意倒带、前进、播放、停止、循环，或者播放选定的区域，如图 6-51 所示。

图 6-51 控制按钮

为了在后面的编辑中便于控制素材，可以在动画播放过程中对一些关键帧做标记。方法是单击“设置标记”按钮，可以设置多个标记点。以后，当需要定位到某个标记点时，可以在时间轴窗口中自由拖动“标记图标”的位置，还可以用鼠标右键单击“标记图标”

，然后从弹出的快捷菜单中进行设置，如图 6-52 所示。

设置序列标记
跳转序列标记
清除序列标记
编辑序列标记(E)...
设置 Encore 章节标记(N)
设置 Flash 提示标记(F)
下一个
前一个
入点
出点
编号...

图 6-52　右键快捷菜单

对已经进入时间轴的素材，可以直接在时间轴中双击素材画面，该素材就会在效果窗口中的“素材源”标签下被打开。

6.2.3　在时间轴上衔接

在 Premiere 软件的众多的窗口中，居核心地位的是时间轴窗口，在这里，可以将片段性的视频、静止的图像、声音等组合起来，并能创作各种特技效果，如图 6-53 所示。

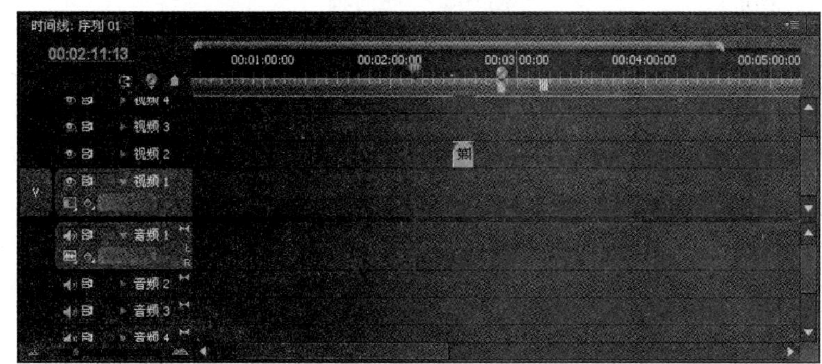

图 6-53　时间轴窗口

时间轴包括多个通道，用来组合视频(或图像)和声音。默认的视频通道包括“视频 1”、“视频 2”和“视频 3”，音频通道包括“音频 1”、“音频 2”和“音频 3”。如需增减通道数时，可在通道上用鼠标右键单击，然后从弹出的快捷菜单中选择“添加或删除”轨道命令即可。

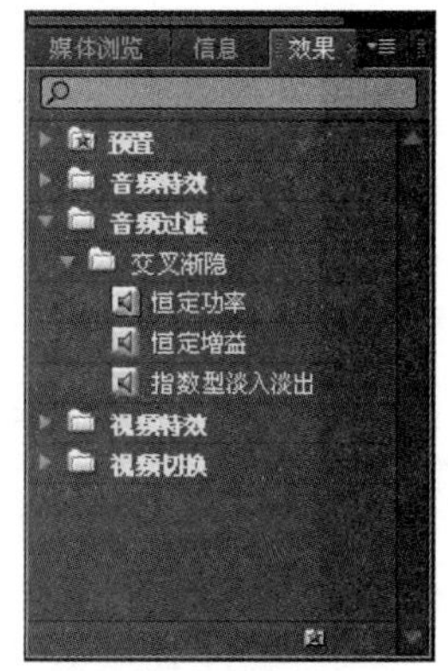

图 6-54　效果选项

将“工程”窗口中的素材或者文件夹直接拖到时间轴的通道上后，系统会自动根据拖入的文件类型将文件装配到相应的视频或音频通道，其顺序为素材在工程窗口中的排列顺序。要改变素材在时间轴上的位置时，只要沿通道拖曳即可。还可以在时间轴的不同通道之间转移素材，但需要注意的是，出现在上层的视频或图像可能会遮盖下层的视频或图像。

将两段素材首尾相连，就能实现画面的无缝拼接。若两段素材之间有空隙，则空隙会显示为黑屏。要在两段视频之间建立过渡连接，只需在“效果”选项面板中选择某种特技效果，拖入素材之间即可，如图 6-54 所示。

如果需要删除时间轴上的某段素材，只需用鼠标右键单击该素材，然后从弹出的快捷菜单中选择“清除”命令即可，在时间轴中可剪断一段素材。方法是在右下角的工具栏中选择“剃刀”工具，然后在需要剪断的位置单击，此时素材即被切为两段。被分开的两段素材彼此不再相关，可以对它们分别进行清除、位移、特效处理等操作。时间轴的素材剪断后，不会影响到项目窗口中原有的素材文件。

在时间轴标尺上还有一个可以移动的“时间滑块”，时间滑块下方一条竖线横贯整个时间轴。位于时间滑块上的素材会在“监视器”窗口中显示，可以通过拖曳时间滑块来查寻及预览素材。

当时间轴上的素材过多时，可以将“素材显示大小”滑块向左移动，使素材缩小显示。

时间轴标尺的上方有一栏黄色的滑动条，这是电影工作区，可以拖曳两端的滑块来改变其长度和位置。在进行合成的时候，只有工作区内的素材才会被合成，如图 6-55 所示。

图 6-55　时间轴

6.2.4　制作过渡特效

一段视频结束，另一段视频紧接着开始，这就是所谓的电影镜头切换。为了使切换衔接得更加自然或有趣，可以使用各种过渡特效。

(1)　效果面板

在界面的左下角，显示“效果”选项面板，在“效果”选项面板中，可以看到详细分类的文件夹。单击任意一个扩展标志，则会显示一组不同的过渡效果，如图 6-56 所示。

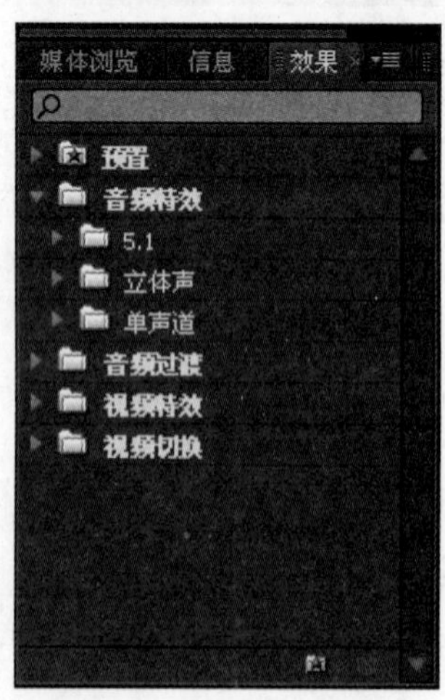

图 6-56　“效果”选项面板

(2)　在时间轴上添加过渡

选择一种过渡效果并将其拖放到时间轴的“特效”通道中，Premiere 软件会自动确定过渡长度以匹配过渡部分，如图 6-57 所示。

图 6-57 选择效果拖动

(3) 过渡特技属性设置

在时间轴上双击“特效”通道的过渡显示区，在“特效控制台”中就会出现相应的属性编辑面板，如图 6-58 所示。

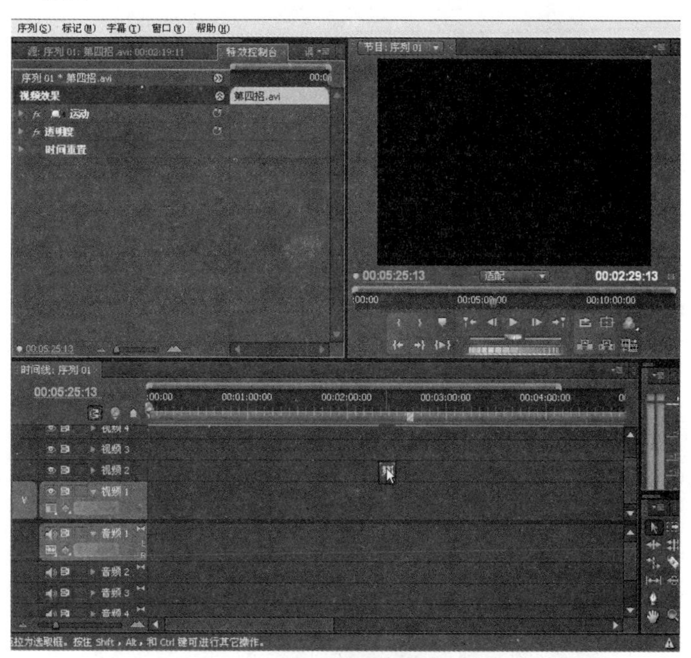

图 6-58 过渡特技属性设置

有的时候，过渡通道区较短，不容易找到，可以单击“放大”按钮(快捷键为“=”键)以放大素材及特效通道的显示。在特效控制台中，可以通过拖曳特效通道的位置，来控制特效插入的时间长短，还可以拖拉尾部进行特效的裁剪。

6.2.5 动态滤镜

使用过 Photoshop 软件的人不会对滤镜感到陌生，通过各种滤镜，可以为原始图片添加各种特效。在 Premiere 软件中，同样也能使用各种视频和声音滤镜，其中视屏滤镜能产生动态的扭曲、模糊、风吹、幻影等特效，以增强影片的吸引力。

在左下角的“效果”选项面板中，单击“视频特效”文件夹，可看到更为详细分类的视频特效文件夹，如图 6-59 所示。

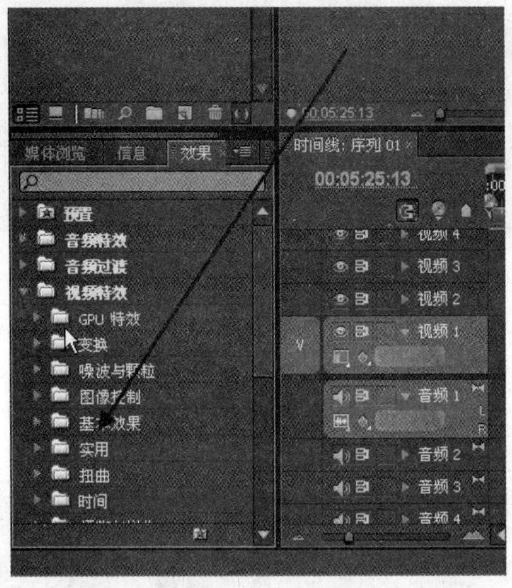

图 6-59　视频特效

在此以制作“镜头光晕”特效为例，在“视频特效”文件夹中打开“生成”子文件夹，然后找到“镜头光晕”文件，并将其拖放到时间轴的素材上，此时，在“特效控制台”中将出现“镜头光晕”特效的参数设置栏，如图 6-60 所示。

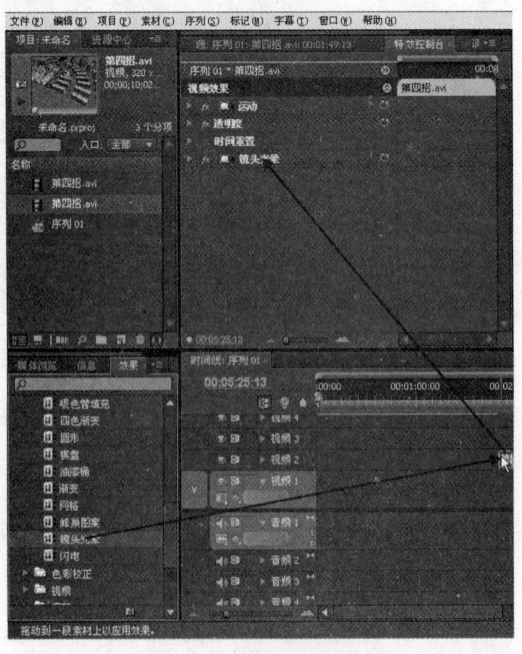

图 6-60　选择镜头光晕

在“镜头光晕”标签下，用户可以设定点光源的位置、光线强度，可以通过拖曳滑块(单

击左侧的按钮即可看到)或者直接输入数值来调节相关的参数，如图 6-61 所示。

通过了解光晕的特效处理，读者不妨尝试一下其他的视频特效效果。多种特效可以重复叠加，可以在特效名称上进行拖曳以改变上下顺序，也可以用鼠标右键单击，然后从弹出的快捷菜单中进行某些特效的清除等操作，如图 6-62 所示。

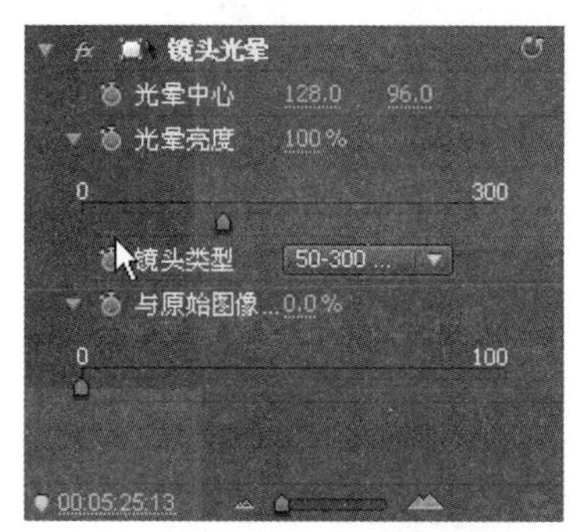

图 6-61　调节镜头光晕

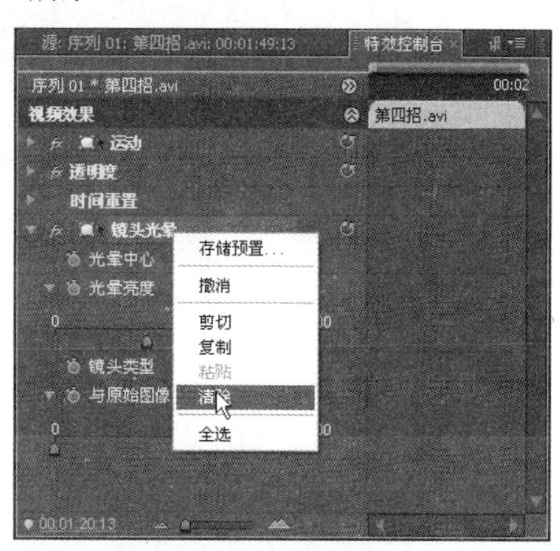

图 6-62　右键快捷菜单

6.2.6　编辑声音

声音是动画不可缺少的部分。尽管 Premiere 并不是专门用于处理音频素材的软件，但还是可以制作出淡入、淡出等音频效果的，也可以通过软件本身提供的大量滤镜制作一些声音特效。下面就为读者简单讲解声音特效的制作方法。

(1) 调入一段音频素材，并将其拖到时间轴的“音频 1”通道上，如图 6-63 所示。

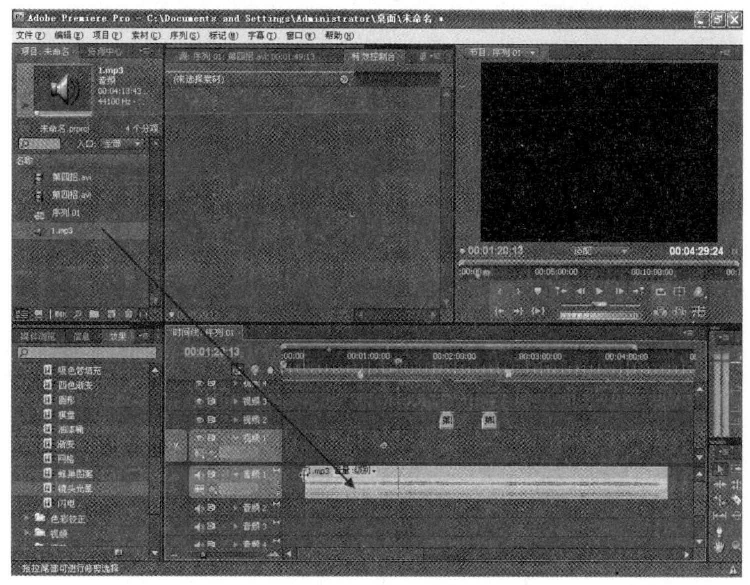

图 6-63　拖动音频

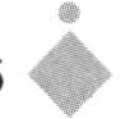

(2) 使用“剃刀”工具(快捷键为 C 键)将多余的音频部分删除，如图 6-64 所示。

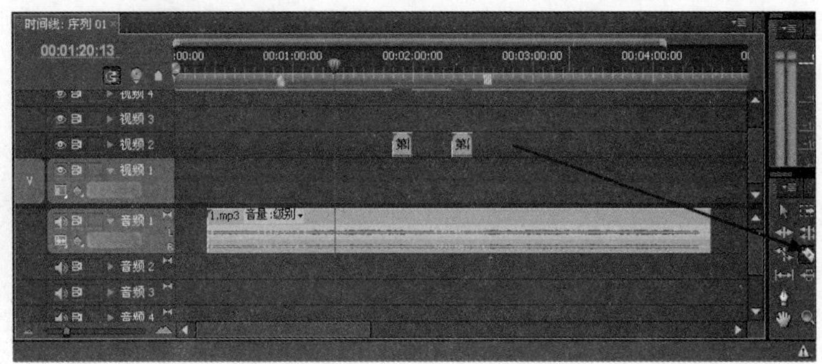

图 6-64　修剪音频

(3) 添加音频滤镜，方法与添加视频滤镜相似。音频通道的使用方法与视频通道大体上相似，如图 6-65 所示。

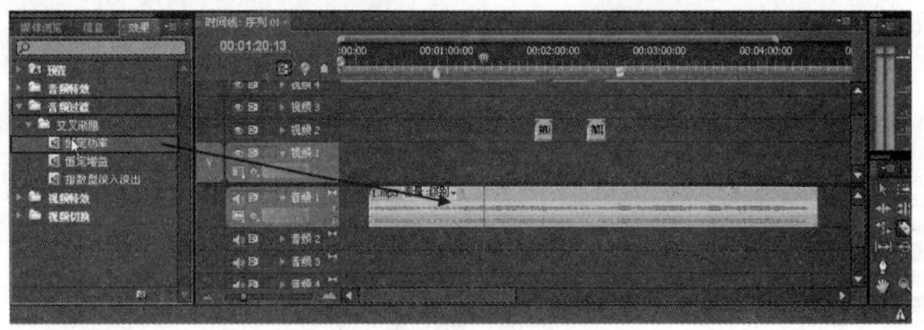

图 6-65　添加音频滤镜

6.2.7　添加字幕

(1) 选择“文件”→“新建”→“字幕”菜单命令，如图 6-66 所示，打开文字编辑器。

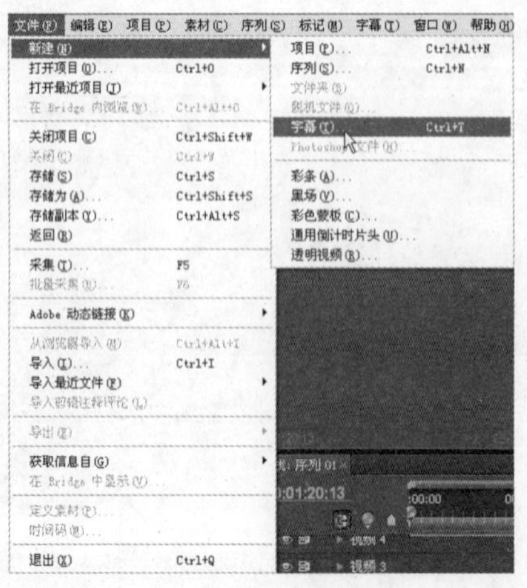

图 6-66　选择菜单命令

(2) 在“字幕”工具栏中激活“文字”工具，然后在编辑区拖曳出一个矩形文本框，在

文本框内输入需要显示的文字内容，然后在“字幕工具”、“字幕动作”、“字幕属性”、“字幕样式”等面板中为输入的文字设置字体样式、字体大小、对齐方式、颜色渐变、字幕样式等效果，如图 6-67 所示。

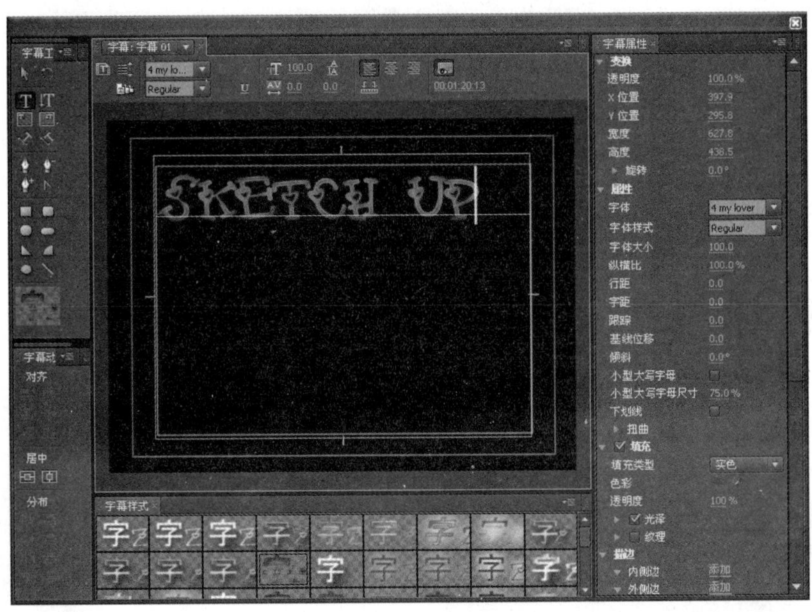

图 6-67 创建字幕效果

(3) 选择“文件”→“存储”菜单命令，将字幕文件保存后关闭文字编辑器。那么这时在“工程”窗口中就可以找到这个字幕文件，将它拖到时间轴上即可，如图 6-68 所示。

图 6-68 拖曳字幕文件

(4) 动态字幕与静态字幕的相互转换。新建了上述静态字幕之后，可以在时间轴窗口中的字母通道上双击，然后在弹出的“字幕”编辑窗口中，单击“滚动/游动选项(R)”按钮，接着，在弹出的“滚动/游动选项”对话框中修改字幕类型，如改为“右游动”字幕，如图 6-69 所示。这样，原本静态的字幕就变成了动态字幕，其通道的添加和管理与静态字幕一样，在此不再赘述。

另外，制作字幕还可以使用 Premiere 软件自带的模板。选择“字幕”→“新建字幕”→“基于模板”菜单命令，如图 6-70 所示，将弹出“新建字幕”编辑器，在该编辑器中包含有许多不同风格的字幕样式，选择其中一个模板打开，然后在“新建字幕”编辑器里对模板进行构图及文字的修改等操作，如图 6-71 所示。

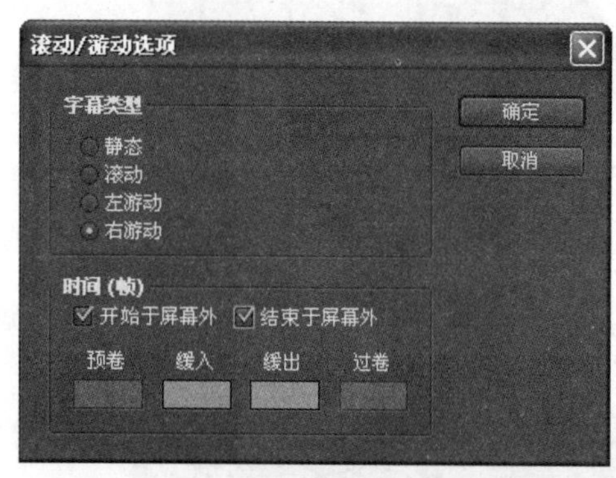

图 6-69　改为“右游动”字幕

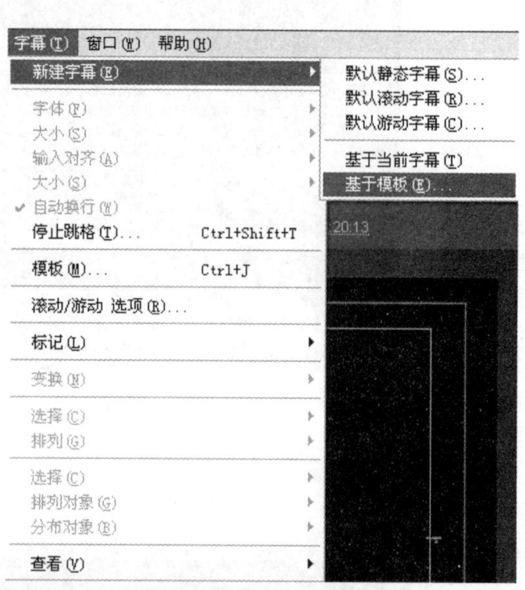

图 6-70　选择菜单命令

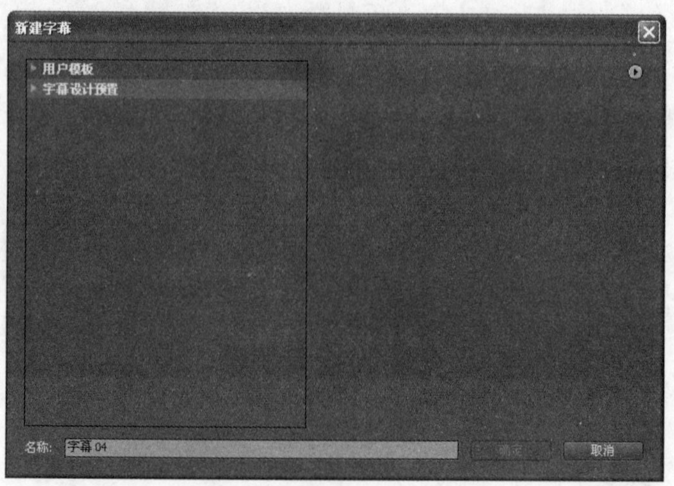

图 6-71　“新建字幕”编辑器

如果想让文字覆盖在动画图面之上，那么字幕文件所在的通道要在其他素材所在通道之上，这样就能同时播放字幕和其他素材影片了。字幕持续显示的时间可以通过对字幕显示通道进行拖拉裁剪来调节，如图 6-72 所示。如果是动态字幕的话，播放持续时间越长，运动速度相对越慢。

图 6-72　调节字幕

6.2.8　保存与导出

(1)　保存 ppj 文件

在 Premiere 软件中，使用“文件”→“保存”菜单命令或者“文件”→“另存为”菜单命令都可以对文件进行保存，默认的保存格式为.prproj 格式。保存的文件保留了当前影片编辑状态的全部信息，在以后需要调用时，只须直接打开该文件，就可以继续进行编辑。

(2)　导出 AVI 格式

选择“文件”→“导出”→“媒体”菜单命令，如图 6-73 所示，打开“导出设置”对话框，在该对话框中为影片命名，并设置好保存路径后，Premiere 软件就会开始合成 AVI 电影了，如图 6-74 所示。

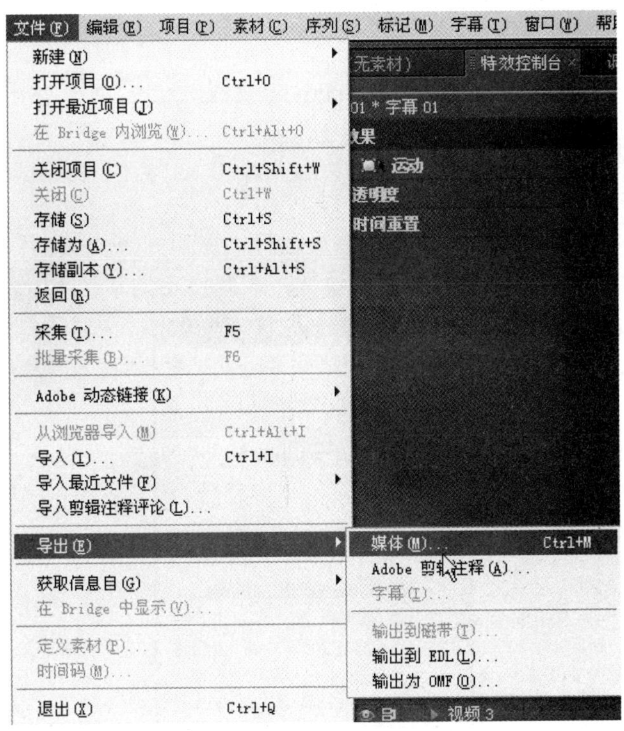

图 6-73　选择菜单命令

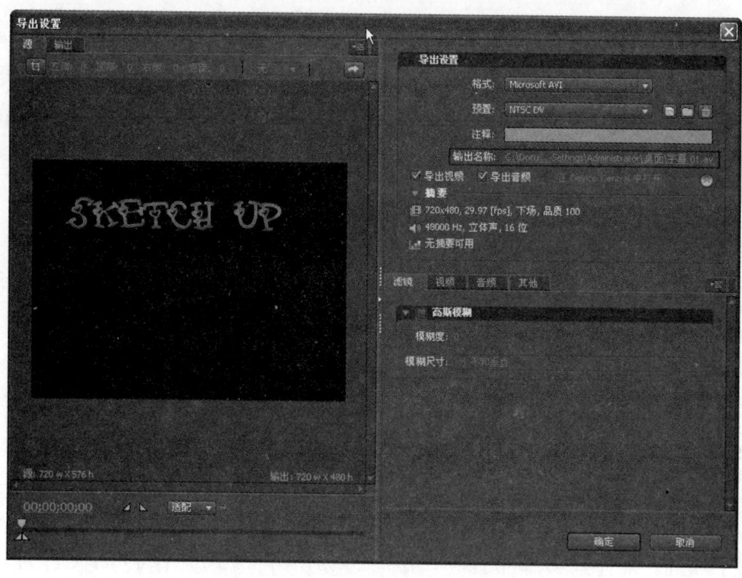

图 6-74 “导出设置”对话框

6.3 动画设计综合案例

6.3.1 建筑物外景动画案例(一)

案例文件：ywj/06/6-3-1-1.skp、ywj/06/6-3-1-2.skp。

视频文件：光盘→视频课堂→第 6 章→6.3.1。

案例的操作步骤如下。

step 01 打开 6-3-1-1.skp 图形文件，然后选择“窗口”→“阴影”菜单命令，打开“阴影设置”对话框，对“日期”进行设置，在此设定为 9 月 13 日，如图 6-75 所示。

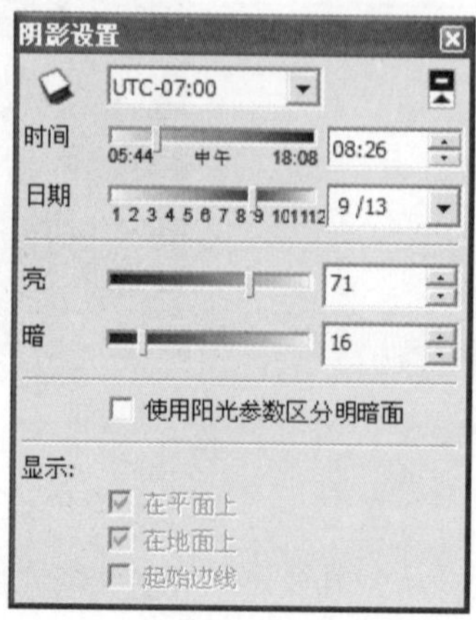

图 6-75 “阴影设置”对话框

step 02 在“阴影设置”对话框中，将时间滑块拖曳到左侧，然后激活“显示/隐藏阴影”按钮，如图 6-76 所示，接着，打开“场景”管理器，创建一个新的场景，如图 6-77 所示。

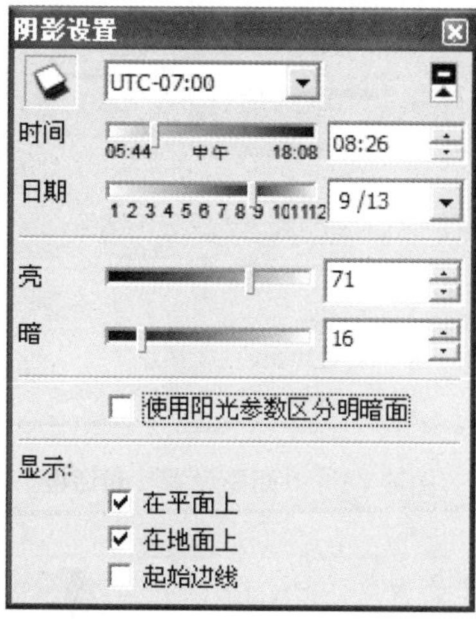

图 6-76 阴影设置

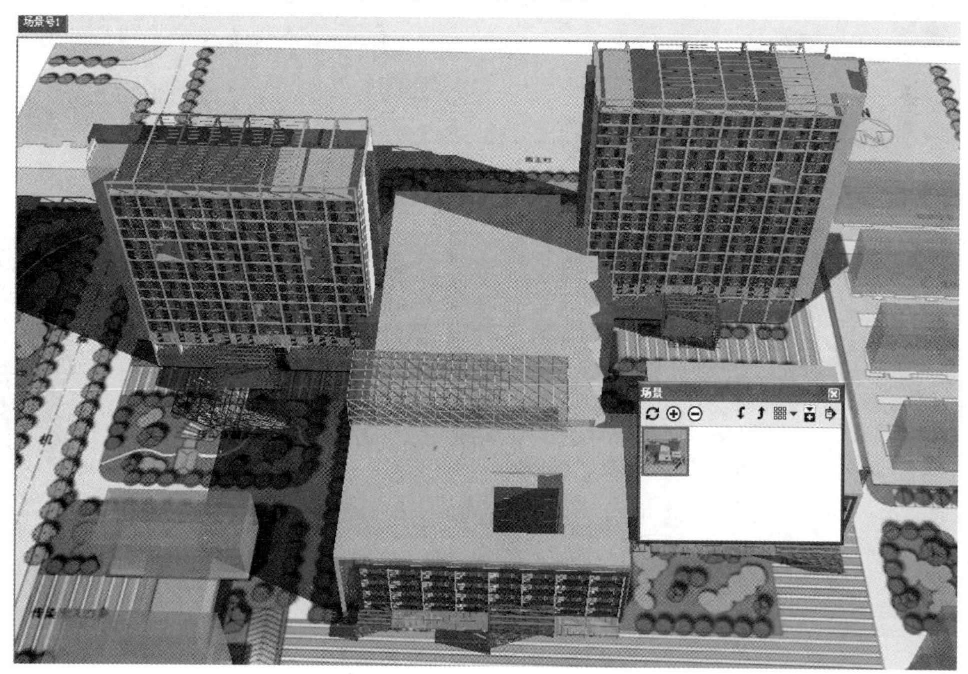

图 6-77 创建一个新的场景

step 03 在“阴影设置”对话框中，将时间滑块拖曳到右侧，如图 6-78 所示，然后再添加一个新的场景，如图 6-79 所示。

阴影设置

UTC-07:00

时间 05:44 中午 18:08 15:26

日期 1 2 3 4 5 6 7 8 9 10 11 12 9 /13

亮 71

暗 16

使用阳光参数区分明暗面

显示:

在平面上

在地面上

起始边线

图 6-78 “阴影设置”对话框

图 6-79 再添加一个新的场景

step 04 打开“模型信息”对话框，然后在“动画”选项中设置“开启场景过度”为“5 秒”、“场景暂停”为“0 秒”，如图 6-80 所示。

step 05 完成以上的设置后，选择“文件”→“导出”→“动画”→“视频”菜单命令导出阴影动画，导出时，注意设置好动画的保存路径和格式(AVI 格式)，动画播放效果如图 6-81 ~ 6-84 所示。

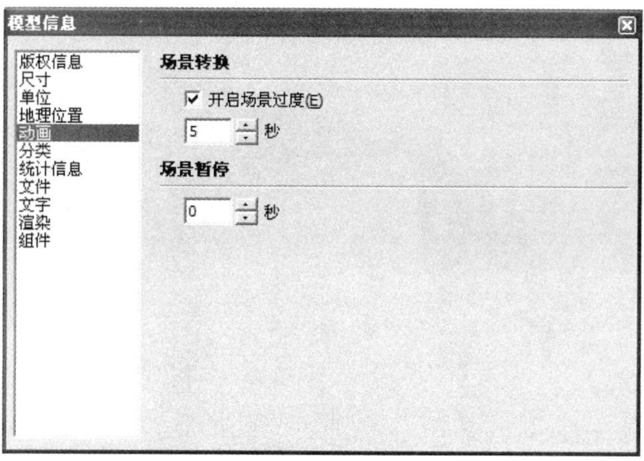

图 6-80　设置模型信息

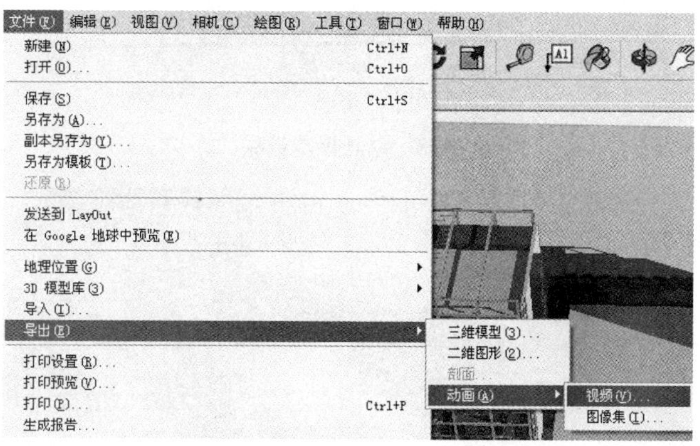

图 6-81　选择菜单命令

图 6-82　动画播放效果(一)

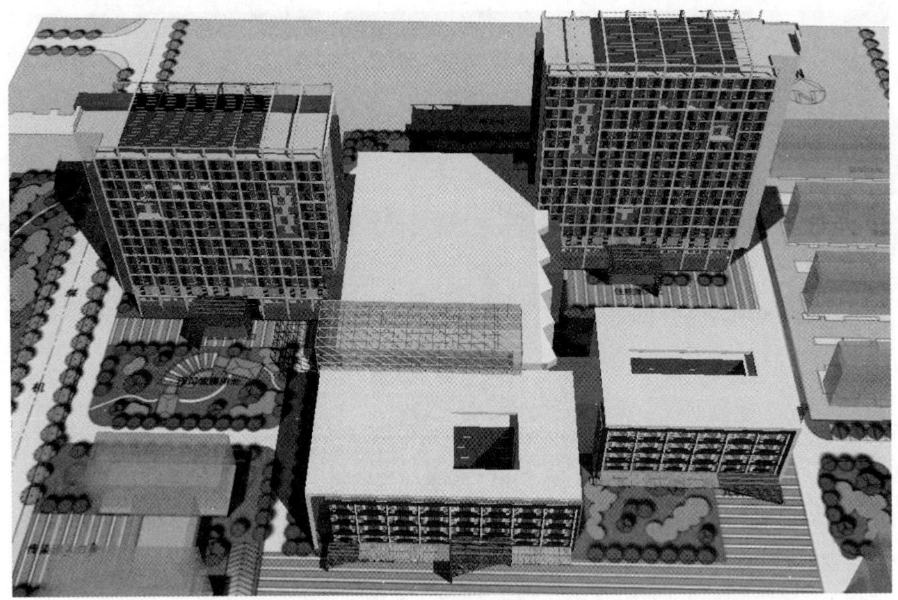

图 6-83　动画播放效果(二)

图 6-84　动画播放效果(三)

6.3.2　建筑物外景动画案例(二)

案例文件：ywj/06/6-3-2-1.skp、ywj/06/6-3-2-2.skp。

视频文件：光盘→视频课堂→第 6 章→6.3.2。

案例的操作步骤如下。

step 01 打开 6-3-2-1.skp 图形文件，然后选择“窗口”→“阴影”菜单命令，打开“阴影设置”对话框，对“日期”进行设置，在此设定为 5 月 4 日，如图 6-85 所示。

step 02 在“阴影设置”对话框中，将时间滑块拖曳至左侧，然后激活“显示/隐藏阴影”按钮，如图 6-86 所示。接着，打开“场景”管理器，创建一个新的场景，如图 6-87 所示。

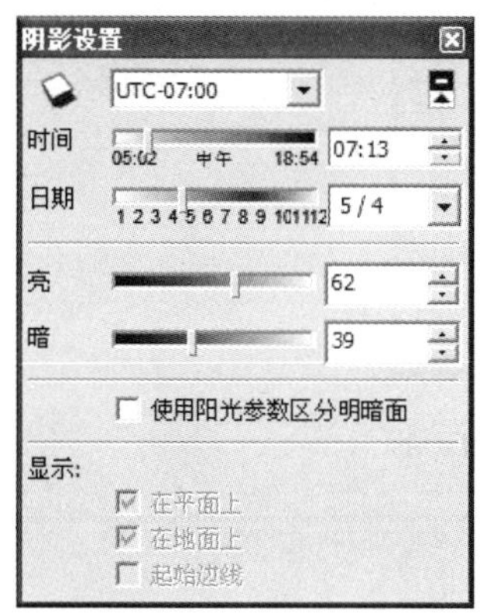

图 6-85 “阴影设置”对话框

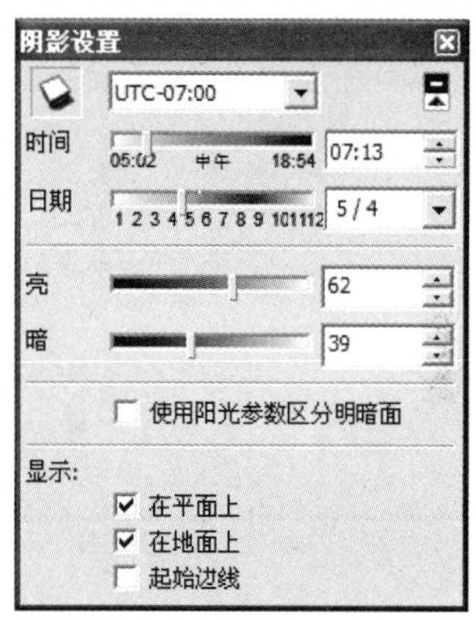

图 6-86 激活“显示/隐藏阴影”按钮

图 6-87 创建一个新的场景

step 03 在“阴影设置”对话框中，将时间滑块拖曳至右侧，如图 6-88 所示，然后再添加一个新的场景，如图 6-89 所示。

阴影设置
UTC-07:00
时间 05:02 中午 18:54 16:17
日期 1 2 3 4 5 6 7 8 9 10 11 12 5/4
亮 62
暗 39
使用阳光参数区分明暗面
显示:
在平面上
在地面上
起始边线

图 6-88　将时间滑块拖曳至右侧

图 6-89　添加一个新的场景

step 04 打开“模型信息”对话框，然后在“动画”选项中设置“开启场景过渡”为“5秒”、“场景暂停”为“0 秒”，如图 6-90 所示。

step 05 完成以上设置后，选择“文件”→“导出”→“动画”→“视频”菜单命令导出阴影动画，如图 6-91 所示。导出时，注意设置好动画的保存路径和格式(AVI 格式)，动画播放效果如图 6-92～6-94 所示。

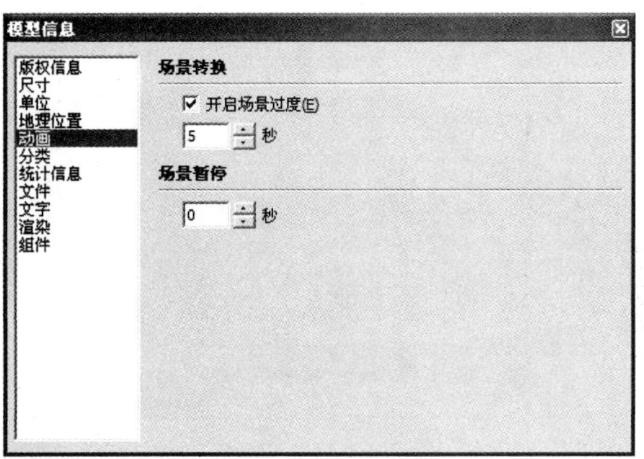

图 6-90　模型信息

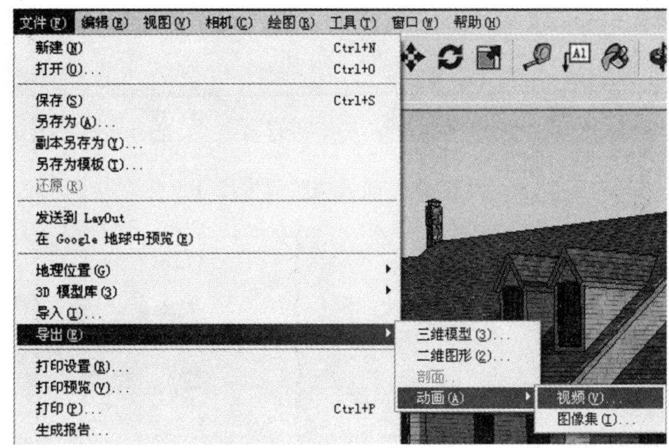

图 6-91　选择菜单命令

图 6-92　动画播放效果(一)

图 6-93　动画播放效果(二)

图 6-94　动画播放效果(三)

6.3.3　建筑物外景动画案例(三)

案例文件：ywj/06/6-3-3-1.skp、ywj/06/6-3-3-2.skp。

视频文件：光盘→视频课堂→第 6 章→6.3.3。

案例的操作步骤如下。

step 01 打开 6-3-3-1.skp 图形文件，然后选择“窗口”→“阴影”菜单命令，打开“阴影设置”对话框，对“日期”进行设置，在此设定为 3 月 3 日，如图 6-95 所示。

step 02 在“阴影设置”对话框中，将时间滑块拖曳至左侧，然后激活“显示/隐藏阴影”按钮，如图 6-96 所示。接着，打开“场景”管理器，创建一个新的场景，如图 6-97 所示。

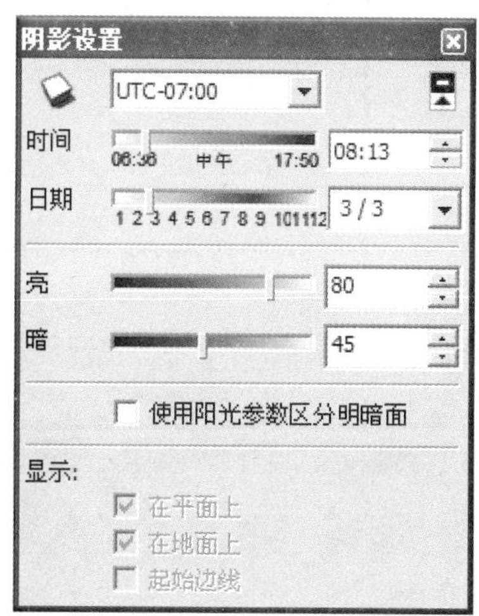

图 6-95 “阴影设置”对话框

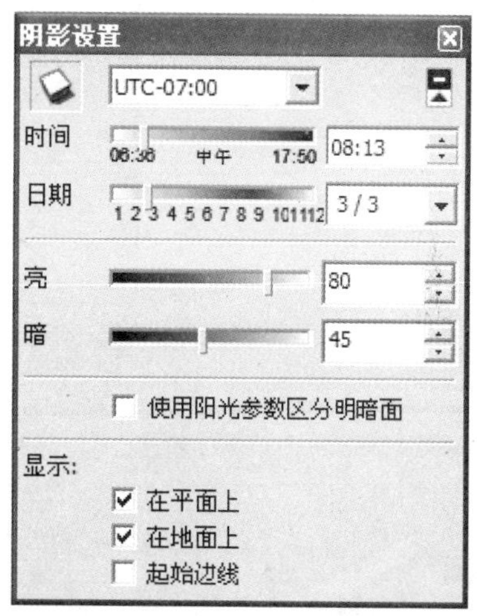

图 6-96 激活“显示/隐藏阴影”按钮

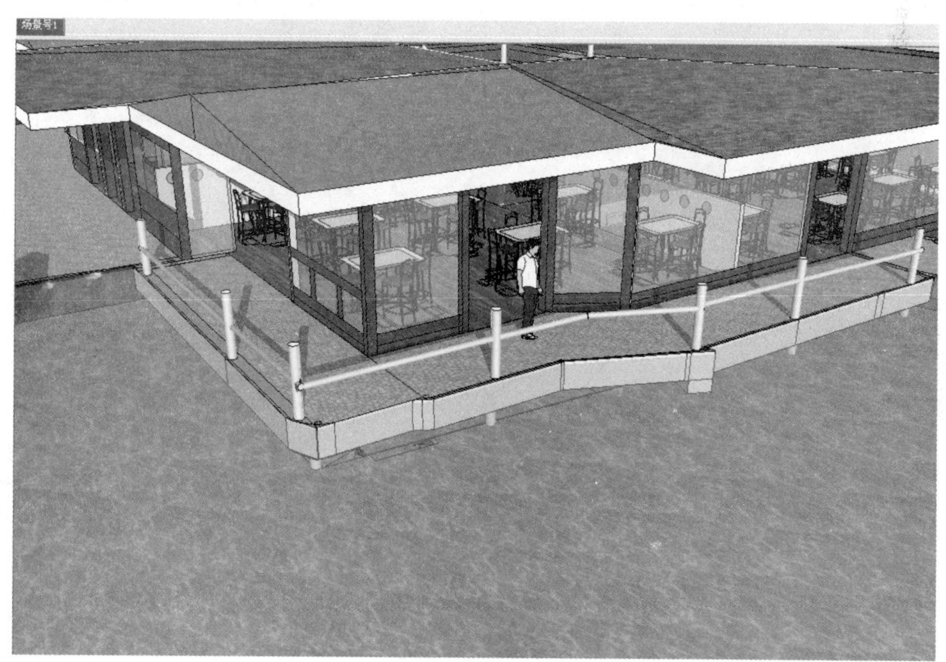

图 6-97 创建一个新的场景

step 03 在“阴影设置”对话框中，将时间滑块拖曳至右侧，如图 6-98 所示。然后再添加一个新的场景，如图 6-99 所示。

阴影设置
UTC-07:00
时间 06:36 中午 17:50 15:03
日期 1 2 3 4 5 6 7 8 9 10 11 12 3 / 3
亮 80
暗 45
使用阳光参数区分明暗面
显示:
在平面上
在地面上
起始边线

图 6-98　将时间滑块拖曳至右侧

图 6-99　添加一个新的场景

step 04 打开“模型信息”对话框，然后在“动画”选项中设置“开启场景过度”为“5 秒”、“场景暂停”为“0 秒”，如图 6-100 所示。

step 05 完成以上设置后，选择“文件”→“导出”→“动画”→“视频”菜单命令导出阴影动画，如图 6-101 所示。导出时，注意设置好动画的保存路径和格式(AVI 格式)，动画播放效果如图 6-102 ~ 6-104 所示。

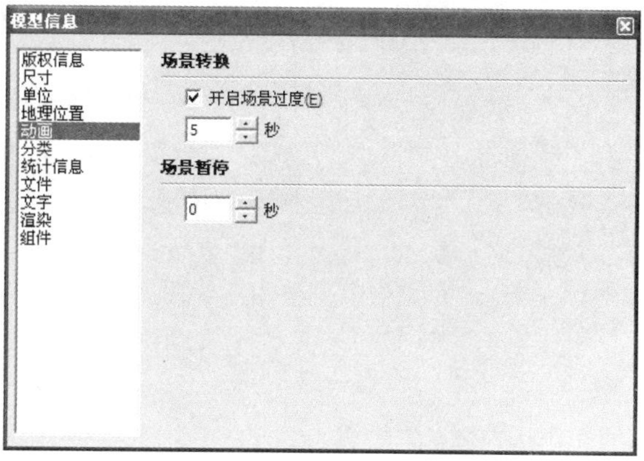

图 6-100 “模型信息”对话框

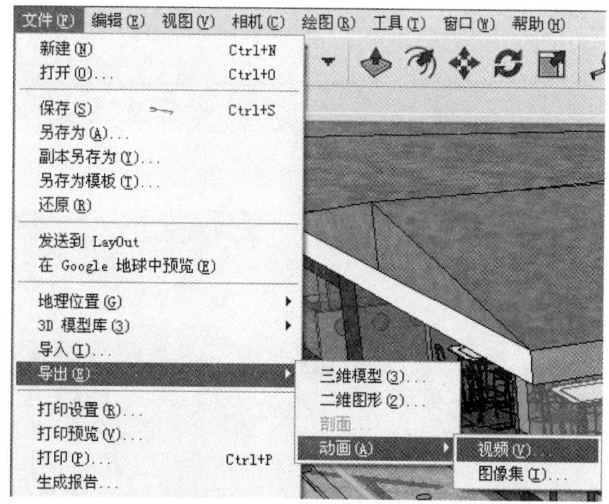

图 6-101 选择菜单命令

图 6-102 动画播放效果(一)

图 6-103　动画播放效果(二)

图 6-104　动画播放效果(三)

6.3.4　建筑物外景动画案例(四)

案例文件：ywj/06/6-3-4-1.skp，ywj/06/6-3-4-2.skp。

视频文件：光盘→视频课堂→第 6 章→6.3.4。

案例的操作步骤如下。

step 01 打开 6-3-4-1.skp 图形文件，然后选择“窗口”→“阴影”菜单命令，弹出“阴影设置”对话框，对“日期”进行设置，在此设定为 8 月 16 日，如图 6-105 所示。

step 02 在“阴影设置”对话框中，将时间滑块拖曳至左侧，然后激活“显示/隐藏阴影”按钮，如图 6-106 所示。接着，打开“场景”管理器创建一个新的场景，如图 6-107 所示。

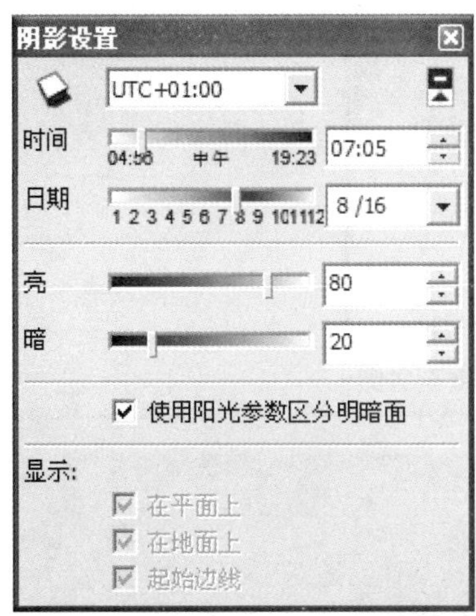

图 6-105 “阴影设置”对话框

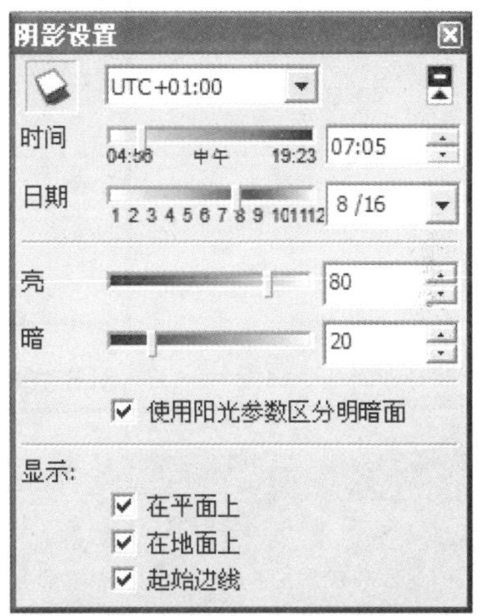

图 6-106 激活“显示/隐藏阴影”按钮

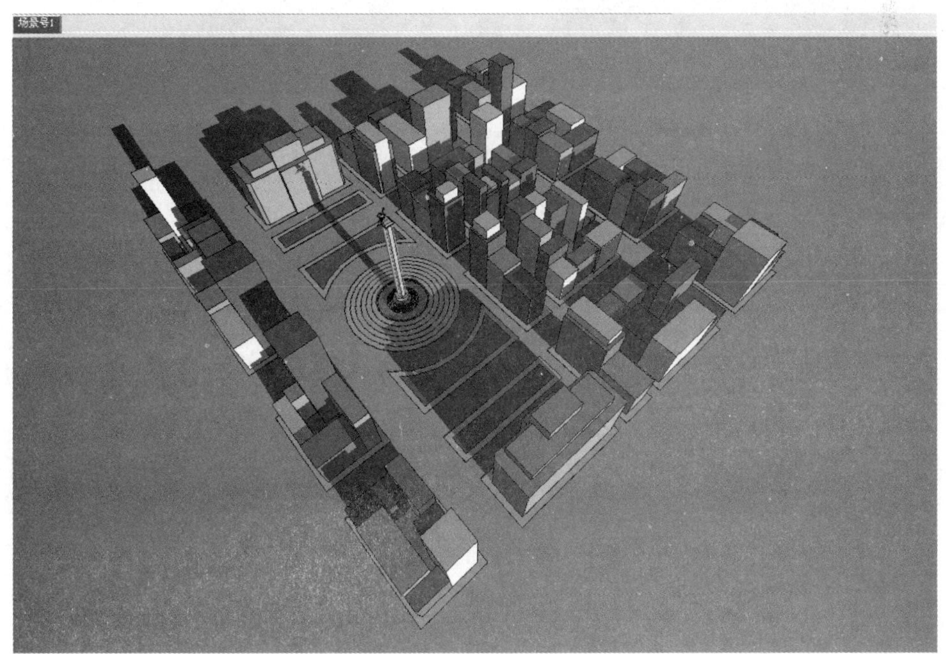

图 6-107 创建一个新的场景

step 03 在“阴影设置”对话框中，将时间滑块拖曳至右侧，如图 6-108 所示，然后再添加一个新的场景，如图 6-109 所示。

阴影设置
UTC+01:00
时间 04:57 中午 19:23 15:40
日期 1 2 3 4 5 6 7 8 9 10 11 12 8 /16
亮 80
暗 20
使用阳光参数区分明暗面
显示:
在平面上
在地面上
起始边线

图 6-108　将时间滑块拖曳至右侧

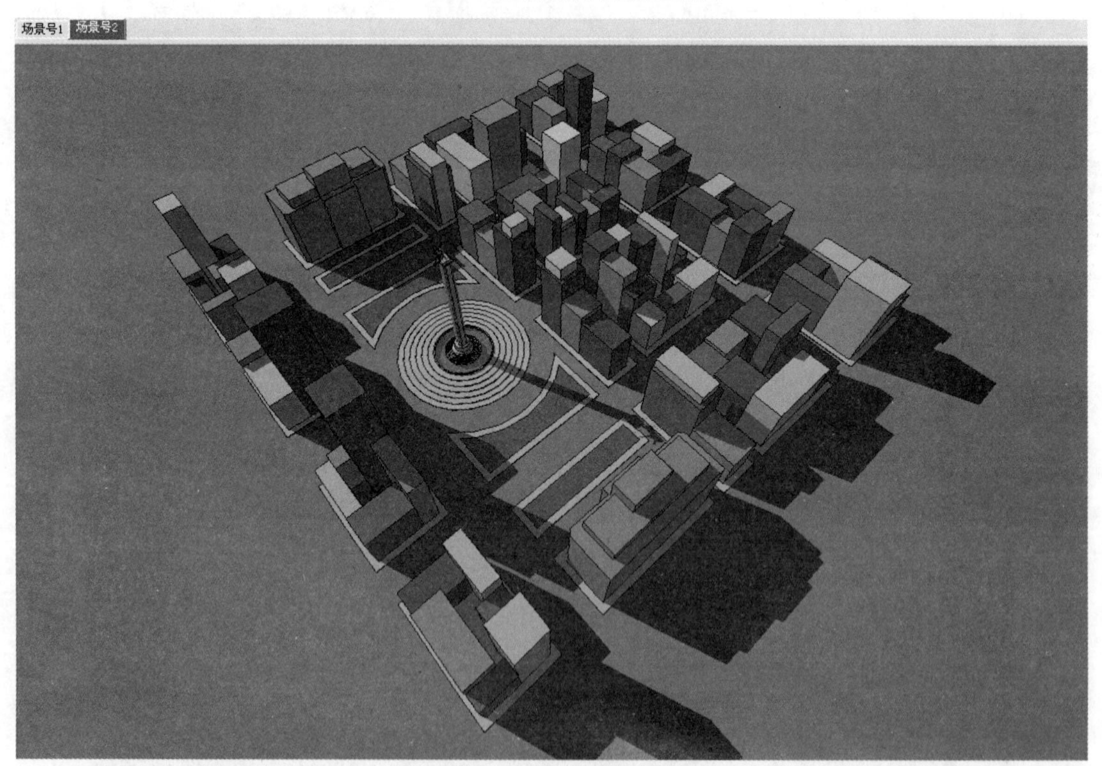

图 6-109　添加一个新的场景

step 04 打开“模型信息”对话框，然后在“动画”选项中设置“开启场景过度”为“5 秒”、“场景暂停”为“0 秒”，如图 6-110 所示。

step 05 完成以上设置后，选择“文件”→“导出”→“动画”→“视频”菜单命令导出阴影动画，如图 6-111 所示。导出时，注意设置好动画的保存路径和格式(AVI 格式)，动画的播放效果如图 6-112～6-114 所示。

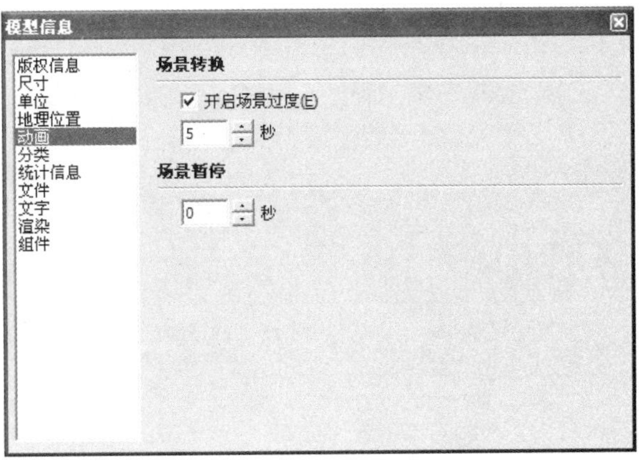

图 6-110 “模型信息”对话框

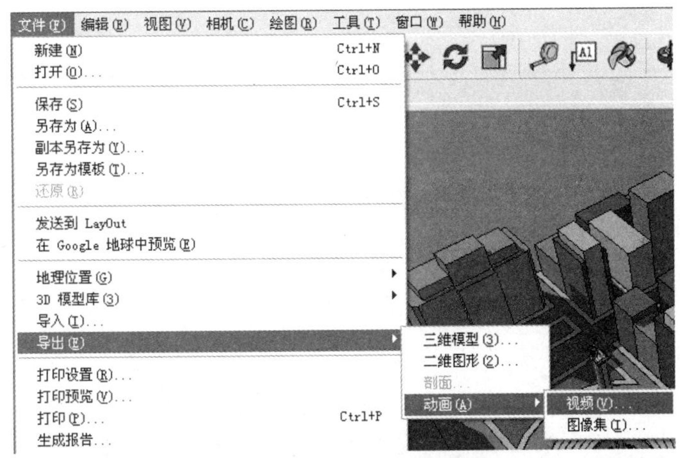

图 6-111 选择菜单命令

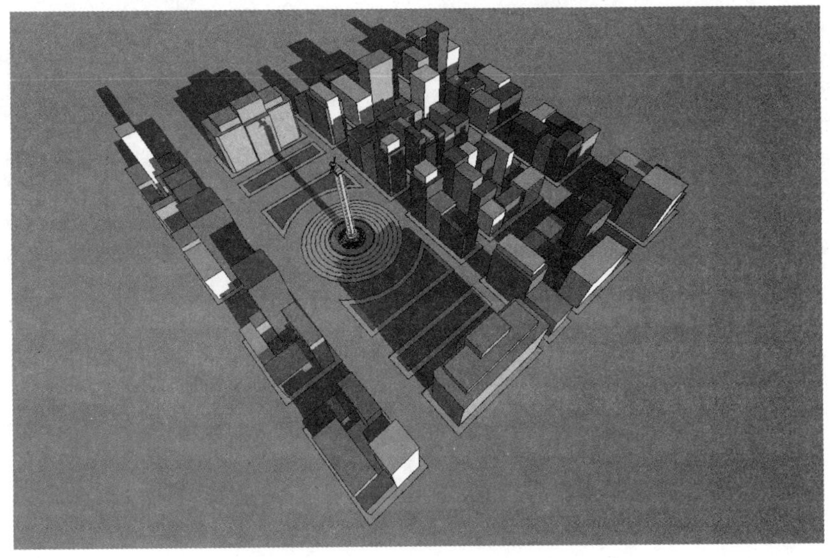

图 6-112 动画播放效果(一)

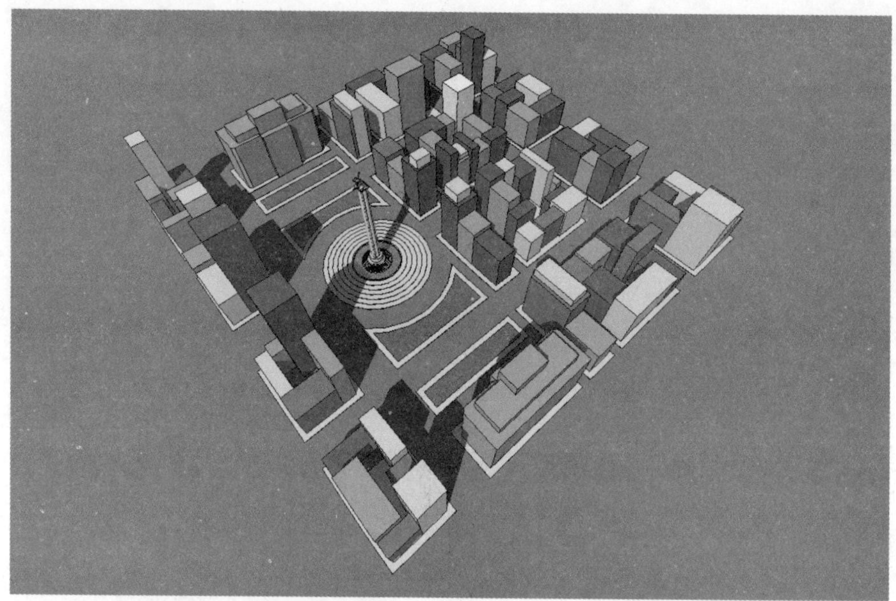

图 6-113　动画播放效果(二)

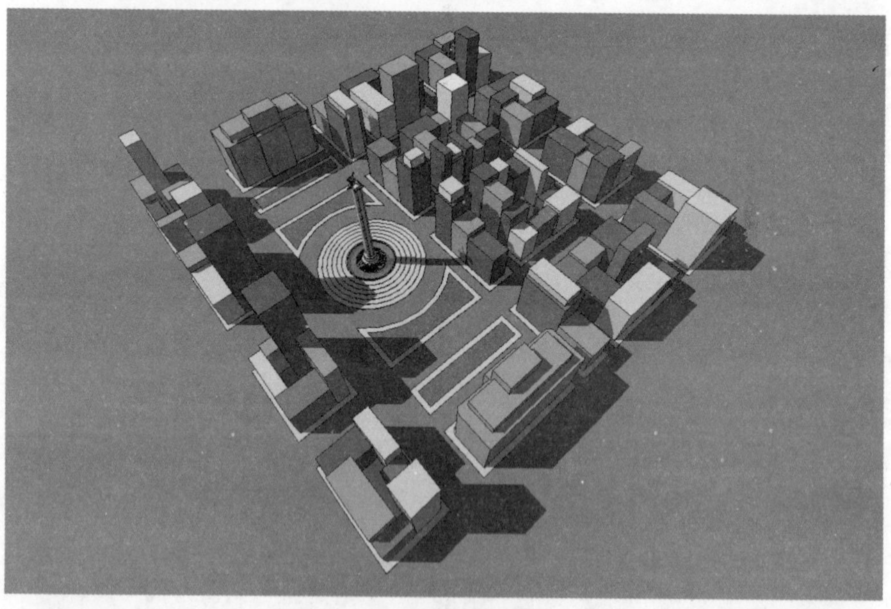

图 6-114　动画播放效果(三)

6.3.5　建筑物外景动画案例(五)

案例文件：ywj/06/6-3-5-1.skp、ywj/06/6-3-5-2.skp。

视频文件：光盘→视频课堂→第 6 章→6.3.5。

案例的操作步骤如下。

step 01 打开 6-3-5-1.skp 图形文件，然后选择“窗口”→“阴影”菜单命令，打开“阴影设置”对话框，对“日期”进行设置，在此设定为 7 月 28 日，如图 6-115 所示。

step 02 在“阴影设置”对话框中，将时间滑块拖曳至左侧，然后激活“显示/隐藏阴影”按钮，如图 6-116 所示。接着，打开“场景”管理器，创建一个新的场景，如图 6-117 所示。

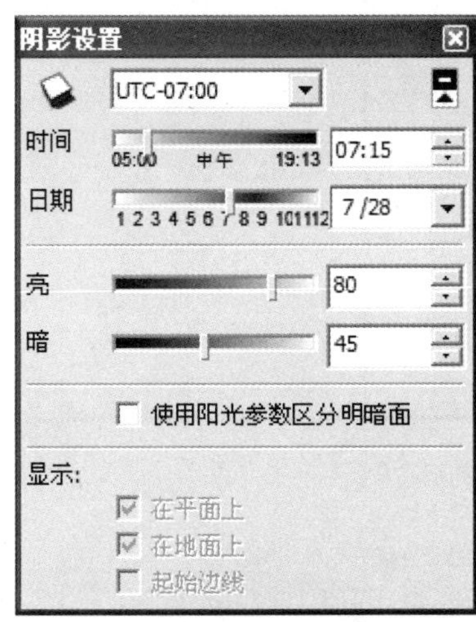

图 6-115 “阴影设置”对话框

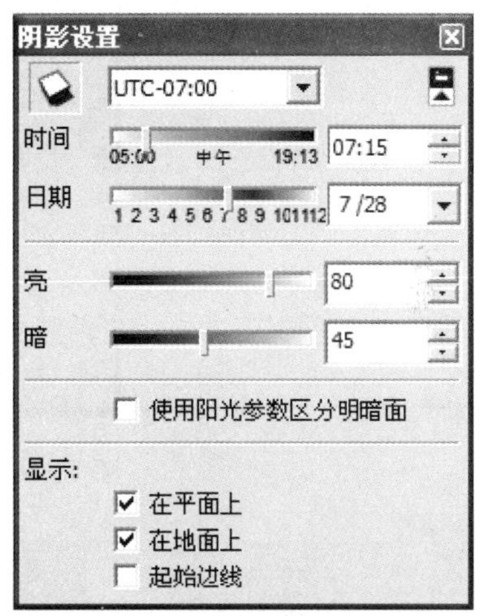

图 6-116 激活“显示/隐藏阴影”按钮

图 6-117 创建一个新的场景

step 03 在“阴影设置”对话框中，将时间滑块拖曳至右侧，如图 6-118 所示，然后再添加一个新的场景，如图 6-119 所示。

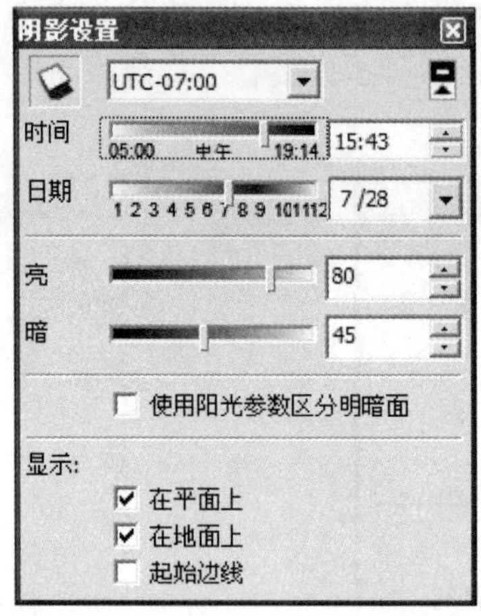

图 6-118　将时间滑块拖曳至右侧

图 6-119　添加一个新的场景

step 04 打开“模型信息”对话框，然后在“动画”选项中设置“开启场景过度”为“5 秒”、“场景暂停”为“0 秒”，如图 6-120 所示。

step 05 完成以上设置后，选择“文件”→“导出”→“动画”→“视频”菜单命令导出阴影动画，如图 6-121 所示。导出时，注意设置好动画的保存路径和格式(AVI 格式)，动画播放效果如图 6-122 ~ 6-124 所示。

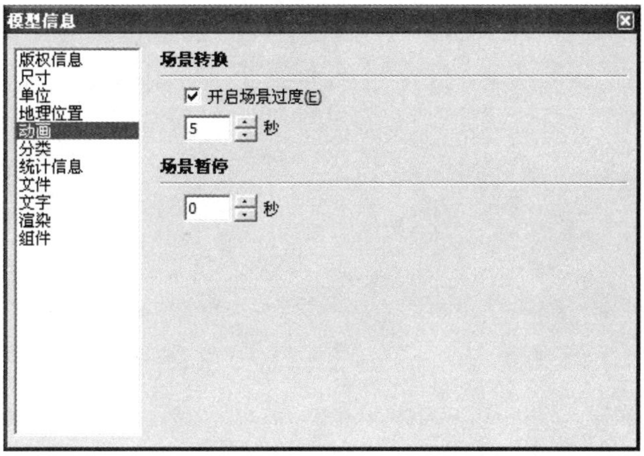

图 6-120 “模型信息”对话框

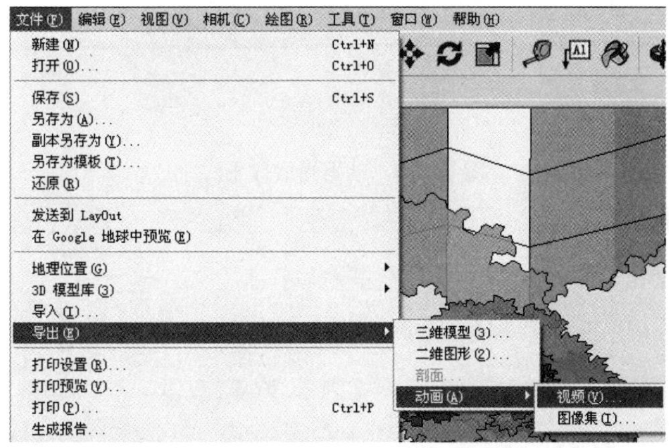

图 6-121 选择菜单命令

图 6-122 动画播放效果(一)

图 6-123　动画播放效果(二)

图 6-124　动画播放效果(三)

6.4　本 章 小 结

本章学习了怎样导出动画的方法以及批量导出场景图像的方法。动画场景的创建更能展现设计成果和意图，所以要勤加练习。动画的展示也可以更好地多角度观察图形。

第 7 章
剖 切 平 面

“剖切平面”是 SketchUp 中的特殊命令，用来控制截面效果。物体在空间的位置以及与群组和组件的关系，决定了剖切效果的本质。用户可以控制截面线的颜色，或者将截面线创建为组。使用“剖切平面”命令，可以方便地对物体的内部模型进行观察和编辑，展示模型内部的空间关系，减少编辑模型时所需的隐藏操作。另外，截面图还可以导出为 DWG 和 DXF 格式的文件到 AutoCAD 中，作为施工图的模板文件，或者利用多个场景的设置导出为建筑的生长动画等。这些内容将在本章中详细讲述。

7.1 创 建 剖 面

创建剖面可以更便于观察模型内部的结构，在展示的时候，可以让观察者更多、更全面地了解模型。

执行“剖切面”命令主要有以下几种方式：

- 从菜单栏中选择“工具”→“剖切面”菜单命令。
- 从菜单栏中，选择“视图”→“工具栏”→“截面”菜单命令，打开“截面”工具栏，单击“剖切面”工具。

在“样式”对话框中，可以对截面线的粗细和颜色进行调整，如图 7-1 所示。

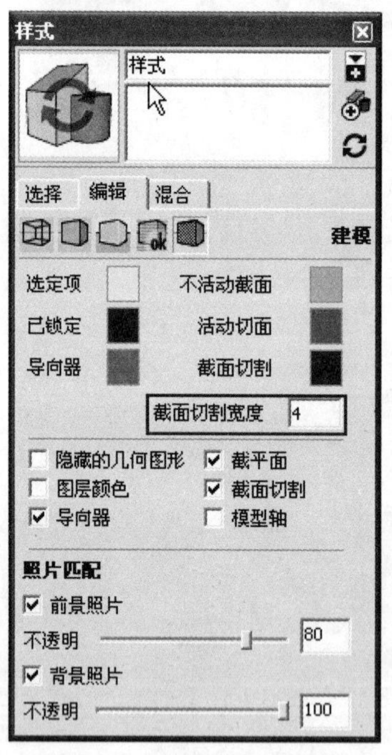

图 7-1 “样式”对话框

7.2 案例：罗马柱剖切平面

案例文件：ywj/07/7-1-1.skp。

视频文件：光盘→视频课堂→第 7 章→7.1.1

案例的操作步骤如下。

step 01 打开 7-1-1.skp 图形文件，选择需要增加截面的实体，选择“工具”→“剖切面”菜单命令，此时，光标会出现一个剖切面，接着移动光标到几何体上，剖切面会对齐到所在的表面上，如图 7-2 和 7-3 所示。

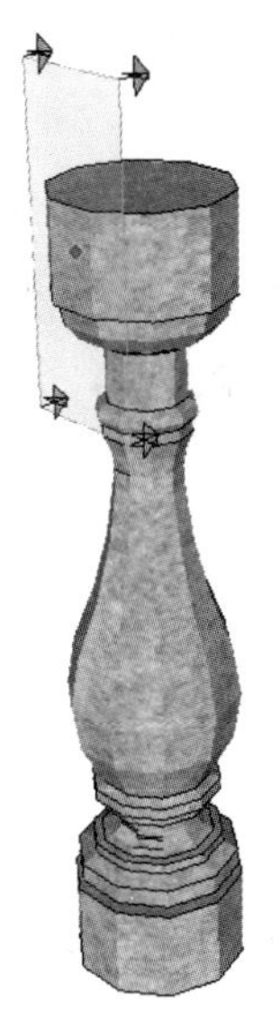

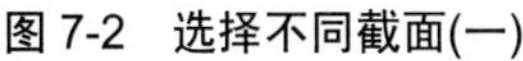

图 7-2 选择不同截面(一)

图 7-3 选择不同截面(二)

step 02 移动截面至适当的位置，然后用鼠标右键单击放置截面，如图 7-4 和 7-5 所示。

step 03 在“样式”对话框中，可以对截面线的粗细和颜色进行调整，如图 7-6 所示。

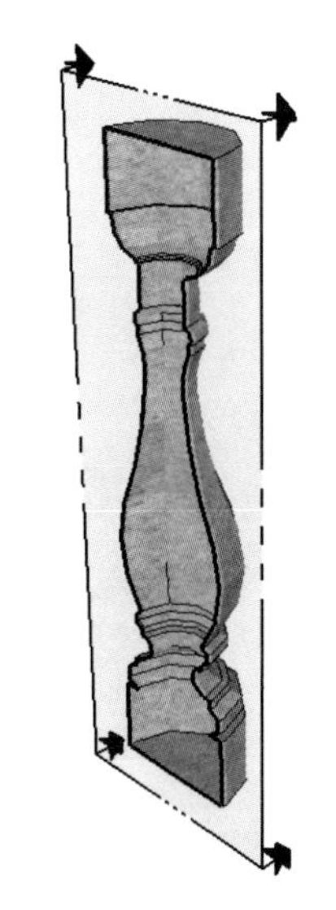

图 7-4 放置截面(一)

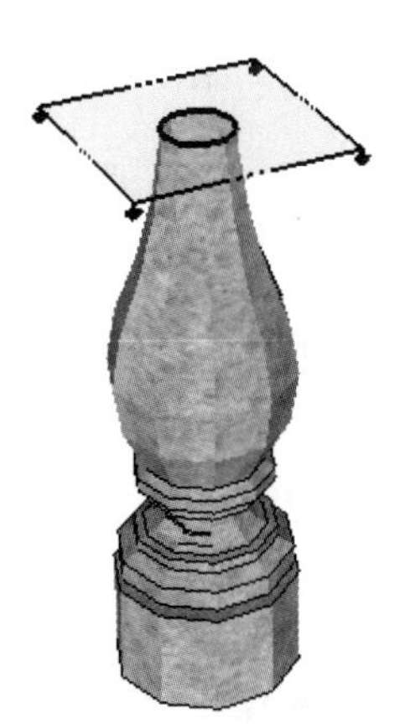

图 7-5 放置截面(二)

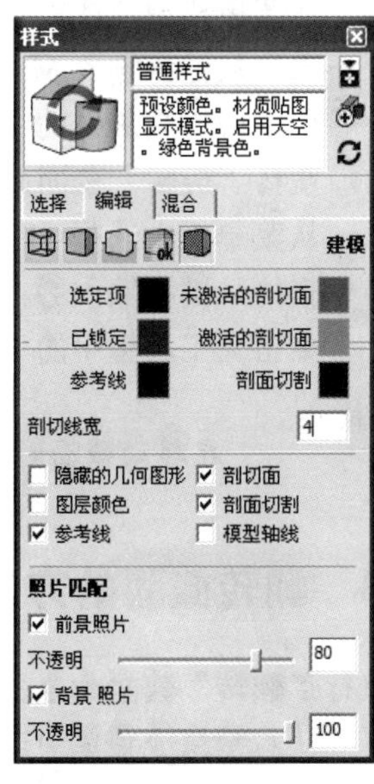

图 7-6 调整样式

7.3 编辑剖切面

编辑剖面能够更方便地展示模型，可以把需要显示的地方表现出来，使观察者更好地观察模型的内部。

7.3.1 截面工具栏介绍

执行"截面"命令的方式：从菜单栏中选择"视图"→"工具栏"→"截面"命令。

"截面"工具栏中的工具可以控制全局截面的显示和隐藏。选择"视图"→"工具栏"→"截面"菜单命令，即可打开"截面"工具栏，其中共有 3 个工具，分别为"剖切面"工具、"打开或关闭剖切面"工具和"打开或关闭剖面切割"工具，如图 7-7 所示。

图 7-7 "截面"工具栏

打开或关闭剖切面：该工具用于在截面视图和完整模型之间切换。

打开或关闭剖面切割：该工具用于快速显示和隐藏所有剖切的面。

7.3.2 移动和旋转截面

(1) 执行"移动"截面命令主要有以下几种方式：

- 从菜单栏中选择"工具"→"移动"菜单命令。
- 直接从键盘输入 M。
- 单击大工具集中的"移动"按钮。

(2) 执行"旋转"截面命令主要有以下几种方式：

- 从菜单栏中选择"工具"→"旋转"菜单命令。
- 直接从键盘输入 Q。
- 单击大工具集中的"旋转"按钮。

在移动截面时，截面只沿着垂直于自己表面的方向移动。

7.3.3 翻转截面的方向

执行"翻转"截面命令主要有以下几种方式：

- 从右键快捷菜单中选择"翻转"命令。
- 从菜单栏中选择"编辑"→"剖切面"→"翻转"命令。

在剖切面上用鼠标右键单击，然后从弹出的快捷菜单中选择"翻转"命令，就可以翻转剖切的方向。

7.3.4 激活截面

执行"激活截面"命令主要有以下几种方式：

- 从菜单栏中选择"编辑"→"截平面"→"显示剖切"命令。

- 使用“选择”工具，在截面上双击鼠标左键。
- 从右键快捷菜单中选择“显示剖切”命令。

放置一个新的截面后，该截面会自动激活。在同一个模型中可以放置多个截面，但一次只能激活一个截面，激活一个截面的同时，会自动淡化其他截面。

7.3.5 将剖切面对齐到视图

执行“对齐视图”命令主要有以下几种方式：

- 从菜单栏中选择“编辑”→“剖切面”→“对齐视图”菜单命令。
- 从右键快捷菜单中选择“对齐视图”命令。

要得到一个传统的截面视图，可以在截面上用鼠标右键单击，然后，从弹出的快捷菜单中选择“对齐视图”命令。

7.3.6 从剖面创建组

执行“从剖面创建组”命令主要有以下几种方式：

- 从菜单栏中选择“编辑”→“截平面”→“从剖面创建组”命令。
- 从右键快捷菜单中选择“从剖面创建组”命令。

7.4 编辑剖切面案例

7.4.1 景观廊架剖切平面

案例文件：ywj/07/7-2-1.skp。
视频文件：光盘→视频课堂→第 7 章→7.2.1。

案例的操作步骤如下。

step 01 打开 7-2-1.skp 图形文件，与其他实体一样，使用“移动”工具和“旋转”工具可以对截面进行移动和旋转，如图 7-8 和 7-9 所示。

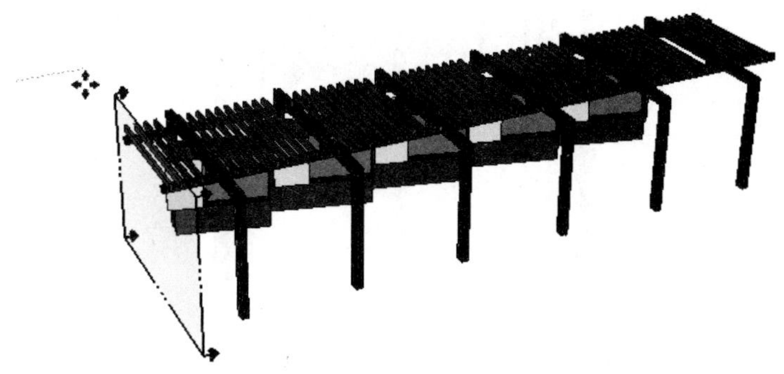

图 7-8 移动截面

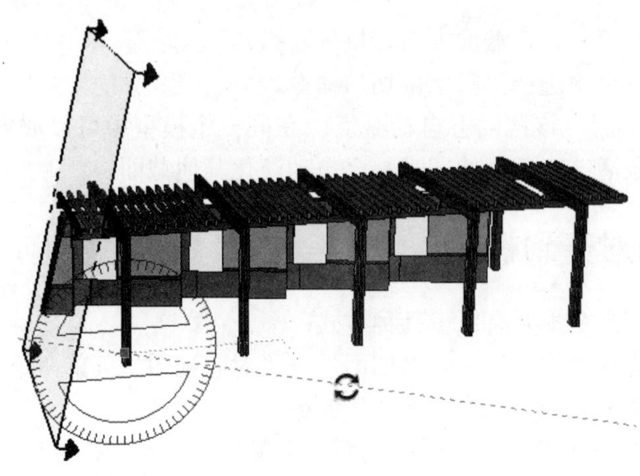

图 7-9　旋转截面

step 02 在剖切面上用鼠标右键单击，然后从弹出的快捷菜单中选择“翻转”命令，可以翻转剖切的方向，如图 7-10 和 7-11 所示。

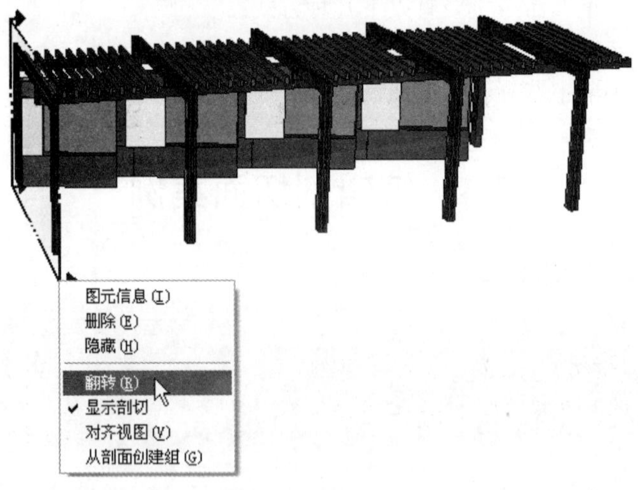

图 7-10　翻转命令

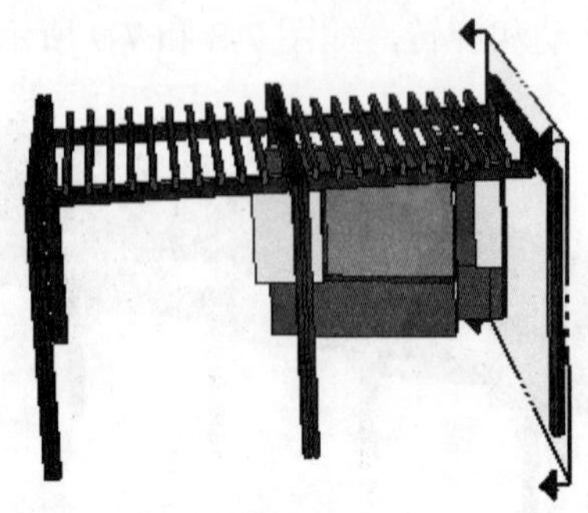

图 7-11　翻转截面

step 03 激活截面，如图 7-12 和 7-13 所示。

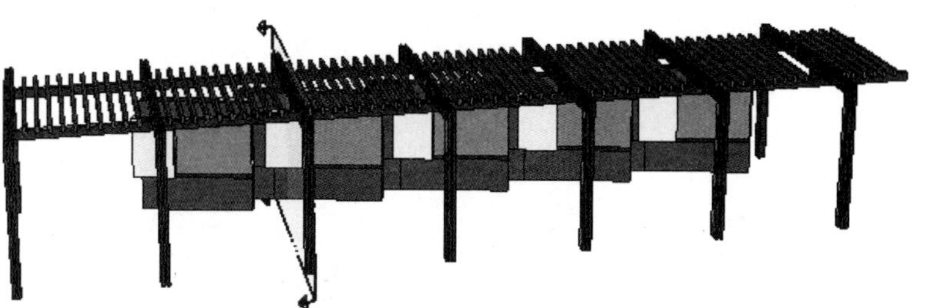

图 7-12　选择截面

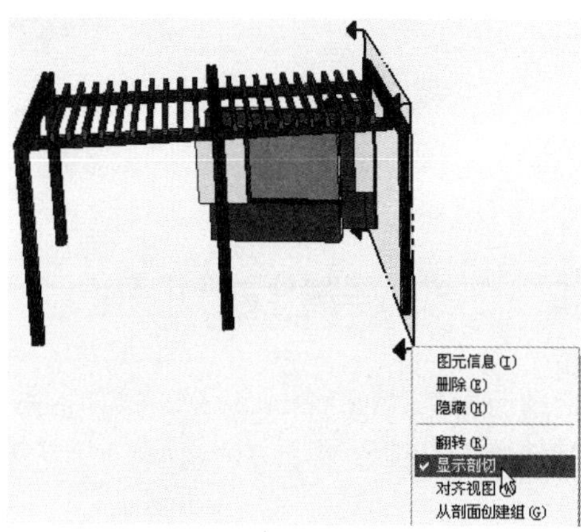

图 7-13　显示剖切

7.4.2　围墙剖切平面

案例文件：ywj/07/7-2-2.skp。

视频文件：光盘→视频课堂→第 7 章→7.2.2。

案例的操作步骤如下。

step 01 打开 7-2-2.skp 图形文件，如图 7-14 所示，此时截面对齐到屏幕，显示为一点透视截面或正视平面截面，如图 7-15 所示。

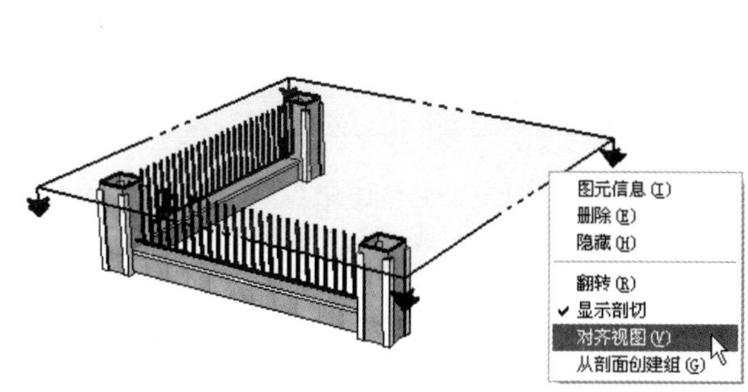

图 7-14　截面

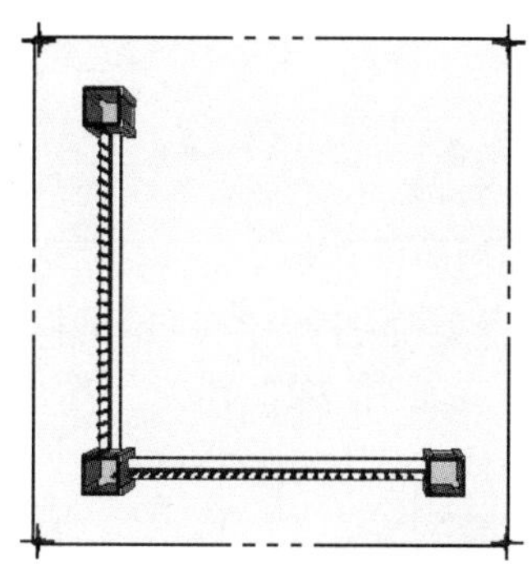

图 7-15　对齐视图

step 02 如图 7-16 所示，在截面与模型表面相交的位置会产生新的边线，并封装在一个组中，如图 7-17 所示。

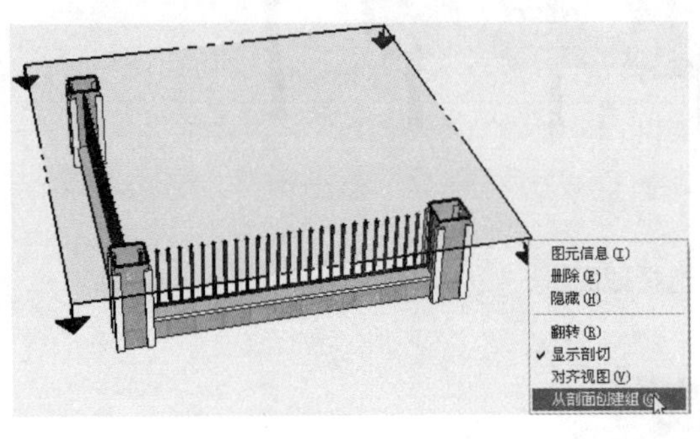

图 7-16　截面

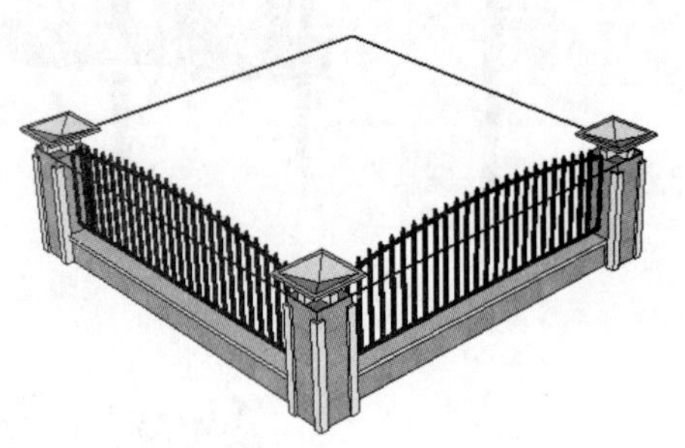

图 7-17　从剖面创建组

7.5　导出剖切面

导出截面，就可以很方便地应用到其他绘图软件中，例如，将剖面导出为 DWG 和 DXF 格式的文件，这两种格式的文件可以直接应用于 AutoCAD 中。这样就可以利用其他软件对图形进行修改了。

执行“导出截面”命令主要有以下几种方式：

- 从菜单栏中选择“编辑”→“截平面”→“从剖面创建组”菜单命令。
- 从右键快捷菜单中选择“从剖面创建组”命令。

SketchUp 的剖面可以导出为以下两种类型。

将剖切视图导出为光栅图像文件：只要模型视图中有激活的剖切面，任何光栅图像导出都会包括剖切效果。

将剖面导出为 DWG 和 DXF 格式的文件：这两种文件可以直接应用于 AutoCAD 中。

7.6　案例：建筑剖切平面

案例文件：ywj/07/7-3-1.skp。
视频文件：光盘→视频课堂→第 7 章→7.3.1。

案例的操作步骤如下。

step 01 打开 7-3-1.skp 图形文件，然后选择“文件”→“导出”→“剖面”菜单命令，如图 7-18 所示。弹出“输出二维剖面”对话框，设置“文件类型”为“AutoCAD DWG 文件(*.dwg)”，如图 7-19 所示。

step 02 设置文件保存的类型后，即可直接导出，也可以单击“选项”按钮，打开“二维剖面选项”对话框，然后在该对话框中进行相应的设置，再进行输出，如图 7-20 所示。

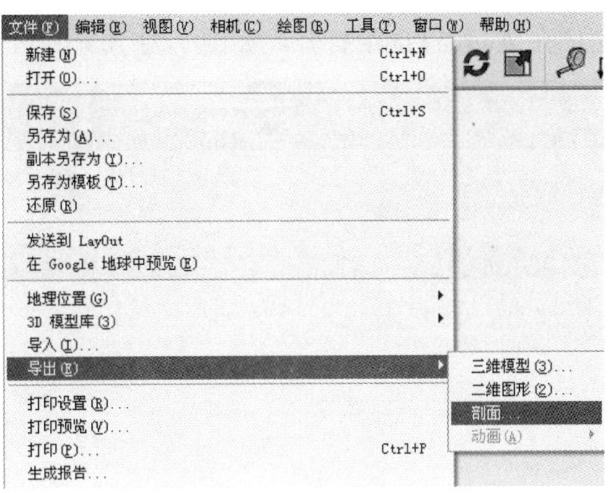

图 7-18　导出剖面

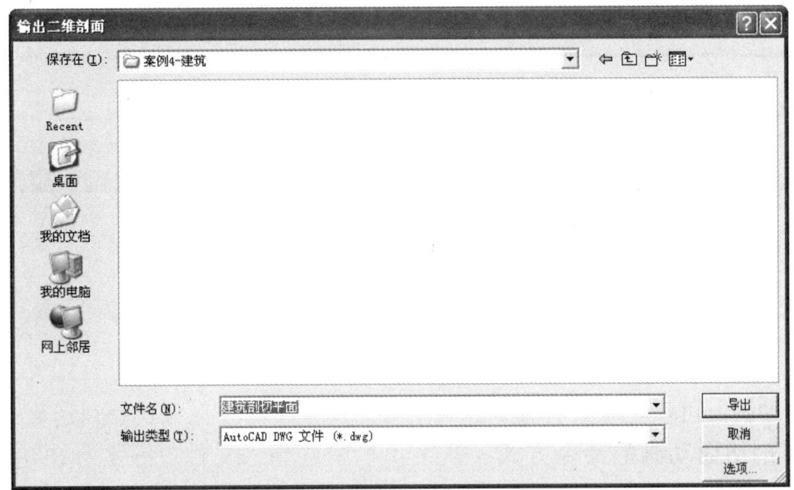

图 7-19　“输出二维剖面”对话框

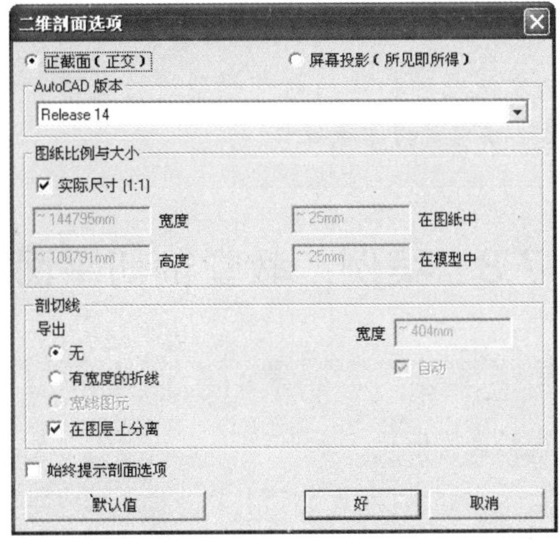

图 7-20　二维剖面选项

step 03 将导出的文件在 AutoCAD 中打开，如图 7-21 所示。

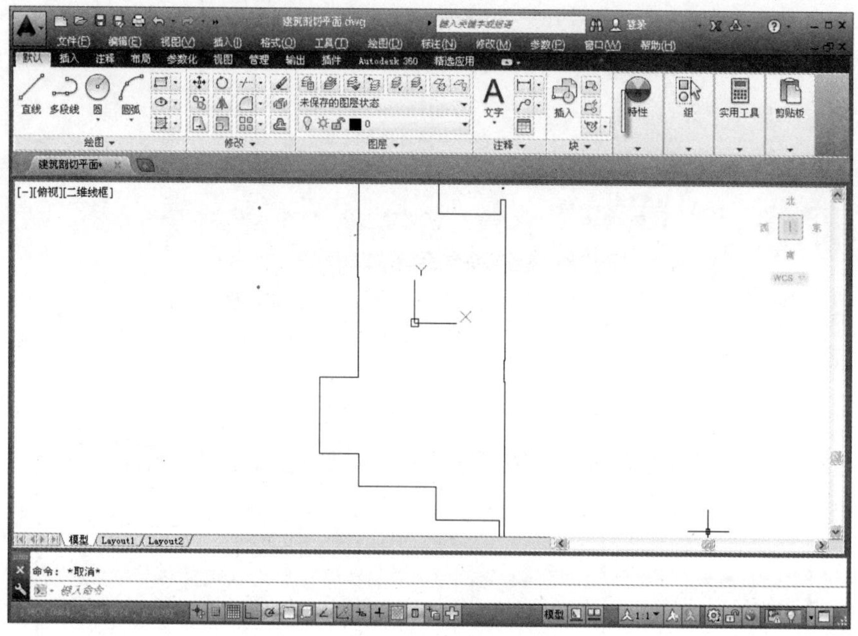

图 7-21　将导出的文件在 AutoCAD 中打开

7.7　制作剖切面动画

制作截面动画，可以让观察者看到建筑生长的过程，同时也可观察到建筑的内部结构。

执行导出剖切面动画的命令方式：从菜单栏中选择“文件”→“导出”→“动画”→“视频”菜单命令。

结合 SketchUp 的剖面功能和页面功能，可以生成剖面动画。例如，在建筑设计方案中，可以制作剖面生长动画，带来建筑层层生长的视觉效果。

剖切面可以方便地对物体的内部模型进行观察和编辑，展示内部的空间关系，减少编辑模型时所需的隐藏操作。

7.8　案例：教堂剖切平面

案例文件：ywj/07/7-4-1-1.skp、ywj/07/7-4-1-2.skp。

视频文件：光盘→视频课堂→第 7 章→7.4.1。

案例的操作步骤如下。

step 01 打开 7-4-1-1.skp 图形文件，并将需要制作动画的建筑体创建为群组，如图 7-22 所示。

图 7-22　创建群组

step 02 双击进入组内部编辑，然后运用“剖切面”工具，在建筑最底层创建一个剖切面，如图 7-23 所示。

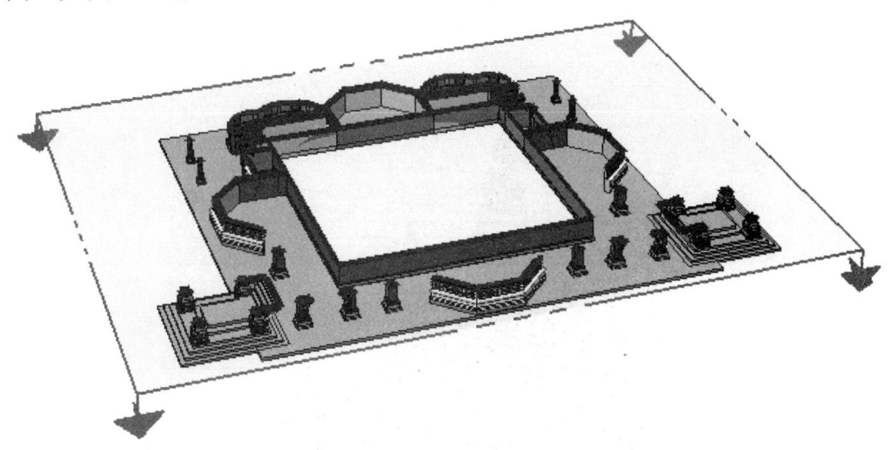

图 7-23　创建剖切面

step 03 将剖切面向上移动复制 4 份，复制时，注意最上面的剖切面要高于建筑模型，而且要保持剖切面之间的间距相等(这是因为场景过渡时间相等，所以如果剖面之间距离不一致，就会发生“生长”速度有快有慢不一致的情况)，如图 7-24 所示。

图 7-24　复制剖切面

step 04 选中建筑最底层的截面，然后用鼠标右键单击，从弹出的快捷菜单中选择“显示剖切”命令，如图 7-25 所示。

step 05 将所有剖切面隐藏，按 Esc 键退出组件编辑状态，然后打开“场景”管理器创建一个新的场景(场景号 1)，如图 7-26 所示。

step 06 创建完场景 1 以后，显示所有隐藏的剖切面，然后选择第二个剖切面进行激活，并将其余剖切面再次隐藏，在“场景”管理器中添加一个新的场景(场景 2)，如图 7-27 所示。

图 7-25　显示剖切

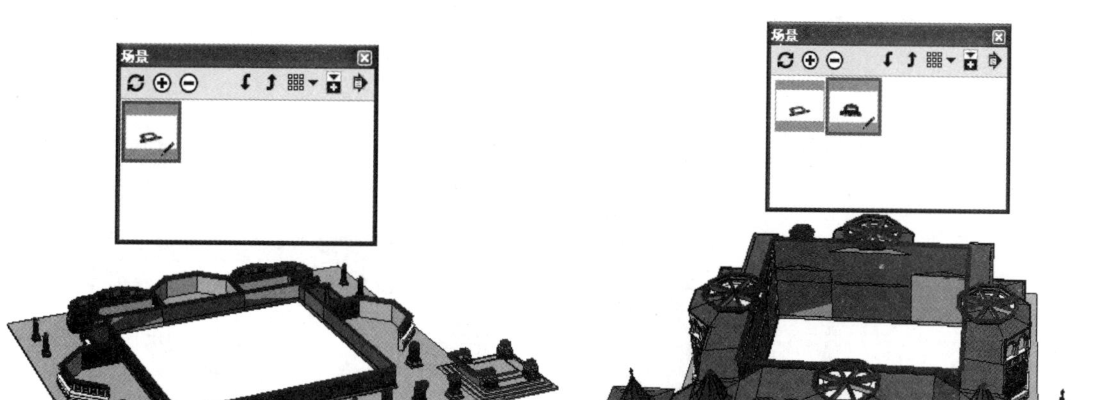

图 7-26 创建场景 1　　图 7-27 添加场景 2

step 07 添加其余剖切面的场景，例如场景号 3，以此类推，直到场景号 6，如图 7-28、7-29 所示。

step 08 选择“窗口”→“模型信息”菜单命令，打开“模型信息”对话框，然后，在“动画”选项中，设置“启用场景转换”为 5 秒、“场景暂停”为 0 秒，如图 7-30 所示。

step 09 完成设置后，从菜单栏中选择“文件”→“导出”→“动画”→“视频”命令，如图 9-31 所示，导出动画，动画播放效果如图 7-32 ~ 7-35 所示。

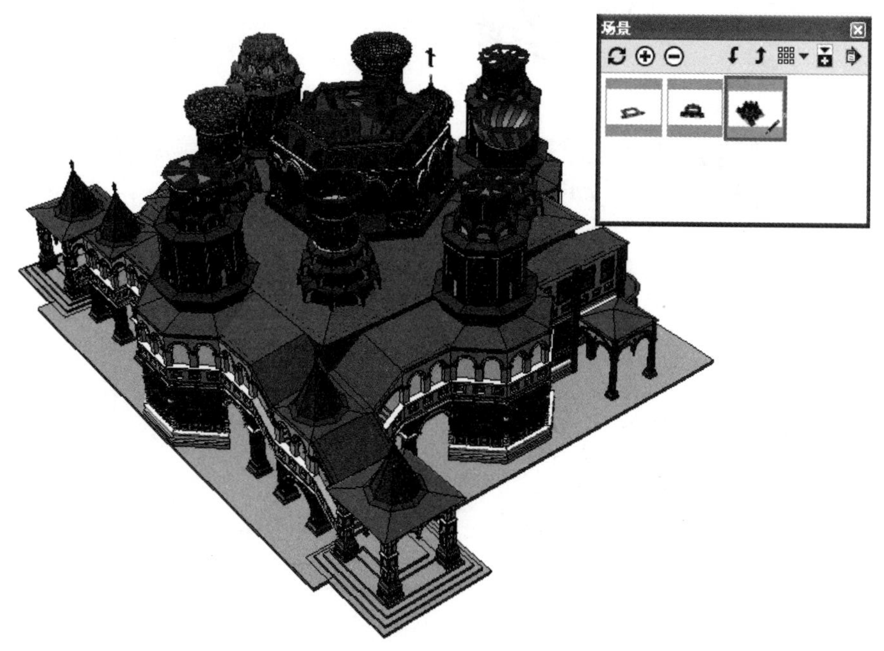

图 7-28 添加场景 3

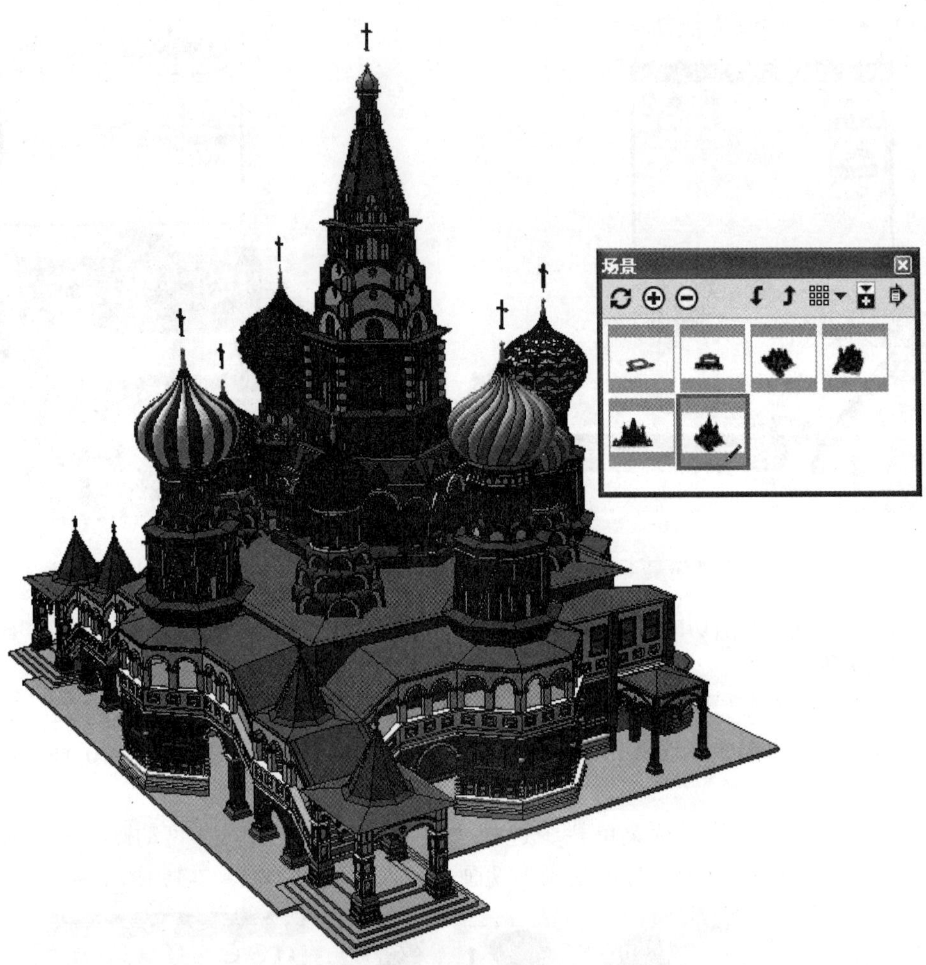

图 7-29　添加场景 6

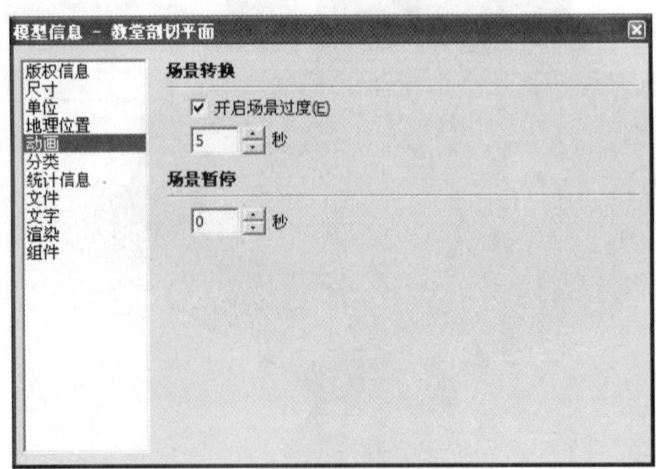

图 7-30　模型信息

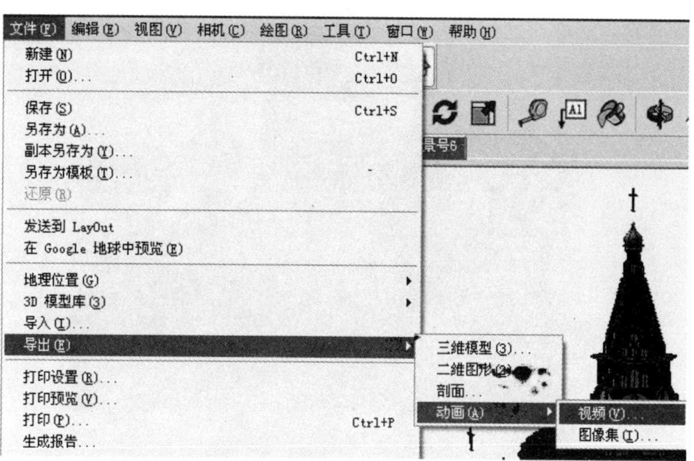

图 7-31 选择“文件”→“导出”→“动画”→“视频”命令

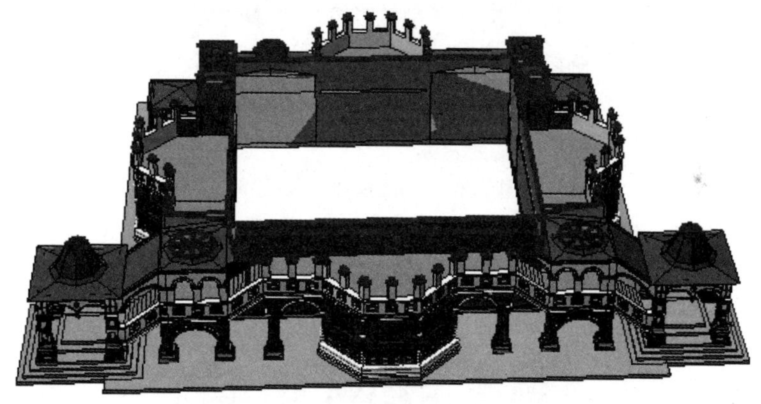

图 7-32 动画播放效果(一)

图 7-33 动画播放效果(二)

图 7-34　动画播放效果(三)

图 7-35　动画播放效果(四)

7.9　本 章 小 结

通过本章的学习，读者应掌握了 SketchUp 中创建截面、编辑截面、导出截面的方法和截面生长动画的制作。通过创建截面，可以了解所创建模型的内部结构。

第 8 章
沙 盒 工 具

不管是城市规划、园林景观设计还是游戏动画的场景，创建出一个好的地形环境能为设计增色不少。在 SketchUp 中创建地形的方法有很多种，包括结合 AutoCAD、ArcGIS 等软件进行高程点数据的共享并使用沙盒工具进行三维地形的创建、直接在 SketchUp 中使用“线条”工具和“推/拉”工具进行大致的地形推拉等，其中，利用沙盒工具创建地形的方法应用较为普遍。除了创建地形以外，沙盒工具还可以创建许多其他物体，例如膜状结构物体的创建等。读者可以开阔思维，发掘并拓展沙盒工具的其他应用功能。

8.1 沙 盒 工 具

从 SketchUp 5 以后，创建地形使用的都是“沙盒”工具。确切地说，“沙盒”工具是一个插件，它是用 Ruby 语言结合 SketchUp Ruby API 编写的，并对其源文件进行了加密处理。SketchUp 2014 的“沙盒”功能自动加载到了软件中。

8.1.1 沙盒工具栏

选择“视图”→“工具栏”→“沙盒”菜单命令，将打开“沙盒”工具栏，该工具栏中包含了 7 个工具，分别是“根据等高线创建”工具、“根据网格创建”工具、“曲面起伏”工具、“曲面平整”工具、“曲面投射”工具、“添加细部”工具和“对调角线”工具，如图 8-1 所示。

图 8-1 “沙盒”工具栏

8.1.2 根据等高线创建

执行“根据等高线创建”管理器命令主要有以下几种方式：

- 从菜单栏中选择“绘图”→“沙盒”→“根据等高线创建”菜单命令。
- 单击“沙盒”工具栏中的“根据等高线创建”按钮。

使用“根据等高线创建”工具(或选择“绘图”→“沙盒”→“根据等高线创建”菜单命令)，可以让封闭相邻的等高线形成三角面。等高线可以是直线、圆弧、圆、曲线等，使用该工具将会使这些闭合或不闭合的线封闭成面，从而形成坡地。

例如，使用“手绘线”工具在上视图创建地形，如图 8-2 所示。

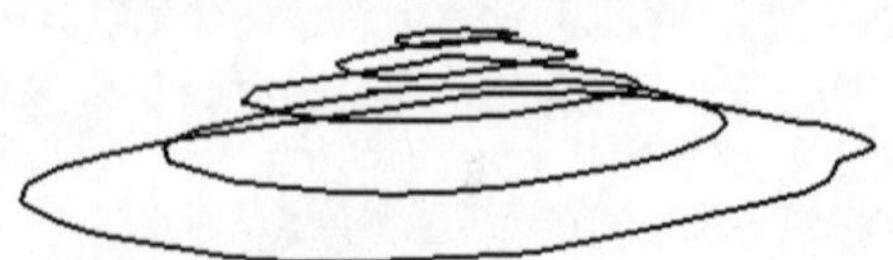

图 8-2 使用“手绘线”工具徒手画

选择绘制好的等高线，然后使用“根据等高线创建”工具，生成的等高线地形会自动形成一个组，在组外将等高线删除，如图 8-3 所示。

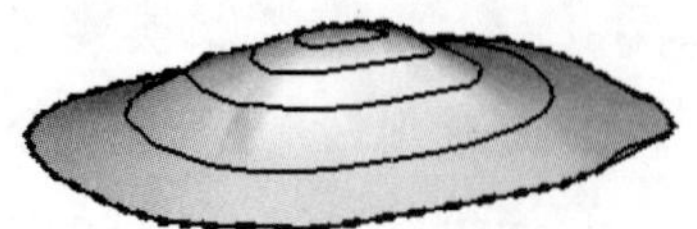
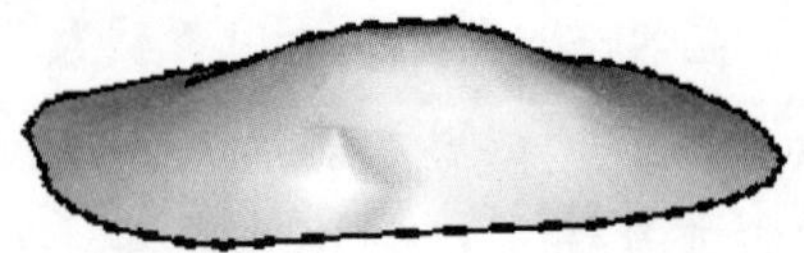

图 8-3 根据等高线创建

8.1.3 根据网格创建

执行“根据网格创建”管理器命令主要有以下几种方式：

- 从菜单栏中选择“绘图”→“沙盒”→“根据网格创建”菜单命令。
- 单击“沙盒”工具栏中的“根据网格创建”按钮。

使用“根据网格创建”工具(或者选择“绘图”→“沙盒”→“根据网格创建”菜单命令)可以根据网格创建地形。当然，创建的只是大体的地形空间，并不十分精确。如果需要精确的地形，还是要使用上面提到的“根据等高线创建”工具。

8.1.4 曲面起伏

执行“曲面起伏”工具管理器命令主要有以下几种方式：

- 从菜单栏中选择“工具”→“沙盒”→“曲面起伏”菜单命令。
- 单击“沙盒”工具栏中的“曲面起伏”按钮。

使用“曲面起伏”工具可以对网格中的一部分进行曲面拉伸。

在 SketchUp 中，“设置场景坐标轴”和“显示十字光标”这两个操作并不常用，特别对于初学者来说，不需要过多地去研究，有一定的了解即可。

8.1.5 曲面平整

执行“曲面平整”工具管理器命令主要有以下几种方式：

- 从菜单栏中选择“工具”→“沙盒”→“曲面平整”菜单命令。
- 单击“沙盒”工具栏中的“曲面平整”按钮。

使用“曲面平整”工具(或者选择“工具”→“沙盒”→“曲面平整”菜单命令)可以在复杂的地形表面上创建建筑基面和平整场地，使建筑物能够与地面更好地结合。

使用“曲面平整”工具不支持镂空的情况，遇到有镂空的面，会自动闭合；同时，也不支持 90 度垂直方向或大于 90 度以上的转折，遇到此种情况会自动断开，如图 8-4 所示。

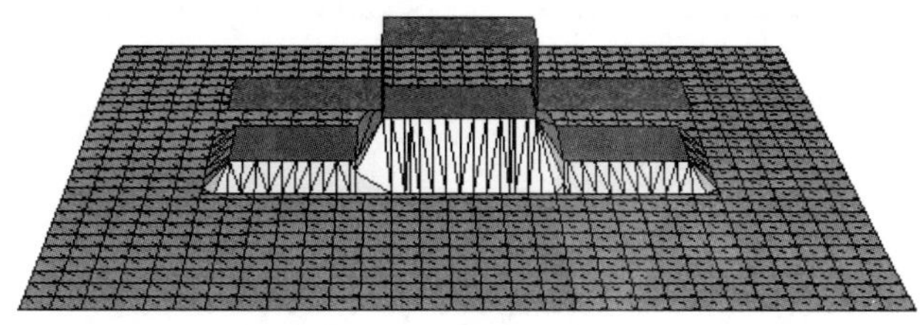

图 8-4　使用曲面平整工具

在 SketchUp 中，剖面图的绘制、调整、显示很方便，可以很随意地完成需要的剖面图，设计师可以根据方案中垂直方向的结构、交通、构件等去选择剖面图，而不必特意去绘制剖面图。

8.1.6 曲面投射

执行“曲面投射”工具管理器命令主要有以下几种方式：

- 从菜单栏中选择“工具”→“沙盒”→“曲面投射”菜单命令。
- 单击“沙盒”工具栏中的“曲面投射”按钮。

使用“曲面投射”工具(或者选择“工具”→“沙盒”→“曲面投射”菜单命令)可以将物体的形状投射到地形上。与“曲面平整”工具不同的是，“曲面平整”工具是在地形上建立一个基底平面，使建筑物与地面更好地结合，而“曲面投射”工具是在地形上划分一个投射面物体的形状。

在 SketchUp 中，背景与天空都无法贴图，只能用简单的颜色来表示，如果需要增加配景贴图，可以在 PhotoShop 中完成，也可以将 SketchUp 的文件导入到彩绘大师 Piranesi 中，生成水彩画等效果。

8.1.7 添加细部

执行“添加细部”工具管理器命令主要有以下几种方式：

- 从菜单栏中选择“工具”→“沙盒”→“添加细部”菜单命令。
- 单击“沙盒”工具栏中的“添加细部”按钮。

使用“添加细部”工具(或者选择“工具”→“沙盒”→“添加细部”菜单命令)可以在根据网格创建地形不够精确的情况下，对网格进行进一步的修改。细分的原则是将一个网格分成 4 块，共形成 8 个三角面，如图 8-5 所示。

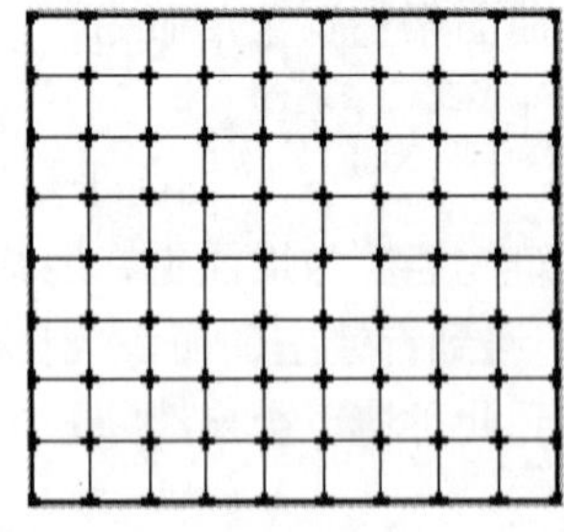

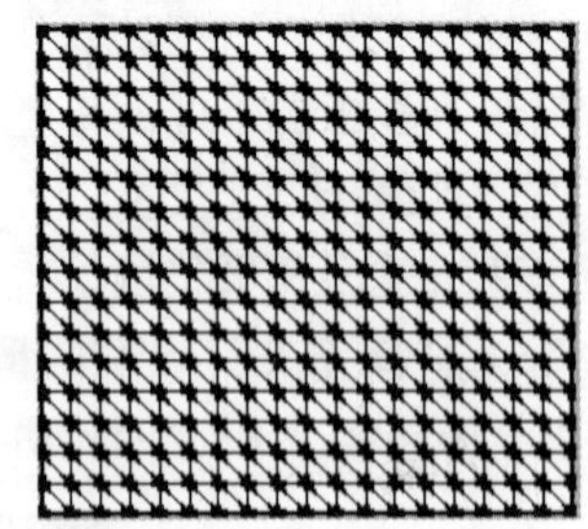

图 8-5　使用“添加细部”工具

8.1.8 对调角线

执行“对调角线”工具管理器命令主要有以下几种方式：

- 从菜单栏中选择“工具”→“沙盒”→“对调角线”菜单命令。
- 单击“沙盒”工具栏中的“对调角线”按钮。

使用“对调角线”工具(或者选择“工具”→“沙盒”→“对调角线”菜单命令)可以人为地改变地形网格边线的方向，对地形的局部进行调整。在某些情况下，对于一些地形的起伏不能顺势而下，选择“对调角线”命令，改变边线凹凸的方向，就可以很好地解决问题。

8.2 沙盒工具案例

8.2.1 绘制地形

案例文件：ywj/08/8-1-1.skp。
视频文件：光盘→视频课堂→第 8 章→8.1.1。

案例的操作步骤如下。

step 01 选择“手绘线”工具，绘制地形图，如图 8-6 所示。

step 02 选择“移动”工具，将线条移动到不同的高度，如图 8-7 所示。

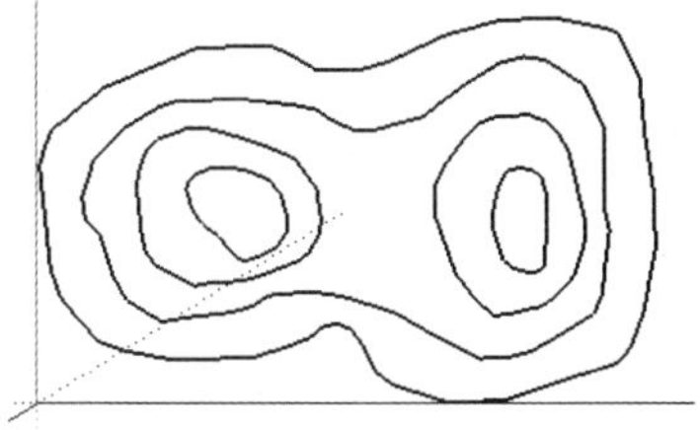

图 8-6 绘制地形图

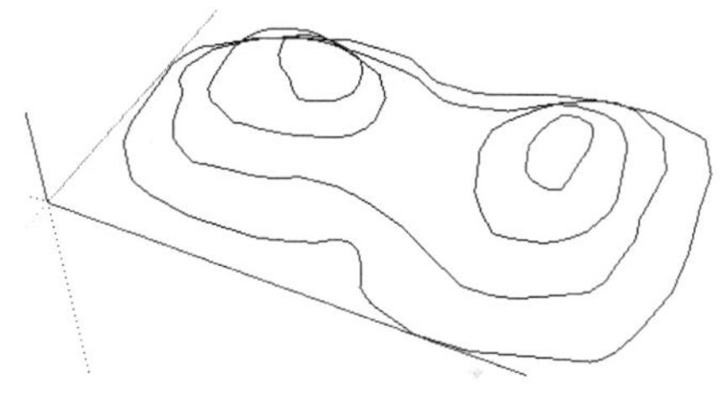

图 8-7 移动线条

step 03 选择绘制好的等高线，选择“根据等高线创建”工具，生成的等高线地形会自动成为一个组，在组外将等高线删除，完成了地形的创建，如图 8-8 所示。

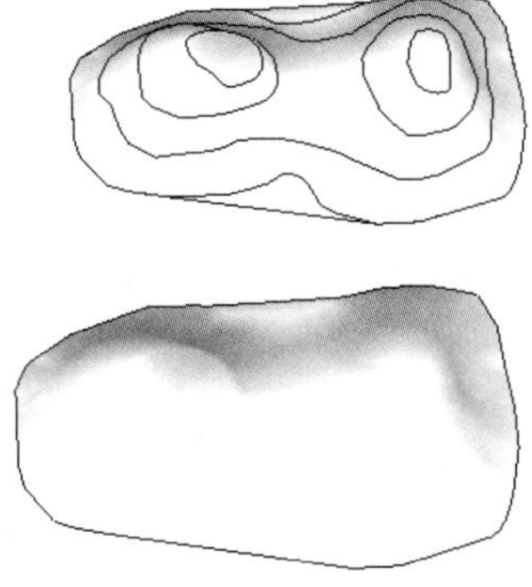

图 8-8 完成地形创建

8.2.2 创建张拉膜

案例文件：ywj/08/8-1-2.skp。
视频文件：光盘→视频课堂→第 8 章→8.1.2。

案例的操作步骤如下。

step 01 选择“直线”工具，绘制底边长 3300mm，腰边长 2800mm 的等腰三角形，选择“推/拉”工具，推拉厚度为 4900mm，并创建为群组，如图 8-9 所示。

step 02 选择“圆弧”工具，绘制圆弧，如图 8-10 所示。

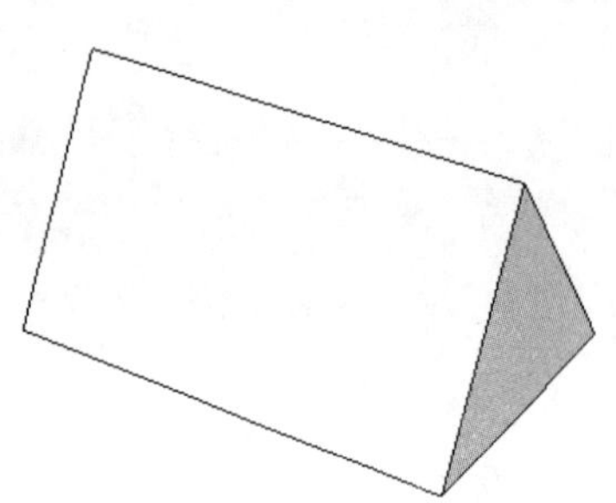

图 8-9　绘制模型

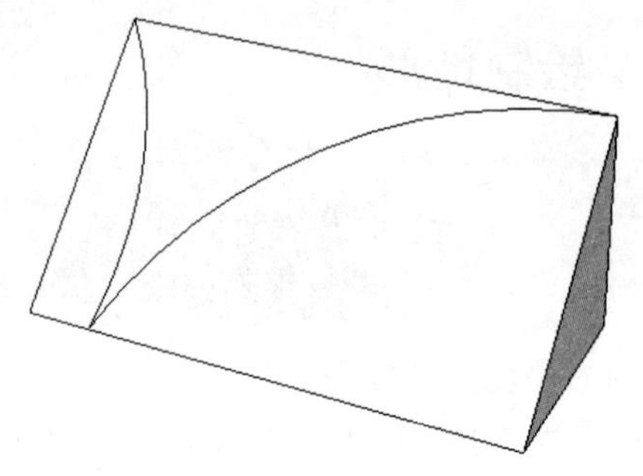

图 8-10　绘制圆弧

step 03 选择“矩形”工具，沿着图形绘制一个竖直的矩形面，如图 8-11 所示。

step 04 选择“圆弧”工具，在矩形面上绘制圆弧，如图 8-12 所示。

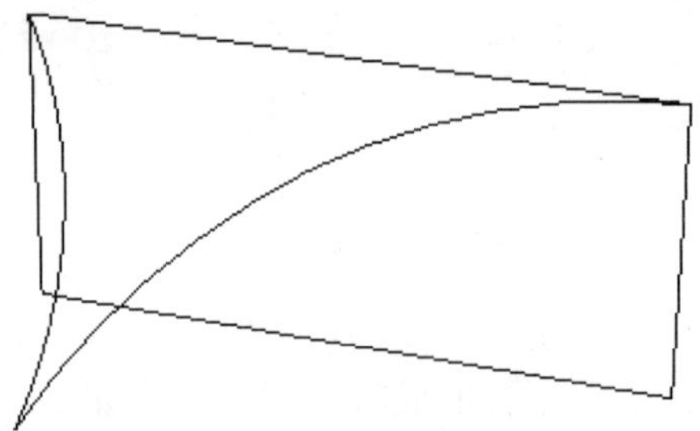

图 8-11　绘制矩形

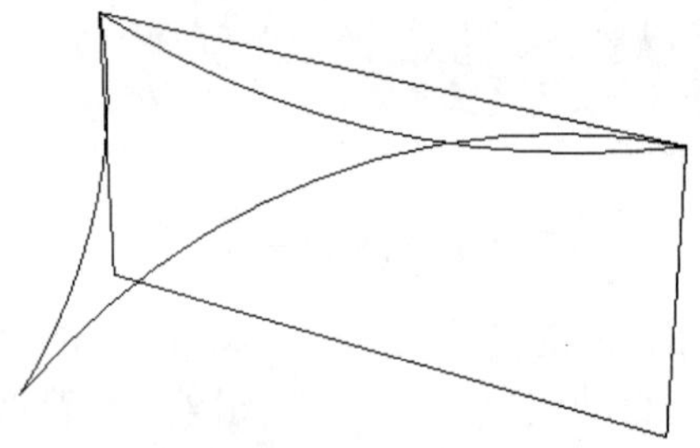

图 8-12　绘制圆弧

step 05 选择三条弧线，创建为群组，双击群组进入内部，选择“移动”命令，向上移动，如图 8-13 所示。

step 06 选择三条弧线，使用“沙盒”工具栏中的“根据等高线创建”工具，自动生成曲面，如图 8-14 所示。

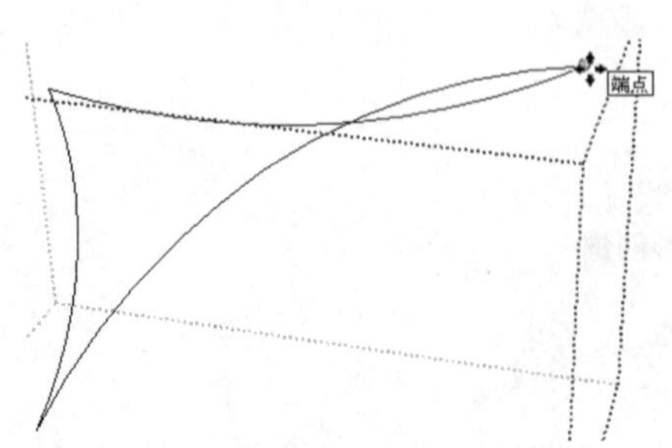

图 8-13　移动端点

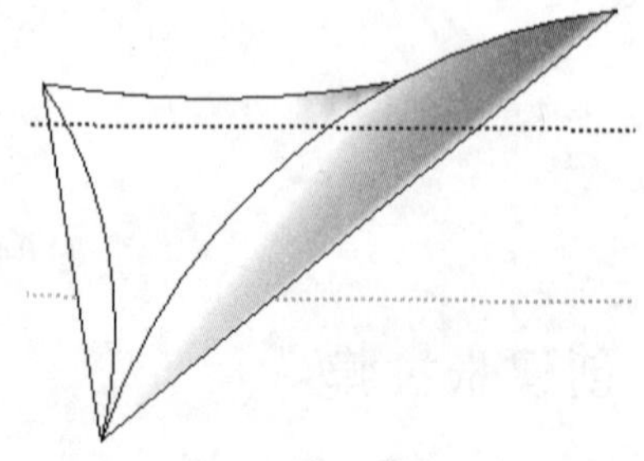

图 8-14　绘制曲面

step 07 选择生成的曲面群组，将其分解，并删除两侧多余的面和线，如图 8-15 和 8-16 所示。

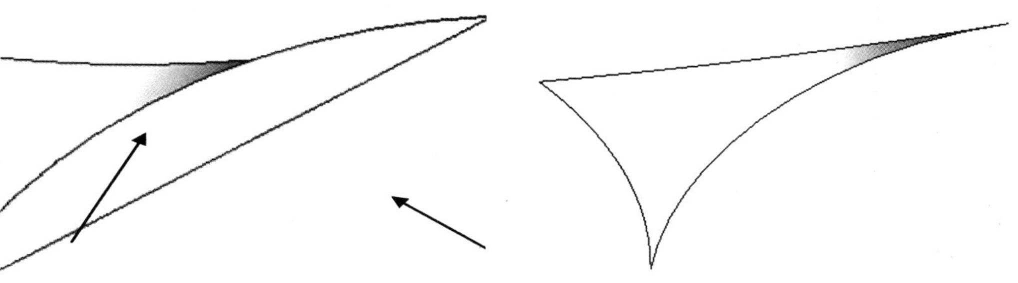

图 8-15　分解曲面　　　　图 8-16　删除面线

step 08 将完成的曲面制作为组件，将其复制一份，选择复制的模型，用鼠标右键单击，从弹出的快捷菜单中选择“翻转方向”→“组的绿轴”命令，如图 8-17 所示，翻转模型如图 8-18 所示。

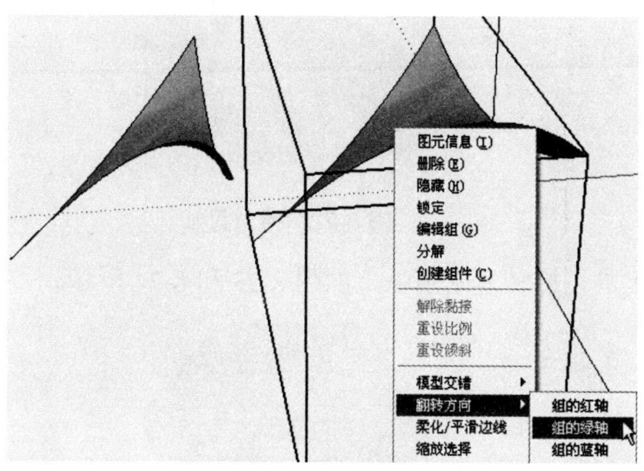

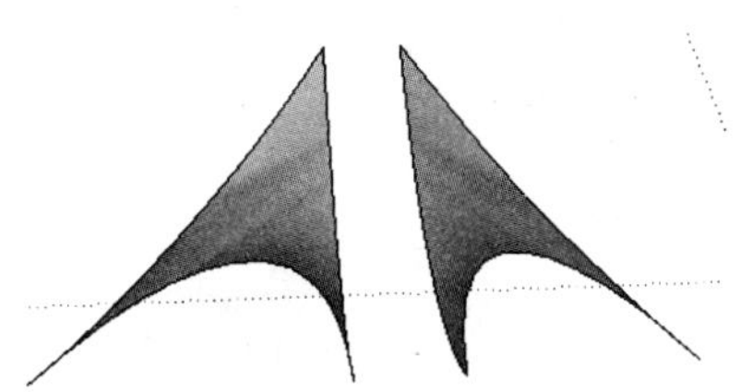

图 8-17　右键菜单　　　　图 8-18　翻转模型

step 09 选择“圆”工具和“推/拉”工具，绘制圆柱体，如图 8-19 所示。

step 10 选择“旋转”工具调整圆柱体的倾斜角度，选择“移动”工具，移动复制的圆柱体，完成张拉膜的创建，如图 8-20 所示。

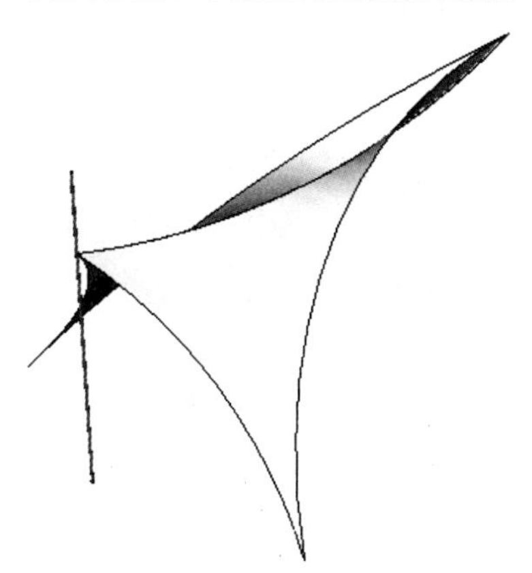

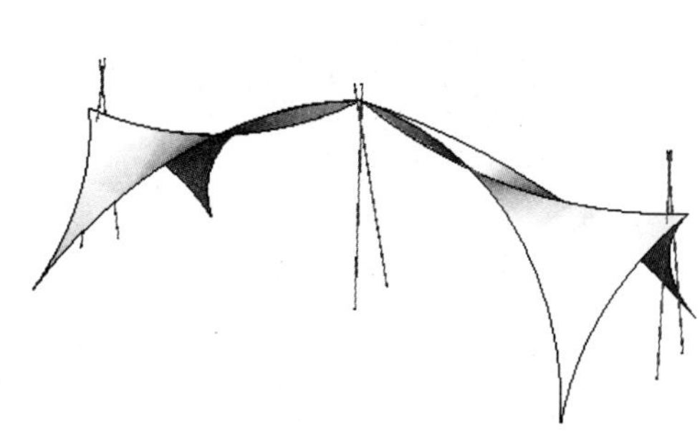

图 8-19　绘制圆柱体　　　　图 8-20　创建完成后放入张拉膜

8.2.3 创建遮阳伞

案例文件：ywj/08/8-1-3.skp。

视频文件：光盘→视频课堂→第 8 章→8.1.3。

案例的操作步骤如下。

step 01 选择“多边形”工具，绘制半径为 3000mm 的正六边形，在多边形上方 2000mm 高的位置绘制一个半径为 20mm 的小圆，如图 8-21 所示。

step 02 选择“矩形”工具，绘制矩形辅助面，选择“圆弧”工具，绘制圆弧，如图 8-22 所示。

图 8-21 绘制多边形和小圆

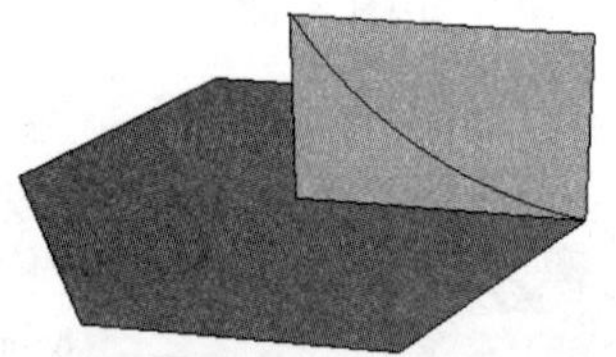

图 8-22 绘制圆弧

step 03 删除辅助面，选择“旋转”工具，旋转复制圆弧，如图 8-23 和 8-24 所示。

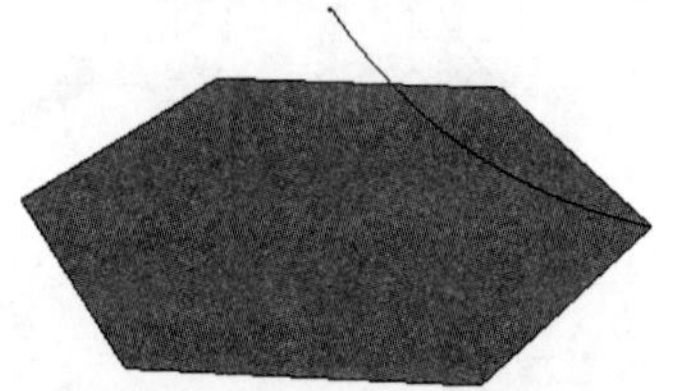

图 8-23 旋转圆弧

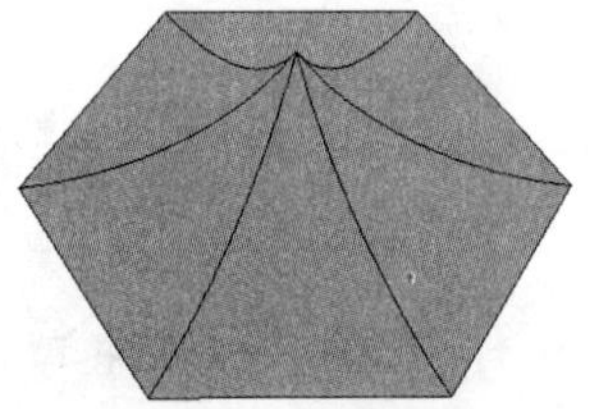

图 8-24 复制圆弧

step 04 采用相同方法，绘制矩形和绘制圆弧，如图 8-25 所示。

step 05 删除辅助面，选择“旋转”工具，旋转复制圆弧，如图 8-26 所示。

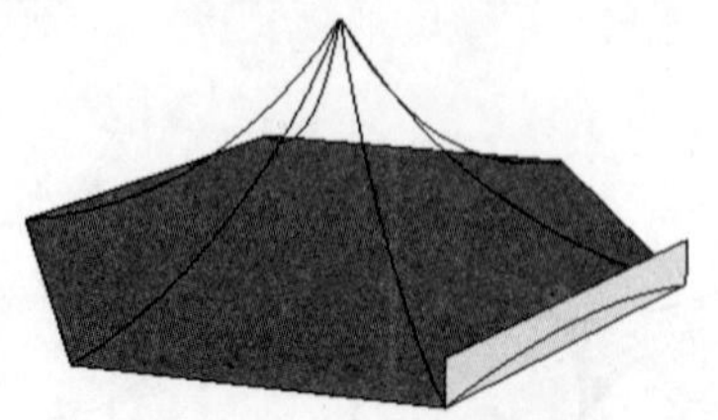

图 8-25 绘制图形

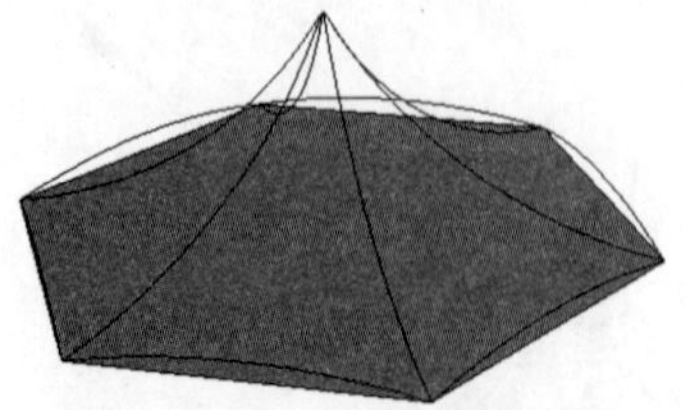

图 8-26 旋转复制

step 06 选择三条弧线，使用“沙盒”工具栏中的“根据等高线创建”工具，自动生成曲面，如图 8-27 所示。

step 07 选择“圆”工具和“推/拉”工具，绘制圆柱体，从而完成遮阳伞的创建，如图 8-28 所示。

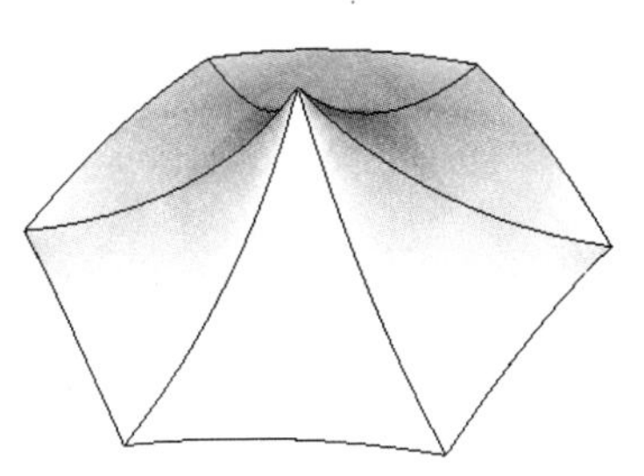

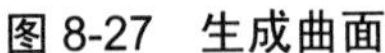

图 8-27 生成曲面

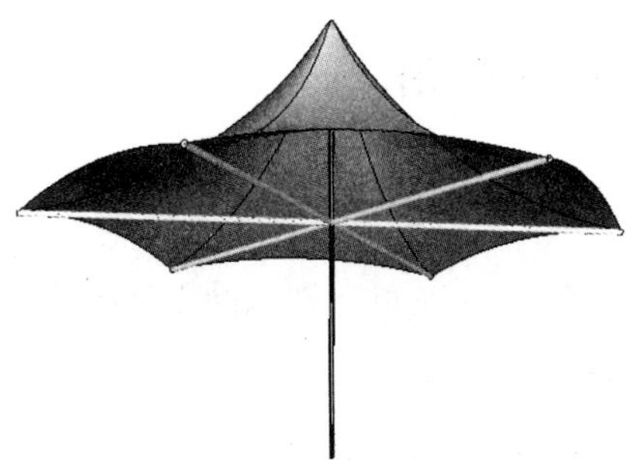

图 8-28 创建完成的遮阳伞

8.2.4 绘制网格平面

案例文件：ywj/08/8-1-4.skp。

视频文件：光盘→视频课堂→第 8 章→8.1.4。

案例的操作步骤如下。

step 01 选择“根据网格创建”工具，在输入框中输入网格间距，按下 Enter 键确定即可，如图 8-29 所示。

step 02 确定网格间距后，单击确定起点，移动鼠标确定终点，如图 8-30 所示。

栅格间距 300mm

图 8-29 输入网格间距

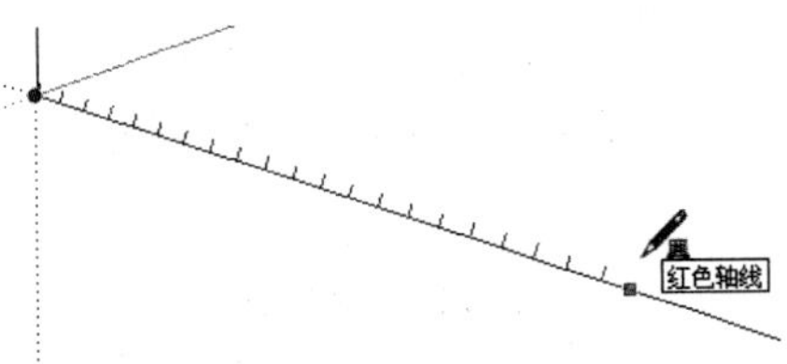

图 8-30 输入网格长度

step 03 在绘图区域拖拽绘制网格平面，当网格大小合适的时候，单击鼠标完成网格平面的绘制，如图 8-31 所示。

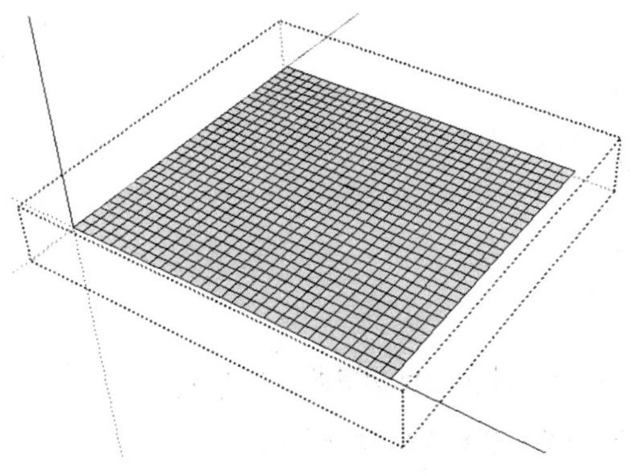

图 8-31 完成网格平面的绘制

8.2.5 拉伸网格

案例文件：ywj/08/8-1-5.skp。
视频文件：光盘→视频课堂→第 8 章→8.1.5。

案例的操作步骤如下。

step 01 选择“根据网格创建”工具，创建网格，网格的间距为 3000mm，如图 8-32 所示。

step 02 选择“曲面起伏”工具，输入半径为 15000mm，如图 8-33 所示。

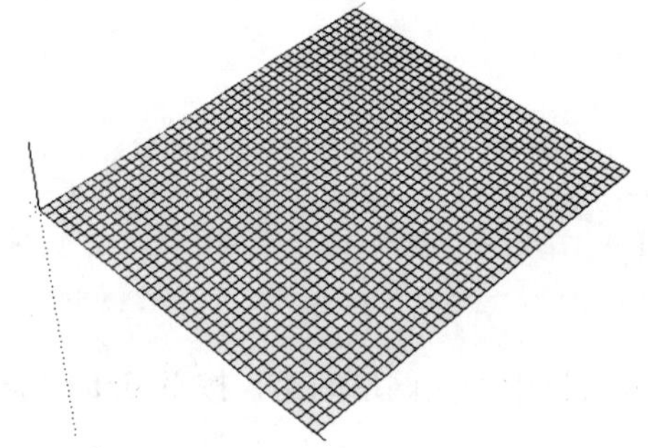

图 8-32 创建网格

半径 15000mm

图 8-33 输入半径

step 03 在网格内部，拾取基点，如图 8-34 所示。

step 04 在网格内部拾取不同的点上下拖动，拉伸出地形，如图 8-35 所示。

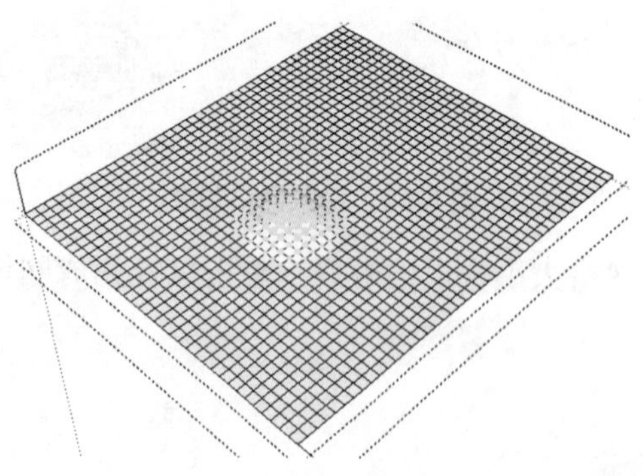

图 8-34 拾取基点

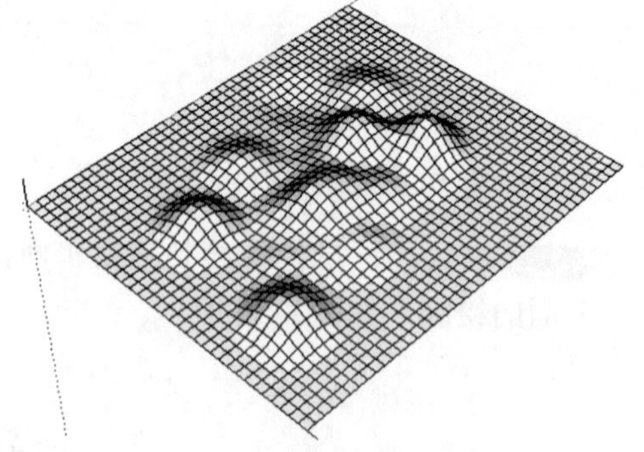

图 8-35 绘制地形

8.2.6 改变地形坡向

案例文件：ywj/08/8-1-6-1.skp、ywj/08/8-1-6-2.skp。
视频文件：光盘→视频课堂→第 8 章→8.1.6。

案例的操作步骤如下。

step 01 打开 8-1-6-1.skp 文件，如图 8-36 所示。

step 02 选择“视图”→“隐藏物体”菜单命令，将隐藏着的网格对角线显示出来，如图 8-37 所示。

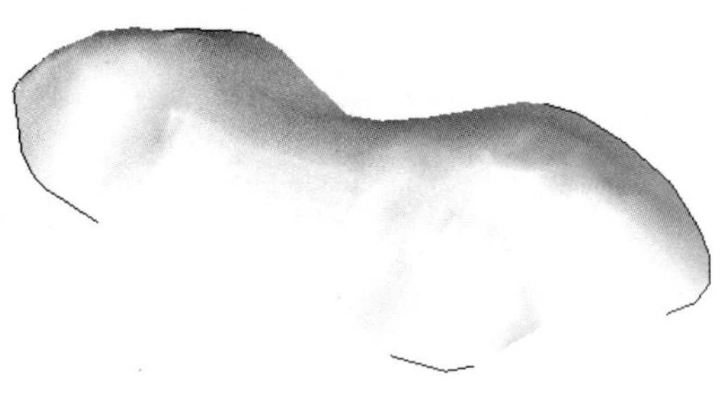

图 8-36　打开文件

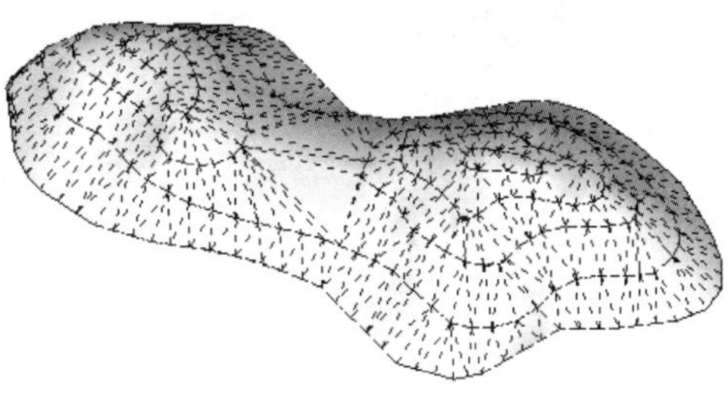

图 8-37　显示网格

step 03 选择“对调角线”工具，在需要改变边线的地方单击，可以改变地形坡向，如图 8-38 所示。

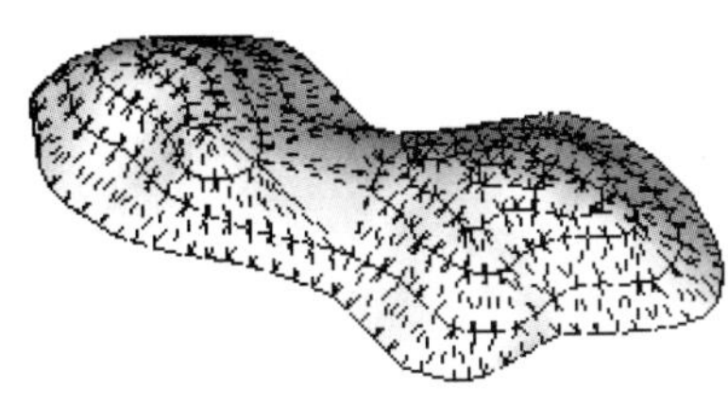

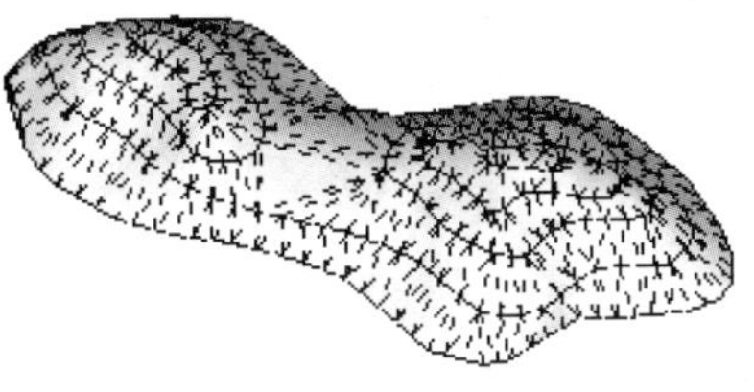

图 8-38　改变地形坡向

8.2.7　创建坡地建筑基底面

案例文件：ywj/08/8-1-7-1.skp、ywj/08/8-1-7-2.skp。

视频文件：光盘→视频课堂→第 8 章→8.1.7。

案例的操作步骤如下。

step 01 打开 8-1-7-1.skp 文件，如图 8-39 所示。

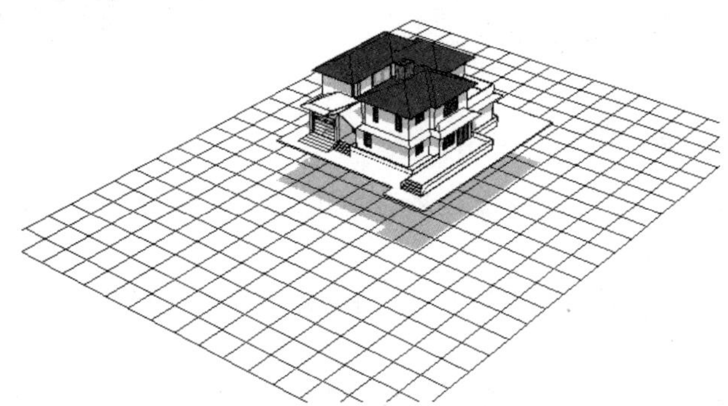

图 8-39　打开文件

step 02 选择“曲面平整”工具，选择建筑，再选择地面，如图 8-40 所示。

step 03 确定延伸距离，单击鼠标，完成坡地建筑基底面的创建，如图 8-41 所示。

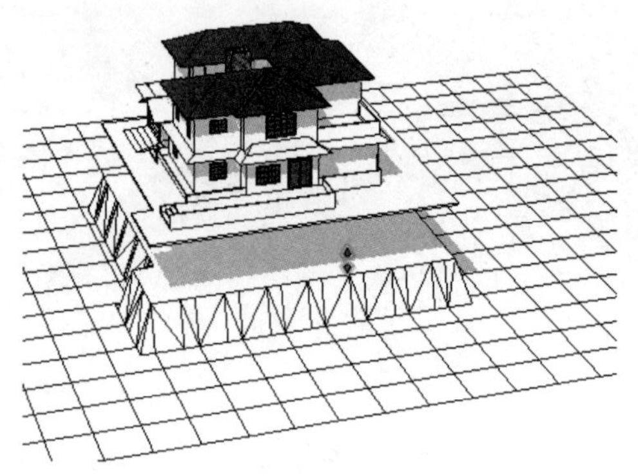

图 8-40 使用“曲面平整”工具

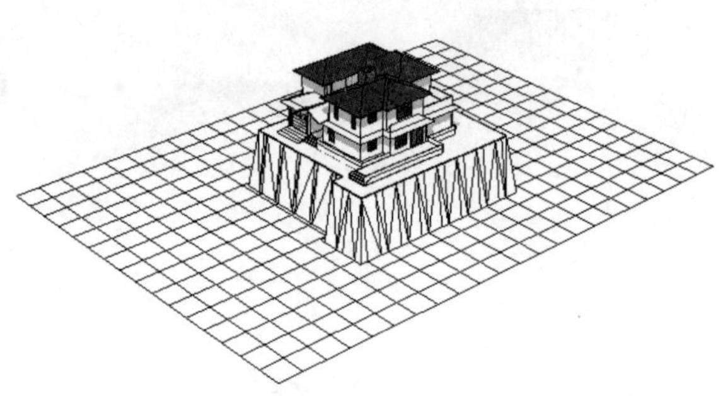

图 8-41 创建完成的坡地建筑基底面

8.2.8 创建山地道路

案例文件：ywj/08/8-1-8.skp。

视频文件：光盘→视频课堂→第 8 章→8.1.8。

案例的操作步骤如下。

step 01 选择“根据网格创建”工具以及“曲面起伏”工具，绘制地形，如图 8-42 所示。

step 02 选择“矩形”工具，绘制矩形，并制作为组，如图 8-43 所示。

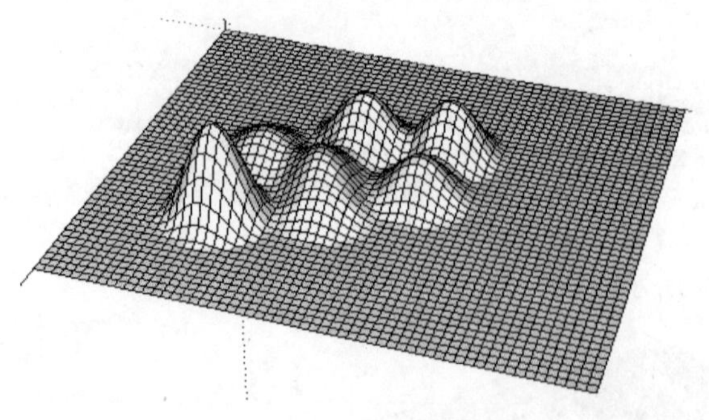

图 8-42 绘制地形

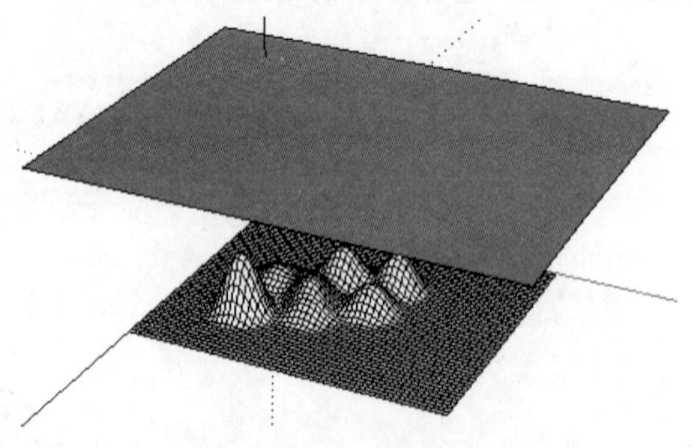

图 8-43 绘制矩形并创建组

step 03 选择“曲面投影”工具，依次单击地形与平面，此时地面的边界会投影到平面，如图 8-44 所示。

step 04 将投影后的平面制作为群组，在组的外部绘制图形，如图 8-45 所示，接着删除多余的面，如图 8-46 所示。

step 05 选择“曲面投影”工具，将图形投影到地形图上，完成山地道路的绘制，如图 8-47 所示。

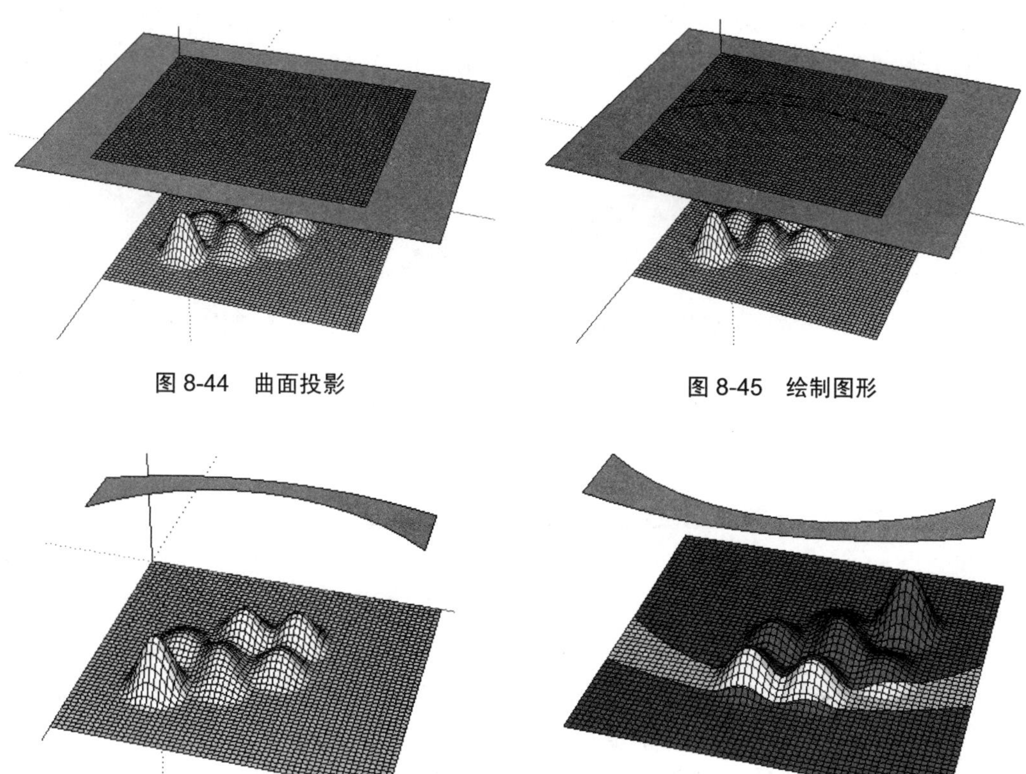

图 8-44　曲面投影

图 8-45　绘制图形

图 8-46　删除多余的面

图 8-47　绘制完成的山地道路

8.3　创建地形的其他方法

除了以上所讲解的使用“根据等高线创建”工具和“根据网格创建”工具绘制地形的方法以外，还可以与其他软件进行三维数据的共享，或者通过简单的拉线成面的方法进行山体地形的创建。

采用“推/拉”工具创建山体虽然不是很精确，但是非常便捷，可以用来制作概念性方案展示，或者大面积丘陵地带的景观设计。

8.4　案例：使用推/拉工具创建地形

案例文件：ywj/08/8-2-1.skp。

视频文件：光盘→视频课堂→第 8 章→8.2.1。

案例的操作步骤如下。

step 01 选择“矩形”工具，绘制矩形，选择“手绘线”工具，在矩形面上绘制图形，如图 8-48 所示。

step 02 选择“推/拉”工具，推拉出不同的厚度，完成地形的创建，如图 8-49 所示。

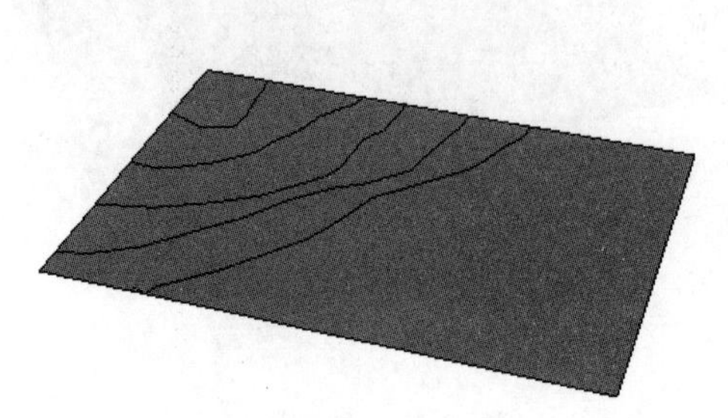

图 8-48　绘制图形

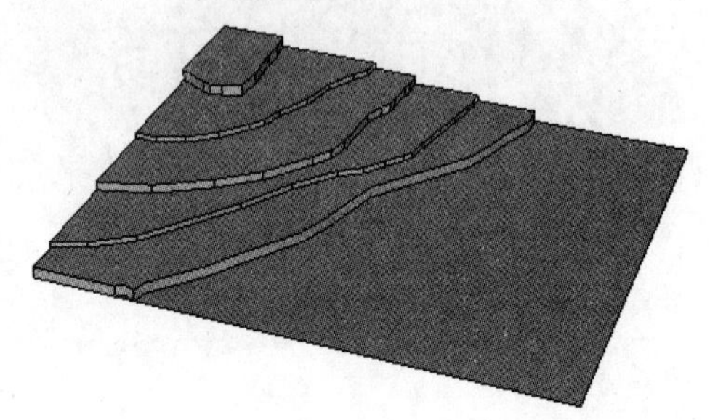

图 8-49　创建完成推拉厚度

8.5　建筑插件集

在前面的命令讲解及重点实战中，为了让用户熟悉 SketchUp 的基本工具和使用技巧，都没有使用 SketchUp 以外的工具。但是，在制作一些复杂模型时，使用 SketchUp 自身的工具来制作就会很繁琐，在这种时候，使用第三方的插件会起到事半功倍的作用。本章将介绍一些常用插件的使用方法，这些插件都是专门针对 SketchUp 的缺陷而设计开发的，具有很高的实用性，读者可以根据实际工作需要选择使用。

8.5.1　插件的获取和安装

SketchUp 的插件也称为脚本(Script)，它是用 Ruby 语言编制的实用程序，通常程序文件的后缀名为.rb。一个简单的 SketchUp 插件只有一个.rb 文件，复杂一点的可能会有多个.rb 文件，并带有自己的文件夹和工具图标。安装插件时，只需要将它们复制到 SketchUp 安装的 P1ugins 子文件夹中即可。个别插件有专门的安装文件，安装的方式与普通的 Windows 应用程度一样。

SketchUp 插件可以通过互联网来获取，某些网站提供了大量的插件，很多插件都可以通过这些网站下载和使用。

另外，国内的一些 SketchUp 论坛也提供了很多 SketchUp 插件，用户可以通过这些论坛来获取。

8.5.2　标注线头插件

执行“标记线头”命令的方式：从菜单栏中选择“插件”→“文字标注”→“标注线头”菜单命令。

这款插件在进行封面操作时非常有用，可以快速显示导入的 CAD 图形线段之间的缺口，菜单命令如图 8-50 所示。

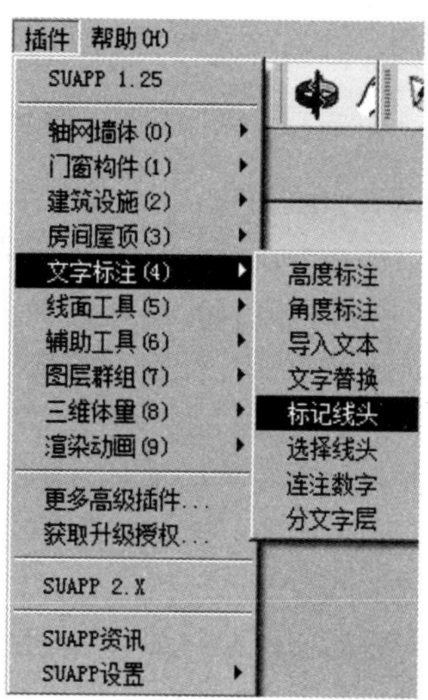

图 8-50 “标记线头”菜单命令

8.5.3 修复直线插件

执行“修复直线”命令的方式：从菜单栏中选择“插件”→“线面工具”→“修复直线”菜单命令。

在使用 SketchUp 建模的过程中，经常会遇到某些边线会变成分离的多个小线段的情形，很不方便选择和管理，特别是在需要重复操作它们时，会更麻烦，而使用“修复直线”插件就能很容易地解决这个问题，如图 8-51 所示。

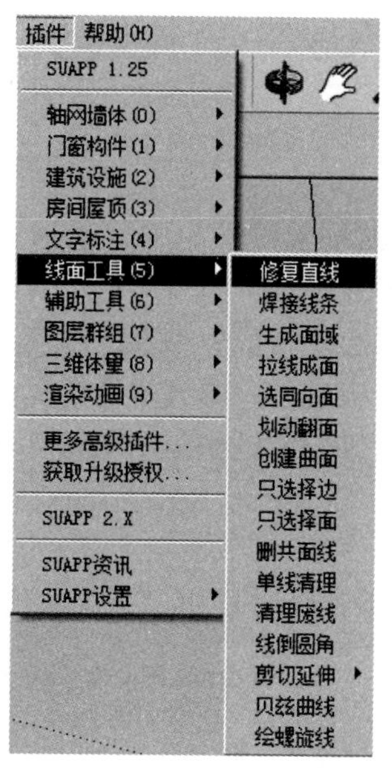

图 8-51 “修复直线”菜单命令

8.5.4 拉线成面插件

执行“拉线成面”命令的方式：从菜单栏中选择“插件”→“线面工具”→“拉线成面”菜单命令。

使用时，选定需要挤压的线，就可以直接应用该插件了，挤压的高度可以在数值输入框中输入准确的数值，当然，也可以通过拖曳光标的方式拖出高度。拉伸线插件可以快速地将线拉伸成面，其功能与 SUAAP 中的“线转面”的功能类似。

有时，在制作室内场景时，可能只需要单面墙体，通常的做法是先做好墙体截面，然后使用“推/拉”工具推出具有厚度的墙体，接着删除朝外的墙面，才能得到需要的室内墙面，操作起来比较麻烦。

使用拉线成面(Extruded Lines)插件可以简化操作步骤，只需要绘制出室内墙线，就可以通过这个插件挤压出单面墙。

“拉线成面”插件不但可以对一个平面上的线进行挤压，而且对空间曲线同样适用。例如在制作旋转楼梯的扶手时，有了这个插件就可以直接挤压出侧边的曲面，如图 8-52 所示。

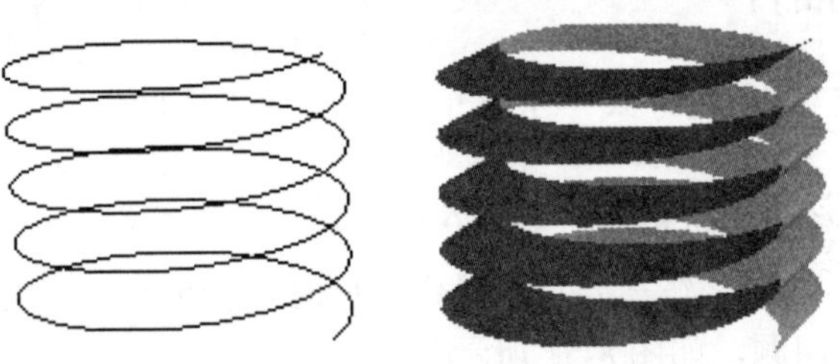

图 8-52 使用“拉线成面”命令

8.5.5 路径阵列插件

执行“路径阵列”命令的方式：从菜单栏中，选择“插件”→“辅助工具”→“路径阵列”菜单命令。

在 SketchUp 中，沿直线或圆心阵列多个对象是比较容易的，但是沿一条稍复杂的路径进行阵列就很难了，遇到这种情况，可以使用“路径阵列”插件来完成。“路径阵列”插件只对组和组件进行操作，如图 8-53 所示。

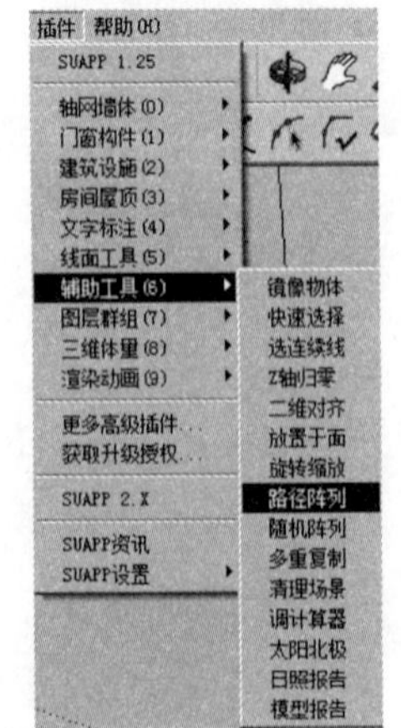

图 8-53 路径阵列插件

8.5.6 线倒圆角插件

执行“拉线成面”命令的方式：从菜单栏中，选择“插件”→“线面工具”→“线倒圆角”菜单命令。

选择两条相交或延长线相交的线后，调用该命令，如图 8-54 所示，然后输入倒角半径，按 Enter 键确认即可。

图 8-54 “线倒圆角”菜单命令

8.6 建筑插件集案例

8.6.1 标注线头

案例文件：ywj/08/8-3-1-1.skp、ywj/08/8-3-1-2.skp。

视频文件：光盘→视频课堂→第 8 章→8.3.1。

案例的操作步骤如下。

step 01 打开 8-3-1-1.skp 文件，如图 8-55 所示。

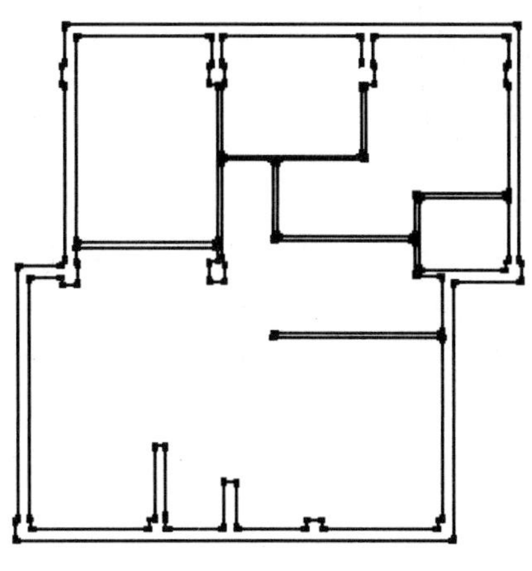

图 8-55 打开文件

step 02 选择“插件”→“文字标注”→“标注线头”菜单命令，标注出图形缺口的位置，如图 8-56 所示。

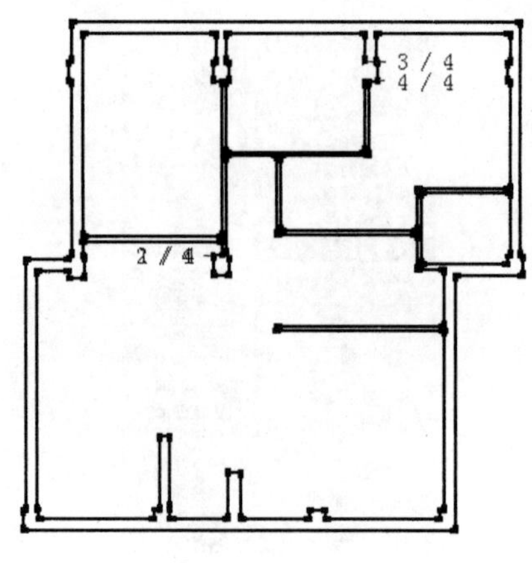

图 8-56 标注线头缺口的位置

8.6.2 修复直线

案例文件：ywj/08/8-3-2-1.skp、ywj/08/8-3-2-2.skp。

视频文件：光盘→视频课堂→第 8 章→8.3.2。

案例的操作步骤如下。

step 01 打开 8-3-2-1.skp 文件，如图 8-57 所示。

step 02 选择“插件”→“线面工具”→“修复直线”菜单命令，将断线修复成完整的直线，如图 8-58 所示。

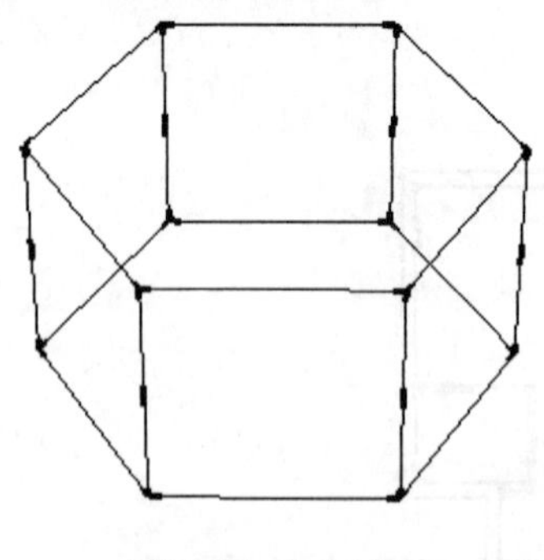

图 8-57 打开文件

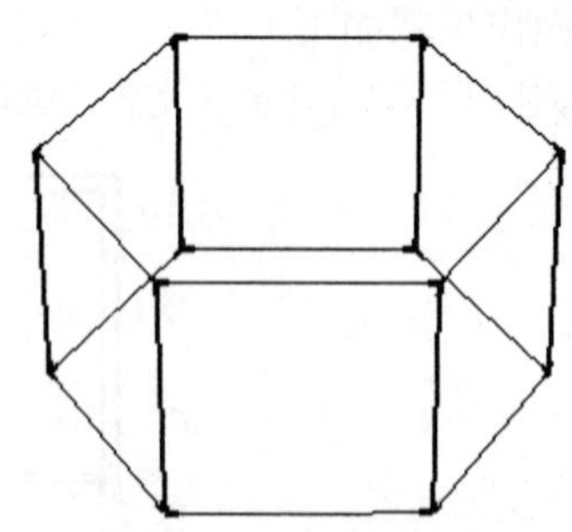

图 8-58 修复直线

8.6.3 拉线成面

案例文件：ywj/08/8-3-3-1.skp、ywj/08/8-3-3-2.skp。

视频文件：光盘→视频课堂→第 8 章→8.3.3。

案例的操作步骤如下。

step 01 打开 8-3-3-1.skp 文件，如图 8-59 所示。

step 02 选择“插件”→“线面工具”→“拉线成面”菜单命令，将平面的线条拉成墙体，高度为 3600mm，如图 8-60 所示。

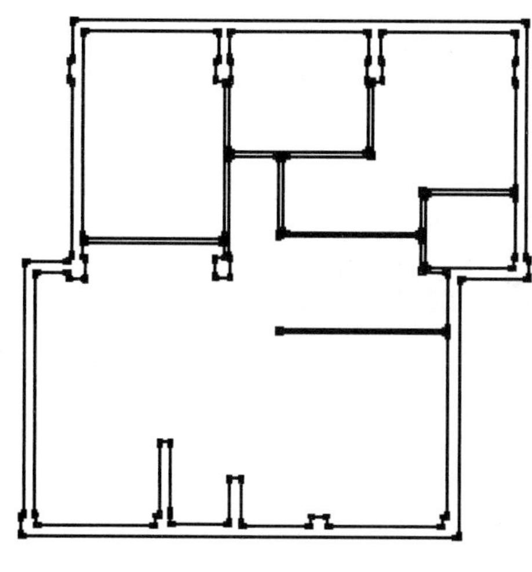

图 8-59　打开文件

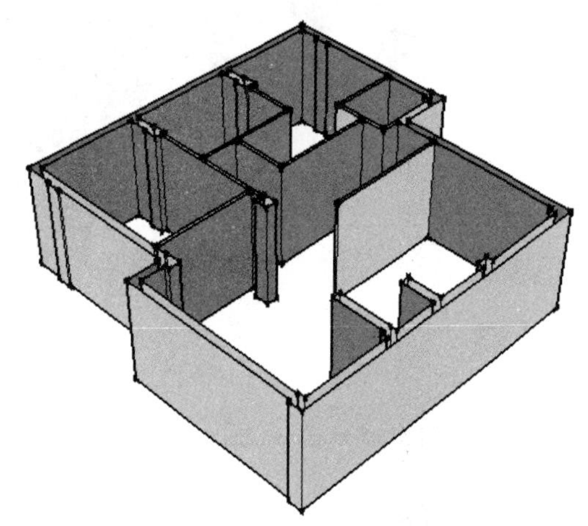

图 8-60　拉线成墙体

8.6.4　路径阵列

案例文件：ywj/08/8-3-4-1.skp、ywj/08/8-3-4-2.skp。

视频文件：光盘→视频课堂→第 8 章→8.3.4。

案例的操作步骤如下。

step 01 打开 8-3-4-1.skp 文件，如图 8-61 所示。

step 02 选择“圆弧”工具，绘制路径，如图 8-62 所示。

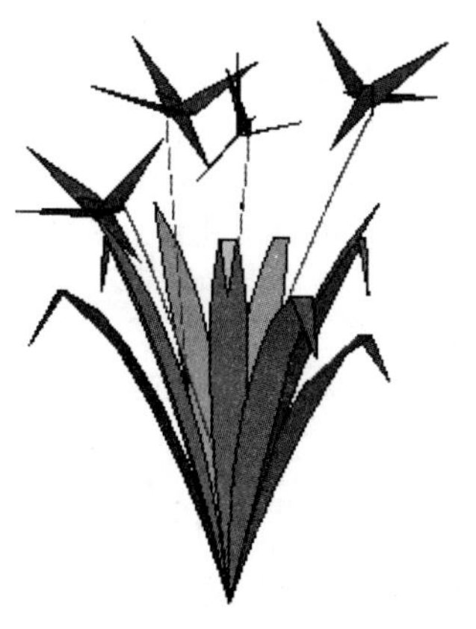

图 8-61　打开文件

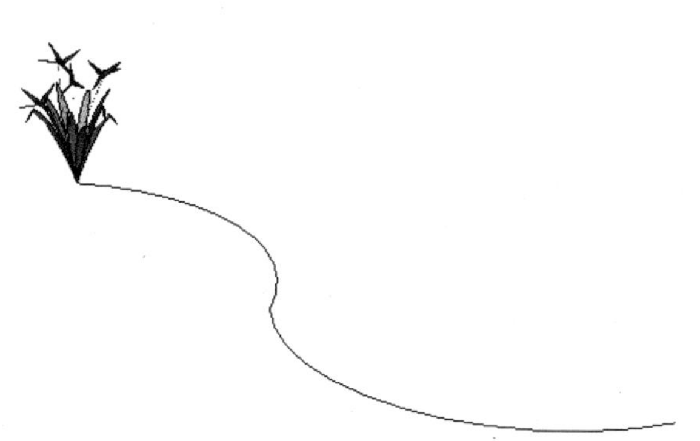

图 8-62　绘制圆弧路径

step 03 选择“插件”→“辅助工具”→“路径阵列”菜单命令，先选择圆弧路径，再选择花丛，完成路径阵列，如图 8-63 所示。

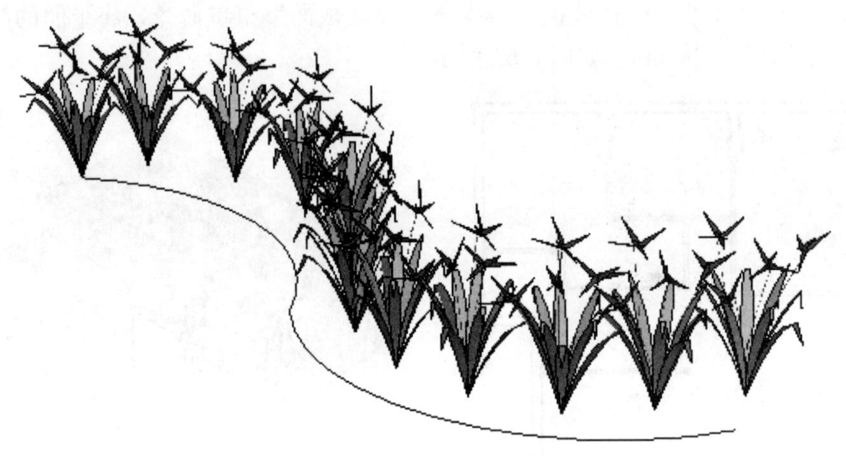

图 8-63　路径阵列花丛

8.6.5　线倒圆角

案例文件：ywj/08/8-3-5.skp。
视频文件：光盘→视频课堂→第 8 章→8.3.5。

案例的操作步骤如下。

step 01 选择“矩形”工具，绘制矩形，尺寸为 1500mm×2000mm，如图 8-64 所示。

step 02 选择“插件”→“线面工具”→“线倒圆角”菜单命令，绘制圆角，圆角半径为 45 度，如图 8-65 所示。

图 8-64　绘制矩形

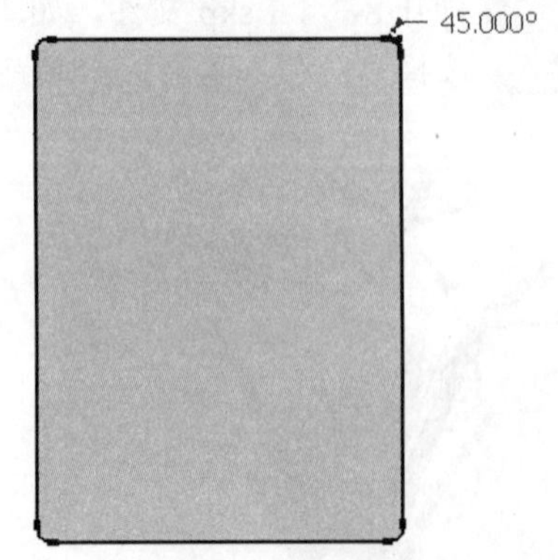

图 8-65　绘制圆角

step 03 选择“推/拉”工具，推拉矩形，推拉厚度为 15mm，如图 8-66 所示。

step 04 选择“圆”工具和“推/拉”工具，绘制完成茶几，然后，继续完成材质的赋予，如图 8-67 所示。

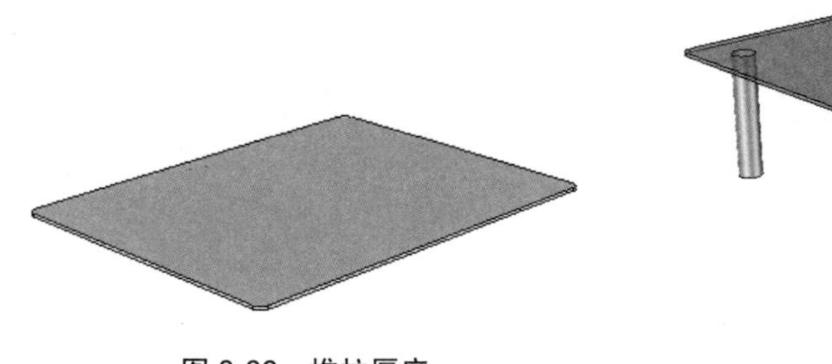

图 8-66　推拉厚度

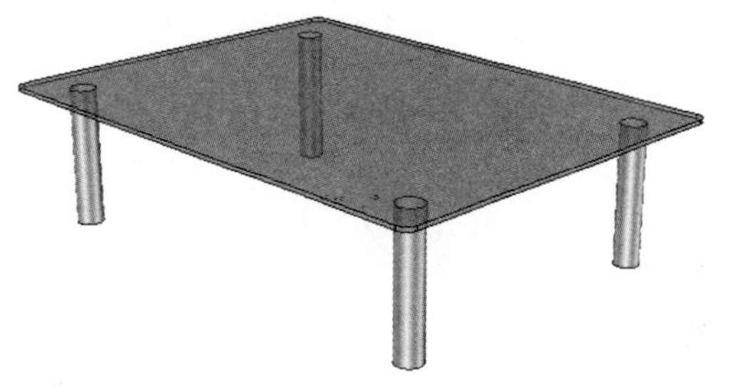

图 8-67　绘制完成茶几

8.7　本章小结

通过本章的学习，希望读者能够掌握 SketchUp 沙盒工具的使用方法、插件的安装和几款常用插件的使用方法，并能够熟练运用这些插件。这可以使我们在建模时能更加得心应手。

第 9 章

建筑草图综合案例

SketchUp 为设计师提供了非常丰富的组件素材，SketchUp 的图纸风格也比较清新自然，很容易达到手绘的效果。本章通过讲解这些建筑草图综合案例，帮助读者温习前面各章所学的知识，提高综合运用 SketchUp 各种工具命令的能力，并在这个过程中，掌握修建性详细规划这一层次的建模深度及图纸要求。

9.1 室内建模

室内设计的宗旨是营造一个舒适的室内活动空间，使用 SketchUp 可以方便地添加门、家具、电器等组件，还可以很方便地调节地板、墙面和家具的材质，并且有利于直观地与业主沟通，创造更符合业主审美情趣的室内设计作品。

9.1.1 案例：现代简约卧室(一)

案例文件：ywj/09/9-1-1.skp。
视频文件：光盘→视频课堂→第 9 章→9.1.1。

案例的操作步骤如下。

step 01 选择“矩形”工具，绘制出卧室的地面部分，矩形尺寸为 8760mm×7065 mm，如图 9-1 所示。

step 02 选择“推/拉”工具，推拉矩形，推拉厚度为 100mm，如图 9-2 所示。

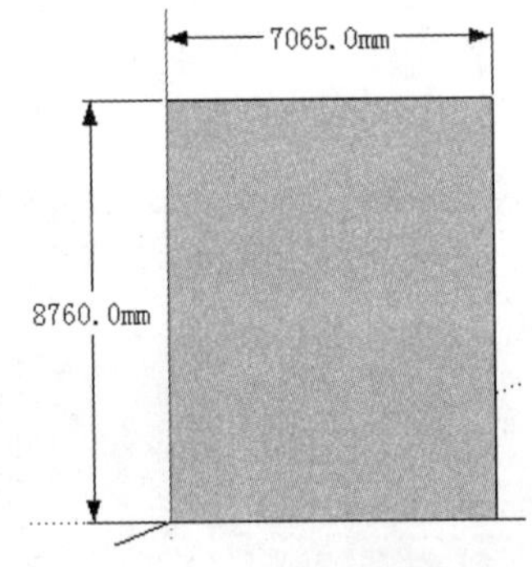

图 9-1 绘制矩形

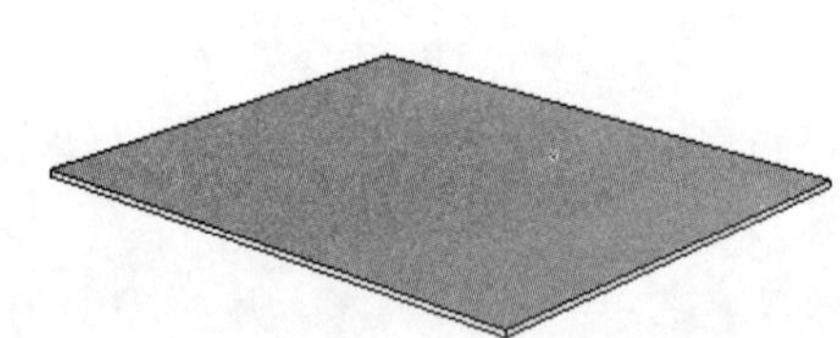
图 9-2 推拉矩形

step 03 选择“直线”工具，绘制墙体的位置，如图 9-3 所示。

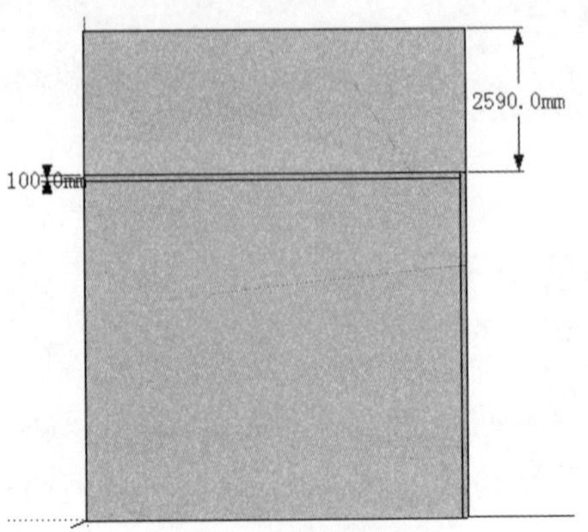

图 9-3 绘制墙体的位置

step 04 选择“推/拉”工具，推拉出墙体，推拉高度为4600mm，如图9-4所示。

step 05 选择“直线”工具和“推/拉”工具，绘制出阳台部分，如图 9-5 所示，并选择图形整体，创建为群组。

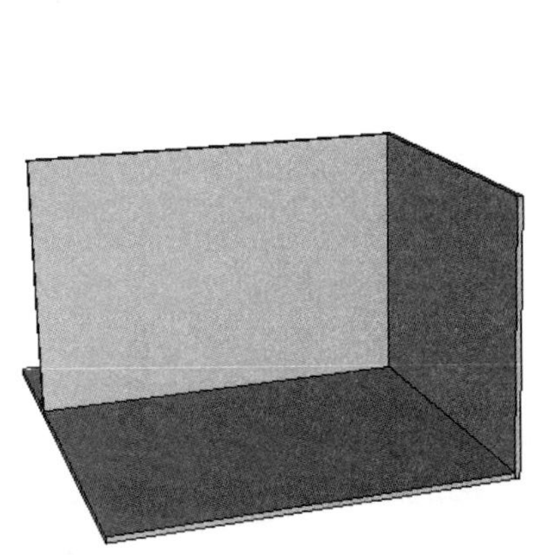

图 9-4　推拉墙体

5485.0mm
2895.0mm
3100.0mm

图 9-5　绘制出阳台部分

step 06 选择“直线”工具以及“圆弧”工具，绘制出栏杆底座的轮廓，如图 9-6 所示。

step 07 选择“偏移”工具，向内偏移图形，偏移距离为19mm，如图9-7所示。

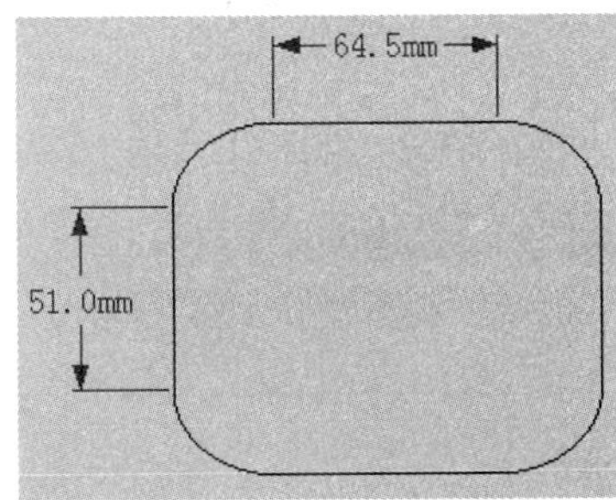

图 9-6　绘制栏杆柱的底座

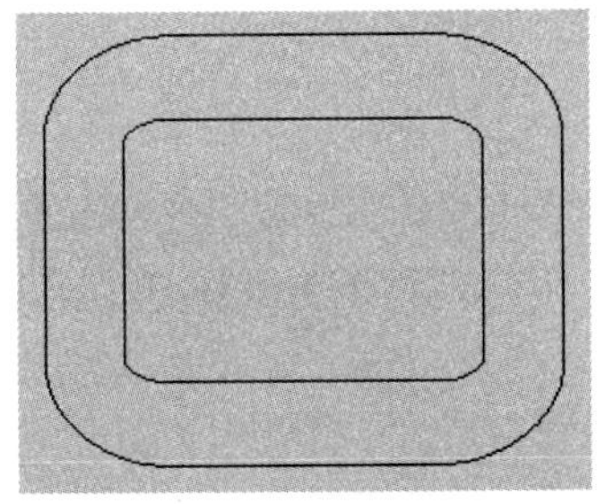

图 9-7　偏移图形

step 08 选择“推/拉”工具，推拉出栏杆柱部分，并创建为群组，如图9-8所示。

step 09 选择“移动”工具，按住Ctrl键，移动复制栏杆柱，如图9-9所示。

step 10 选择“圆”工具和“推/拉”工具，绘制栏杆部分，如图9-10所示。

step 11 选择“圆”工具和“缩放”工具，绘制栏杆扶手的截面部分，选择“直线”工具，绘制路径直线，如图9-11所示。

step 12 选择“路径跟随”工具，绘制栏杆扶手，并创建为群组，如图9-12所示。

step 13 选择“移动”工具，移动复制栏杆，如图9-13所示。

step 14 选择“直线”工具，绘制窗户的轮廓，如图9-14所示。

step 15 选择“推/拉”工具，推拉窗户的厚度，如图9-15所示。

step 16 选择“移动”工具，移动复制栏杆，如图9-16所示。

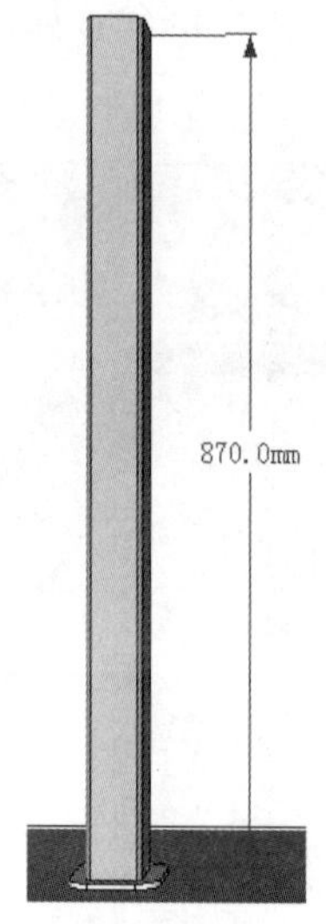

图 9-8 推拉图形

图 9-9 移动复制栏杆柱

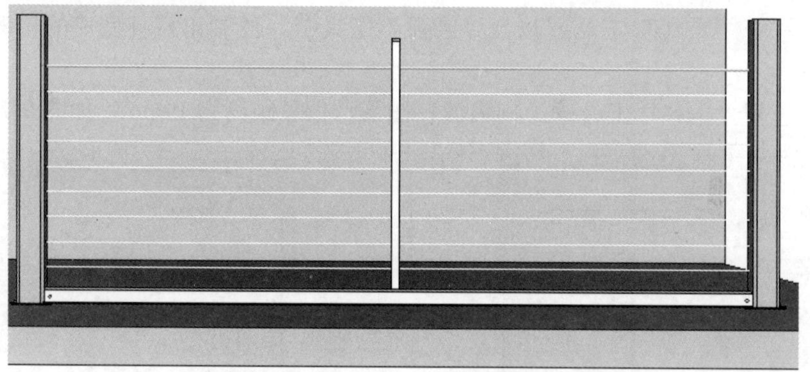

图 9-10 绘制栏杆部分

图 9-11 绘制栏杆扶手的截面路径

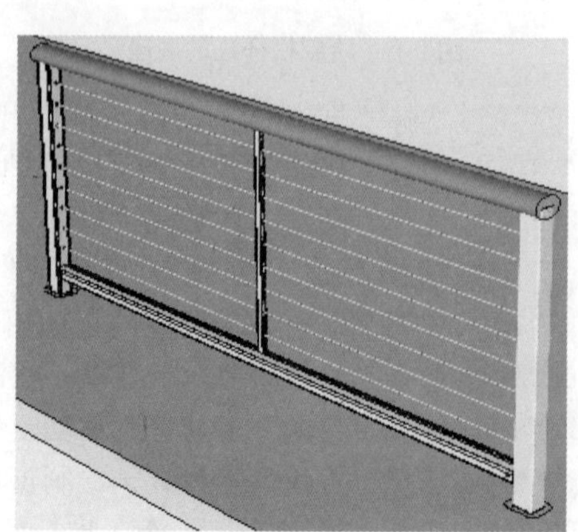

图 9-12 绘制栏杆扶手

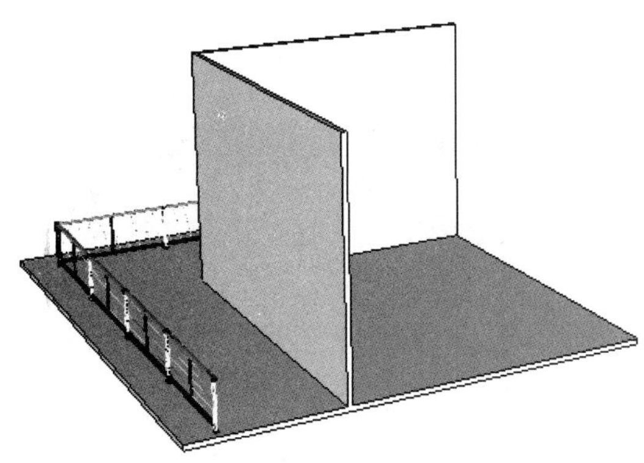

图 9-13　移动复制栏杆

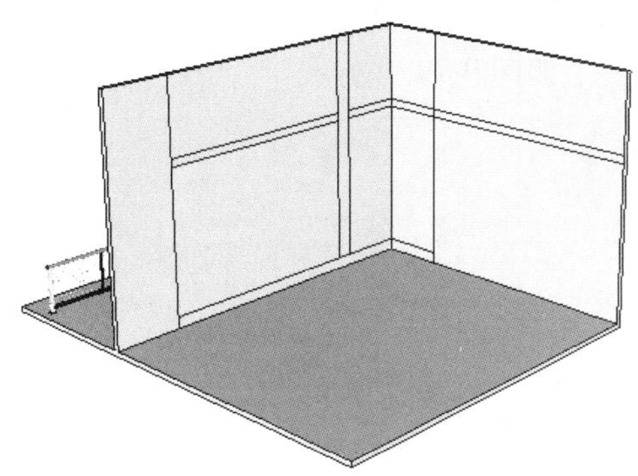

图 9-14　绘制窗户的轮廓

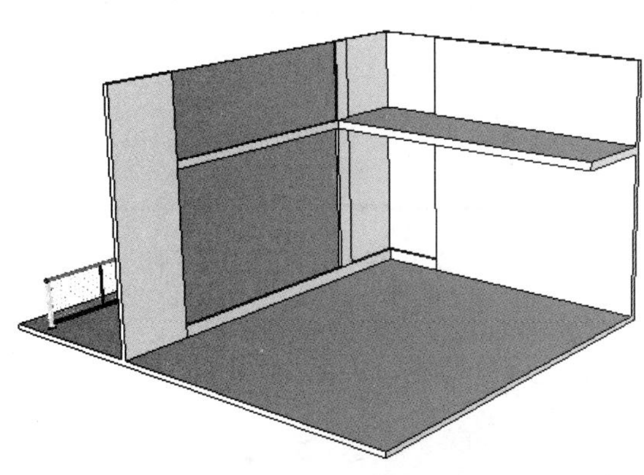

图 9-15　推拉窗户厚度

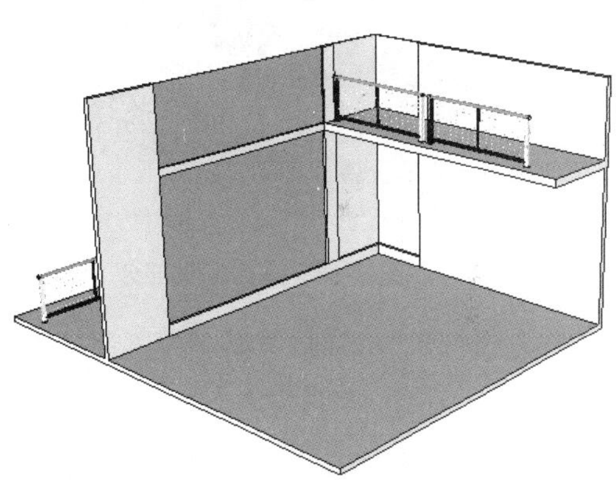

图 9-16　移动复制栏杆

step 17 选择“矩形”工具和“推/拉”工具，绘制床头部分，并且创建为群组，如图 9-17 所示。

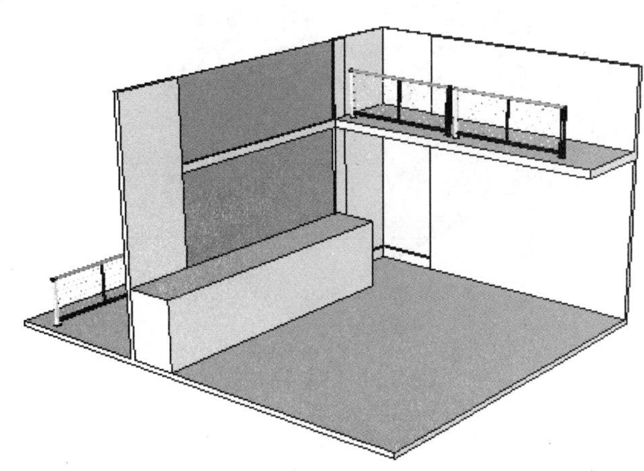

图 9-17　绘制床头部分

step 18 为图形添加家具摆设，如图 9-18 所示。

step 19 选择“材质”工具，打开“材质”对话框，选择“蓝色半透明玻璃”材质，如图 9-19 所示。

图 9-18　添加家具部分

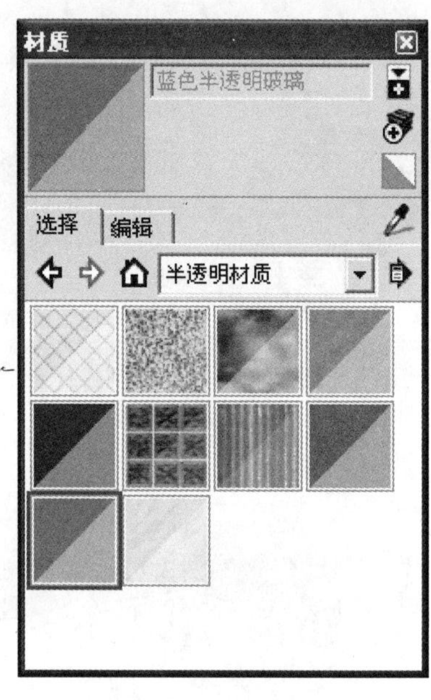

图 9-19　“材质”对话框

step 20 将所选择材质赋予玻璃，如图 9-20 所示。

图 9-20　赋予材质

step 21 导入图片背景作为窗外景观，如图 9-21 所示。

step 22 选择“材质”工具，赋予场景材质贴图，如图 9-22 所示。

图 9-21 导入图片背景

图 9-22 赋予材质贴图

9.1.2 案例：现代简约卧室(二)

案例文件：ywj/09/9-1-2.skp。

视频文件：光盘→视频课堂→第 9 章→9.1.2。

案例的操作步骤如下。

step 01 选择“矩形”工具，绘制出卧室的地面部分，矩形尺寸为 4240mm×5885mm，如图 9-23 所示。

step 02 选择“移动”工具，然后按住 Ctrl 键，移动复制直线，绘制出墙体的位置，如图 9-24 所示。

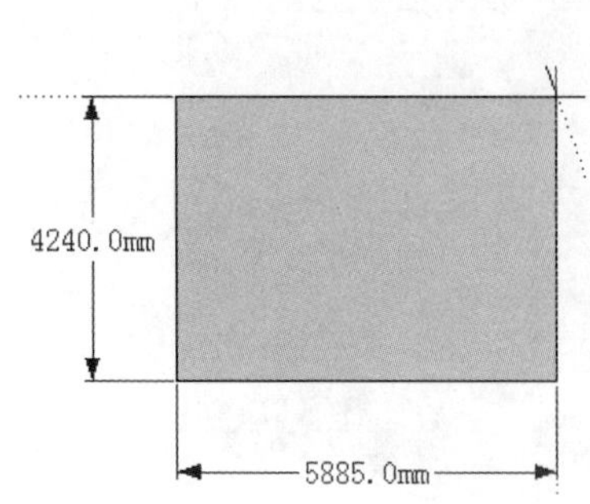

图 9-23　绘制矩形

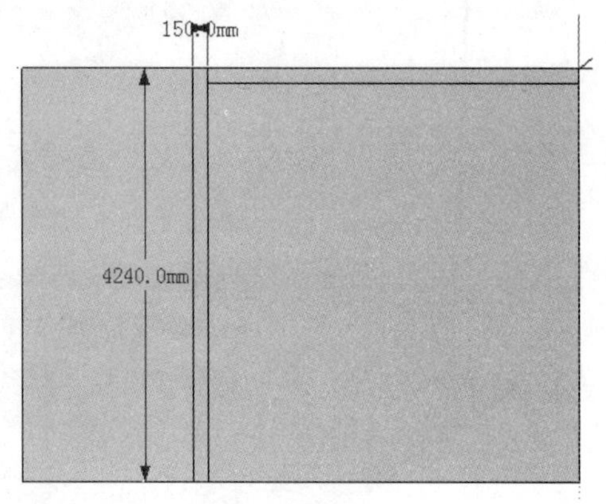

图 9-24　绘制墙体的位置

step 03 选择“推/拉”工具，推拉墙体，高度为 3050mm，如图 9-25 所示。

step 04 选择“矩形”工具，绘制门与衣柜的位置轮廓，如图 9-26 所示。

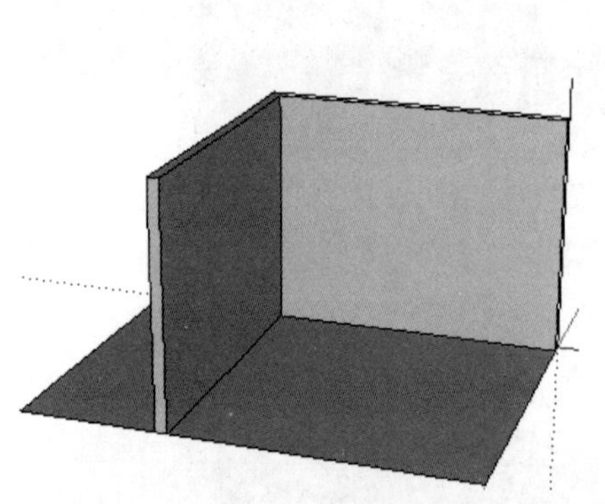

图 9-25　推拉墙体

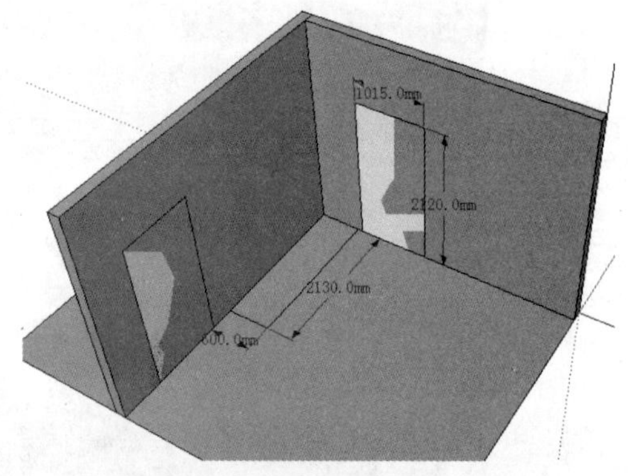

图 9-26　绘制门与衣柜位置轮廓

step 05 选择“移动”工具和“推/拉”工具，推拉出衣柜与门的实体部分，如图 9-27 所示。

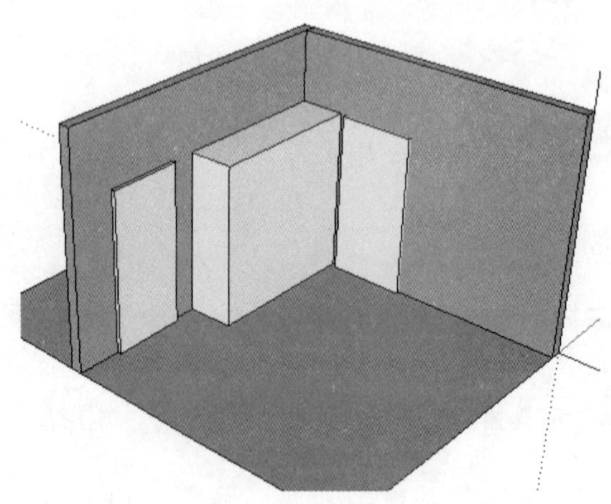

图 9-27　推拉出衣柜与门的实体部分

step 06 选择“移动”工具和“推/拉”工具，绘制完成衣柜与门，如图 9-28 所示。

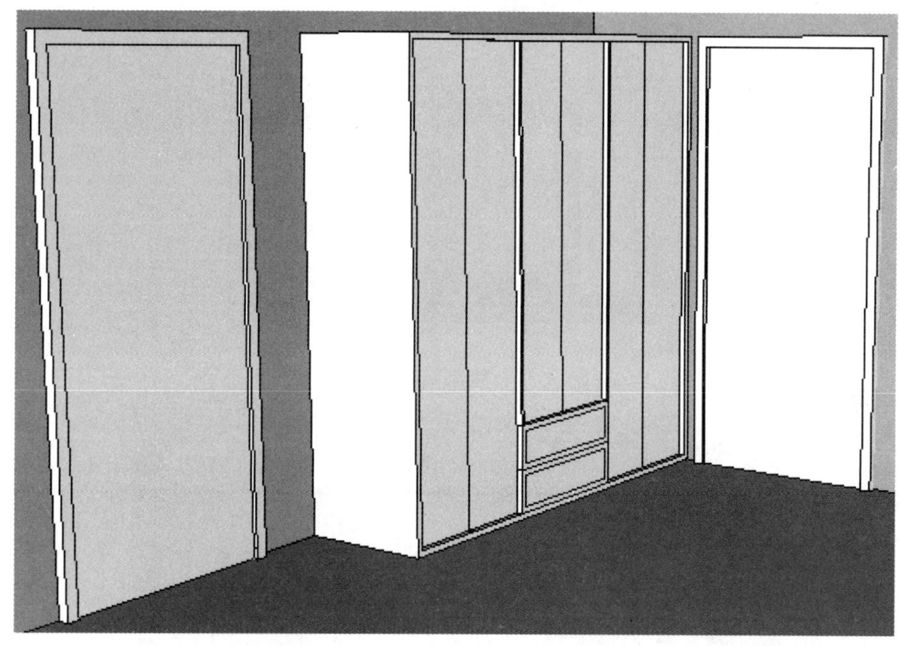

图 9-28 绘制完成衣柜与门

step 07 选择“直线”工具和“推/拉”工具，绘制把手，如图 9-29 所示。

图 9-29 绘制把手

step 08 选择“直线”工具和“推/拉”工具，绘制窗户与顶部，如图 9-30 所示。

step 09 选择“圆弧”工具和“推/拉”工具，绘制灯，如图 9-31 所示。

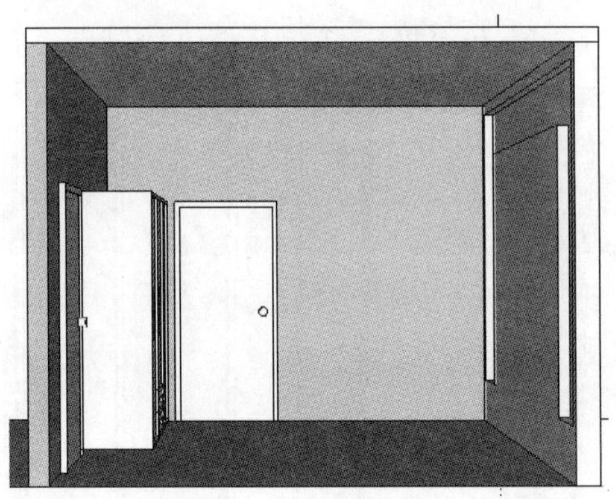

图 9-30　绘制窗户与顶部

图 9-31　绘制灯

step 10 为图形添加家具摆设，如图 9-32 所示。

图 9-32　添加家具部分

step 11 选择“材质”工具，打开“材质”对话框，为模型添加材质，如图 9-33 所示。

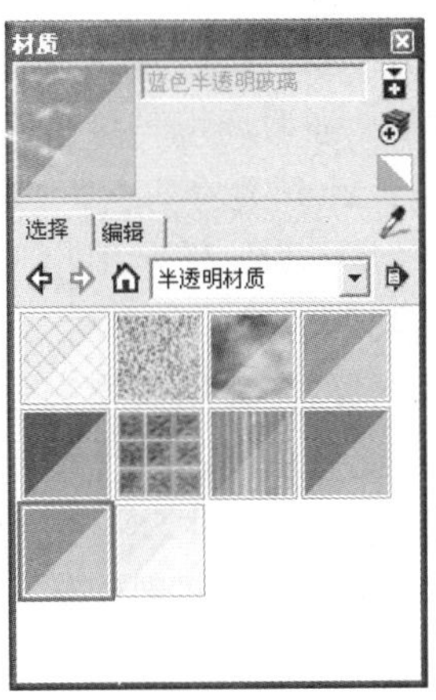

图 9-33 “材质”对话框

step 12 为模型添加材质，衣柜选择“软木板”材质，“门”赋予“中等色竹”材质，窗户赋予“蓝色半透明玻璃”材质，完成卧室模型的创建，如图 9-34 所示。

图 9-34 完成卧室建模

9.2 高层办公楼

对于城市而言，高层建筑已经超越了简单的“公共办公场所”这一单纯的功能意义，其标新立异的设计理念，引人注目的建筑外观，往往以其宏伟的尺度和巨大的体量，给观者以强烈的视觉感受，同时也决定和影响着所在城市区域的艺术风格和美学价值。

通过对基地环境的细致分析，来寻求既能体现现代化办公建筑新颖、独特的整体风范，又要与城市周边环境协调一致的建筑形象。

当真正把建筑看作是城市环境的一部分时，建筑设计对使用功能、技术和经济等方面要求的满足，已不再是设计的全部内容。强调环境与城市对存在于其中的建筑的重要性，探求空间形体与内在秩序的和谐统一，是设计方案的基点。

设计首先要对建筑环境进行理性分析和比较，提出一个符合美观、高效、适用、经济等原则的布局方案，力求实现城市景观界面的连续性。

以北方为例，根据气候寒冷的特点，应采用集中布局，主要入口应有交通便利的道路，并能提供宽阔的城市公共空间，在视觉效果方面和谐统一，同时还要考虑与城市景观是否和谐，界面是否连续，以此来确定建筑的位置，主体与裙楼的体量、形式以及功能布置。创造一个造型新颖、轮廓优美的建筑形象，可以体现现代化建筑对城市环境的尊重，显示出现代办公建筑的气势不凡，别具一格的高层主体，如图 9-35 所示。

图 9-35　高层建筑

9.2.1　型体处理

建筑型体组合与造型是办公建筑设计中的重要环节。建筑型体组合与造型是建筑空间组合的外在因素，是内在诸因素的反映。建筑的内部空间与外部体型是建筑造型艺术处理问题中的矛盾双方，是互为依存、不可分割的。往往完美和谐的建筑艺术形象总是内部空间合乎逻辑的反映。

9.2.2　交通模式

传统的点式高层建筑通常采用锥筒结构，交通位于平面中心位置，功能空间只能围绕交通核分布，限制了大空间的形成。交通核(中心部位)若分开布置，置于建筑物两侧，在同一面层上形成不同性质的使用单元，不同功能空间占据各自的交通疏散要求，采用此种交通模式，可形成高效率的大空间的办公模式，形成的两个独立单元相对独立，适应性较强，干扰减少，同时，交通疏散方面通过交通核分解减少了疏散距离，而且能丰富建筑造型，为建筑造型提供了必要元素，成为塑造个性形象的有利途径，如图 9-36 所示。

图 9-36 交通模式

9.2.3 弹性空间

高层办公建筑多为生产、办公一体的综合性建筑，不同的功能，要求建筑提供适应的空间形式，不同的使用性质，要求建筑能塑造与之相协调的风格特点。

作为现代办公建筑，功能要求必须放在首位，平面布局把行政办公部分与技术用房分开，并尽可能使平面布局具有更大的灵活性。行政办公以及与之相配套的生活福利设施相对来说与外部交往较多，因此应布置在裙房中，其中大部分功能集中在一侧配楼内，领导职能办公部分集中配置在另一侧，形成两大功能区。办公路线横向展开，以保证各部分功能空间的紧密联系。集中中心可设一个现代化中枢，使之与功能空间形成一个整体，为各层提供一个不同形式的趣味空间。

多功能报告厅可布置在裙楼首层，在院内设单独入口，满足大量人流疏散的要求。生产技术、智能化技术用房集中在建筑主体塔楼部位，相对比较独立，现代化中庭与办公走廊连接，中庭设有回廊，共同形成了“办公室内街”，将高层办公的内部功能划分变得富有弹性，既能形成明确的竖向分区，又能满足不同要求的大、中型办公室。在使用过程中，可动态地根据需要改变格局，具有更大的可变性和适应性，如图 9-37 所示。

图 9-37 弹性空间

9.2.4 高层办公楼综合案例：阳光大厦设计

案例文件：ywj/09/9-2-1.skp。
视频文件：光盘→视频课堂→第 9 章→9.2.1。

案例的操作步骤如下。

step 01 导入 CAD 文件。选择“文件”→“导入”菜单命令，导入文件名为 11-1.dwg 的文件，如图 9-38 所示。

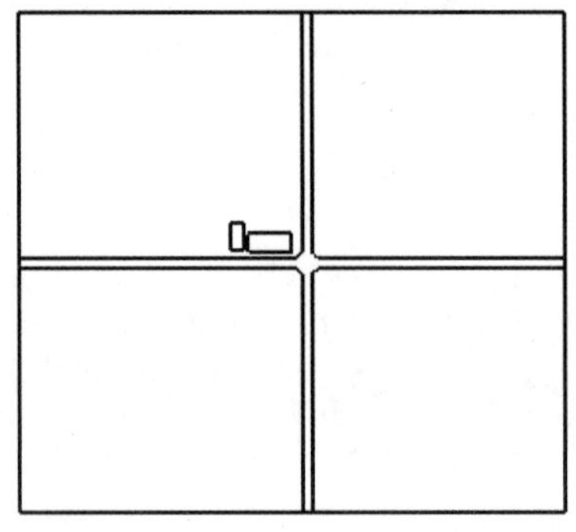

图 9-38 导入的 CAD 图纸

step 02 首先创建配楼模型。使用“矩形”工具绘制矩形，长宽为 13530mm×28400 mm，如图 9-39 所示。使用“推拉”工具推拉矩形，高度为 15810mm，并创建为组，如图 9-40 所示。使用“移动”工具，配合使用 Ctrl 键移动复制矩形，两个矩形之间的距离为 8110mm，如图 9-41 所示。双击进入复制的第二个矩形内部，使用“推拉”工具，推拉矩形，距离为 13926mm，并把第一个矩形复制到另一端，如图 9-42 所示。

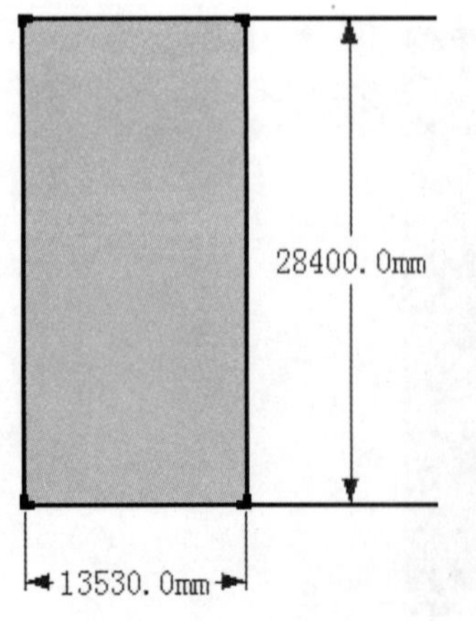

图 9-39 绘制矩形

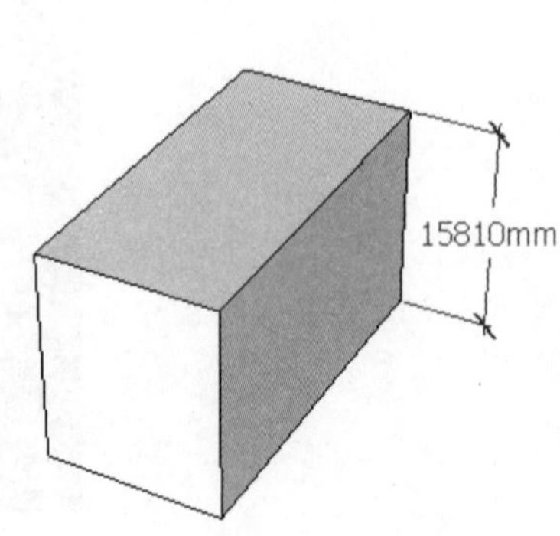

图 9-40 推拉矩形

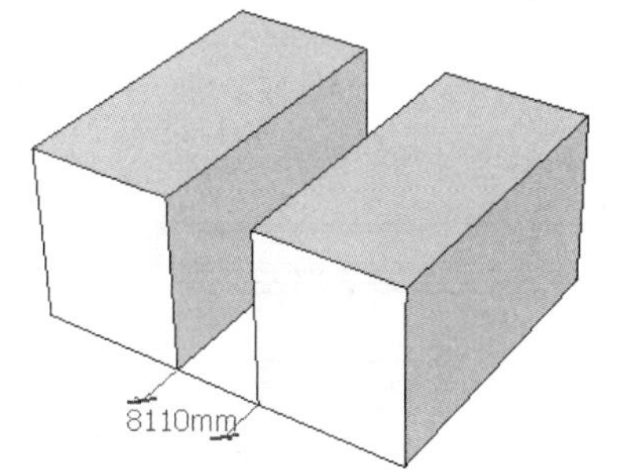

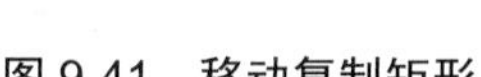

图 9-41　移动复制矩形

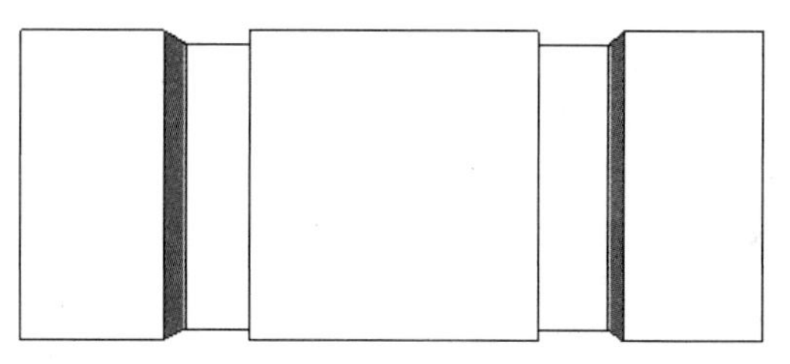

图 9-42　推拉复制矩形

step 03 使用“偏移”工具，偏移距离为 1000mm，使用“推拉”工具，向下推拉矩形顶面距离为 900mm，如图 9-43 所示。为矩形做倒圆角处理，双击进入组内部，使用“倒圆角”工具，选择矩形底边和矩形顶面内边线以外的边线，倒角 offset 设置为 600mm，如图 9-44 所示。接着绘制建筑外轮廓，绘制矩形，长宽距离为 400mm×12160mm。推拉出厚度，并创建为组，如图 9-45 所示。

图 9-43　偏移推拉矩形

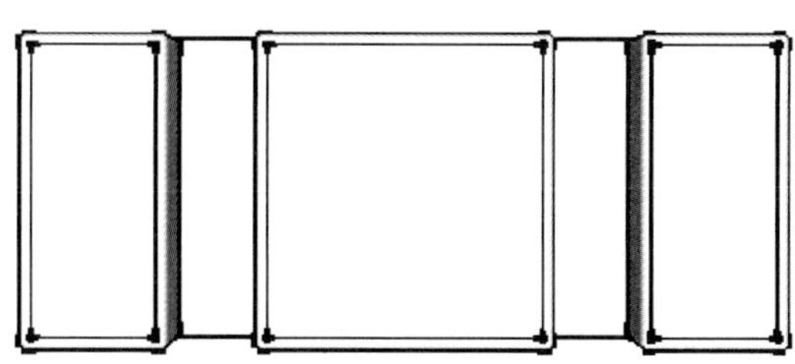

图 9-44　倒圆角处理

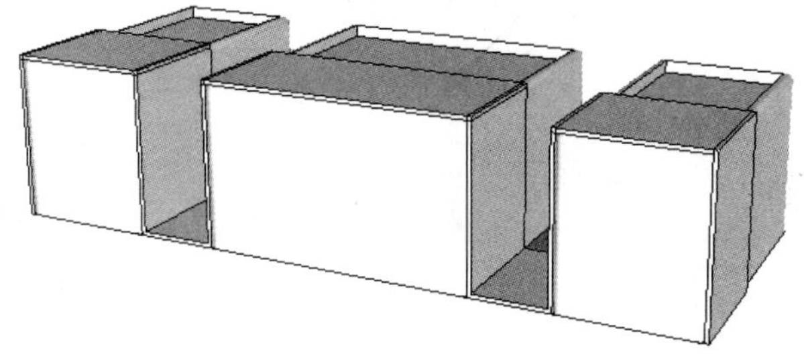

图 9-45　绘制建筑外轮廓

step 04 双击进入组内部绘制窗户，绘制矩形窗户轮廓，距离尺寸为 10485mm×495 mm，如图 9-46 所示。用同样方法，绘制其他矩形窗户轮廓。使用“推拉”工具，推拉出窗户的厚度，如图 9-47 所示，整体如图 9-48 所示。

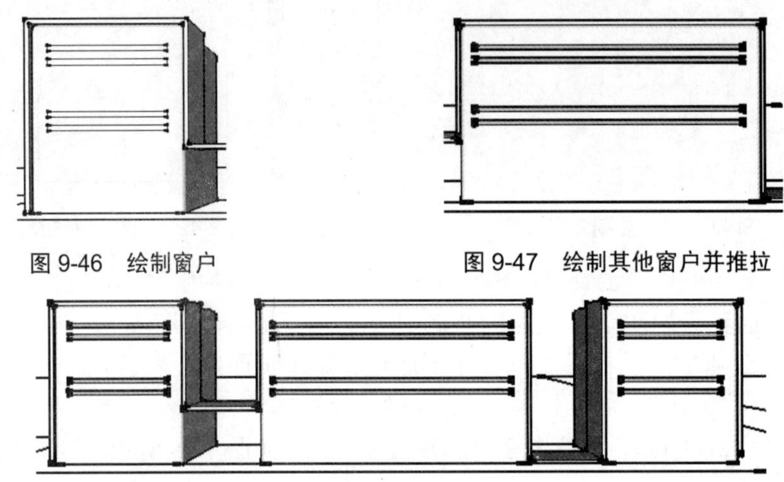

图 9-46　绘制窗户

图 9-47　绘制其他窗户并推拉

图 9-48　推拉矩形窗户的整体效果

step 05 使用“直线”工具、“圆弧”工具和“推拉”工具，绘制出配楼大厅的出入口部分，如图 9-49 所示。使用“矩形”工具和“推拉”工具，配合使用右键菜单中的“拆分”命令绘制出正面和右侧面的窗框，如图 9-50 所示。

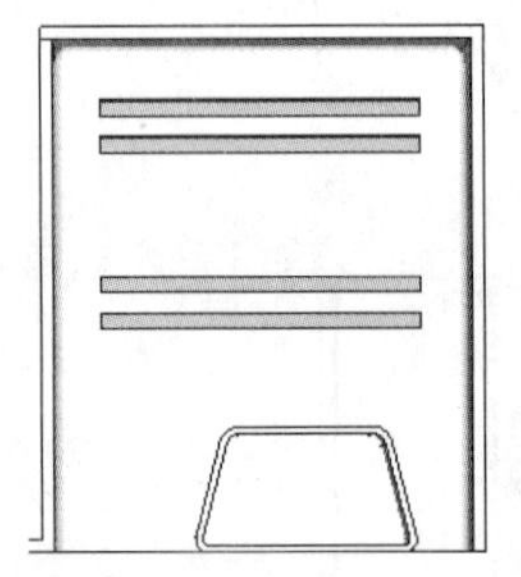

图 9-49　绘制出入口部分

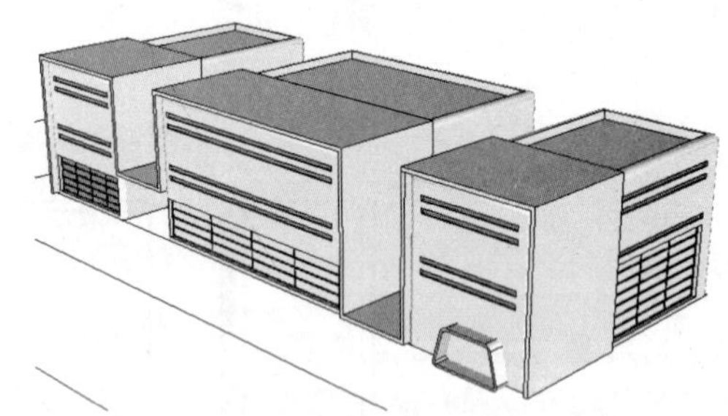

图 9-50　绘制窗户

step 06 使用“矩形”工具绘制矩形，绘制建筑构件，并创建为组，如图 9-51 所示。使用“矩形”工具绘制矩形，使用“推拉”工具绘制出台阶部分，并创建为组，如图 9-52 所示。

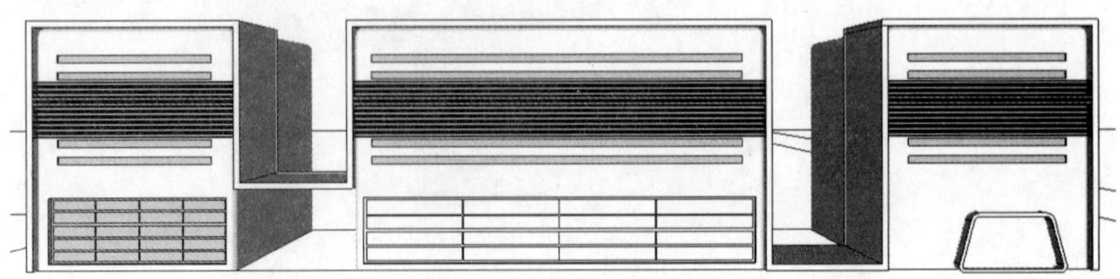

图 9-51　绘制建筑构件

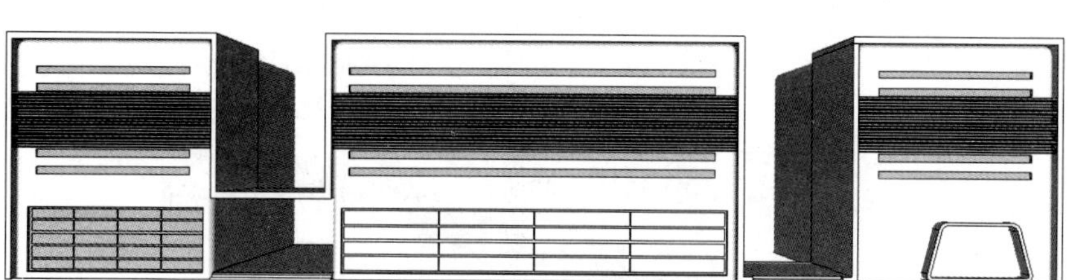

图 9-52 绘制台阶

step 07 使用“矩形”工具绘制矩形，使用“推拉”工具绘制出二层窗户的位置，高度为 5500mm，并创建为组，如图 9-53 所示。使用“圆弧”工具绘制圆弧，使用“矩形”工具绘制矩形，使用“推拉”工具绘制出一层门，并创建为组，如图 9-54 所示。

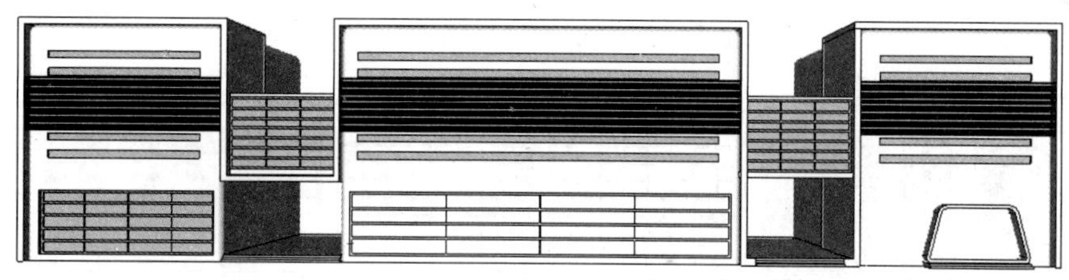

图 9-53 绘制二层窗户

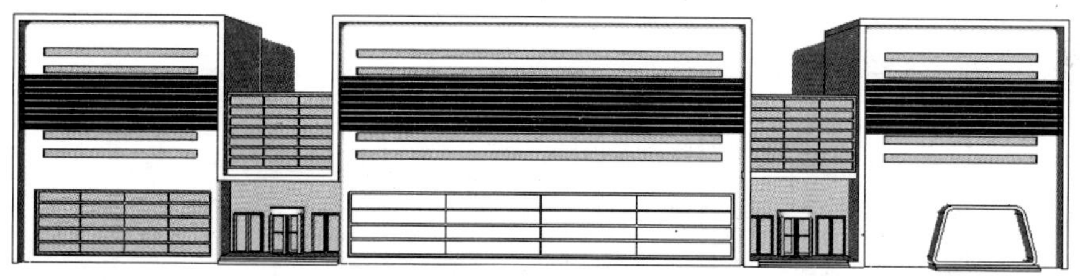

图 9-54 绘制一层门

step 08 使用“卷尺”工具绘制辅助线，使用“矩形”工具绘制矩形，使用“推拉”工具绘制出三层门窗出入口，并创建为组，如图 9-55 所示。将绘制的三层出入口复制到其余通道处，如图 9-56 所示。

图 9-55 绘制三层门窗出入口

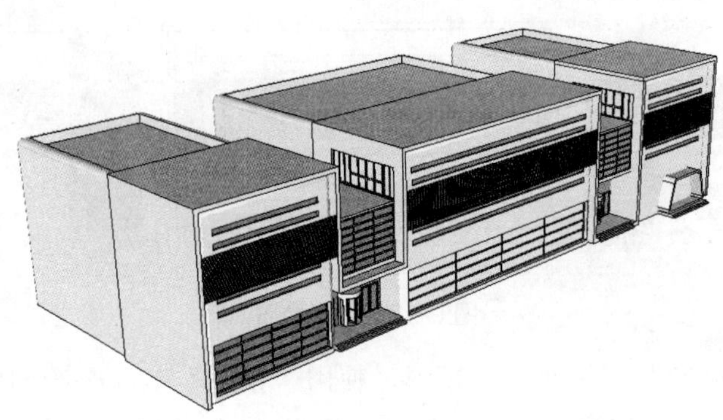

图 9-56 复制三层门窗出入口

step 09 使用“矩形”工具绘制矩形，使用“推拉”工具绘制护栏部分，并创建为组，如图 9-57 所示。将护栏复制到门的两端，如图 9-58 所示。

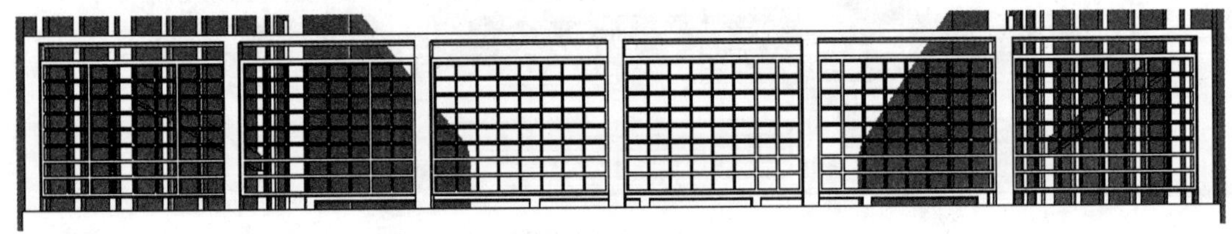

图 9-57 绘制三层护栏

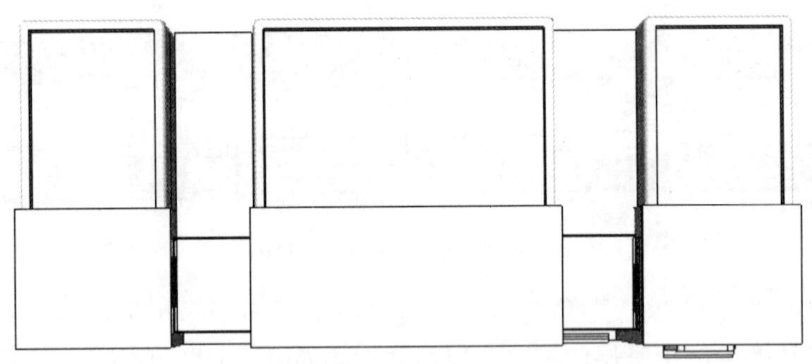

图 9-58 复制三层护栏

step 10 为建筑外轮廓做倒圆角处理，双击进入组内部，使用“倒圆角”工具，选择边线，倒角 offset 设置为 600mm，如图 9-59 所示。

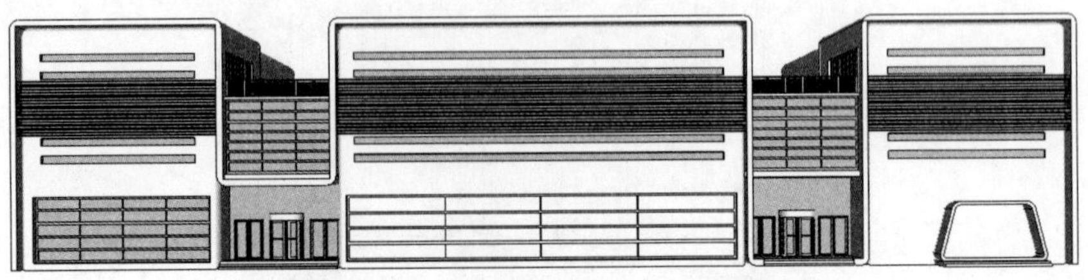

图 9-59 为建筑外轮廓做倒圆角处理

step 11 使用“矩形”工具绘制矩形，使用“推拉”工具绘制楼顶及后边部分，并

创建为组，如图 9-60 和图 9-61 所示。

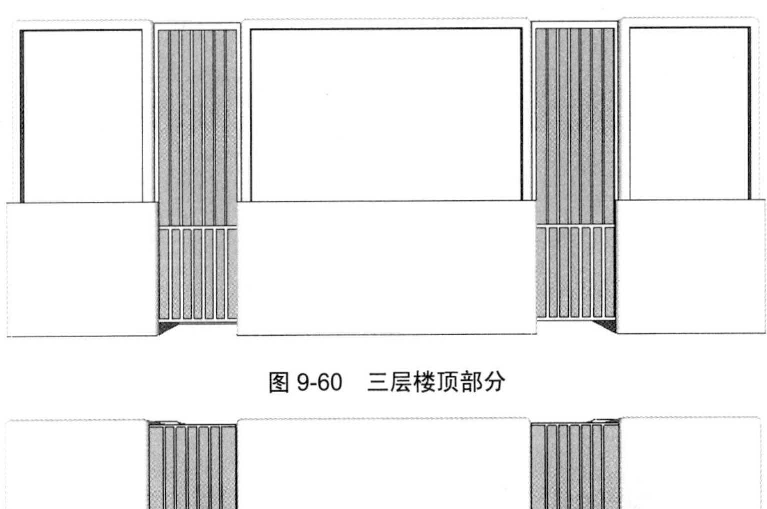

图 9-60　三层楼顶部分

图 9-61　三层后边部分

step 12 使用“矩形”工具绘制矩形，使用“推拉”工具绘制楼体左侧侧边的构件和一层自动门，如图 9-62 和图 9-63 所示。

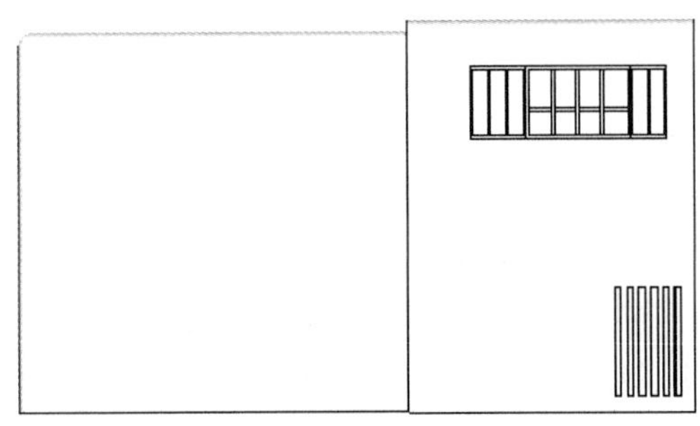

图 9-62　绘制楼体左侧的构件

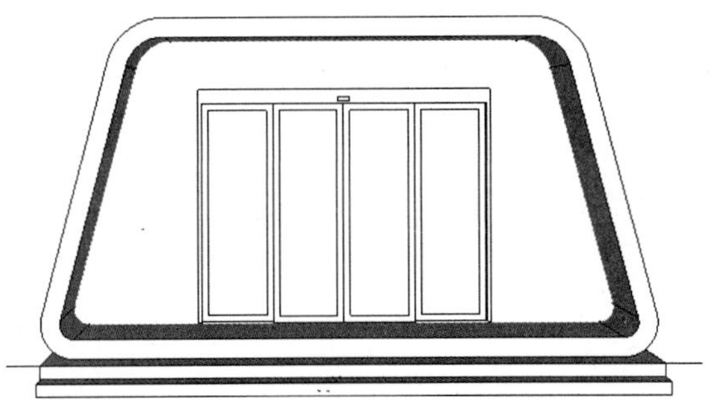

图 9-63　绘制一层自动门

step 13 使用“圆”工具绘制圆形，绘制楼顶装饰，如图 9-64 所示。这样，就完成了配楼的绘制，如图 9-65 所示。

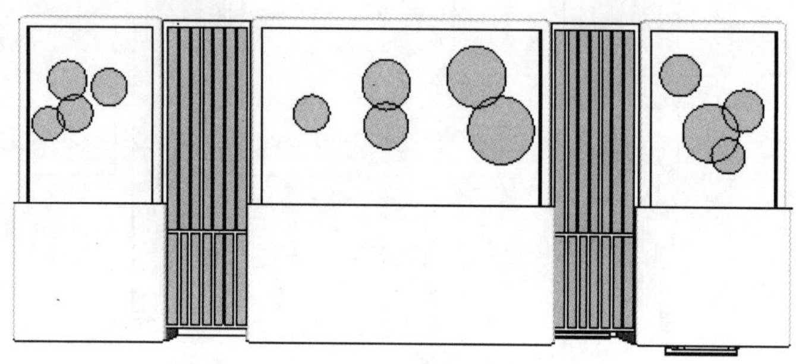

图 9-64　绘制楼顶装饰

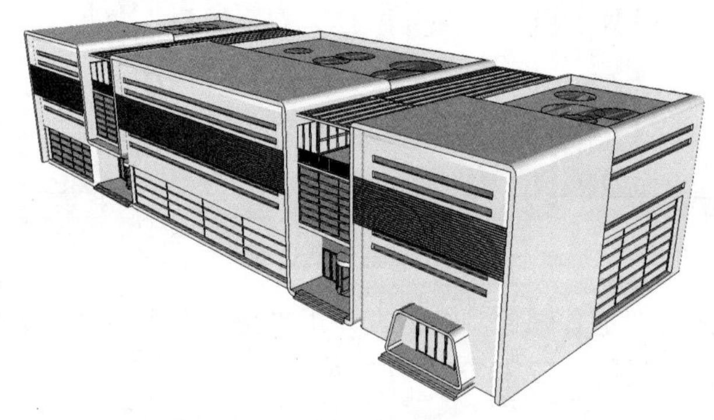

图 9-65　完成了配楼的绘制

step 14 下面来绘制地面和主楼。根据导入的 CAD 图，使用“矩形”工具绘制矩形，使用“推拉”工具，推拉高度为 450mm，绘制地面，并创建为组，如图 9-66 所示。使用“矩形”工具绘制矩形，使用“推拉”工具，推拉高度为 15810mm，绘制三层建筑高度，并创建为组，如图 9-67 所示。使用“圆弧”工具绘制圆弧，使用“矩形”工具绘制矩形，使用“推拉”工具绘制出正门，并创建为组，如图 9-68 所示。

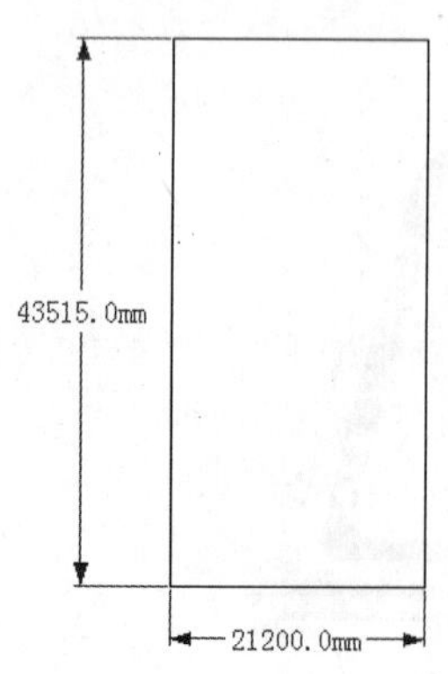

图 9-66　绘制地面

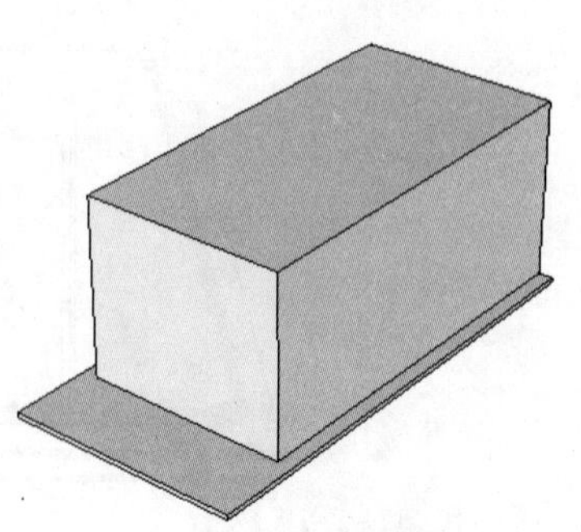

图 9-67　绘制三层建筑高度

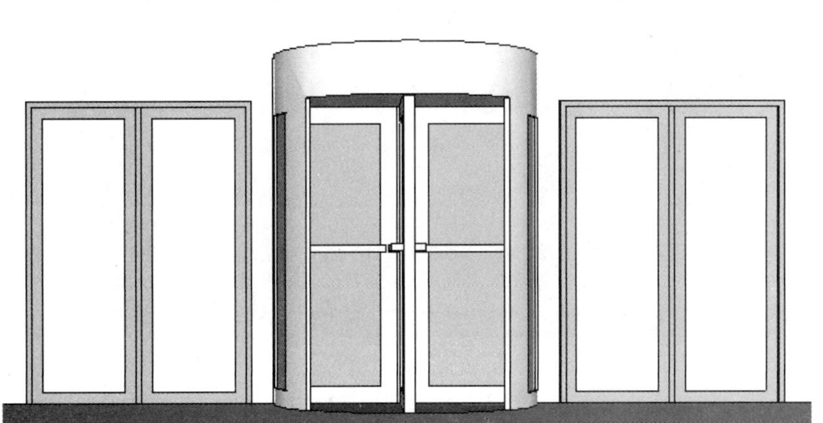

图 9-68 绘制正门

step 15 选择“材质”工具，打开“材质”对话框，选择半透明材质中的彩色半透明玻璃，切换到“编辑”选项卡，调节颜色，如图 9-69 所示。将设置好的材质赋予矩形，如图 9-70 所示。

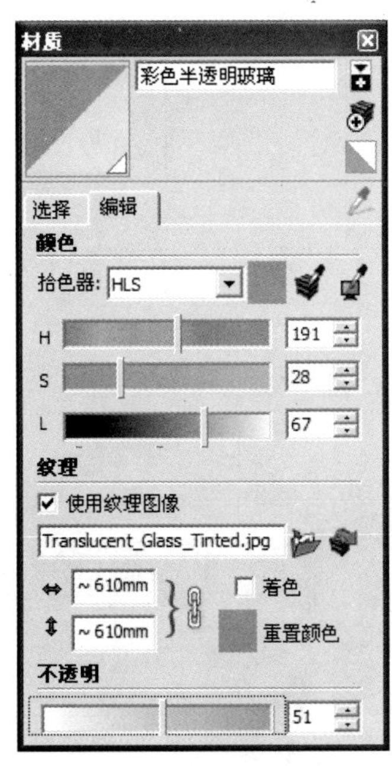

图 9-69 “材质”对话框

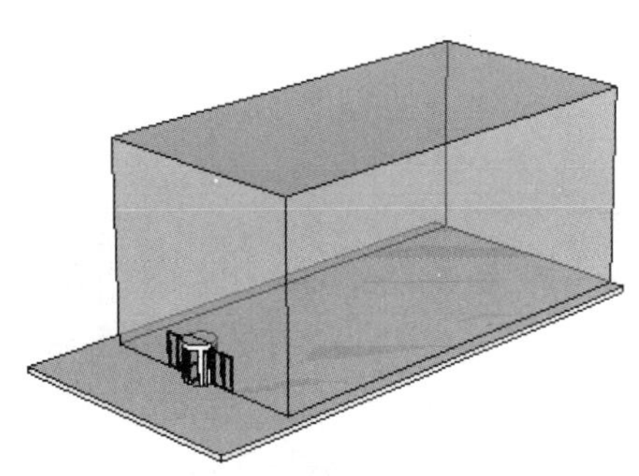

图 9-70 赋予模型材质

step 16 使用“矩形”工具绘制矩形，用“推拉”工具绘制出钢铁框架，如图 9-71 所示。在长方体的顶层，绘制矩形，使用“推拉”工具，推拉高度为 81550mm，并创建为组，如图 9-72 所示。双击进入地面矩形内部，使用“直线”工具和“推拉”工具调整矩形形状，如图 9-73 所示。

step 17 绘制矩形，尺寸距离为 1360mm×450mm，如图 9-74 所示。使用“推拉”工具绘制建筑构件，并创建为组，如图 9-75 所示。

图 9-71　绘制钢铁框架

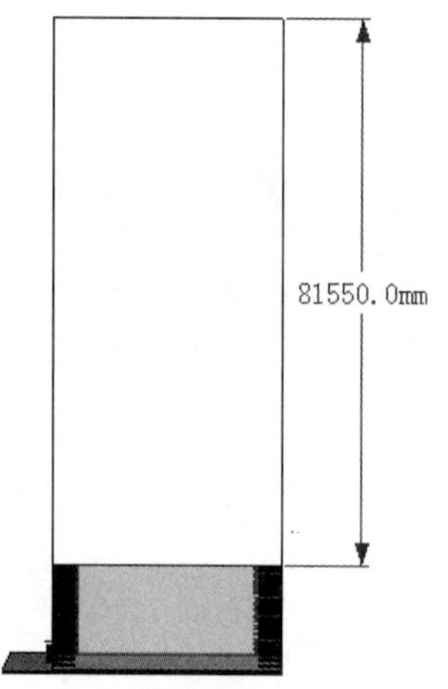

图 9-72　绘制长方体

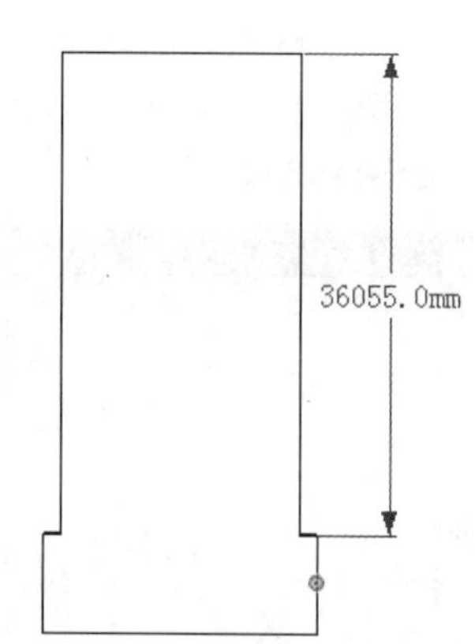

图 9-73　调整矩形地面

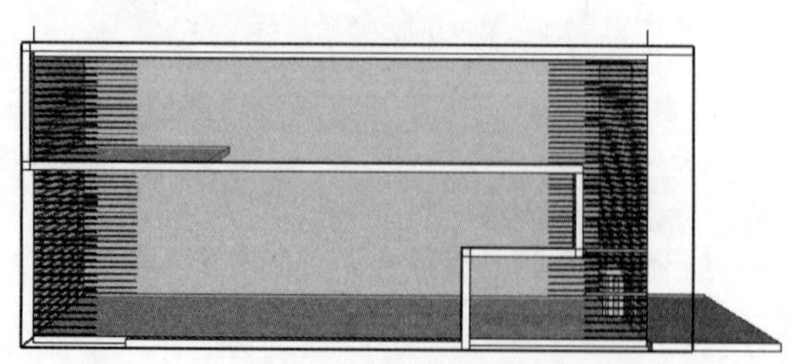

图 9-74　绘制矩形

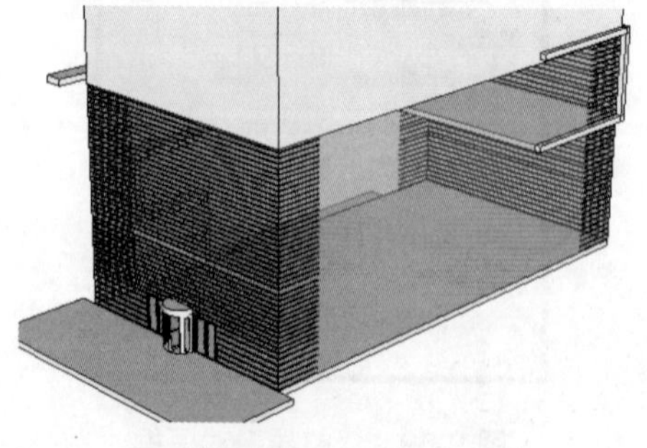

图 9-75　绘制建筑构件

step 18 使用“卷尺”工具绘制辅助线，使用“矩形”工具绘制矩形，使用“直线”工具绘制线条，使用“推拉”工具推拉一定厚度，绘制建筑构件，并创建为组，如图 9-76 所示。

step 19 使用“圆”工具绘制圆形，直径为 800mm，使用“推拉”工具推拉一定厚度，绘制圆柱，并创建为组，如图 9-77 所示。

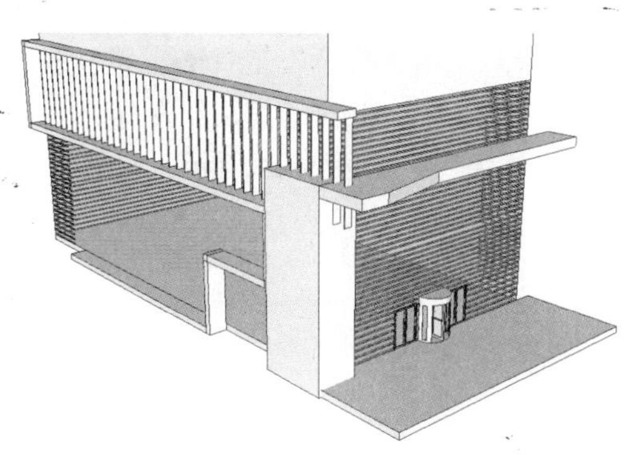

图 9-76　绘制建筑构件

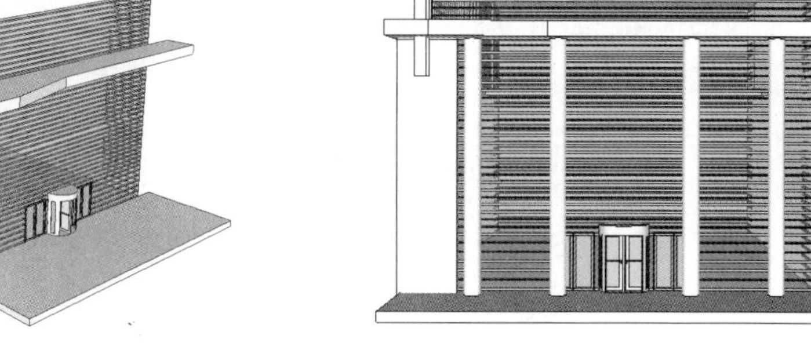

图 9-77　绘制柱子

step 20 绘制矩形和线条，使用“推拉”工具推拉一定的厚度，绘制正门雨挡，并创建为组，如图 9-78 所示。绘制直线。选择直线，选择“插件”→“三维体量”→“线转圆柱”菜单命令，设置截面直径为 30mm，截面段数为 30，绘制雨挡拉杆，如图 9-79 所示。

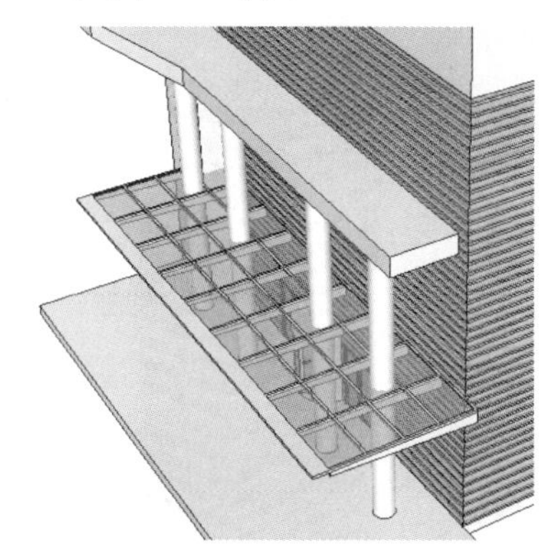

图 9-78　绘制雨挡

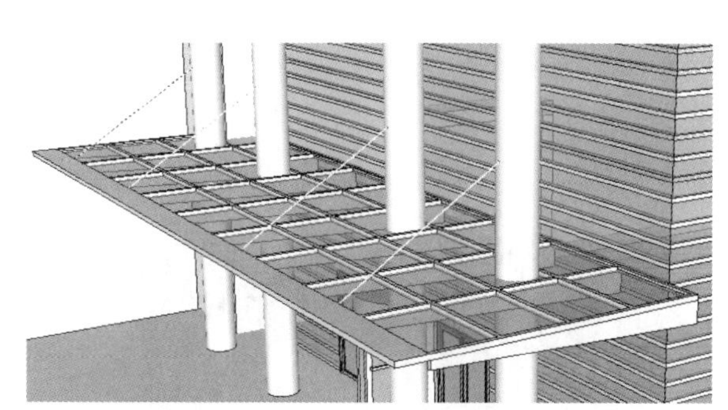

图 9-79　绘制雨挡拉杆

step 21 绘制圆弧和矩形，使用“推拉”工具推拉一定厚度，绘制出左侧门和后面的出入门及台阶，并创建为组，如图 9-80 所示。绘制矩形，使用“推拉”工具推拉一定厚度，绘制出方柱边上的建筑构件，并创建为组，如图 9-81 所示。

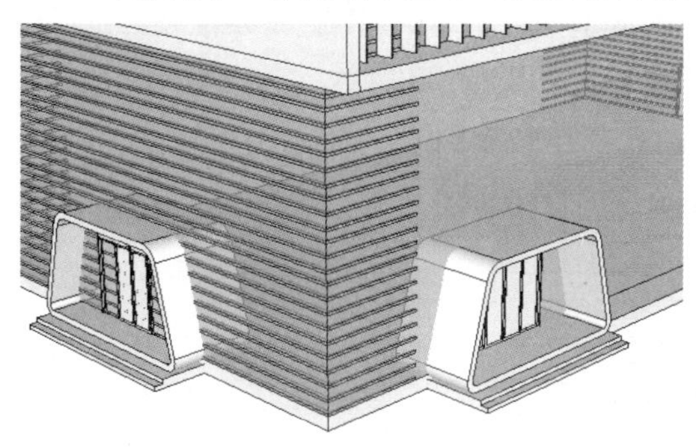

图 9-80　绘制左侧门和出入门

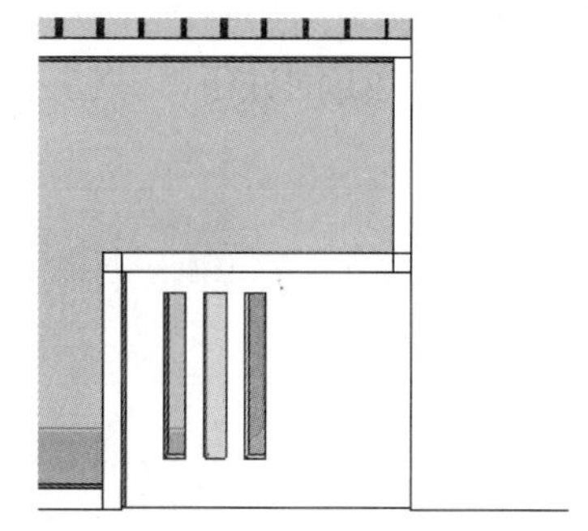

图 9-81　绘制建筑构件

step 22 为建筑构件做倒圆角处理，双击进入组内部，使用“倒圆角”工具，选择边线，倒角 offset 设置为 200mm，如图 9-82 所示。使用“推拉”工具，推拉长方体的内部构件，如图 9-83 所示。使用“卷尺”工具绘制辅助线，绘制矩形，使用“推拉”工具推拉一定厚度，绘制出建筑主体窗户，如图 9-84 所示。

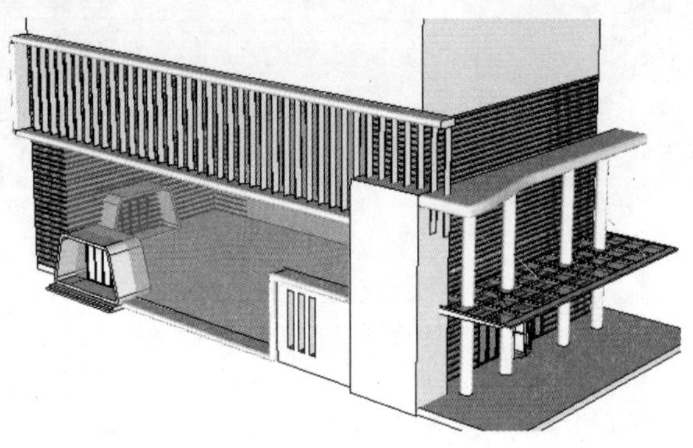

图 9-82　倒圆角

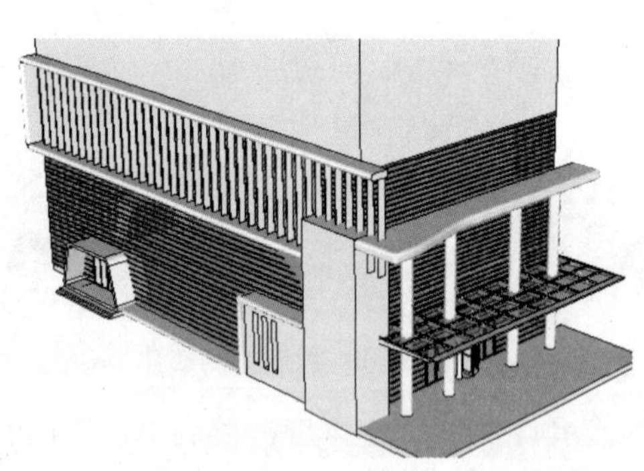

图 9-83　拉伸图形

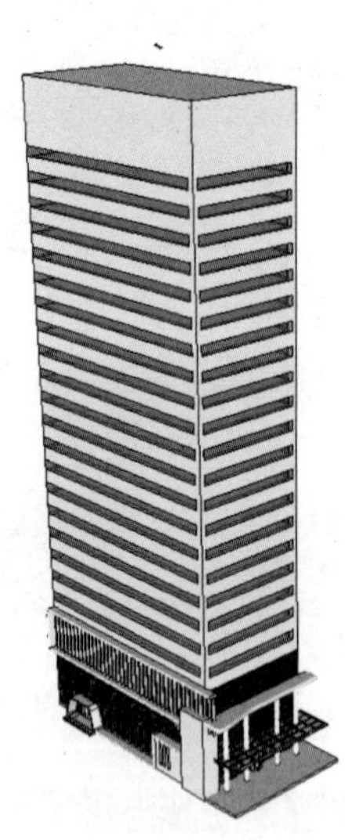

图 9-84　绘制窗户

step 23 绘制矩形和圆形，圆形直径为 800mm，使用“推拉”工具推拉一定厚度，绘制建筑内部的柱子，并创建为组，如图 9-85 和图 9-86 所示。

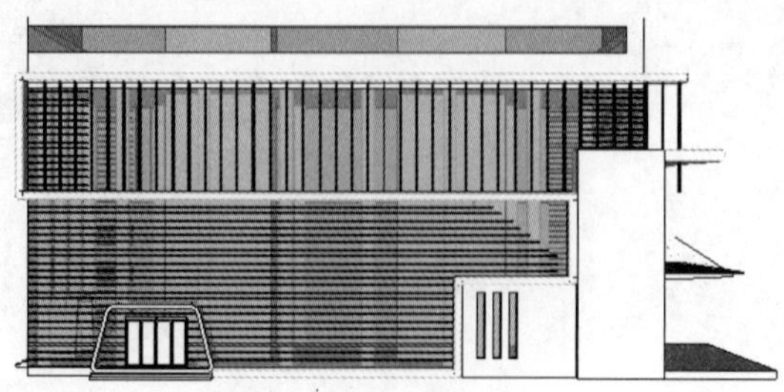

图 9-85　绘制内部的柱子(一)

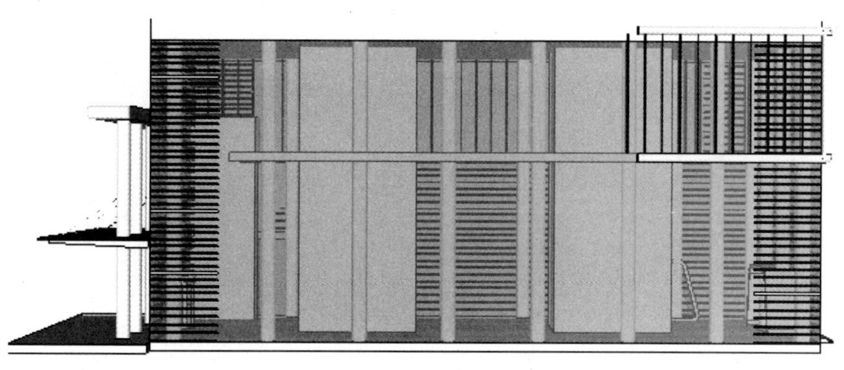

图 9-86 绘制内部柱子(二)

step 24 使用“偏移”工具，偏移矩形距离为 800mm，使用“圆”工具绘制圆形，使用“推拉”工具推拉距离为 1200mm，绘制楼顶构件，如图 9-87 所示。

step 25 选择“插件”→“线面工具”→“贝兹曲线”菜单命令，绘制曲线，使用“圆弧”工具绘制圆弧，使用“根据等高线创建”工具绘制玻璃幕墙，如图 9-88 所示。选择“插件”→“线面工具”→“贝兹曲线”菜单命令，绘制曲线，使用“圆弧”工具绘制圆弧，绘制出轮廓，使用起泡泡工具中的 Skin 工具，绘制两侧的玻璃幕墙，如图 9-89 所示。使用“曲面起伏”工具，调整玻璃幕墙，如图 9-90 所示。

step 26 绘制矩形和圆形，使用“推拉”工具推拉一定厚度，绘制幕墙龙骨，并创建为组，如图 9-91 所示。通过绘制矩形并推拉一定厚度，绘制出配楼与主楼的通道，并创建为组，如图 9-92 所示。

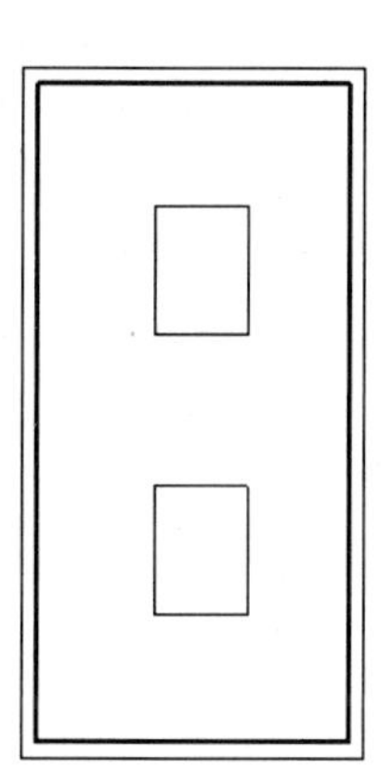

图 9-87 绘制楼顶构件

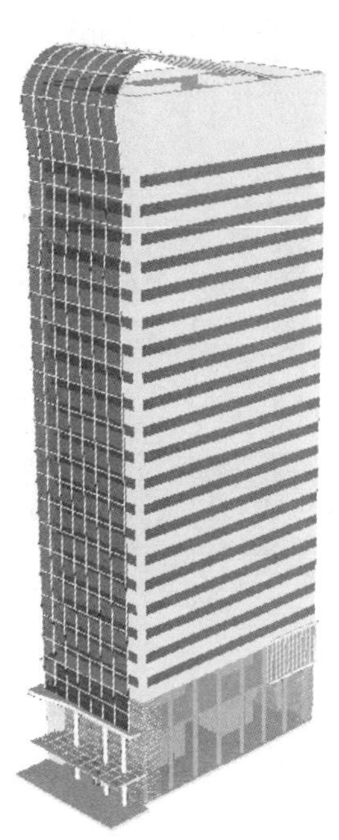

图 9-88 绘制玻璃幕墙

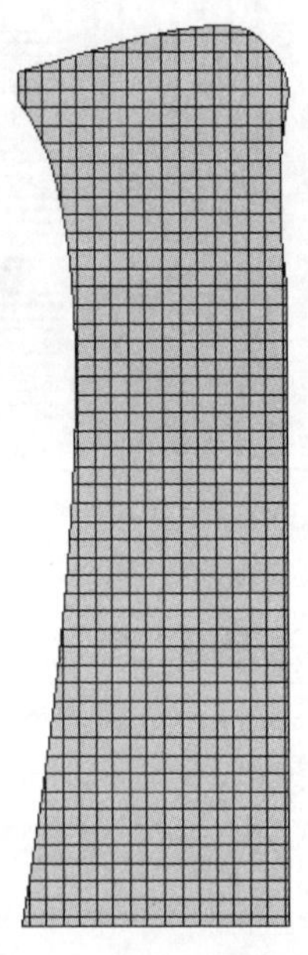

图 9-89　绘制玻璃轮廓

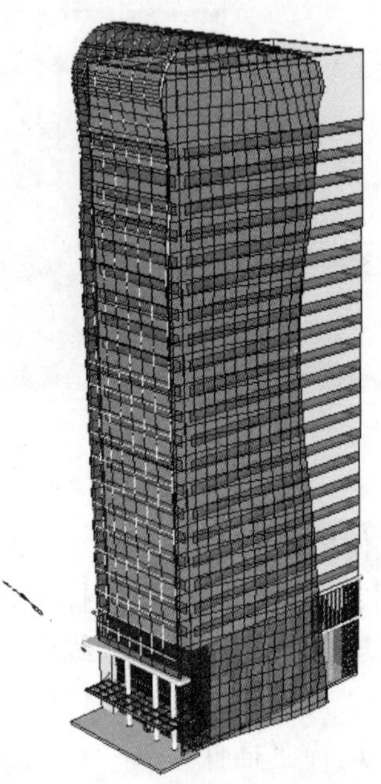

图 9-90　调整玻璃轮廓

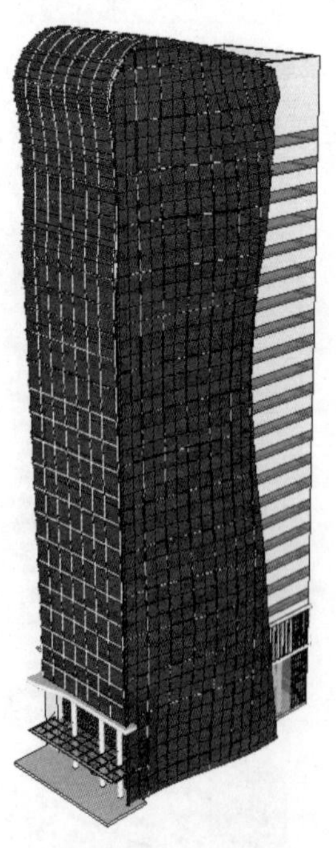

图 9-91　绘制幕墙龙骨

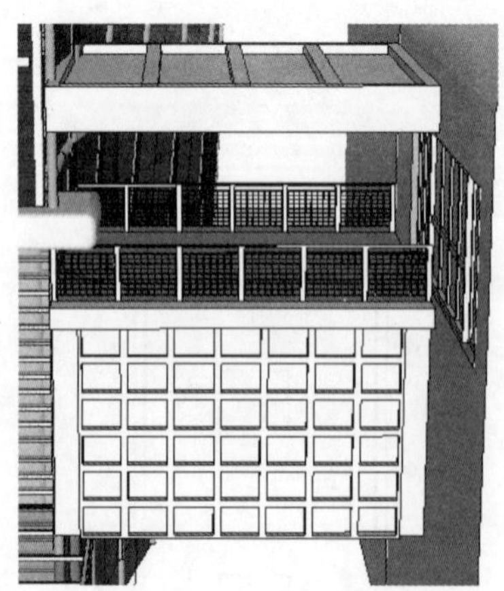

图 9-92　绘制通道走廊

step 27 使用“直线”工具绘制线条，使用“圆弧”工具绘制机动车道路，并创建为组，如图 9-93 所示。使用“直线”工具绘制线条，使用“圆弧”工具创建绿化带道路，并创建为组，如图 9-94 所示。

step 28 使用“材质”工具打开“材质”对话框，启用“使用纹理图像”复选框，选择 12-1.jpg 材质，如图 9-95 所示。

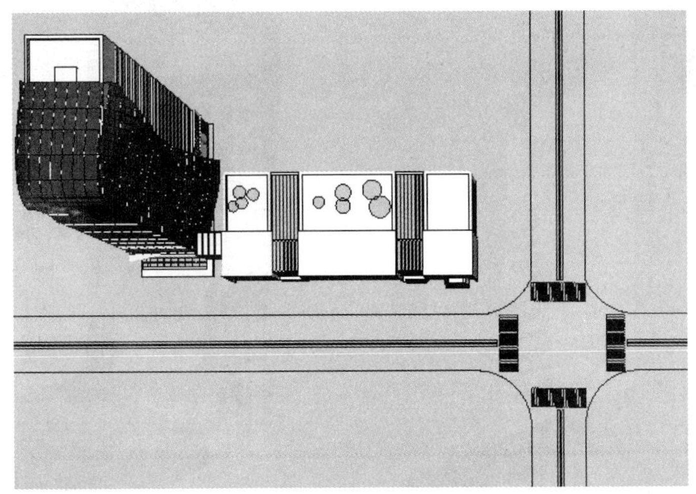

图 9-93 绘制机动车道路

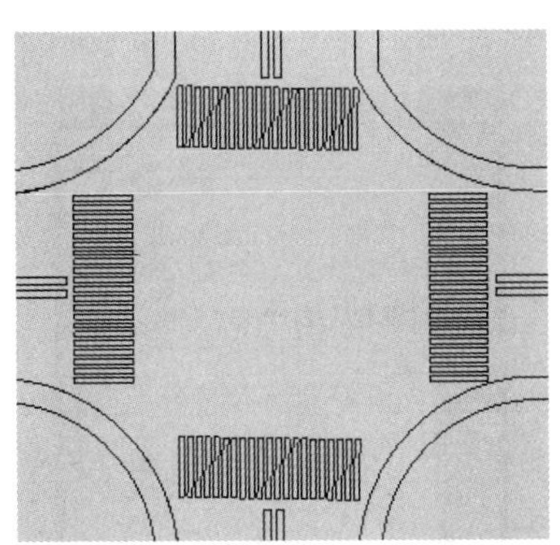

图 9-94 绘制绿化带道路

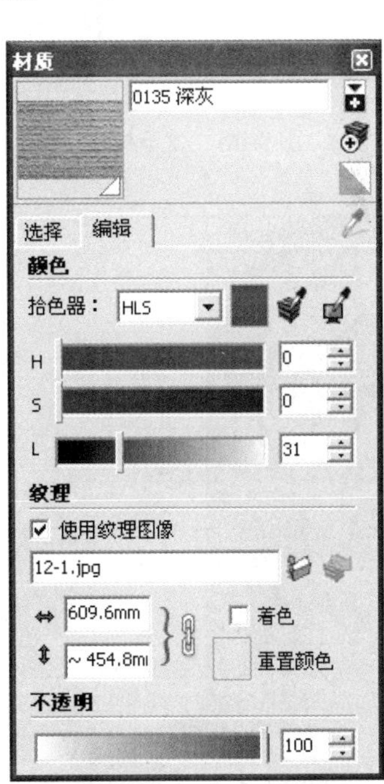

图 9-95 “材质”对话框

step 29 将材质赋予图形，如图 9-96 所示。使用“材质”工具打开“材质”对话框，选择“半透明材质”中的“灰色半透明玻璃”材质，赋予图形，如图 9-97 所示。赋予其他细节构件材质，如图 9-98 所示。

step 30 选择“窗口”→“组件”菜单命令，弹出“组件”对话框，如图 9-99 所示，为场景添加组件，如图 9-100 所示。

图 9-96　赋予材质

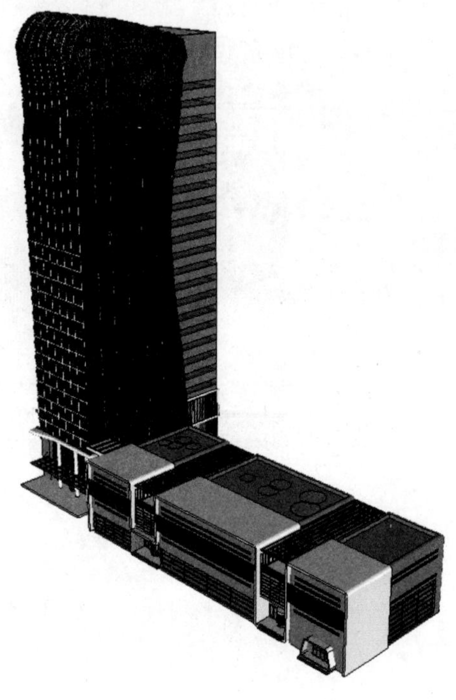

图 9-97　赋予“灰色半透明玻璃”材质

图 9-98　赋予其他细节构件材质

图 9-99　“组件”对话框

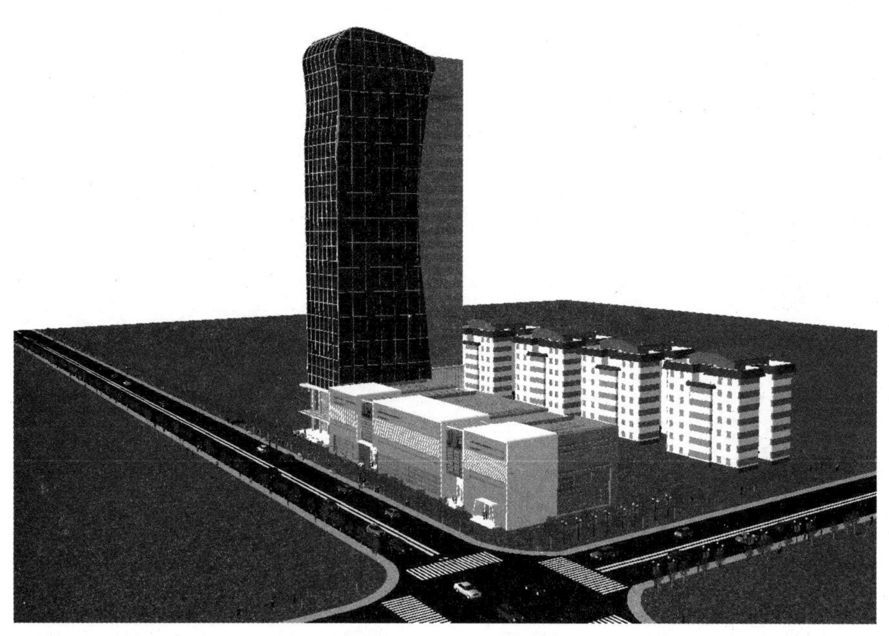

图 9-100　添加组件

step 31 使用 SketchUp 中“材质”编辑器的“提取材质”工具，提取材质，V-Ray 材质面板会自动跳到该材质的属性上，并选择该材质，然后单击鼠标右键，从弹出的快捷菜单中选择“创建材质层”→“反射”命令，并将发射值调整为 0.8，接着单击反射层后面的 M 符号，并在弹出的对话框中选择“菲涅耳”的模式，最后单击 OK 按钮，如图 9-101 所示。

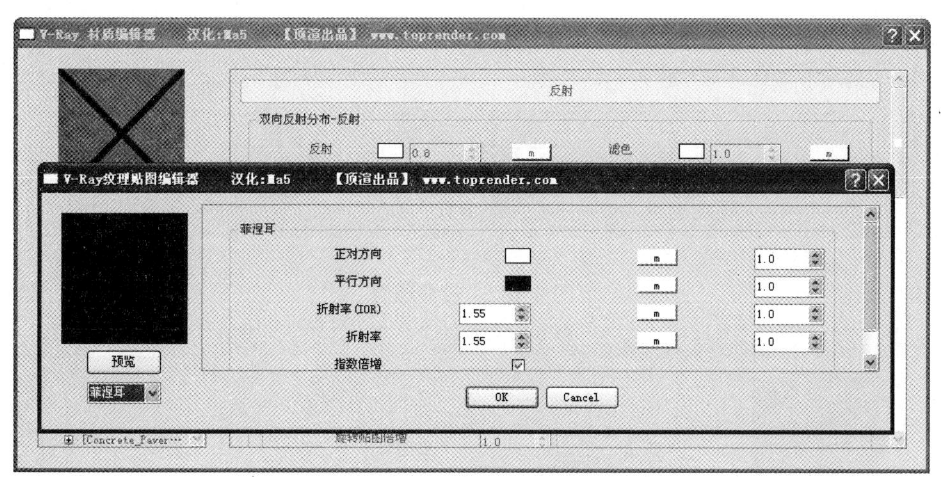

图 9-101　选择“菲涅耳”选项

step 32 汽车金属材质的设置，用 SketchUp 中“材质”对话框的“提取材质”工具，提取材质，VRay 材质面板会自动跳到该材质的属性上，并选择该材质，然后用鼠标右键单击，从弹出的快捷菜单中选择“创建材质层”→“反射”命令，汽车的烤漆材质有一定的模糊反射的效果，所以要把高光的“光泽度”调整为 0.8，反射的“光泽度”调整为 0.85。接着，单击“反射”后面的 m，在弹出的对话框中选择“菲涅耳”模式，将“折射率(IOR)”调整为 6，最后单击 OK 按钮，如图 9-102 所示。

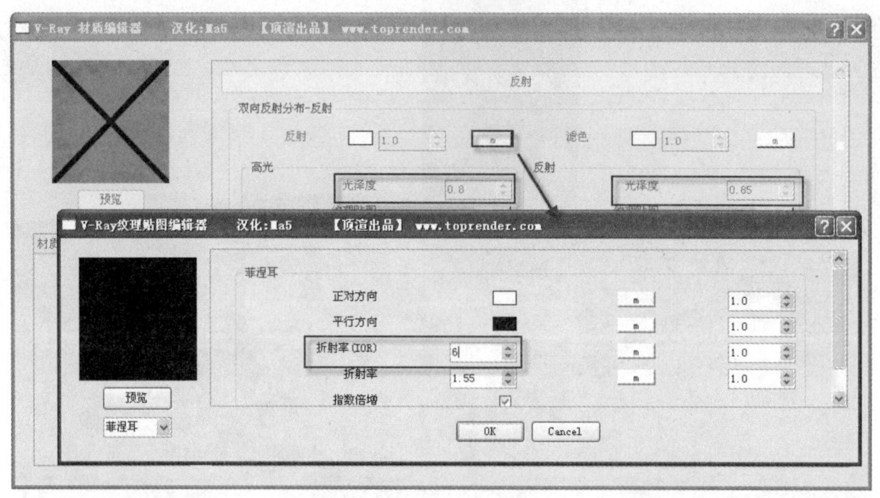

图 9-102　设置参数

step 33 打开 V-Ray 渲染设置面板，设置环境，如图 9-103 所示。设置全局光的颜色，如图 9-104 所示。设置背景颜色，如图 9-105 所示。

step 34 将采样器类型更改为“自适应纯蒙特卡罗”，并将“最多细分”设置为 16，提高细节区域的采样，然后将“抗锯齿过滤器”激活，并选择常用的 Catmull Rom 过滤器，如图 9-106 所示。进一步提高“纯蒙特卡罗采样器”的参数，主要提高了“噪点阀值”，使图面噪波进一步减小，如图 9-107 所示。

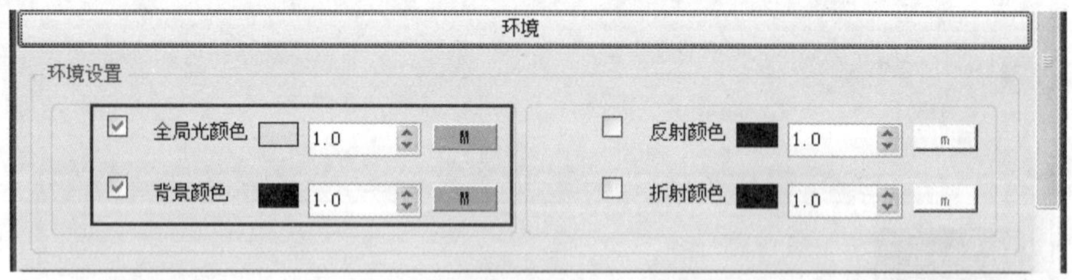

图 9-103　设置环境

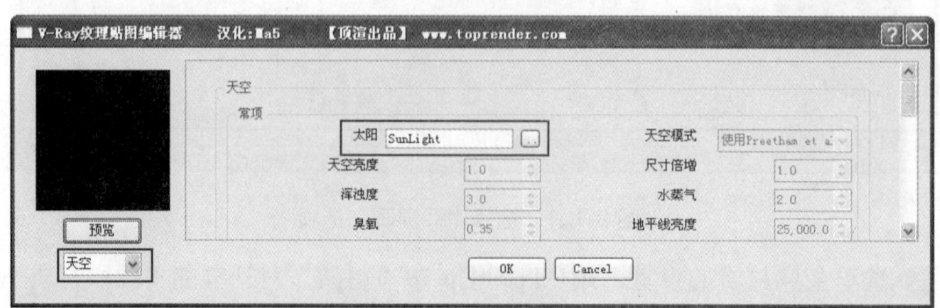

图 9-104　设置全局光的颜色

图 9-105　设置背景颜色

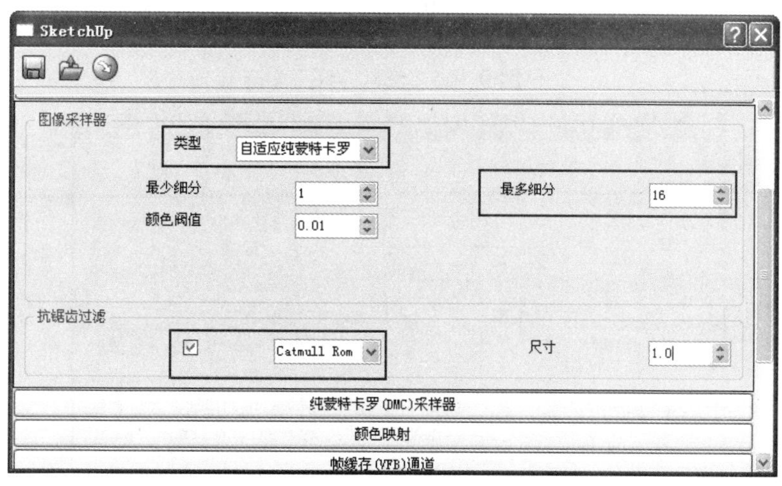

图 9-106　设置参数(一)

图 9-107　设置参数(二)

step 35 修改“发光贴图”中的数值，将其“最小比率”改成-3，“最大比率”改成 0，如图 9-108 所示。在“灯光缓存”选项组中将“细分”修改成 1000，如图 9-109 所示。设置完成后就可以渲染了。渲染效果如图 9-110 所示。

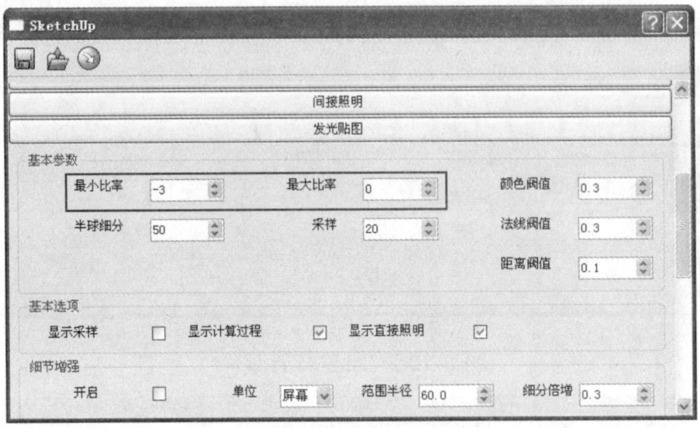

SketchUp
间接照明
发光贴图
基本参数
最小比率
-3
最大比率
0
颜色阈值
0.3
半球细分
50
采样
20
法线阈值
0.3
距离阈值
0.1
基本选项
显示采样
显示计算过程
显示直接照明
细节增强
开启
单位
屏幕
范围半径
60.0
细分倍增
0.3

图 9-108　设置参数(三)

SketchUp
发光贴图
灯光缓存
计算参数
细分
1000
单位
屏幕(像素)
采样尺寸
0.02
次数
4
深度
100
每个采样的最少路径
16
保存直接照明
显示计算过程
自适应采样
仅自适应直接照明
多视口
重构参数
预过滤
预过滤采样
10
用于光泽光线
过滤尺寸
0.06
过滤类型
就近
过滤采样
5

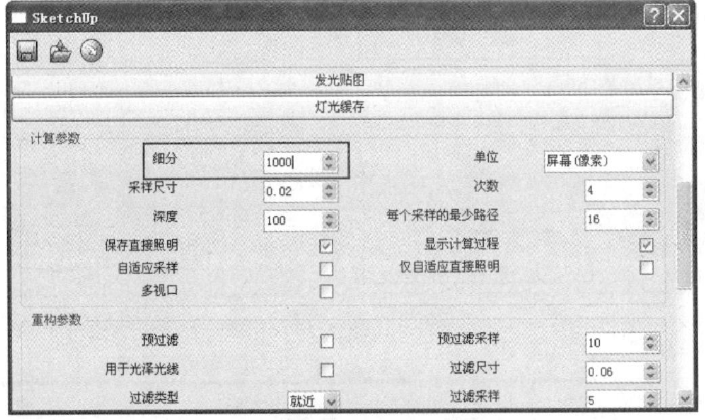

图 9-109　设置参数(四)

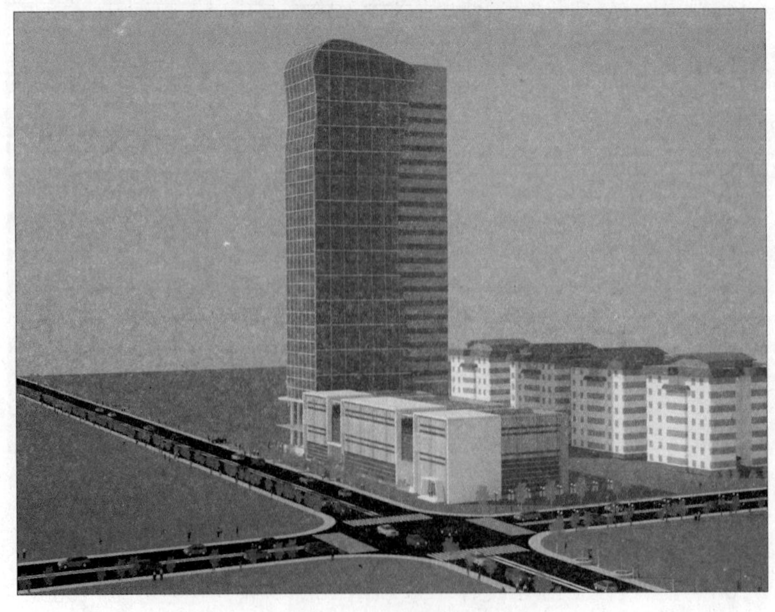

图 9-110　渲染效果

step 36 将渲染图和通道渲染图形导入到 Photoshop 软件中，将通道渲染图层添加到渲染图中，选择通道图形，使用“魔棒”工具，选择黑色部分，然后选择渲染图，将背景删除，如图 9-111 所示。添加天空背景及楼体树木，如图 9-112 所示。

图 9-111　删除背景

图 9-112　添加背景

step 37 选择“滤镜”→“渲染”→“光照”菜单命令，对图像进行光照效果处理，如图 9-113 所示。将小区位置图片删除，添加新的小区图片，选择背景，选择“滤镜”→“渲染”→“镜头光晕”菜单命令，对图像进行镜头光晕效果的处理，具体如图 9-114 所示。图像处理后，将图像另存为 JPG 格式，如图 9-115 所示。

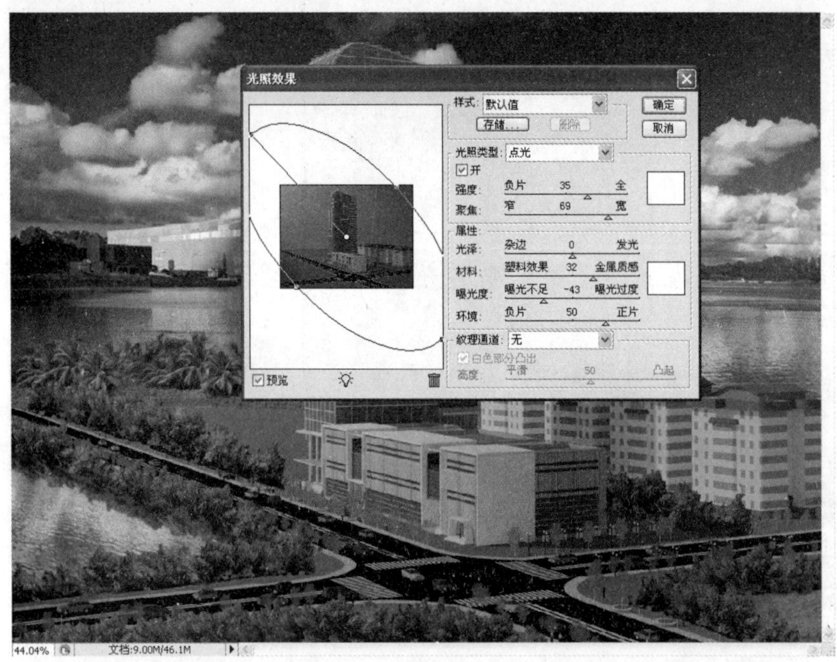

图 9-113　光照效果的设置

图 9-114　镜头光晕效果的设置

图 9-115　完成的效果

9.3　公共综合体

本节案例中的公共综合体建筑，主要分为办公楼与餐饮城两大部分，地块位于某市中心的交叉路口，规划拟将打造一处重要的标志性节点，主体建筑主要满足各参建单位的商务办公功能需求，配套建设会议中心、餐饮城、大型停车场等附属服务设施。

9.3.1　平面布局

本次规划以功能为主导，结合地形地貌及周边环境，配套进行总体规划设计。

通过对现状及周边环境进行分析，可以发现，地块北面邻近某住宅区的大部区域不宜布置单层面积超过 625m^2、建筑高度大于 85m 的大体量高层建筑，否则将影响住宅区的日照要求。并且已形成了一定的商业氛围，由北向南不断延展，将餐饮城放置于地块北侧，将有利于餐饮城商业氛围的形成。

通过综合分析，确定将办公写字楼布置于地块的南侧，将餐饮城布置于地块的北侧，如图 9-116 和图 9-117 所示。

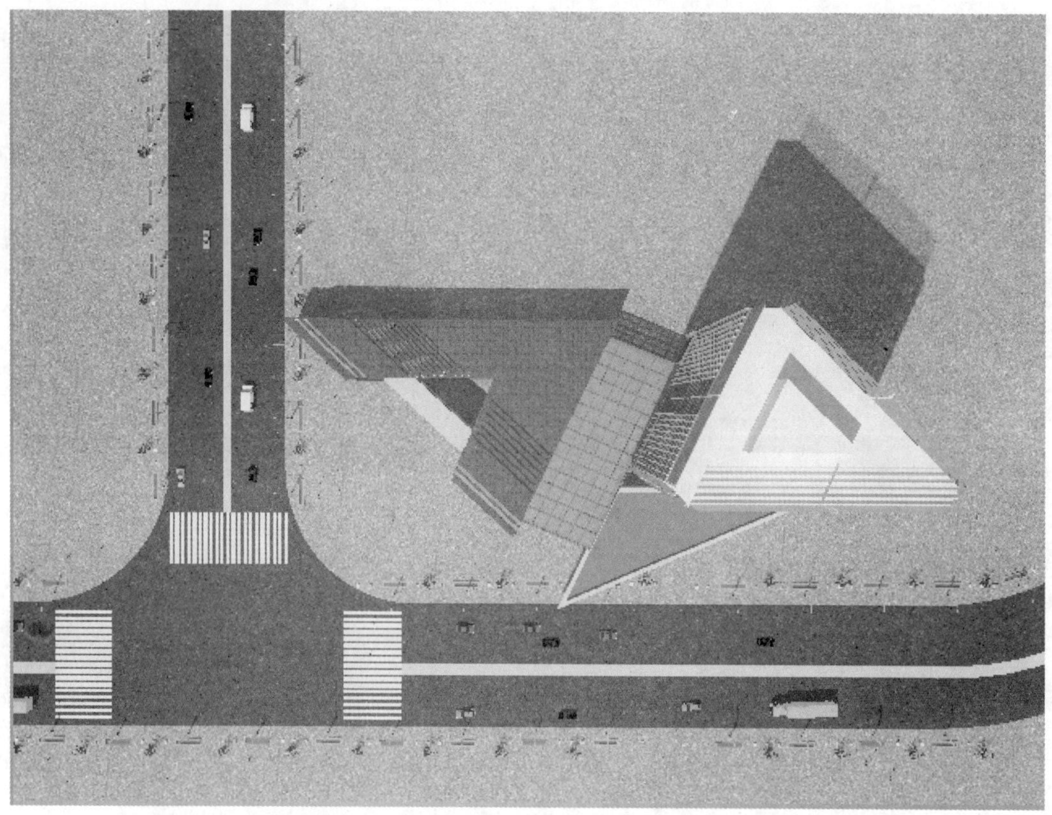

图 9-116　整体平面布局(一)

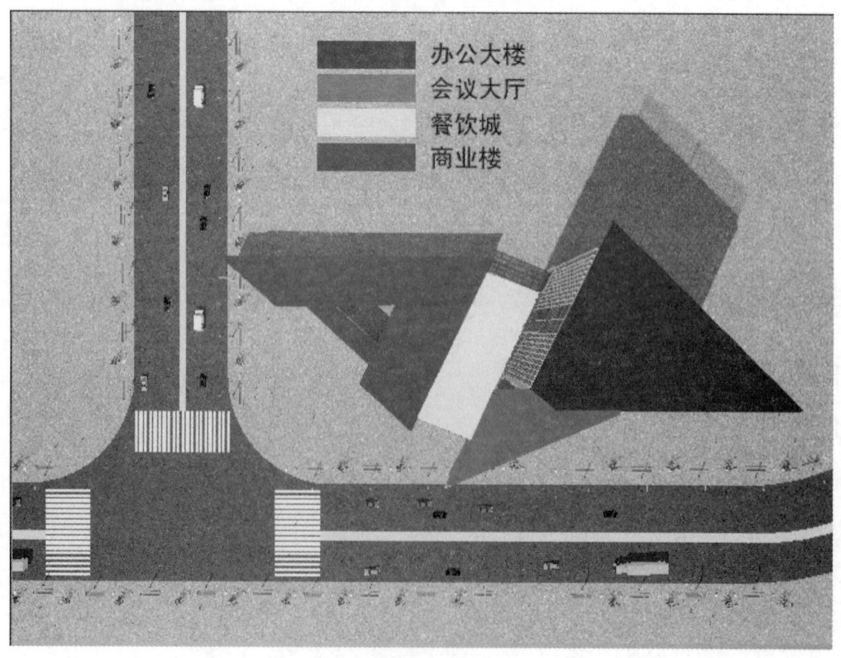

图 9-117　整体平面布局(二)

9.3.2 交通组织

场地四面临路，在场地正对路口位置设置建筑的主出入口，南北两侧各设置次出入口。场地内部交通主要以步行道路为主，消防车道围绕建筑布置，道路末端设置回车场地，地下车库出入口设置于西南侧。主要车行流线和步行流线如图 9-118 和图 9-119 所示。

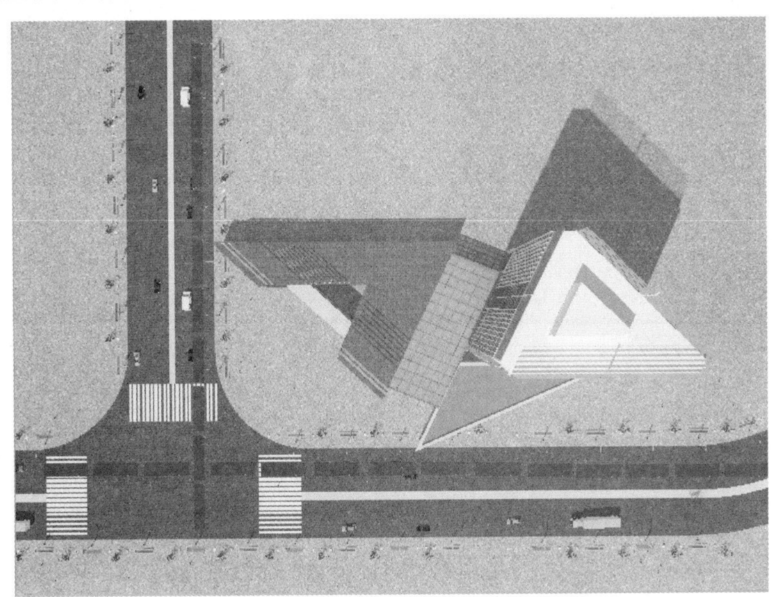

图 9-118　主要的车行流线

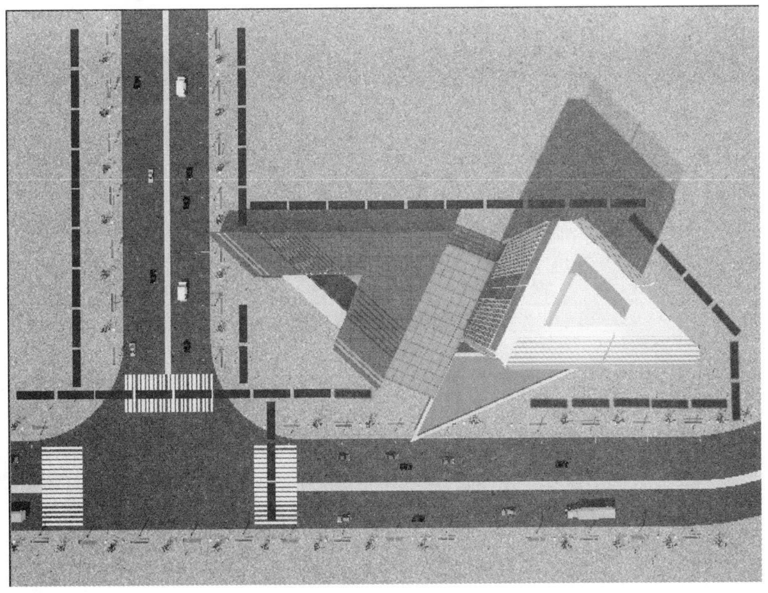

图 9-119　主要的步行流线

9.3.3 公共综合体综合案例：综合广场设计

案例文件：ywj/09/9-3-1.dwg。
视频文件：光盘→视频课堂→第 9 章→9.3.1。

案例的操作步骤如下。

step 01 选择“文件”→“导入”菜单命令，导入 13-1.dwg 的文件，如图 9-120 所示。配楼有三部分，首先使用“直线”工具，根据导入的 CAD 图纸绘制线条，各自创建为组，如图 9-121 所示。

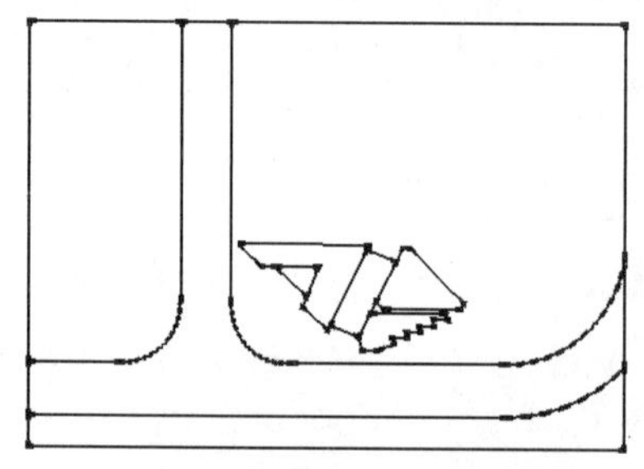

图 9-120 导入的 CAD 图纸

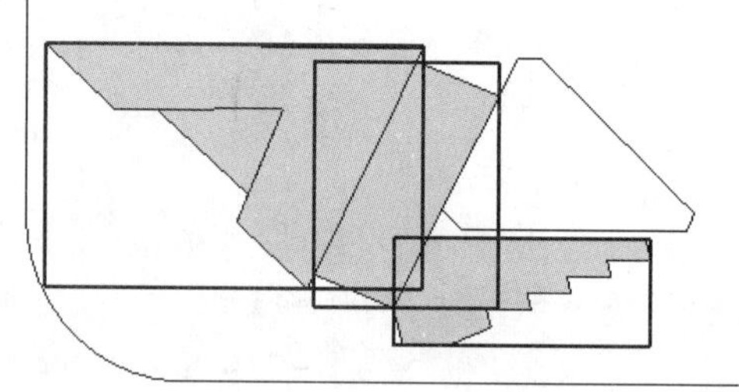

图 9-121 绘制轮廓并创建为组

step 02 首先绘制左侧类似于三角形状的配楼，将其余图形隐藏，双击进入组内部，使用“推拉”工具，每一层推拉高度为 4500mm，推拉出三层高度，如图 9-122 所示。绘制较长一侧的窗户，使用“移动”工具，配合使用 Ctrl 键，移动复制线条，内部距离为 450mm，绘制出窗户轮廓，如图 9-123 所示。

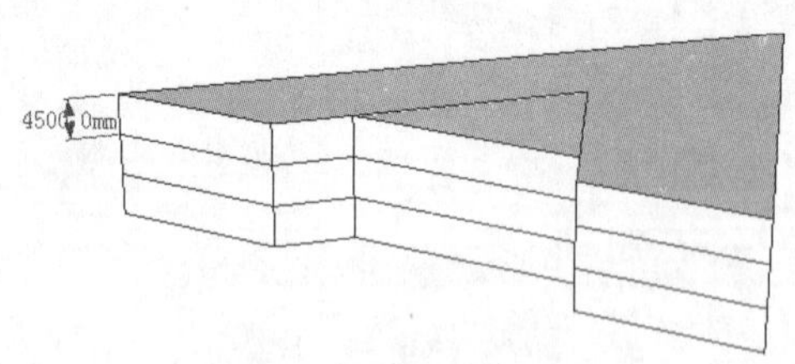

图 9-122 推拉模型

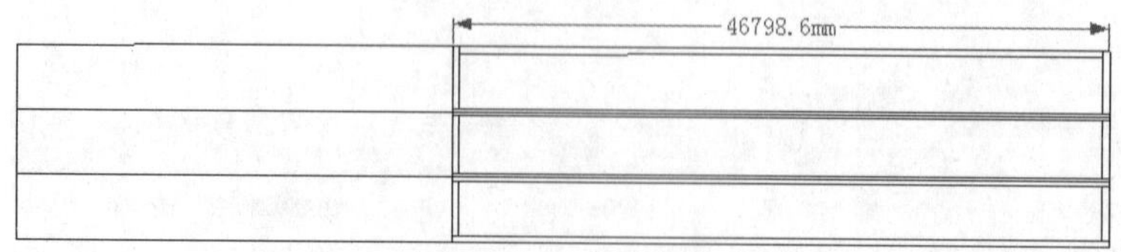

图 9-123 移动复制线条

step 03 选择底部的横线条，用鼠标右键单击，从右键快捷菜单中选择“拆分”命令，拆分为 5 段，如图 9-124 和图 9-125 所示。

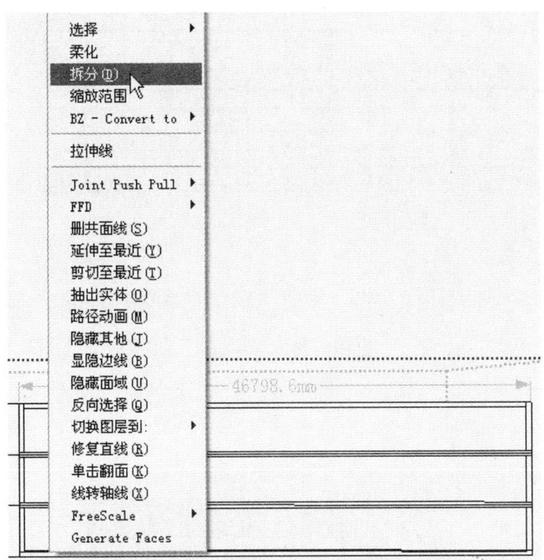

图 9-124　选择拆分命令

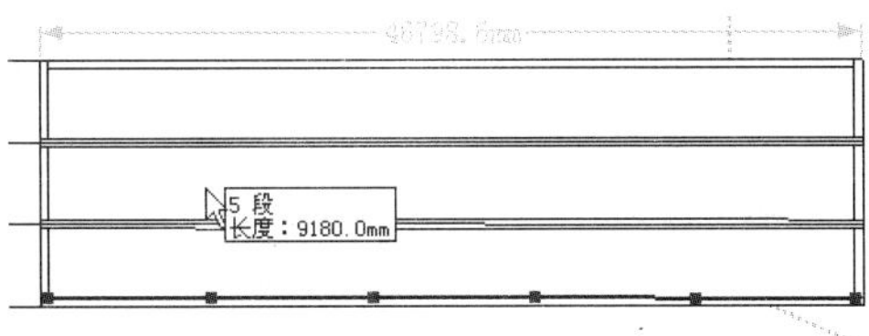

图 9-125　拆分为 5 段

step 04 绘制线条，然后移动复制线条，距离中心线条为 225mm，绘制出窗户轮廓，如图 9-126 所示。向内推拉玻璃位置，距离为 545mm，如图 9-127 所示。

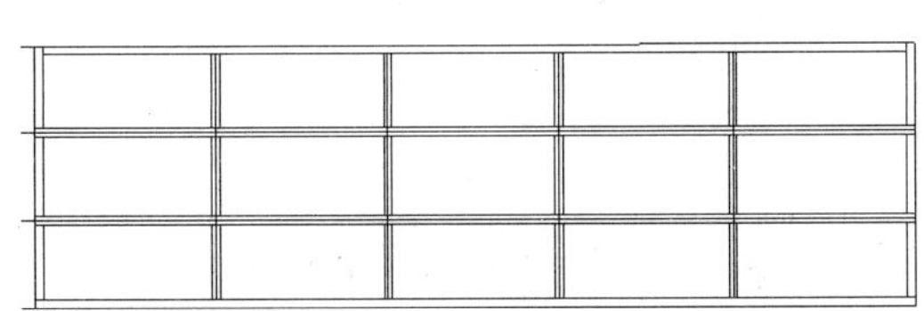

图 9-126　绘制窗户轮廓

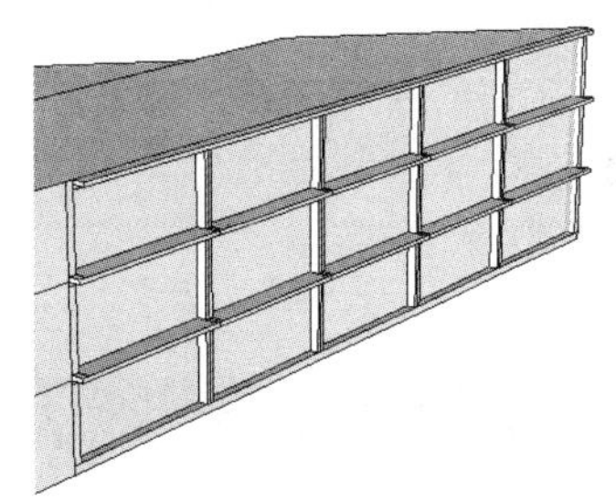

图 9-127　完成窗户的绘制

step 05 使用“直线”工具绘制线条，使用“圆”工具绘制圆形，使用“推拉”工具，推拉出一定的厚度，绘制驳接爪和龙骨，并创建为组，如图 9-128 所示。移动复制线条，移动距离为 9000mm，使用“推拉”工具，向内推拉距离为 7000 mm，绘制平台，如图 9-129 所示。

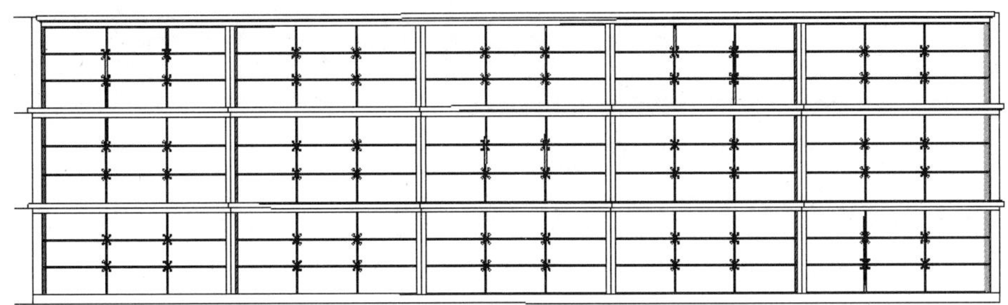

图 9-128　绘制驳接爪和龙骨

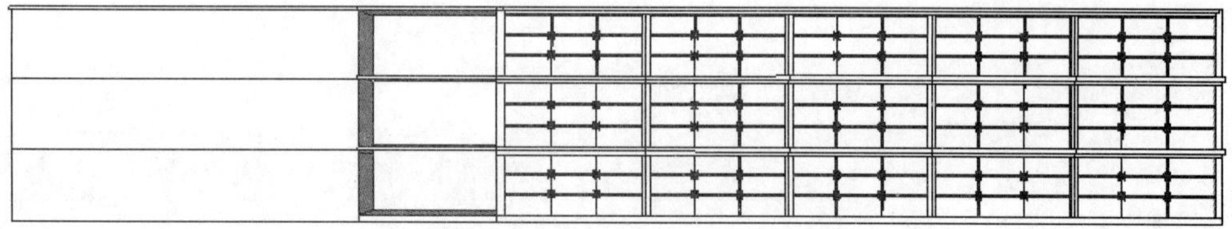

图 9-129 绘制平台

step 06 使用“直线”工具绘制线条路径，使用“圆”工具绘制圆形截面，使用“跟随路径”工具选择路径，再选择矩形截面，绘制平台栏杆，并创建为组，如图 9-130 所示。移动复制线条，并推拉出一定厚度，绘制一层台阶和门，如图 9-131 所示。

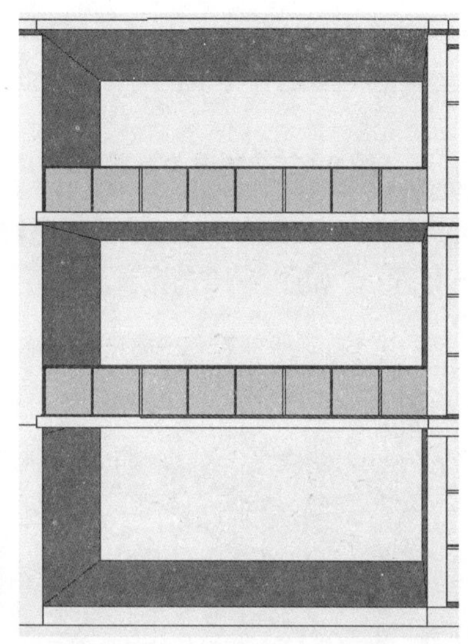

图 9-130 绘制平台栏杆

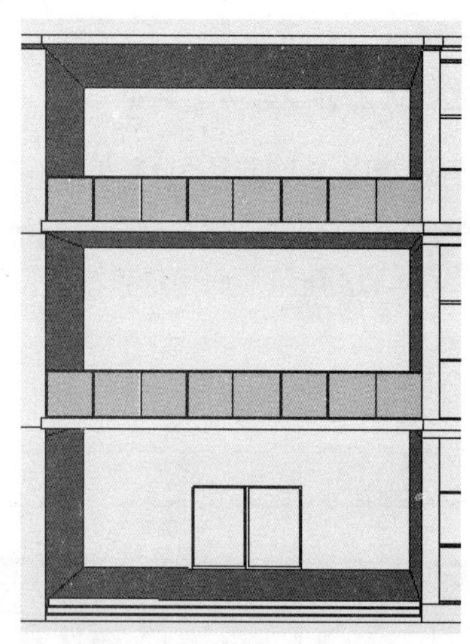

图 9-131 绘制一层台阶和门

step 07 绘制矩形，然后使用“偏移”工具偏移矩形，使用“推拉”工具，推拉出一定厚度，绘制窗户，如图 9-132 所示。

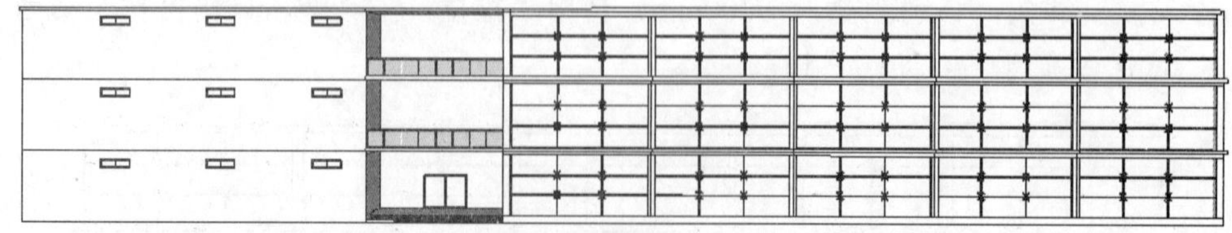

图 9-132 绘制窗户

step 08 绘制线条，并推拉出一定的厚度，绘制通道，如图 9-133 所示。移动复制线条，使用“推拉”工具，推拉出一定厚度，绘制通道玻璃部分与一层台阶，如图 9-134 所示。绘制线条，然后移动复制线条，使用“推拉”工具，推拉出一定厚度，绘制出通道外部构件，并创建为组，如图 9-135 所示。

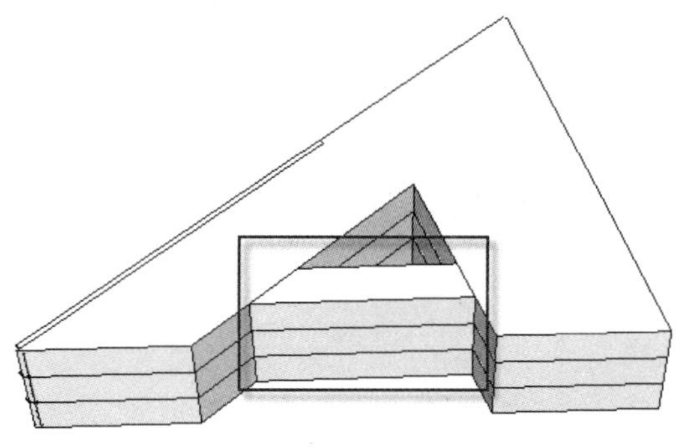

图 9-133　绘制通道

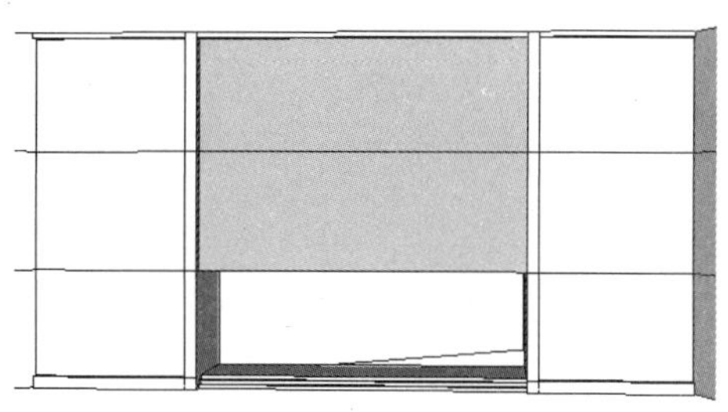

图 9-134　绘制玻璃部分与一层台阶

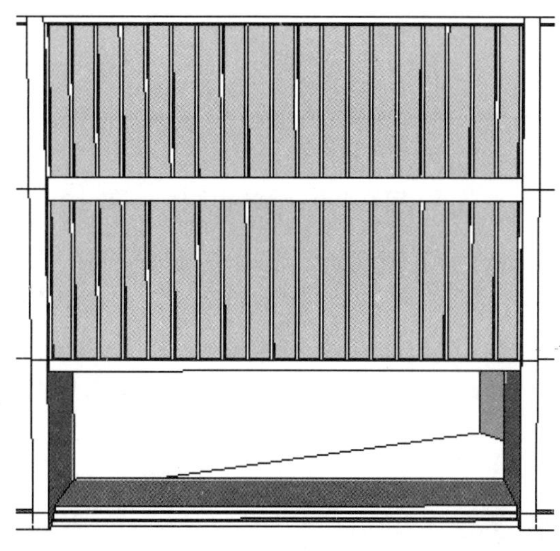

图 9-135　绘制出通道外部构件

step 09 使用以上方法将通道里侧的通道、护栏、窗绘制出来，如图 9-136 所示。

step 10 绘制线条，然后移动复制线条，使用“推拉”工具推拉出一定的厚度，绘制出建筑外部构件，并创建为组，如图 9-137 和图 9-138 所示。选择中间矩形，隐藏其他图形。双击进入组内部，使用“推拉”工具，推拉高度为 12100mm，绘制长方体，如图 9-139 所示。

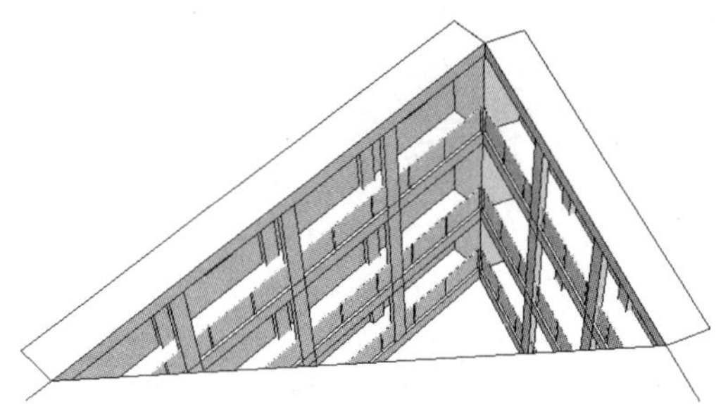

图 9-136　绘制通道、护栏、窗

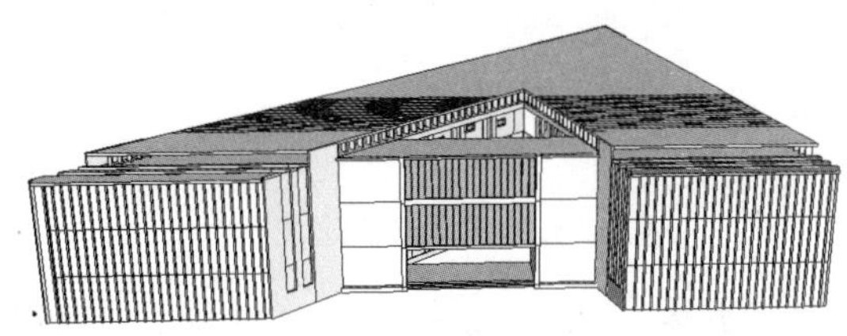

图 9-137　绘制建筑外部构件(一)

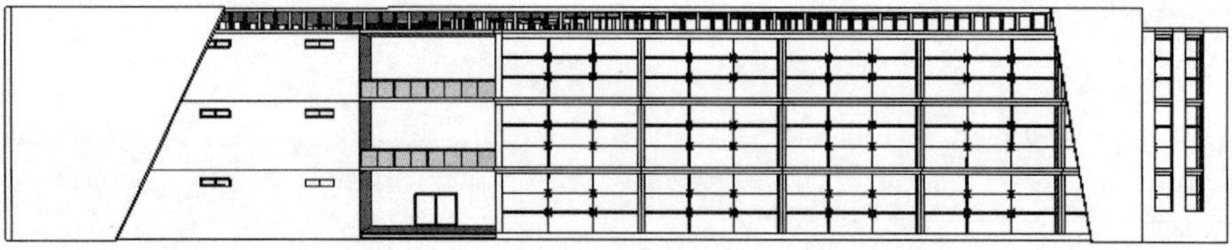

图 9-138　绘制建筑外部构件(二)

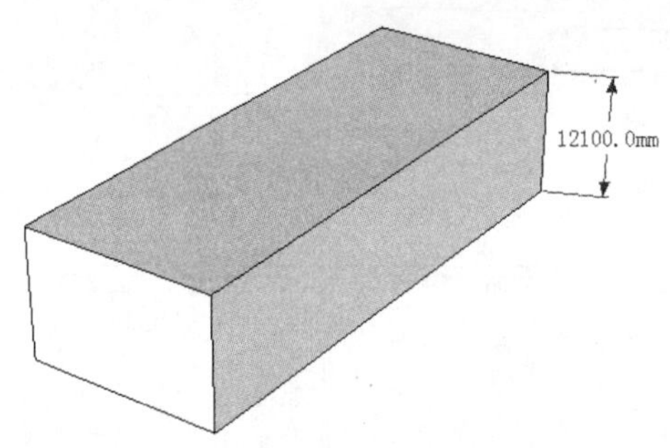

图 9-139　绘制长方体

step 11 绘制线条，然后移动复制线条，使用“路径跟随”工具，创建建筑外框，并创建为组，如图 9-140 所示。选择右侧的图形，隐藏其他图形。双击进入组内部，使用“推拉”工具，推拉高度为 4870mm，如图 9-141 所示。向上移动复制地面边线，复制距离为 500mm，如图 9-142 所示。移动复制线条，然后推拉出一定厚度，绘制出建筑顶部和窗户，如图 9-143 所示。

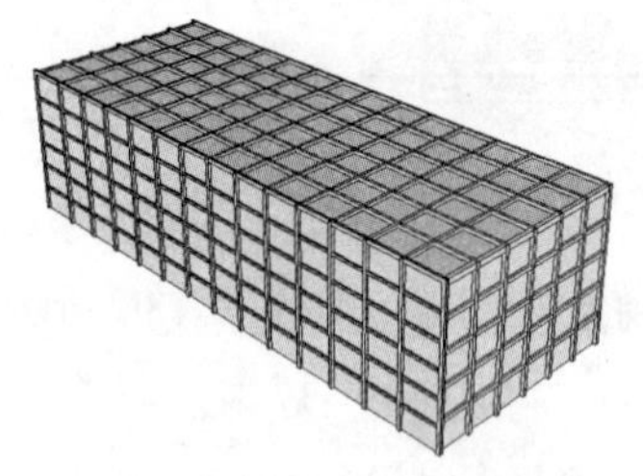

图 9-140　绘制建筑外框

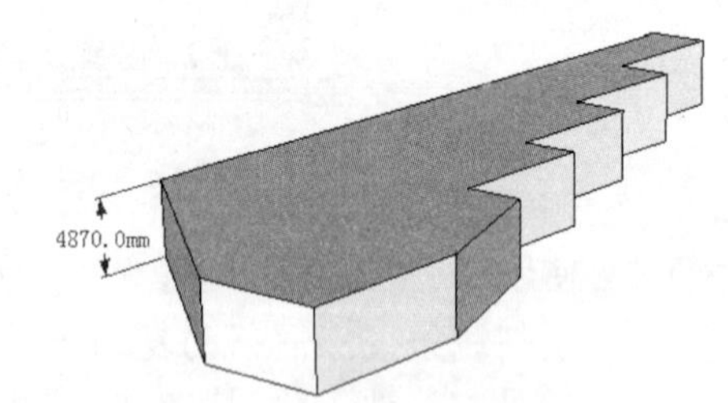

图 9-141　拉伸图形

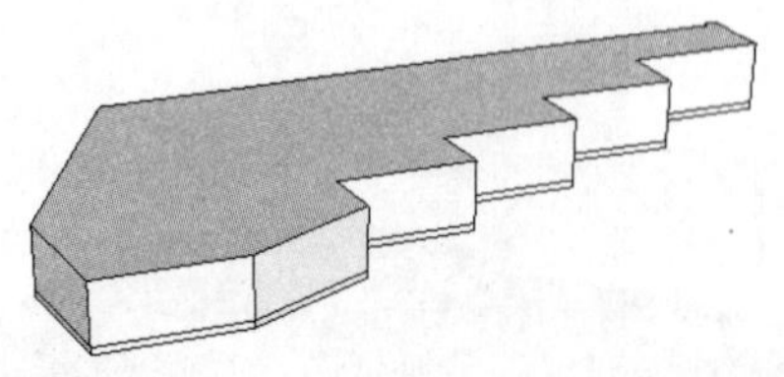

图 9-142　移动复制边线

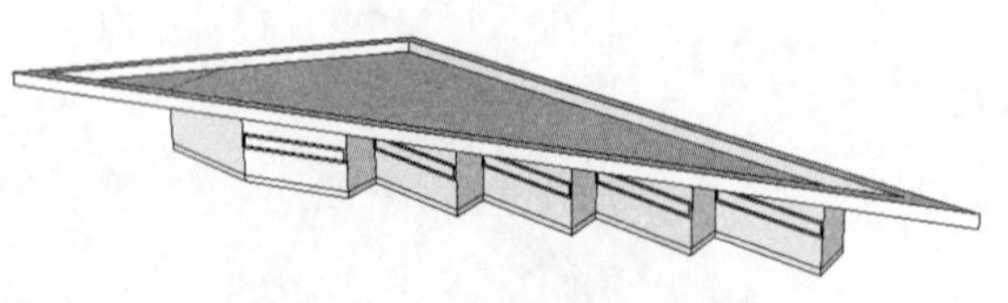

图 9-143　创建窗户及顶面

step 12 绘制线条描绘建筑地面轮廓，使用“推拉”工具，推拉高度为 78655mm，绘制建筑主体，并创建为组，如图 9-144 所示。向上移动复制地面边线，复制距离为 500mm，如图 9-145 所示。

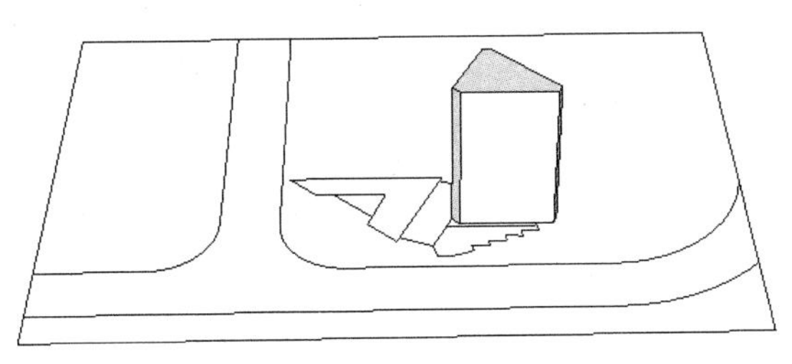

图 9-144 创建建筑主体

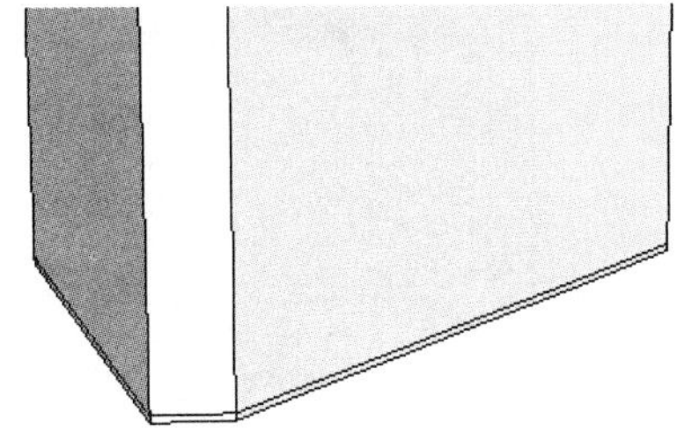

图 9-145 移动复制边线

step 13 绘制线条，然后移动复制线条，接着，推拉出一定的厚度，绘制出建筑构件，如图 9-146 所示。然后绘制驳接爪和龙骨，并创建为组，如图 9-147 所示。然后绘制门和台阶，如图 9-148 所示。

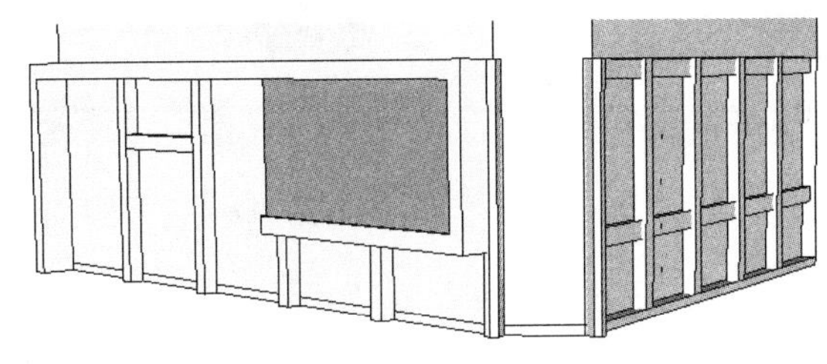

图 9-146 绘制建筑构件

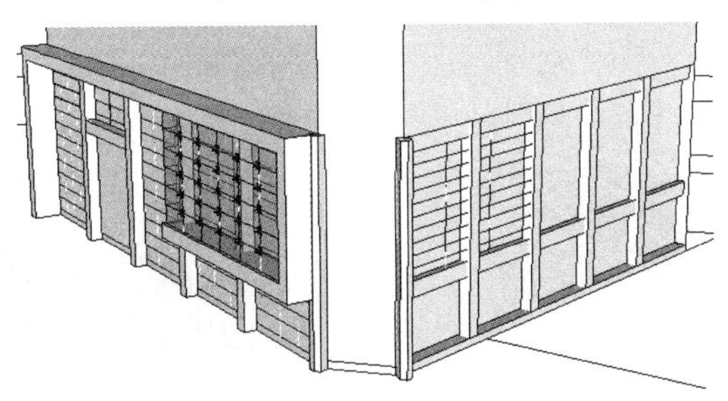

图 9-147 绘制驳接爪和龙骨

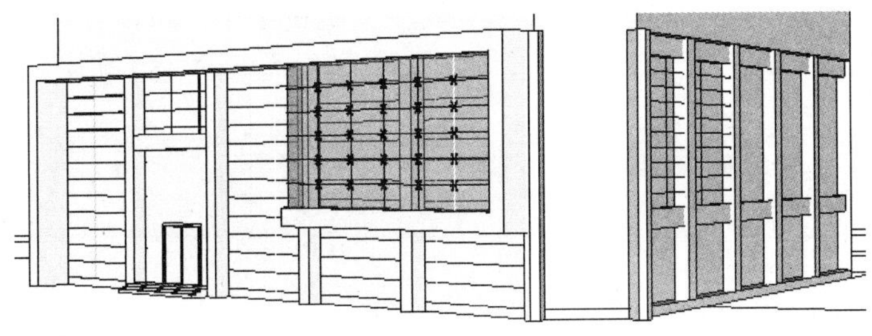

图 9-148 绘制门和台阶

step 14 选择“材质”工具，打开“材质”对话框，选择半透明材质中的彩色半透明玻璃，切换到“编辑”选项卡，调节颜色，如图 9-149 所示。将设置好的材质赋予矩形，如图 9-150 所示。

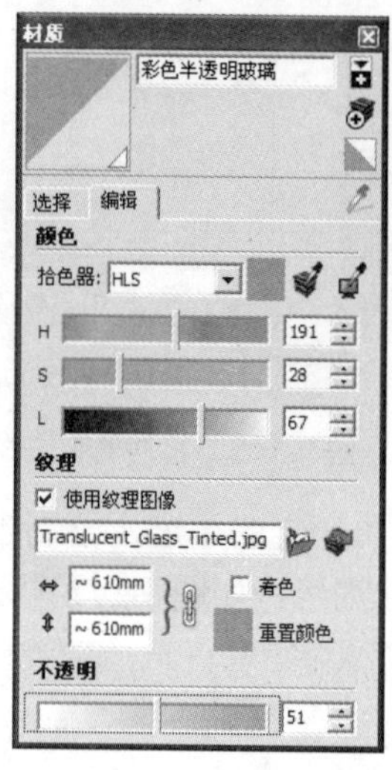

图 9-149　“材质”对话框

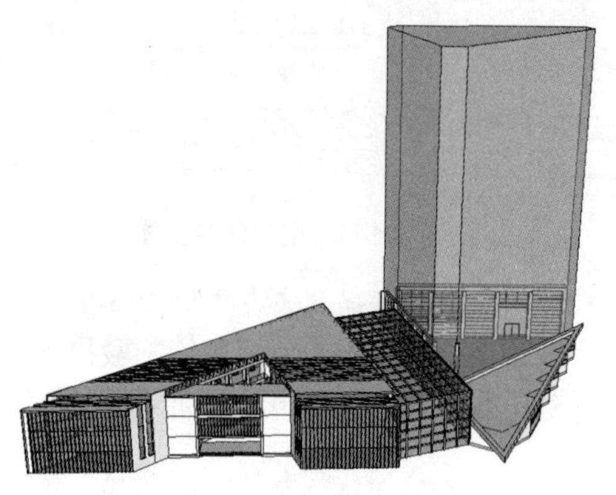

图 9-150　把材质赋予模型

step 15 绘制出主楼外部的建筑构件，如图 9-151 所示。然后绘制出主楼顶部的建筑构件，如图 9-152 所示。

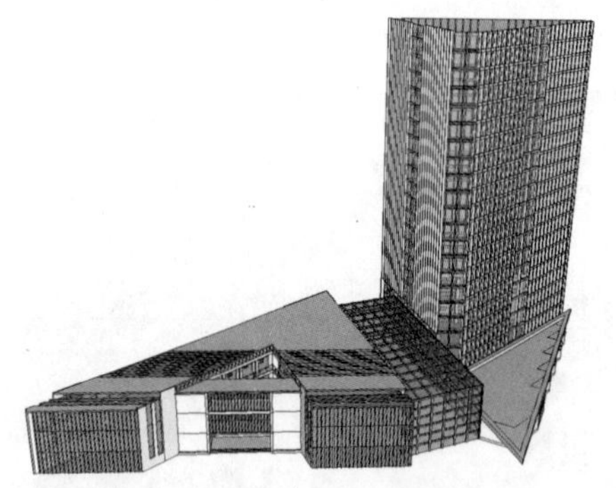

图 9-151　绘制主楼外部的建筑构件

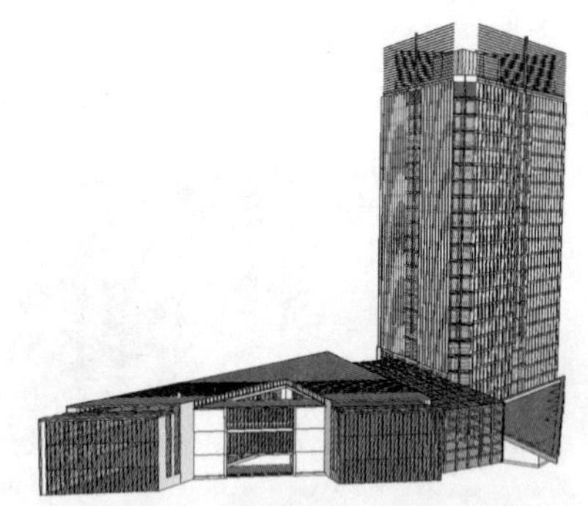

图 9-152　绘制主楼顶部的建筑构件

step 16 用“直线”工具和“圆弧”工具绘制机动车道路，并创建为组，如图 9-153 所示。接着创建隔离带和斑马线，并创建为组，如图 9-154 所示。

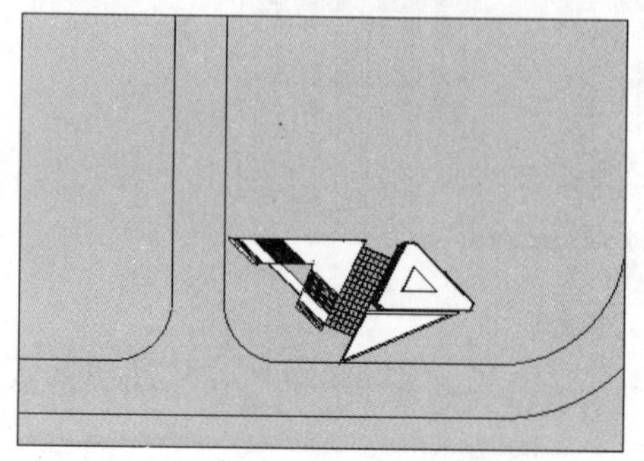

图 9-153　绘制机动车道路

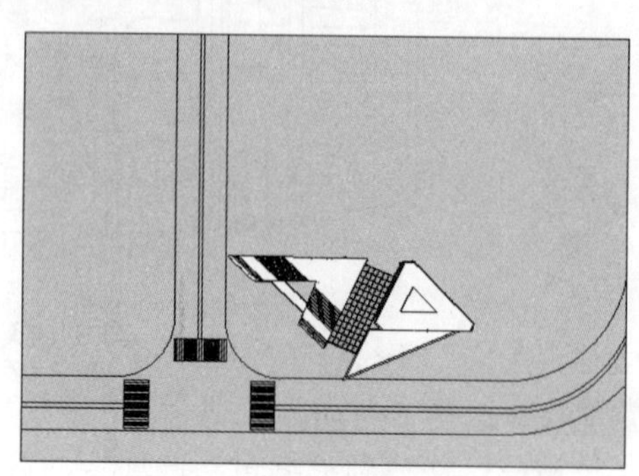

图 9-154　绘制隔离带和斑马线

step 17 使用“材质”工具，打开“材质”对话框，选择金属中的金属钢纹理贴图，赋予图形外部构件，如图 9-155 和图 9-156 所示。然后选择“沥青与混凝土块”中的“新沥青”贴图赋予公路，再选择“烟雾效果骨料混凝土”贴图赋予地面，效果如图 9-157 所示。接下来选择颜色，赋予图形，如图 9-158 所示。

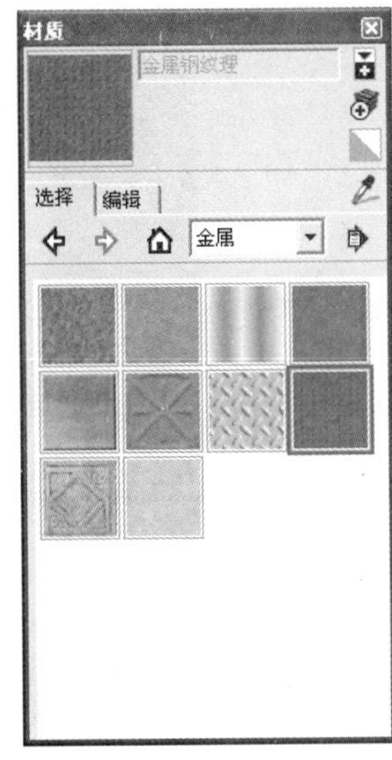

图 9-155 从“材质”对话框选择材质

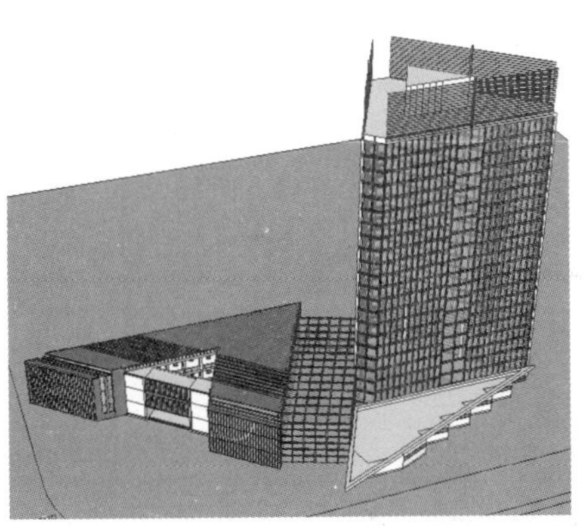

图 9-156 赋予材质(一)

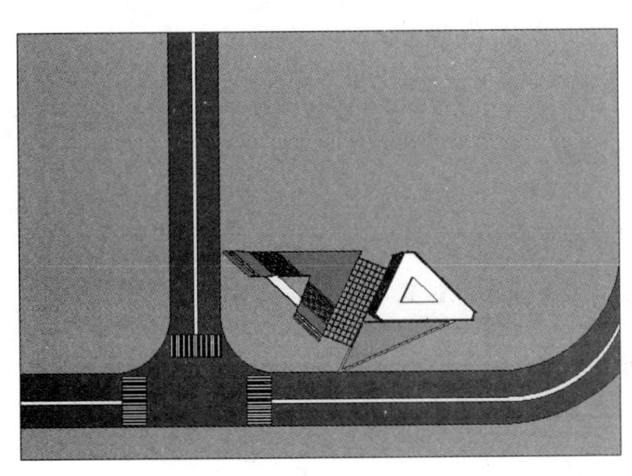

图 9-157 赋予材质(二)

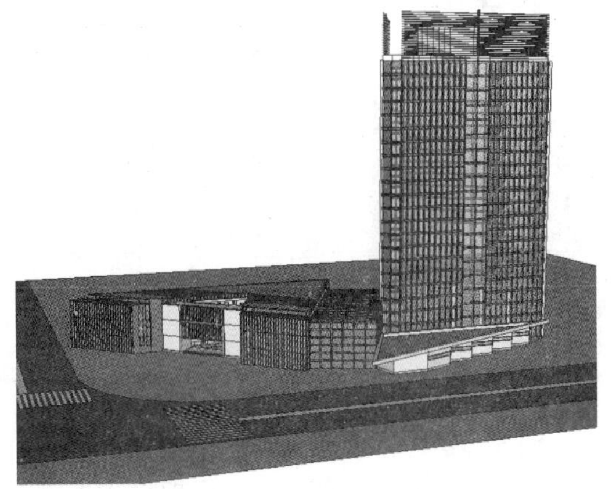

图 9-158 赋予材质(三)

step 18 选择“窗口”→“组件”菜单命令，弹出“组件”对话框，如图 9-159 所示，为场景添加组件，如图 9-160 所示。

step 19 用 SketchUp 中“材质”编辑器的“提取材质”工具，提取材质，V-Ray 材质面板会自动跳到该材质的属性上，并选中该材质，然后单击鼠标右键，从弹出的快捷菜单中选择“创建材质层”→“反射”命令，并将发射值调整为 0.8，接着单击“反射”后面的 m 符号，在弹出的对话框中选择“菲涅耳”模式，最后单击 OK 按钮，如图 9-161 所示。

图 9-159 “组件”对话框

图 9-160 添加组件

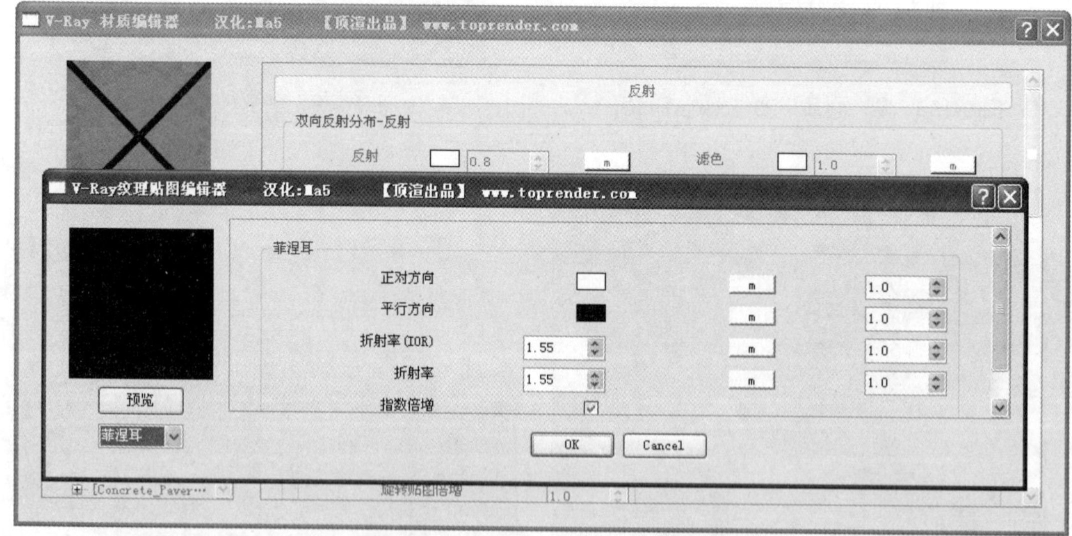

图 9-161 选择“菲涅耳”选项

step 20 汽车金属材质的设置，用 SketchUp 中“材质”对话框的“提取材质”工具，提取材质，V-Ray 材质面板会自动跳到该材质的属性上，选择该材质，然后用鼠标右键单击，从弹出的快捷菜单中选择“创建材质层”→“反射”命令，汽车的烤漆的材质有一定的模糊反射的效果，所以要把高光的“光泽度”调整为 0.8，把反射的“光泽度”调整为 0.85，接着，单击“反射”后面的 m 符号，在弹出的对话框中选择“菲涅耳”模式，将“折射率(IOR)”调整为 6(建筑金属将“折射率(IOR)”调整为 3)，最后单击 OK 按钮，如图 9-162 所示。

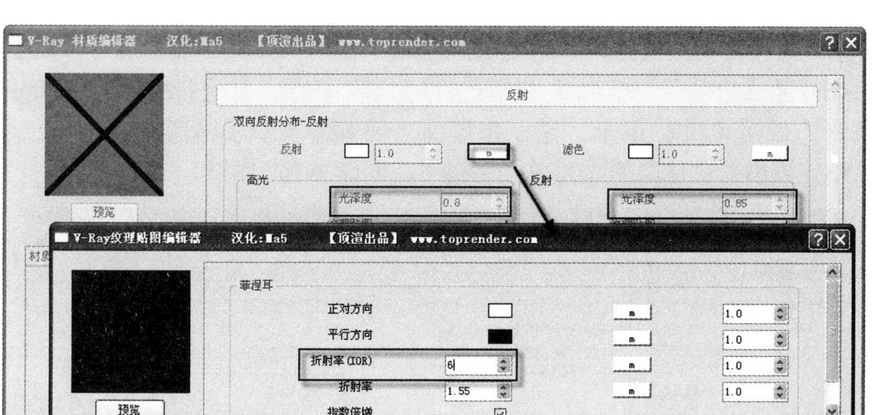

图 9-162 设置参数

step 21 打开 V-Ray 渲染设置面板，设置环境，如图 9-163 所示。设置全局光颜色，如图 9-164 所示。设置背景颜色，如图 9-165 所示。

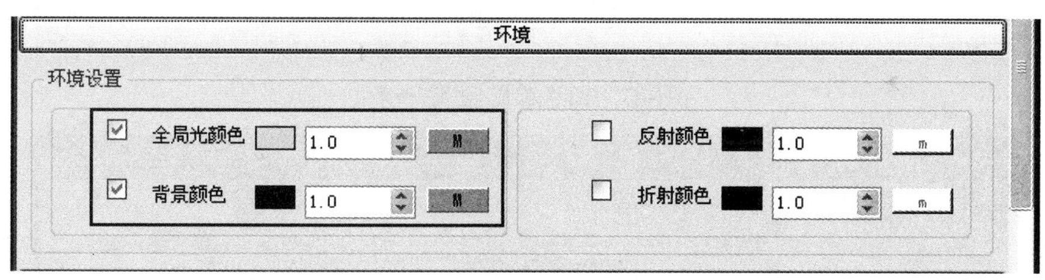

图 9-163 环境设置

图 9-164 设置全局光颜色

图 9-165 设置背景颜色

step 22 将采样器类型更改为“自适应纯蒙特卡罗”，并将“最多细分”设置为 16，提高细节区域的采样，然后将“抗锯齿过滤器”激活，并选择常用的 Catmull Rom 过滤器，如图 9-166 所示。进一步提高“纯蒙特卡罗采样器”的参数，主要提高了“噪点阀值”，使图面噪波进一步减小，如图 9-167 所示。

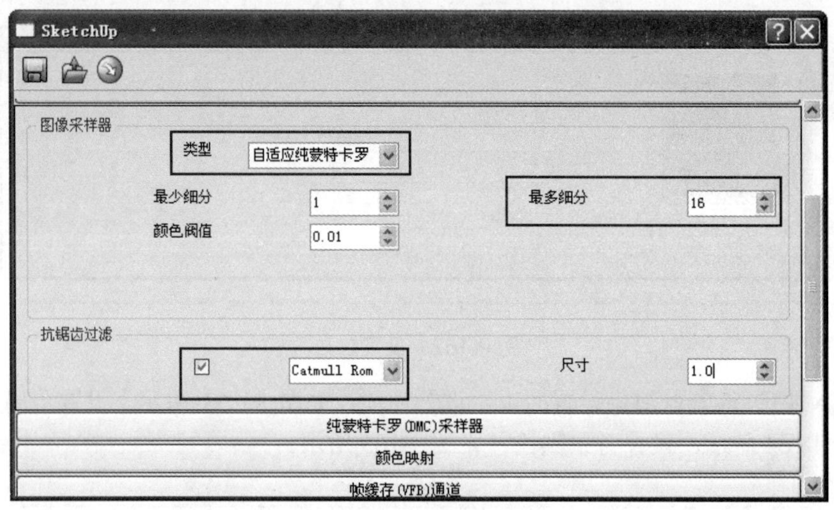

图 9-166　参数设置(一)

图 9-167　参数设置(二)

step 23 修改“发光贴图”中的数值，将其“最小比率”改成-3，将“最大比率”改成 0，如图 9-168 所示。在“灯光缓存”选项组中将“细分”修改成 1000，如图 9-169 所示。设置完成后就可以渲染了，渲染结果如图 9-170 所示。

step 24 将渲染图和通道渲染图形导入 Photoshop 软件中，如图 9-171 所示。将通道层添加到渲染图中，选择通道图形，使用“魔棒”工具，选择黑色部分，然后选择渲染图，将背景删除，如图 9-172 所示。再添加天空背景及楼体树木，如图 9-173 所示。

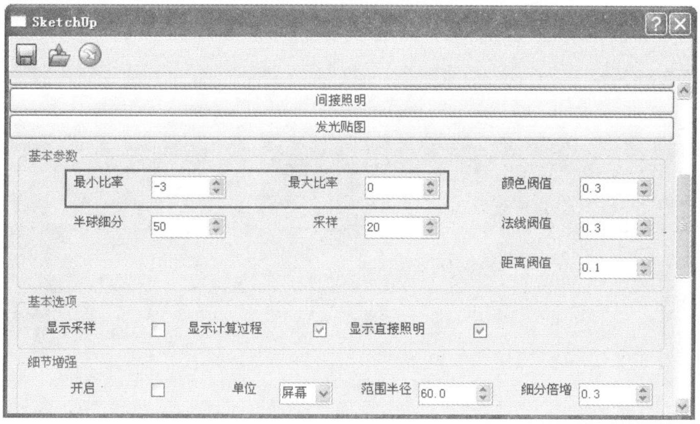

SketchUp
间接照明
发光贴图
基本参数
最小比率
-3
最大比率
0
颜色阀值
0.3
半球细分
50
采样
20
法线阀值
0.3
距离阀值
0.1
基本选项
显示采样
显示计算过程
显示直接照明
细节增强
开启
单位
屏幕
范围半径
60.0
细分倍增
0.3

图 9-168　参数设置(三)

SketchUp
发光贴图
灯光缓存
计算参数
细分
1000
单位
屏幕(像素)
采样尺寸
0.02
次数
4
深度
100
每个采样的最少路径
16
保存直接照明
显示计算过程
自适应采样
仅自适应直接照明
多视口
重构参数
预过滤
预过滤采样
10
用于光泽光线
过滤尺寸
0.06
过滤类型
就近
过滤采样
5

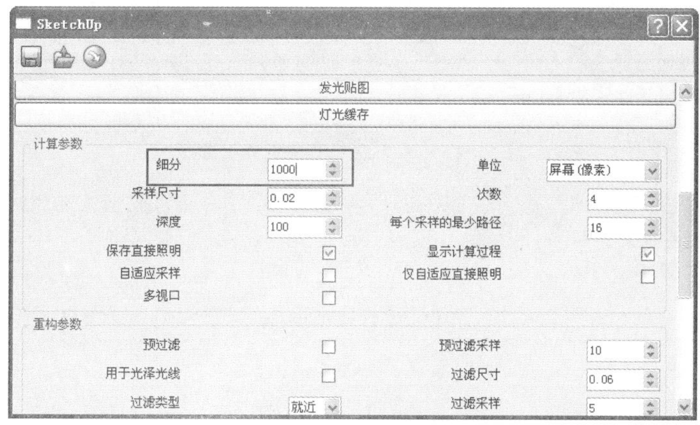

图 9-169　参数设置(四)

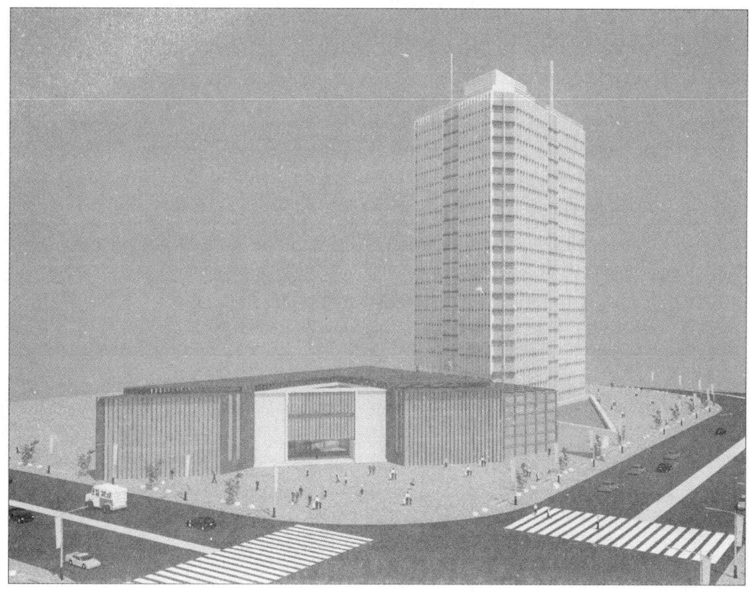

图 9-170　渲染效果

图 9-171　导入图形

图 9-172　删除背景

图 9-173 添加背景

step 25 选择“滤镜”→“渲染”→“光照”菜单命令，对图像进行光照效果处理，如图 9-174 所示。使用“仿制图章”工具，修改背景图形。选择背景天空，选择“滤镜”→“渲染”→“镜头光晕”菜单命令，对图像进行镜头光晕效果处理，如图 9-175 所示。

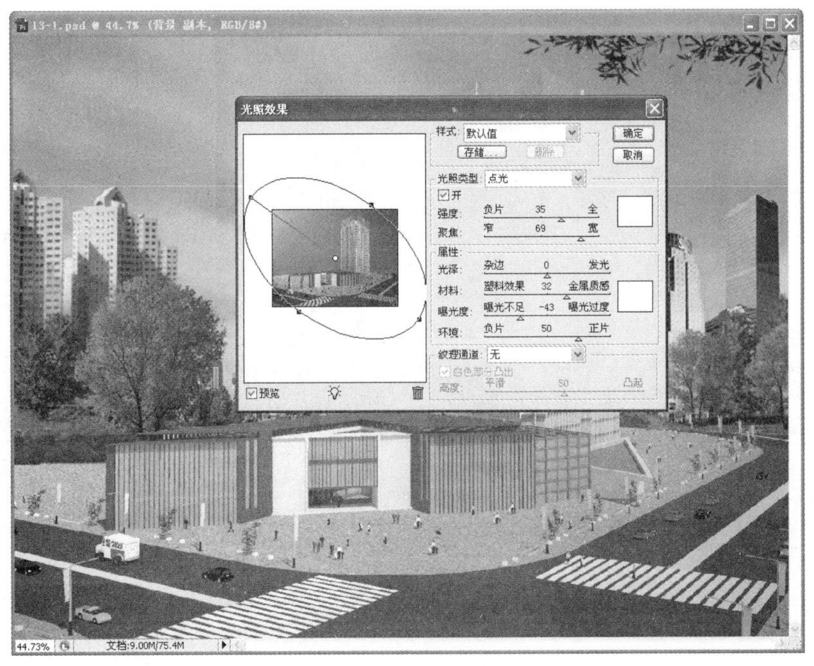

图 9-174 光照效果的设置

图 9-175　镜头光晕效果的设置

step 26 最后完成图像处理，将图像另存为 JPG 格式，最终效果如图 9-176 所示。

图 9-176　完成的最终效果

9.4 本章小结

通过本章的学习，可以发现，在创建模型的过程中，所用到的技巧并不是很多，而是频繁地使用几个常用的工具，如“直线”工具、“推/拉”工具和“移动”工具等。这些工具看起来非常简单，塑造的实体也以简单的几何形体为主，但是将众多简单的几何形体有机组合，便可以创建出复杂的建筑模型，换句话说，复杂的模型也是由无数简单的几何元素构成的。

在创建模型的过程中，拥有建模的耐心、创造的热情和娴熟的操作能力是关键因素。一些所谓的“技巧与捷径”反而显得不那么重要了，希望读者可以明白常用基础命令的重要性，对基础命令的“熟练应用”才是硬道理。